Ihr Zugang zum E-Book auf www.scook.de:

5psk2-qs5gz

Ihr Lizenzcode

Der Code beinhaltet nach Erstaktivierung eine 5-jährige Lizenz zur Nutzung des E-Books auf scook. Für die Nutzung ist die Zustimmung zu den AGB auf scook.de erforderlich.

9783064200708 Biosphäre SI NRW 5/6

Biosphäre 5/6
Nordrhein-Westfalen

Cornelsen

Biosphäre

Band 5/6 Gymnasium Nordrhein-Westfalen

Autorinnen und Autoren:
Anke Brennecke, Langerwehe; Prof. Dr. Hansjörg Küster, Hannover;
Dr. Karl-Wilhelm Leienbach, Münster; Martin Post, Arnsberg

Teile dieses Buches sind den Werken Biosphäre Baden-Württemberg und Niedersachsen (Titelnummer 4200005 und 4200609) entnommen worden.

Autorinnen und Autoren dieser Werke sind:
Stefan Auerbach, Karlsruhe; Andreas Bauer, Papenburg; Dr. Werner Bils, Reutlingen; Anne-Kathrin Dierschke, Winsen (Luhe); Peter Emmler, Wiefelstede; Robert Felch, Mögglingen; Simone Grimm, Hünxe; Dr. Horst Janz, Tübingen; Andre Linnert, Siegen; Prof. Dr. Anke Meisert, Hannover; Lutz Jaeger, Deutsch Evern; Gabriele Rupp, Stutensee; Dr. Stephanie Schrank, Ulm; Hans-Jürgen Staudenmaier, Pfinztal; Dr. Matthias Stoll, Tübingen; Michael Szabados, Denzlingen; Dr. Hans-Joachim Winkhardt, Stuttgart

Redaktion:
Dirk Boehme, Dr. Ute Döring

Designberatung:
Ellen Meister

Layoutkonzept, Umschlaggestaltung, Layout und technische Umsetzung:
SOFAROBOTNIK GbR, Augsburg & München

Grafik:
Marina Goldberg, Berlin; Karin Mall, Berlin; Tom Menzel, Klingberg; Heike Möller, Rödental

www.cornelsen.de

1. Auflage, 2. Druck 2014

Alle Drucke dieser Auflage sind inhaltlich unverändert und
können im Unterricht nebeneinander verwendet werden.

Druck:
Firmengruppe APPL, aprinta Druck, Wemding

ISBN 978-3-06-420070-8

PEFC
PEFC/04-32-0928

PEFC zertifiziert

Dieses Produkt stammt aus nachhaltig bewirtschafteten Wäldern und kontrollierten Quellen

www.pefc.de

01 Weinbergschnecke kriecht über einen Stein

Von Tieren, Menschen und Pflanzen

Wenn die Luft früh am Morgen noch feucht und kühl ist, sind viele Weinbergschnecken unterwegs. Sie kriechen langsam über Steine, Blätter und Äste. Ohne Zögern erkennen wir sie als Lebewesen, während wir Steine als nicht lebendig einordnen. Doch welche Merkmale hat ein Lebewesen? Und treffen diese Merkmale auf Tiere, Menschen und Pflanzen in gleicher Weise zu?

TIERE · Die Fähigkeit sich zu bewegen, gehört zu den auffälligsten Merkmalen der Tiere. Auch die Weinbergschnecke lässt sich hierdurch trotz ihrer Langsamkeit leicht vom nicht lebendigen Stein unterscheiden. **Bewegung** ist ein Kennzeichen der Lebewesen. Aber auch Autos bewegen sich. Daher muss es weitere Kennzeichen für Lebewesen geben.

A

B

02 Weinbergschnecke: **A** vor der Berührung, **B** nach der Berührung

Stößt die Weinbergschnecke mit ihren Fühlern auf ein Hindernis, zieht sie diese ruckartig ein. Erst langsam streckt sie dann ihre Fühler wieder aus und orientiert sich neu. Schnecken können Reize aus ihrer Umgebung wahrnehmen. **Reizbarkeit** stellt ein weiteres Kennzeichen der Lebewesen dar.
Schaut man der Schnecke bei ihrem Weg über den Stein genauer zu, kann man beobachten, wie sie mit der Raspelzunge den grünen Bewuchs abweidet. Dieser Bewuchs ist die Nahrung der Weinbergschnecke. Die Nahrung wird in ihrem Körper aufgenommen sowie umgewandelt und die in der Nahrung enthaltenen Stoffe werden genutzt. Unverdauliche Reste scheidet sie als Kot wieder aus. Die Umwandlung nennt man **Stoffwechsel.** Dieser dient der Aufrechterhaltung der Lebensvorgänge im Körper und ist ein weiteres Kennzeichen der Lebewesen.
Weinbergschnecken leben durchschnittlich acht bis zwölf Jahre. Doch schon vor vielen Jahrhunderten gab es diese beeindruckenden Tiere. Generation für Generation bringen sie Nachkommen hervor und pflanzen

sich dadurch fort. **Fortpflanzung** ist ein weiteres Kennzeichen der Lebewesen.
Die Nachkommen unterscheiden sich in ihrer ersten Lebensphase deutlich von ausgewachsenen Weinbergschnecken. Elterntiere legen zunächst Eier in Erdhöhlen ab, in denen dann die kleinen Schnecken aus den Eiern schlüpfen. Diese Jungschnecken entwickeln sich über Monate zu erwachsenen Tieren, die sich dann selbst fortpflanzen können. Eine solche **Entwicklung** ist typisch für Lebewesen.
Während ihrer Entwicklung nehmen die jungen Weinbergschnecken auch an Größe zu. Sie tragen nach dem Schlüpfen noch ein weiches Gehäuse von nur wenigen Millimetern Länge, das mitwachsen kann. Ausgewachsene Tiere weisen eine Gehäusegröße von bis zu 40 Millimeter auf. **Wachstum** ist ein weiteres Kennzeichen von Lebewesen.
Tiere wie zum Beispiel die Weinbergschnecke sind also Lebewesen, da für sie alle **Kennzeichen des Lebendigen** zutreffen: *Bewegung, Reizbarkeit, Stoffwechsel, Fortpflanzung, Entwicklung und Wachstum.*

MENSCHEN · Ebenso wie die Tiere zeigen auch Menschen alle Kennzeichen des Lebendigen. So kann sich der Mensch auf ganz unterschiedliche Weise *fortbewegen.* Er geht, läuft, springt und schwimmt und erreicht so sein Ziel. Mit seinem Sinnesorgan Auge nimmt er zum Beispiel die verschiedenen Körperfarben und Körperformen der Tiere wahr. Er reagiert auf diese Wahrnehmungen mit einem bestimmten Verhalten. Während er die junge Katze streichelt, weicht er vor der Schlange aus Furcht zurück. Der Mensch zeigt hierdurch seine *Reizbarkeit.* Auch die Kennzeichen *Stoffwechsel, Fortpflanzung, Entwicklung* und *Wachstum* lassen sich beim Menschen feststellen.

1 Lege in deiner Biologiemappe eine Tabelle nach folgendem Muster an! Vervollständige die Zeile zum Menschen, indem du eine seiner Eigenschaften nennst, durch die das jeweilige Kennzeichen deutlich wird!

	Bewegung	Reizbarkeit	Stoffwechsel	Fortpflanzung	Entwicklung	Wachstum
Mensch	gehen	sehen	—	—	—	—

2 Ergänze in der für Aufgabe 1 angelegten Tabelle zwei Tiere deiner Wahl! Erweitere die Tabelle hierzu um zwei Zeilen und fülle diese aus!

03 Weinbergschnecke: **A** bei der Eiablage, **B** Jungtiere schlüpfen aus den Eiern, **C** einzelne Jungschnecke

PFLANZEN · Gehören Pflanzen zu den Lebewesen, müssen sie ebenfalls wie Tiere und Menschen die Kennzeichen des Lebendigen aufweisen. Ihr *Wachstum* und ihre *Entwicklung* können wir beispielsweise bei der Rosskastanie beobachten. Aus ihrem Samen wachsen Wurzeln und ein Stängel, die immer größer werden. Aus dem Stängel entwickelt sich im Verlauf der Zeit ein mächtiger Baumstamm mit Ästen und vielen Laubblättern. Im Frühjahr bildet der Rosskastanienbaum Blüten, aus denen wieder Früchte hervorgehen. In Ihnen befinden sich die Samen, die der *Fortpflanzung* dienen.
Pflanzen haben auch einen *Stoffwechsel.* Sie nehmen Ausgangsstoffe aus der Umgebung auf. Mithilfe des Sonnenlichts wandeln sie diese in Zucker und andere Nährstoffe um. Hierbei setzen die Pflanzen Sauerstoff frei. Zur Aufrechterhaltung ihrer Lebensvorgänge werden also Stoffe aufgenommen, umgewandelt und wieder abgegeben. *Bewegung* und *Reizbarkeit* der Pflanzen kann man gut bei Gänseblümchen beobachten. Ihre Blüten sind am Morgen geschlossen. Mit den ersten Sonnenstrahlen öffnet sich die Blüte. Geht am Abend die Sonne unter, schließen sie sich wieder.

04 Keimender Same einer Rosskastanie

3 Ergänze in der für Aufgabe 1 auf Seite 9 bereits angelegten Tabelle eine Pflanzenart deiner Wahl!

4 Erläutere ein Kennzeichen der Lebewesen! Beziehe dich dabei auf Tiere, Menschen und Pflanzen!

05 Gänseblümchen: **A** morgens, **B** mittags, **C** abends

Material A ▸ Lebendig oder nicht lebendig?

A1 Betrachte die Fotos und diskutiere mit deinem Tischnachbarn, ob es sich jeweils um ein Lebewesen handelt!

A2 Zu Aufgabe 1 auf Seite 9 hast du bereits eine Tabelle angelegt. Erweitere diese Tabelle um die Beispiele Kerze, Kirschstein und Roboter!

Vielfalt von Lebewesen

In diesem Kapitel beschäftigst du dich mit

- den Merkmalen von Säugetieren. Du lernst auch etwas darüber, wie Säugetiere an das Leben in den verschiedenen Lebensräumen angepasst sind und weshalb man Säugetiere zu den Wirbeltieren zählt.
- den Merkmalen von Vögeln und weshalb Vögel fliegen können.
- den Merkmalen einer Honigbiene als Beispiel für ein Insekt und dem vielfältigen Bau verschiedener Insekten.
- dem Bau von Blütenpflanzen und dem Aufbau von Blüten, den verschiedenen Arten der Blütenbestäubung und wie nach der Bestäubung aus der Blüte eine Frucht mit Samen entsteht. Du lernst, wie Samen verbreitet werden und wie sich aus Samen neue Pflanzen entwickeln.
- dem Hund und der Katze sowie ihren Verhaltensweisen.
- dem Hausrind als wichtigem Nutztier, dem Schwein, einem Allesfresser, und dem Haushuhn als Eierlieferant.
- besonderen Gräsern, die der Ernährung des Menschen dienen, und mit Kartoffeln, die nicht nur Lebensmittel sind.
- dem Naturschutz und weshalb gefährdete Wirbeltiere, wirbellose Tiere und Pflanzen geschützt werden müssen.

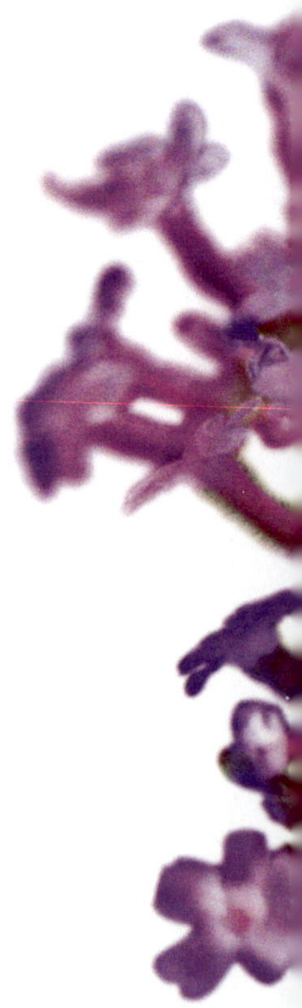

01 Springendes Eichhörnchen

Das Eichhörnchen – ein Kletterkünstler

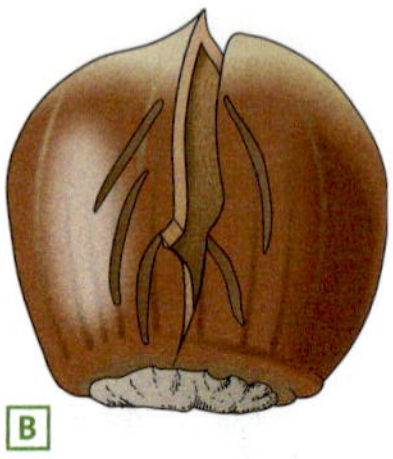

02 Haselnüsse mit Fraßspuren unterschiedlich erfahrener Eichhörnchen

Hoch oben in der Krone eines alten Baumes sieht man ein Eichhörnchen. Schnell und geschickt klettert und springt es zwischen den Ästen hin und her. Wie gelingt es dem Tier, sich so flink von Ast zu Ast zu bewegen, ohne herunterzufallen?

LEBENSWEISE · Eichhörnchen sind Baumbewohner. Sie leben in Wäldern, Parks und Gärten. Ihre Hauptnahrung besteht aus Beeren, Nüssen und anderen Früchten. Sie fressen aber auch Pilze und Flechten und besonders im Frühling Knospen und Blüten. Als tierische Nahrung bevorzugen sie Insekten, Schnecken, Vogeleier und Jungvögel. Eichhörnchen sind **Allesfresser.** Sie sind geschickte und flinke Kletterer, die wegen ihres geringen Gewichtes auch in den dünnen Zweigen der Baumkrone nach Nahrung suchen können. Ihr buschiger Schwanz dient ihnen beim Klettern und Springen als Balancierhilfe und Steuerruder. Die Tiere klettern an Baumstämmen hinauf oder mit dem Kopf voran hinunter. Dabei halten sie sich mit ihren sehr scharfen und gebogenen Krallen an der Baumrinde fest. Eichhörnchen sind auch gute Schwimmer, die kleine Bäche oder Seen durchqueren können. Man kann die Tiere jedoch nur am Tag beobachten. Die Nacht verbringen sie in ihren Nestern, den **Kobeln.** Diese bauen sie in Astgabeln hoch oben in der Baumkrone. Eichhörnchen sind **tagaktiv.**

1 Beschreibe die Funktion des Schwanzes beim Laufen und Springen!

KÖRPERBAU · Eichhörnchen haben ein kurzes, dichtes Fell. Dieses ist auf der Oberseite hellrot bis braunschwarz, auf der Bauchseite weiß oder cremefarben. Ein ausgewachsenes Eichhörnchen ist etwa 25 Zentimeter groß. Hinzu kommt der bis zu 20 Zentimeter lange, dicht behaarte und buschige Schwanz.

Das Eichhörnchen hat im Inneren ein Knochengerüst, das *Skelett*. Es lässt sich in *Schädel, Rumpfskelett* und Beine, die *Extremitäten*, gliedern. Die *Wirbelsäule* verläuft vom Kopf über den Rumpf bis zum Schwanz und besteht aus einzelnen *Wirbeln*. Die Wirbelsäule ist das zentrale Stützorgan des Körpers. Alle Tiere mit Wirbelsäule werden als **Wirbeltiere** bezeichnet.

NAGETIERGEBISS · Beobachtet man ein Eichhörnchen beim Öffnen einer Nuss, fallen zunächst die großen, bräunlich gefärbten *Schneidezähne* auf. Diese **Nagezähne** sind auffällig gebogen und haben eine scharfe Kante. Beim Nagen nutzen sie sich an dieser Kante ab. Sie wachsen jedoch ein Leben lang nach und bleiben damit stets gleich lang. Tiere, die wie die Eichhörnchen Nagezähne besitzen, bezeichnet man als **Nagetiere.** Mit ihren Nagezähnen nagen Eichhörnchen kleine Furchen in die Spitzen der Nüsse, bevor sie diese mit Druck öffnen. Junge Eichhörnchen benagen Nüsse eher zufällig, bis sie gelernt haben, diese an der richtigen Stelle aufzuknacken.

Im Gegensatz zum Menschen hat das Eichhörnchens keine *Eckzähne*. Stattdessen hat es große *Zahnlücken*. Auf diese folgt jeweils eine Reihe *Backenzähne*. Mit den Backenzähnen zermahlt das Eichhörnchen seine Nahrung. Das Eichhörnchen hat ein typisches **Nagetiergebiss.** Die Anordnung und die Anzahl der Zähne werden in einer **Zahnformel** zusammengefasst.

rechts			links			
5	0	1	1	0	5	Oberkiefer
4	0	1	1	0	4	Unterkiefer

Zahnformel

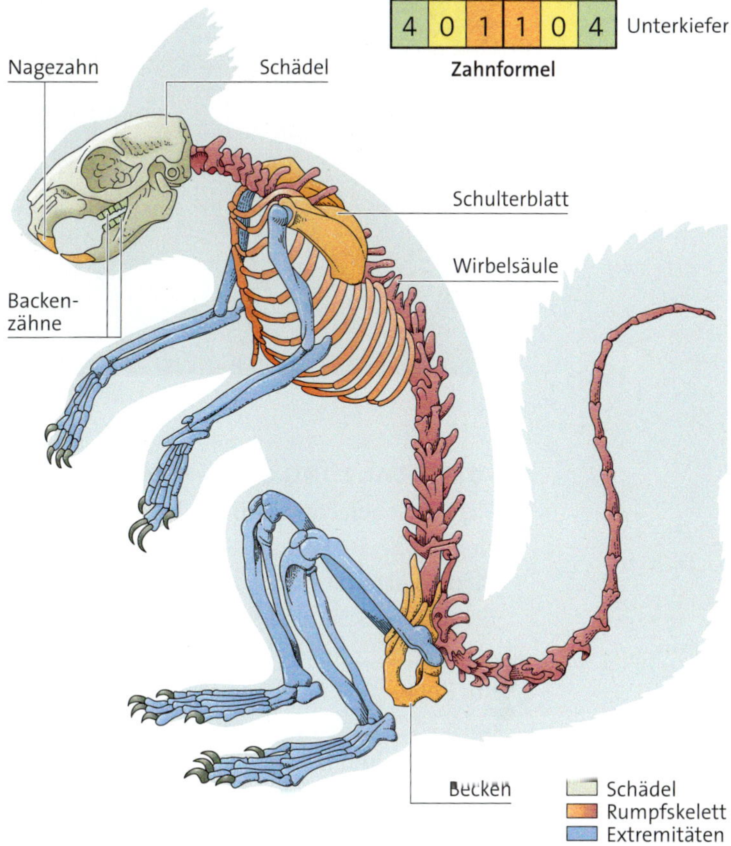

03 Skelett und Gebiss des Eichhörnchens

04 Eichhörnchen mit Haselnuss

05 Kobel

06 Neugeborene Eichhörnchen im Kobel

FORTPFLANZUNG UND ENTWICKLUNG · Eichhörnchen bauen ihre *Kobel* aus Zweigen, Nadeln und Blättern. Sie polstern sie mit Moos, Blättern und Gras aus. Die Kobel haben meist zwei Schlupflöcher, von denen immer eines nach unten weist. Eichhörnchen nutzen die Kobel für Ruhe- und Schlafphasen, aber auch zur Aufzucht ihre Jungtiere.

Eichhörnchen paaren sich zweimal pro Jahr und bringen in der Regel sechs nackte Jungtiere zur Welt, deren Augen und Ohren anfangs noch geschlossen sind. Die Jungtiere sind etwa zehn Zentimeter groß und wiegen nur wenige Gramm. Sie trinken zunächst Milch aus den Milchdrüsen auf der Bauchseite des Muttertieres. Tiere, die ihre Jungtiere lebend gebären und anschließend säugen, werden **Säugetiere** genannt.

Nach etwa sechs Wochen verlassen die Jungtiere zum ersten Mal das Nest, nach weiteren zwei Wochen werden sie nicht mehr gesäugt und suchen selbstständig Nahrung. Sie bleiben noch einige Monate in der Nähe des Muttertieres, bevor sie geschlechtsreif werden.

ÜBERWINTERUNG · Im Herbst kann man oft beobachten, wie die Eichhörnchen flink über den Waldboden huschen und Eicheln oder Nüsse in ihren Mäulern tragen. Sie verstecken diese im Boden, an Baumwurzeln oder in Astlöchern. Die Tiere fressen viel, sodass sich eine dicke Fettschicht bildet. Ihr Fell wird dunkler und dichter. Auch die kleinen Haarpinsel an den Ohren werden länger.

Sinken die Außentemperaturen weiter, ruhen die Tiere immer länger in ihren Kobeln. An manchen Tagen unterbrechen sie den Ruhezustand und suchen nach vergrabenen Eicheln und Nüssen. Anschließend ziehen sie sich wieder in ihre Kobel zurück und ruhen erneut. Eichhörnchen halten **Winterruhe.**

Nicht alle Nüsse und Eicheln werden im Winter von den Tieren gefunden. Die im Boden verbliebenen Früchte keimen im kommenden Frühjahr und neue Pflanzen wachsen heran. Aus diesem Grund bezeichnet man das Eichhörnchen auch als *Gärtner des Waldes*.

2 Erkläre die Begriffe Wirbeltier und Säugetier!

3 Beschreibe, wie das Eichhörnchen überwintert!

Material A ▸ Gebissvergleich

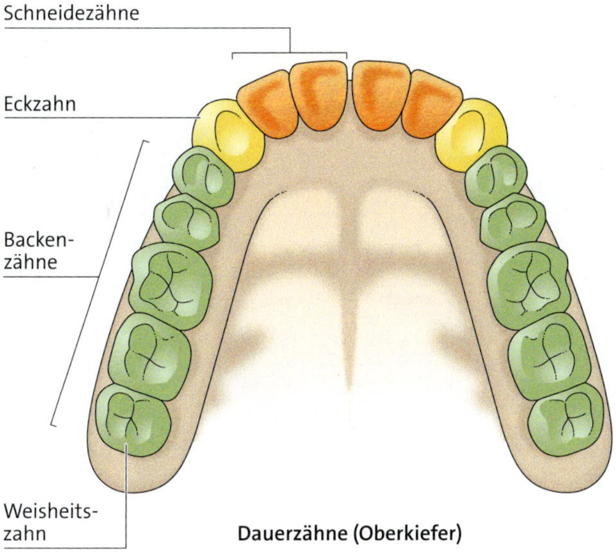

A1 Erstelle für das Gebiss des Menschen eine Zahnformel!

A2 Vergleiche das Gebiss des Menschen mit dem des Eichhörnchens! Nimm dazu die Seite 15 zu Hilfe!

A3 „Das Gebiss des Eichhörnchens gibt Auskunft über seine Ernährung." Erläutere diese Aussage!

Material B ▸ Nagezahn des Eichhörnchens

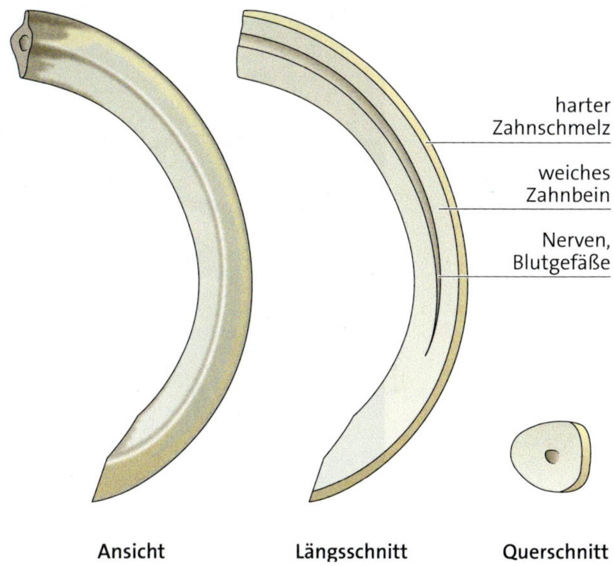

B1 Beschreibe den Aufbau des Nagezahns!

B2 Formuliere eine Vermutung, weshalb der Nagezahn am Ende immer scharfkantig ist!

B3 Erkläre, weshalb ein Eichhörnchen, das nur weiches Futter erhält, schließlich verhungert!

Material C ▸ Säugetiere im Winter

Außentemperatur		Körpertemperatur		Atemzüge pro Minute		Herzschläge pro Minute	
		Eichhörnchen	Fuchs	Eichhörnchen	Fuchs	Eichhörnchen	Fuchs
im Sommer	20 °C	37 °C	38,5 °C	60	24	170	100
im Herbst	15 °C	37 °C	38,5 °C	60	24	170	100
im Winter	02 °C	37 °C	38,5 °C	45	24	160	100
im Frühjahr	10 °C	37 °C	38,5 °C	40	24	140	100

C1 Zeichne drei Säulendiagramme für A Körpertemperatur, B Atemzüge pro Minute und C Herzschläge pro Minute! Trage jeweils auf der Rechtsachse im gleichen Abstand die vier Jahreszeiten mit den angegebenen Temperaturen ein! Nimm die Seiten 78 und 79 zu Hilfe!

C2 Vergleiche die Messergebnisse für Fuchs und Eichhörnchen mithilfe der Tabelle und der Diagramme!

C3 Erkläre mithilfe der Diagramme, weshalb der Fuchs als winteraktives Tier, das Eichhörnchen hingegen als Winterruher bezeichnet wird!

SINNESORGANE · Wie spürt der Maulwurf in den dunklen Gängen seine Beute auf? Alle drei bis vier Stunden durchstreift er seine Jagdgänge auf der Suche nach eingedrungenen Kleintieren. Dabei leistet ihm sein ausgeprägter Geruchssinn gute Dienste. Er kann die Tiere sogar durch die Erde hindurch riechen. Mithilfe von Tasthaaren an der Nase, um das Maul, am Schwanz und an den Handwurzeln nimmt der Maulwurf schon die leichtesten Erschütterungen wahr. Auf diese Weise bemerkt er selbst die Beute, die sich auf der Erdoberfläche bewegt. Die Ohren sind zwar von außen nicht zu sehen, aber das Gehör ist dennoch sehr gut ausgebildet.

BEDEUTUNG DES MAULWURFS · Beim Graben der Gänge wühlt der Maulwurf den Boden auf. Dadurch wird der Boden aufgelockert und besser durchlüftet, was die *Bodenfruchtbarkeit* verbessert. Zudem frisst er Wurzelschädlinge und trägt so zur natürlichen Bekämpfung von Schädlingen bei. Dennoch ist der Maulwurf bei vielen Gartenbesitzern nicht beliebt. Nicht nur die Maulwurfshügel sind für sie ein Ärgernis, sondern sie befürchten auch, dass er die Wurzeln der Pflanzen fressen könnte. Trotzdem darf der Maulwurf nicht getötet werden, denn er steht unter Naturschutz.

3 Beschreibe die Bedeutung des Maulwurfs für den Menschen!

4 Erläutere, weshalb die Befürchtung der Gartenbesitzer nicht gerechtfertigt ist!

BASISKONZEPT

Angepasstheit

*Besonders auffällig am Maulwurf sind seine seitlich abstehenden, kurzen und kräftigen Vordergliedmaßen. Diese **Grabhände** mit den langen Krallen sind durch die Fingerknochen, die verwachsen sind, besonders kompakt. Mit den langen, ausgehöhlten **Grabkrallen** kann er feste Erdteilchen und Steinchen im Boden loslösen. Die Handfläche ist zusätzlich verbreitert durch einen weiteren Knochen, das **Sichelbein.** Die Vordergliedmaßen erhalten so die Form von **Grabschaufeln.** Die nach außen gedrehten schaufelförmigen Hände ermöglichen das Wegschieben der Erde nicht nur zur Seite, sondern auch nach oben in die Aushubgänge. Mit seinen Grabhänden ist der Maulwurf an das Leben im Boden sehr gut angepasst. So wie der Maulwurf zeigen auch alle anderen Lebewesen Angepasstheiten an ihre Lebensweise und ihren Lebensraum. Man spricht deshalb vom Basiskonzept **Angepasstheit.***

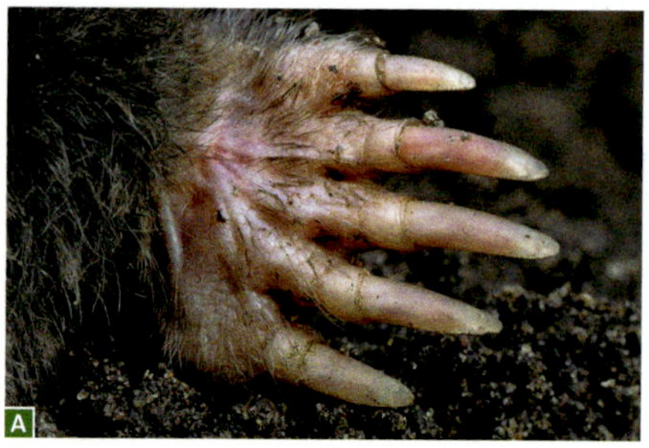

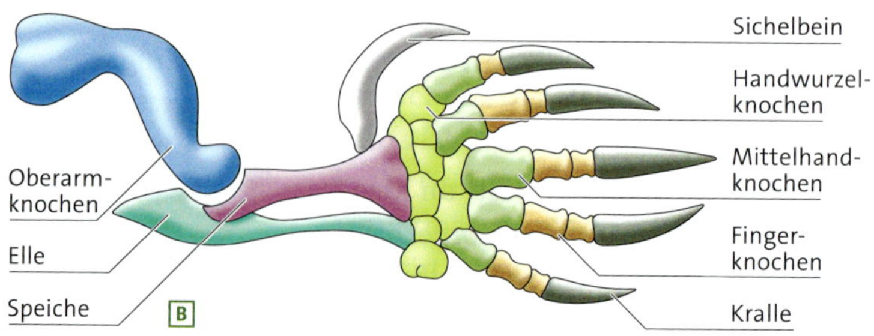

04 Grabhand: **A** Foto, **B** Skelett

Material A ▸ Schädel des Maulwurfs

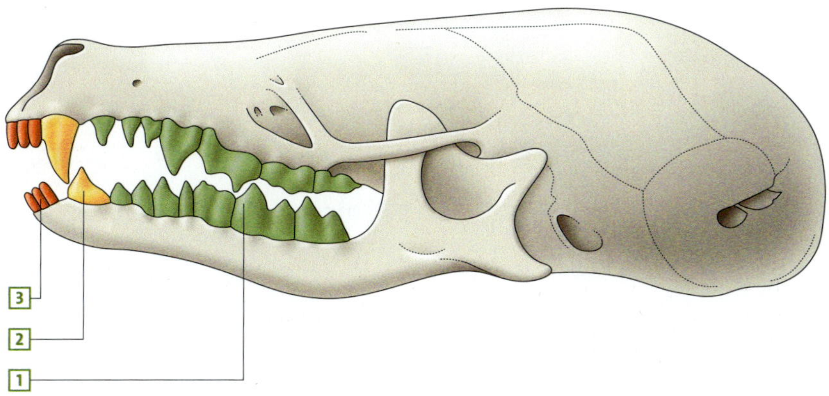

A1 Ordne den Zahlen die entsprechenden Fachbegriffe zu!

A2 Erstelle eine Zahnformel!

A3 Erkläre, woran man erkennen kann, dass der Maulwurf ein Insektenfressergebiss besitzt!

Material B ▸ Körperbau des Maulwurfs

B1 Beschreibe die Körperform des Maulwurfs! Erläutere, weshalb die Körperform eine Angepasstheit an seine Lebensweise darstellt!

B2 Nimm Stellung zu folgender Aussage: „Es ist ein Vorteil, dass die Fellhaare des Maulwurfs keine Strichrichtung aufweisen"!

Material C ▸ Energiebedarf bei Säugetieren

Säugetiere	Körpermasse	benötigte Energie pro Kilogramm Körpermasse
Kaninchen	2,6 kg	186 kJ
Hund	14,0 kg	145 kJ
Hausrind	600,0 kg	84 kJ
Elefant	3672,0 kg	56 kJ

Wissenschaftler haben bei verschiedenen Säugetieren gemessen, wie viel Energie sie in 24 Stunden benötigen. Die Energie wird in Kilojoule (kJ) angegeben. In der Tabelle sind die Messergebnisse festgehalten.

C1 Beschreibe und vergleiche die in der Tabelle festgehaltenen Messergebnisse der Wissenschaftler!

C2 Ein Maulwurf wiegt etwa 0,13 Kilogramm. Vergleiche seine Körpermasse mit der Körpermasse der in der Tabelle aufgeführten Säugetiere!
Stelle Vermutungen über seinen Energiebedarf an!

01 Braunes Langohr im Flug

Fledermäuse – fliegende Säugetiere

In der Nacht kann man im Sommer mit etwas Glück kleine Tiere beobachten, die im unruhigen Zickzack lautlos und schnell umherfliegen. Dabei weichen sie geschickt jedem Hindernis aus. Es handelt sich um Fledermäuse. Doch wie orientieren sich Fledermäuse in der Dunkelheit?

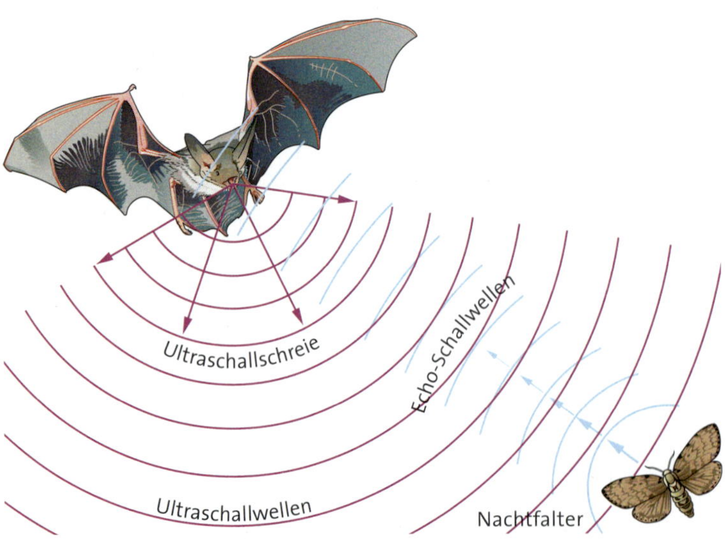

02 Orientierung einer Fledermaus

ORIENTIERUNG · Man hat herausgefunden, dass Fledermäuse wie das Braune Langohr während des Fluges durch Mund oder Nase Schreie ausstoßen. Diese hohen Töne sind Schallwellen, die der Mensch nicht hört. Man nennt sie **Ultraschallwellen.** Treffen die *Ultraschallschreie* auf ein Hindernis oder ein Beutetier, kehren sie als *Echo* zurück. Mit seinen großen, trichterförmigen Ohren fängt das Braune Langohr die *Echoschallwellen* wieder auf. Je weiter ein Beutetier entfernt ist, desto länger dauert es, bis das Echo wahrgenommen wird. Mithilfe dieser *Echoortung* kann das Braune Langohr nicht nur die Entfernung und Richtung des Beutetiers bestimmen, sondern auch dessen Größe und Gestalt. Die Fledermaus orientiert sich nicht mit den Augen in ihrer Umgebung, sondern mit dem **Gehörsinn.** Dadurch ist sie in der Lage, auch bei völliger Dunkelheit auf Nahrungssuche zu gehen.

KÖRPERBAU · Wie bei den Vögeln sind die Vordergliedmaßen der Fledermaus zu Flü-

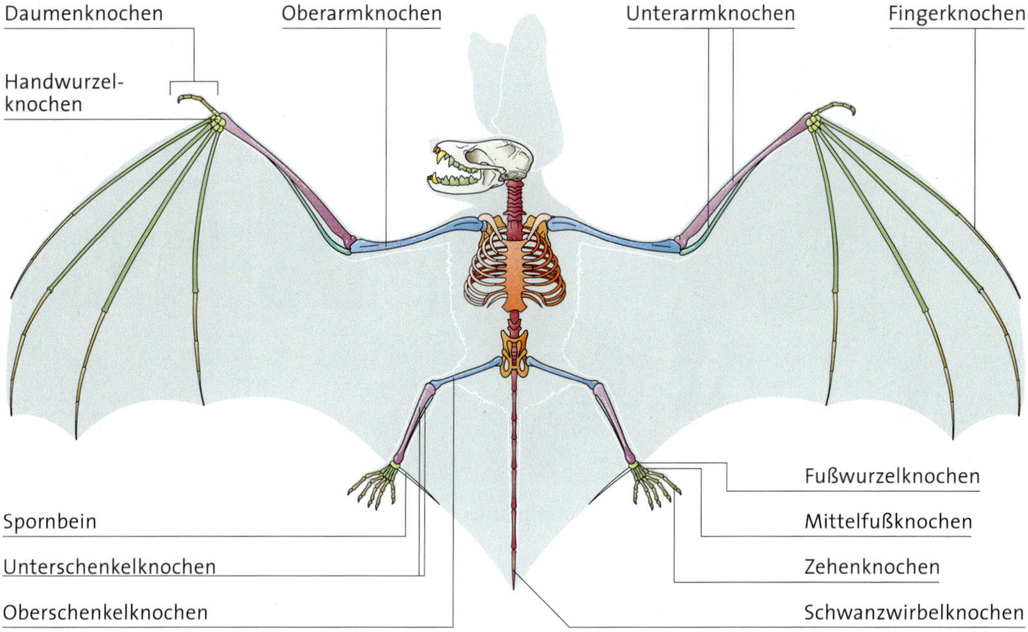

03 Skelett einer Fledermaus

geln umgewandelt. Die Flügelfläche wird aber nicht wie bei den Vögeln von Federn gebildet, sondern von einer dünnen Haut. Diese *Flughäute* spannt die Fledermaus zwischen Armen, Beinen, Rumpf und Schwanz zu **Hautflügeln.** Durch die stark verlängerten Mittelhand- und Fingerknochen haben die Flügel eine ausreichend große Oberfläche zum Fliegen. Ein zusätzlicher Knochen, das *Spornbein,* dient dem Spannen der Schwanzflughaut. Nur die kleinen Füße und die kurzen Daumen liegen frei und tragen scharfe Krallen. Beim Fliegen werden die Hautflügel ununterbrochen in schneller Folge auf und ab bewegt. Wegen dieser flatterartigen Flugbewegungen zählt man die Fledermäuse zu den **Flattertieren.**

LEBENSWEISE · Der Flatterflug des Braunen Langohrs ist sehr anstrengend, deshalb benötigt es viel Energie. Schon kurz nach Sonnenuntergang geht es auf Insektenjagd. Die Fledermaus ist ein **nachtaktives** Tier. Das hat den Vorteil, dass es auf weniger Nahrungskonkurrenten trifft. In einem Sommer kann eine Fledermaus mit ihrem *Insektenfressergebiss* bis zu 60 000 Mücken fressen.

Tagsüber ist die Fledermaus nicht zu sehen. Sie zieht sich in ihr Tagquartier wie Baumhöhlen, Felsspalten oder Dachböden zurück. Dort krallt sie sich mit ihren Füßen an der Decke fest und verbringt schlafend den Tag. Im Spätsommer sucht die Fledermaus ein frostsicheres Winterquartier auf. Höhlen sind besonders gut geeignet, da in ihnen die Temperatur wenig schwankt, gleichzeitig bieten sie Schutz vor Feinden. In diesen Höhlen überbrückt die Fledermaus oft in großer Anzahl die kalten Monate bis zum Frühjahr im **Winterschlaf.**

In den Tropen gibt es Fledermäuse, die sich auch von Nektar und Früchten ernähren oder von Blut wie die Vampirfledermaus. Mit ihren spitzen Zähnen beißt sie aus größeren Säugetieren ein Stück der Haut heraus und leckt das Blut ab.

04 Fledermäuse: **A** Große Hufeisennasen im Winterquartier; **B** Kleiner Abendsegler mit Traglingen

FORTPFLANZUNG UND ENTWICKLUNG · Die *Paarung* der Fledermäuse findet im Winterquartier statt. Das Männchen sucht das schlafende Weibchen auf, umklammert es mit seinen Flügeln und beißt es in den Nacken. Sobald das Weibchen erwacht, wird es von dem Männchen *begattet*. Die *Befruchtung* der Eizelle erfolgt jedoch erst nach dem Winterschlaf. Die *Tragzeit* ist vom Nahrungsangebot abhängig und kann bis zu 70 Tage dauern. Die Fledermäuse fliegen dann in ihre Sommerquartiere. Die Männchen suchen sich Tagquartiere. Die Weibchen versammeln sich in den **Wochenstuben** und bringen die Jungtiere zur Welt. Jedes Weibchen gebärt in der Regel nur ein Jungtier. Das nackte und blinde Neugeborene wird bis zu sieben Wochen lang gesäugt. Das Jungtier klammert sich am Fell des Muttertieres fest und wird in den ersten Tagen zu den Jagdflügen mitgenommen.

05 Flughund

FLUGHUNDE · Flughunde sind die nächsten verwandten Tiere der Fledermäuse. Sie sind in den Tropen Afrikas und Asiens verbreitet. Flughunde leben nachtaktiv, orientieren sich aber im Gegensatz zu den Fledermäusen vor allem mithilfe ihrer großen Augen. Eine Echoortung besitzen nur Höhlen bewohnende Flughunde. Da sie in wärmeren Gebieten leben, halten sie keinen Winterschlaf.

1 Beschreibe, wie die Fledermaus in der Dunkelheit ihre Beute aufspürt!

2 Erläutere, inwiefern die späte Befruchtung der Eizelle eine Angepasstheit an die Lebensweise der Fledermäuse darstellt!

3 Fledermäuse sind Säugetiere. Begründe diese Aussage!

Material A ▸ Armskelette im Vergleich

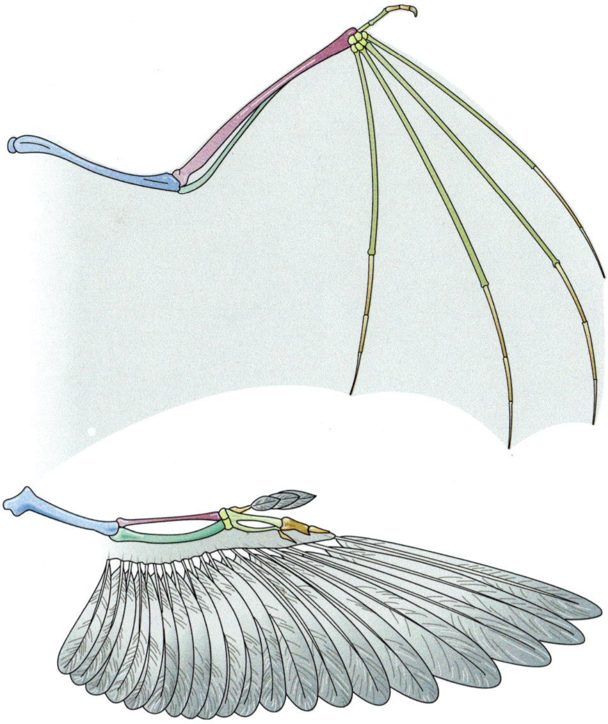

A1 Vergleiche das Armskelett der Fledermaus mit dem eines Vogels! Nenne Gemeinsamkeiten und Unterschiede! Nimm die Seite 27 zu Hilfe!

A2 Erläutere, wie das Flügelskelett der Fledermaus an das Fliegen angepasst ist!

Material B ▸ Orientierung der Fledermäuse

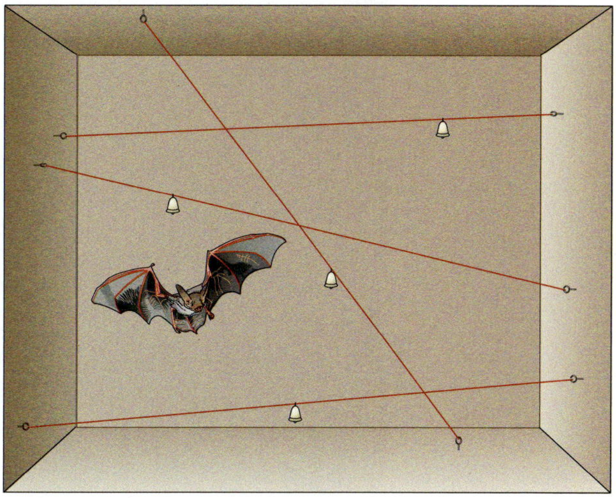

Der italienische Naturforscher SPALLANZANI führte 1793 Experimente durch, um herauszufinden, welches Sinnesorgan die Fledermäuse zur Orientierung nutzen. Dazu hängte er in einem verdunkelten Raum Glocken an Schnüren auf. Anschließend ließ er Fledermäuse in diesem Raum fliegen:

a) mit verbundenen Augen,
b) mit durch Wachs verschlossenen Ohren oder
c) mit zugebundenem Maul.

B1 Erläutere, in welchem Versuchsansatz SPALLANZANI die Glocken läuten hören konnte!

Material C ▸ Untersuchung bei Fledermäusen

Umgebungstemperatur	Körpertemperatur	Atemzüge pro Minute	Herzschläge pro Minute
20 °C	37 °C	35	200
13 °C	25 °C	20	100
10 °C	10 °C	10	50
2 °C	5 °C	2	20
0 °C	35 °C	35	200

Biologen haben die Körpertemperatur sowie die Atemzüge und Herzschläge pro Minute einer Fledermaus bei unterschiedlicher Umgebungstemperatur untersucht. In der Tabelle sind die Untersuchungsergebnisse dargestellt.

C1 Deute die in der Tabelle festgehaltenen Untersuchungsergebnisse!

C2 Stelle Vermutungen an, welche Vorteile Fledermäuse durch ihren Winterschlaf haben!

C3 Nenne Eigenschaften, die ein Winterquartier der Fledermäuse haben sollte!

01 Tauben

Vögel sind an das Fliegen angepasst

Tauben lassen sich auf Straßen und Plätzen unserer Städte beobachten. Geschickt weichen sie den Fußgängern aus. Mit wenigen Flügelschlägen erheben sie sich in die Luft und gleiten nur wenige Meter weiter wieder zu Boden. Welche besonderen Eigenschaften ermöglichen den Tauben das Fliegen?

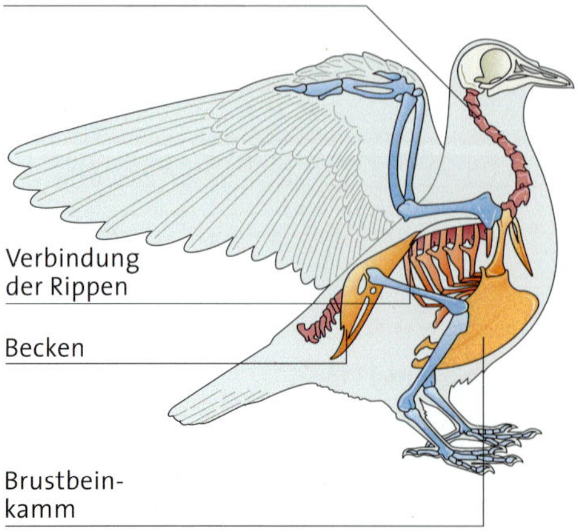

02 Aufbau des Taubenkörpers

KÖRPERBAU · Die Taube trägt wie alle Vögel ein Federkleid. Nur Schnabel und Füße besitzen kein *Gefieder*. Den Vogelkörper durchzieht wie bei den Säugetieren eine **Wirbelsäule.** Vögel sind *Wirbeltiere*. Bis auf die Halswirbel sind alle Wirbel miteinander verwachsen. Sie bilden eine *starre Achse* und verhindern, dass sich der Rumpf beim Fliegen verbiegt. Zusätzlich sorgen starre Verbindungen der Rippen untereinander und mit dem Brustbein für die Festigkeit des Skeletts. Die Taube besitzt wie alle Vögel einen *stromlinienförmigen* Körper. Diese Körperform erleichtert das Fliegen, denn sie bietet der Luft weniger Widerstand.

FLÜGEL · Vergleicht man die Flügel der Taube mit den Vorderbeinen eines Säugetieres oder den Armen eines Menschen, erkennt man Ähnlichkeiten. So besteht auch das Flügelskelett aus einem *Oberarmknochen*,

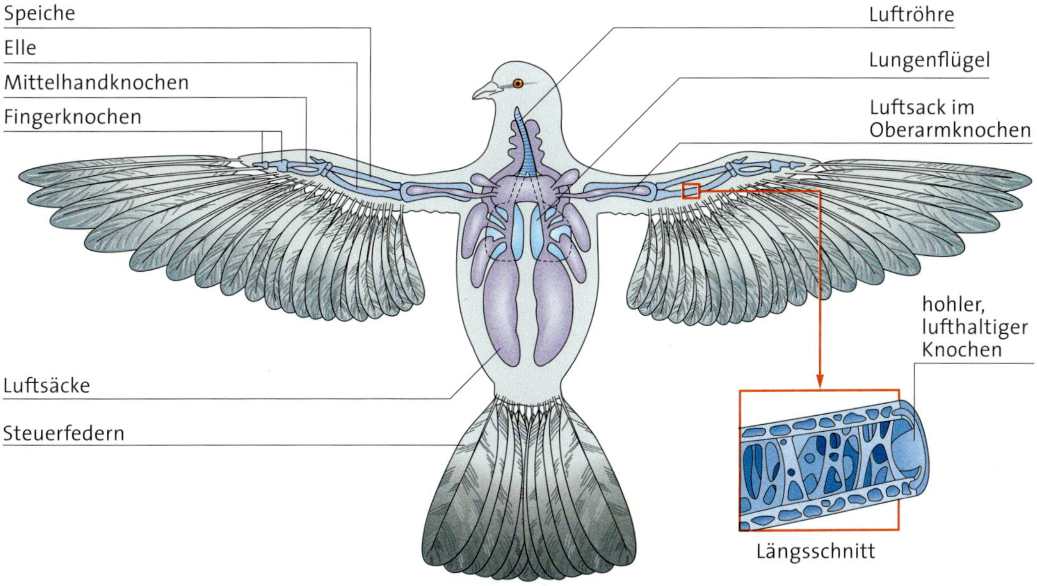

03 Leichtbauweise des Taubenkörpers

den *Unterarmknochen* und den *Handknochen.* Die Flügel der Vögel entsprechen also den Vordergliedmaßen von Säugetieren. Die Federn stecken in der Haut des Unterarms und der Hand.

LEICHTBAUWEISE · Voraussetzung für das Fliegen ist ein geringes Gewicht. Daher sind Vögel leichter als vergleichbar große Säugetiere. Ein Igel wiegt zum Beispiel das Doppelte bis Dreifache einer Taube. Sie besitzt im Gegensatz zum Igel **dünnwandige** und **hohle Knochen.** Diese leichten Knochen werden durch Verstrebungen verstärkt und haben eine hohe Festigkeit. Auch das Kopfskelett ist besonders leicht. Der zahnlose Schnabel besteht aus leichtem *Horn.*
Die Lunge der Taube unterscheidet sich von den Lungen anderer Wirbeltiere durch die **Luftsäcke.** Diese liegen zwischen inneren Organen und Muskeln und reichen sogar in hohle Knochen. Mit den Luftsäcken können Vögel sehr viel Atemluft speichern. Der große Atemluftvorrat macht es möglich, den erhöhten Sauerstoffbedarf beim Fliegen zu decken. Der Sauerstoff aus der Atemluft gelangt von der Lunge über die Blutgefäße zu den Flugmuskeln und Organen.

ERNÄHRUNGSWEISE · Die Taube nimmt viel Nahrung auf, denn der Energiebedarf beim Fliegen ist sehr hoch. Die große Nahrungsmenge dient auch dazu, eine konstante Körpertemperatur aufrechtzuerhalten. Vögel gehören zu den **gleichwarmen Tieren.** Vögel verdauen schnell und halten dadurch ihr Körpergewicht niedrig. Sie besitzen keine Harnblase, die das Körpergewicht erhöhen würde. Ihren Harn scheiden sie zusammen mit dem Kot aus.

FORTPFLANZUNG · Die Eier reifen im Körper des Taubenweibchens nacheinander und werden mit zeitlichem Abstand gelegt. Der Nachwuchs entwickelt sich im Ei außerhalb des mütterlichen Körpers, wodurch die Körpermasse des Weibchens auch in der Fortpflanzungszeit niedrig bleibt.

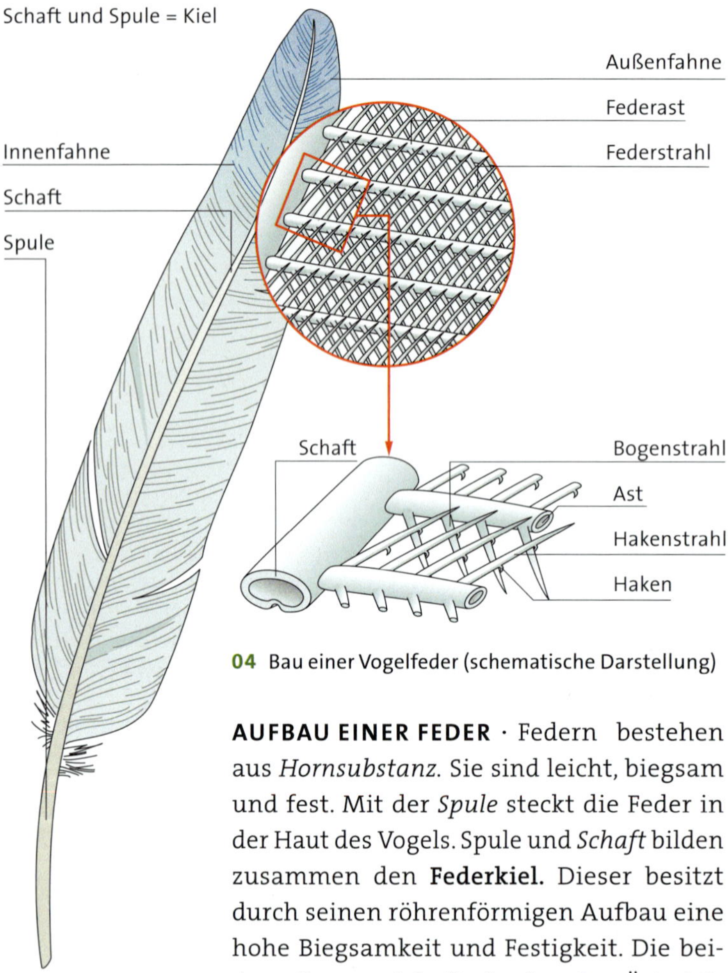

04 Bau einer Vogelfeder (schematische Darstellung)

05 Federtypen

AUFBAU EINER FEDER · Federn bestehen aus *Hornsubstanz*. Sie sind leicht, biegsam und fest. Mit der *Spule* steckt die Feder in der Haut des Vogels. Spule und *Schaft* bilden zusammen den **Federkiel.** Dieser besitzt durch seinen röhrenförmigen Aufbau eine hohe Biegsamkeit und Festigkeit. Die beiderseits vom Schaft abgehenden Äste bilden die **Fahne.** Von jedem Ast gehen zur einen Seite bogenförmige Strahlen und zur anderen Seite Strahlen mit kleinen Haken ab. Dadurch liegen zwischen den benachbarten Ästen sowohl *Bogenstrahlen* als auch *Hakenstrahlen*. Die über den Bogenstrahlen liegenden gezackten Hakenstrahlen verzahnen die Strahlen ähnlich wie ein Klettverschluss. Dadurch entsteht eine Federfläche, die kaum Luft durchlässt.

FEDERTYPEN · Die großen und kräftigen **Schwungfedern** bilden die Tragflächen des Flügels. Ähnlich gebaut sind die **Steuerfedern** des Schwanzes. Mit ihnen steuert und bremst die Taube ihren Flug. Der Rumpf des Vogels wird von den kleineren **Deckfedern** eingekleidet. Sie schützen den Körper und geben ihm eine glatte, *stromlinienförmige* Gestalt. Unter den Deckfedern liegen die **Daunenfedern.** Ihre Strahlen sind nicht miteinander verhakt. Durch den lockeren Aufbau enthalten sie viel Luft. Das dadurch entstehende Luftpolster schützt den gleichwarmen Vogel vor Wärmeverlusten, denn Luft leitet Wärme schlecht.

1 Erläutere, weshalb man den Vogelkörper als Leichtbaukonstruktion bezeichnet!

2 Beschreibe den Aufbau der verschiedenen Federtypen!

3 Ordne die Federtypen den verschiedenen Körperbereichen des Vogels zu!

4 Nenne die Aufgaben der verschiedenen Federtypen!

Material A ▸ Taubenflügel und menschlicher Arm im Vergleich

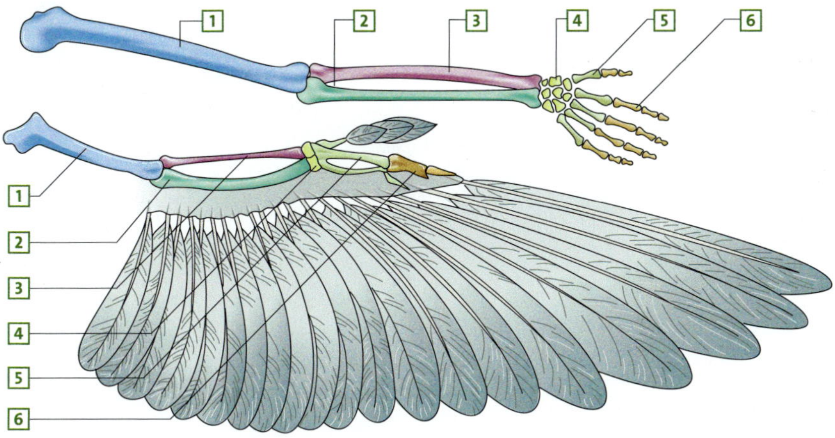

A1 Ordne den Zahlen die entsprechenden Fachbegriffe zu!

A2 Nenne Gemeinsamkeiten und Unterschiede zwischen dem Taubenflügel und dem menschlichen Arm! Beachte dabei auch die Funktion und nimm die Seite 133 zu Hilfe!

Material B ▸ Federn und Wärme

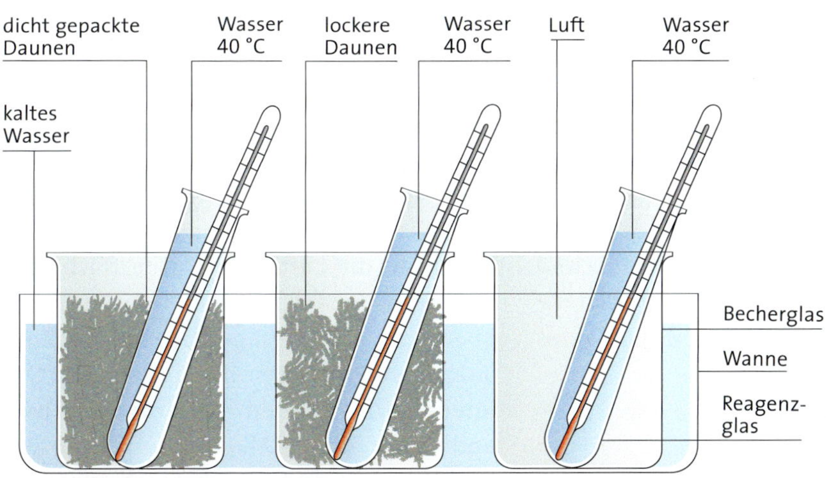

	Beginn	5 min	10 min	15 min	20 min
Federn, locker	40 °C	35,1 °C	29,8 °C	27,1 °C	24,7 °C
Federn, dicht	40 °C	32,2 °C	27,1 °C	23,9 °C	21,4 °C
Luft	40 °C	29,5 °C	26,3 °C	22,3 °C	19,5 °C

B1 Erstelle ein Versuchsprotokoll! Nimm die Seite 50 zu Hilfe!

Material C ▸ Körperlängen und Körpermassen im Vergleich

Art	Körperlänge in Zentimeter	Körpermasse in Gramm
Wildkatze	80	6200
Graugans	80	3300
Feldhase	60	4000
Stockente	60	1200
Wildkanninchen	46	1800
Rabenkrähe	46	560

Die Tabelle zeigt das Ergebnis der Messung von Körperlänge und Körpermasse einzelner Tiere.

C1 Berechne für jedes Tier in der Tabelle die Masse pro Zentimeter Körperlänge!

C2 Zeichne ein Säulendiagramm (Hochachse: Masse pro Zentimeter, Rechtsachse: Tiere der Tabelle) und stelle dabei die gleich langen Tiere nebeneinander dar! Nimm die Seite 78 zu Hilfe!

C3 Erläutere das Ergebnis des Vergleichs! Nimm auch das Diagramm zu Hilfe!

01 Mäusebussard im Gleitflug

Der Vogelflug

Ohne Flügelschlag gleitet der Mäusebussard über die Wiese auf einen Waldrand zu. Langsam verliert er an Höhe. Kurz vor einem Baum breitet er seine Flügel aus und bremst ab. Sicher landet er auf einem Ast. Wie ist dieser Gleitflug möglich?

GLEITFLUG · Von besonderer Bedeutung für den Gleitflug des Mäusebussards ist die Form seines Flügels. Im Querschnitt eines ausgebreiteten Flügels erkennt man, dass die Oberseite des Flügels stärker gewölbt ist als die Unterseite. Die Flügel wirken wie Tragflächen. Beim Gleiten strömt die Luft über und unter dem Flügel hinweg. Durch die Wölbung der Flügeloberseite ist der Weg für die Luft hier länger als an der Unterseite. So strömt die Luft auf der Oberfläche des Flügels ein wenig schneller. Dabei entsteht über dem Flügel ein geringerer Druck als unter dem Flügel. Der Unterschied, die Differenz, zwischen dem Luftdruck oberhalb und unterhalb des Flügels ergibt den Auftrieb. Ohne diese **Auftriebskraft** würde der Mäusebussard durch seine *Körpermasse* zu Boden sinken. Welche Einflüsse wirken noch auf den **Gleitflug** eines Vogels ein?

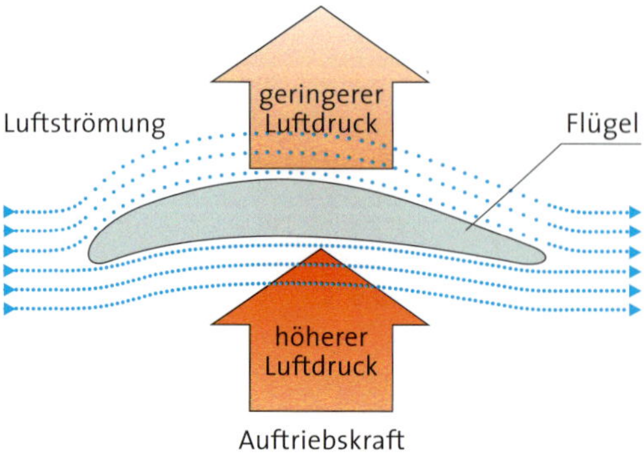

02 Flügelquerschnitt mit Luftströmung

Die *Gleitfähigkeit* eines Vogels hängt von der *Körpermasse*, von der Größe und Form der *Flügelfläche* sowie vom *Luftwiderstand* ab.

Zum Vergleich der Gleitfähigkeit verschiedener Vögel dient die **Gleitzahl.** Diese kann in einem einfachen Experiment festgestellt werden. Bei Windstille und einer bestimmten Abflughöhe vergleicht man die Gleitstrecken der Vögel und teilt die Gleitstrecke durch die Abflughöhe. Den erhaltenen Wert nennt man die Gleitzahl. Wenn zum Beispiel ein Vogel wie der Haussperling von einem zehn Meter hohen Baum 80 Meter weit ohne Flügelschlag gleitet, ist die Gleitzahl 8. Je besser die Gleitfähigkeit eines Vogels ist, desto höher ist seine Gleitzahl.

SEGELFLUG · Häufig kann man den Mäusebussard beobachten, wie er mit ausgebreiteten Flügeln in der Luft kreist. Obwohl der Mäusebussard nicht mit den Flügeln schlägt, verliert er nicht an Höhe. Manchmal steigt der Vogel mit ausgebreiteten Flügeln sogar noch weiter empor. Er nutzt die nach oben aufsteigenden warmen *Aufwinde*. Diese entstehen dann, wenn sich die Luft am Boden erwärmt und aufsteigt. Auch an Berghängen wird Luft nach oben geleitet. Das Fliegen ohne Flügelschlag in aufsteigender Luft nennt man **Segelflug.**

Adler, Geier und Störche legen mit ihren breiten, großflächigen Flügeln weite Strecken in einer Kombination von Segel- und Gleitflug zurück. Seevögel wie Möwen, Albatrosse und Sturmvögel können sogar wochenlang über dem Meer auch bei Sturm gleiten und segeln. Dies ermöglicht ihnen eine besondere Flügelform, die ebenfalls eine große Fläche aufweist, aber lang und schmal ist und am Ende spitz zuläuft.

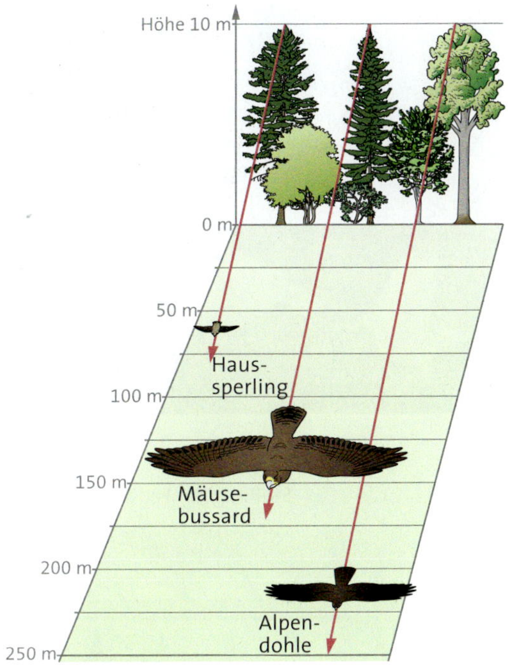

03 Gleitstrecken

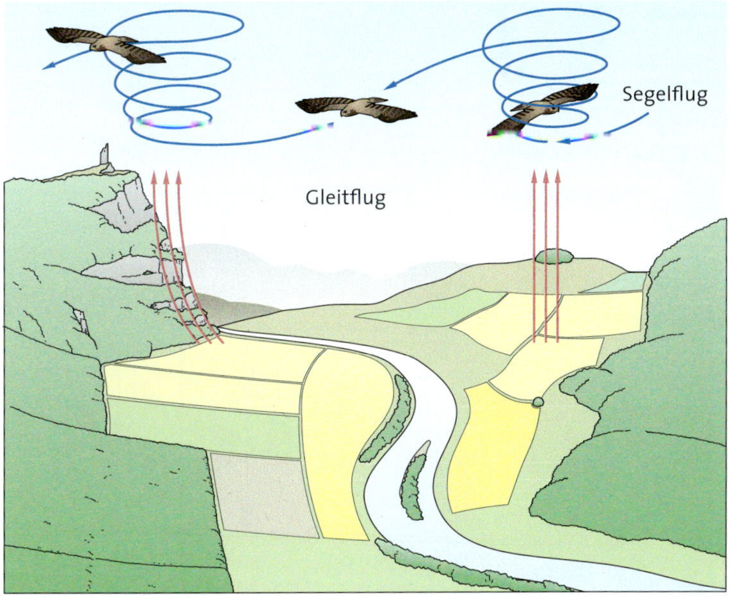

04 Segelflug beim Mäusebussard

1 Beschreibe den Segelflug des Mäusebussards!

2 Erläutere die Bedeutung der Flügelform für das Fliegen! Berücksichtige bei deiner Erläuterung auch die Auftriebskraft!

05 Ruderflug einer Taube

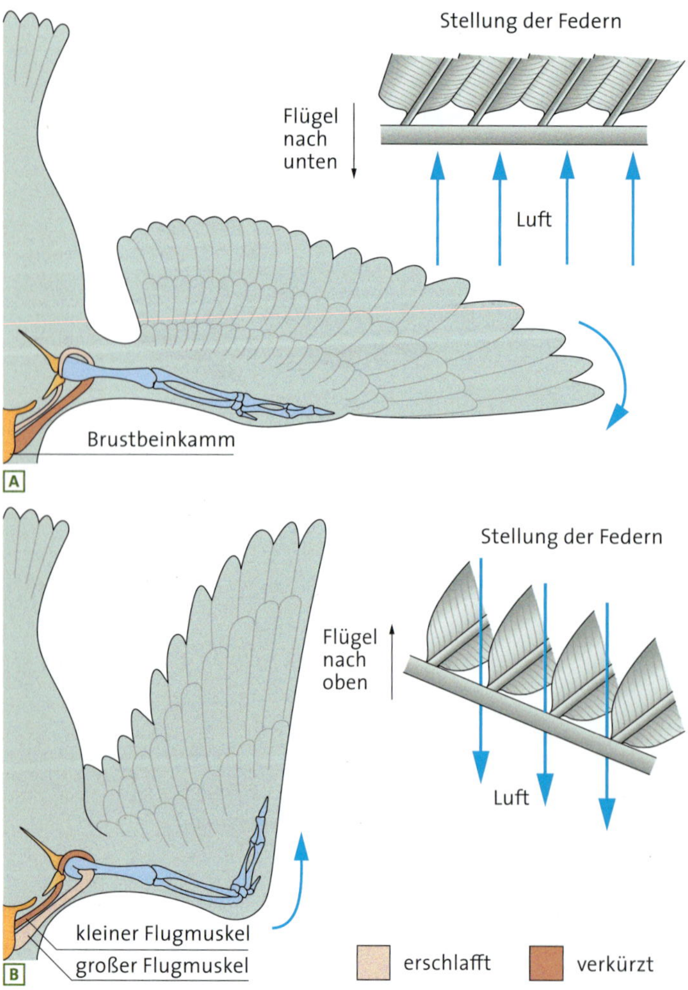

06 Ruderflug: **A** Abschlag, **B** Aufschlag

RUDERFLUG · Die Taubenflügel werden durch eine kräftige Muskulatur bewegt. Die *Flugmuskulatur* setzt am Brustbeinkamm an und teilt sich in einen kleinen und einen großen Flugmuskel. Zieht sich der große Flugmuskel zusammen, schlägt der Flügel abwärts. Beim **Abwärtsschlag** bilden die Flügel eine geschlossene Fläche, in der die Schwungfedern übereinanderliegen. Die Flügel werden gestreckt und auch nach hinten bewegt. Dadurch gewinnt der Vogel an Höhe und fliegt nach vorn. Beim **Aufwärtsschlag** zieht sich der kleine Flugmuskel zusammen. Die Flügel werden leicht geknickt und die Schwungfedern wie bei einer Jalousie so gestellt, dass die Luft von oben zwischen ihnen hindurchströmen kann. Der Luftwiderstand bleibt gering. So wird verhindert, dass die Taube wieder zurückfällt und absackt. Die auf- und abwärtsschlagenden Flügel ähneln den Bewegungen eines Ruders. Man spricht deshalb vom **Ruderflug**.

3 Erläutere den Fachbegriff Gegenspielerprinzip am Beispiel der Zusammenarbeit der Flugmuskulatur!

4 Erläutere die Bedeutung des großflächigen Brustbeinkamms für das Fliegen!

VERSUCH A ▸ Gleitflug mit Papierfliegern

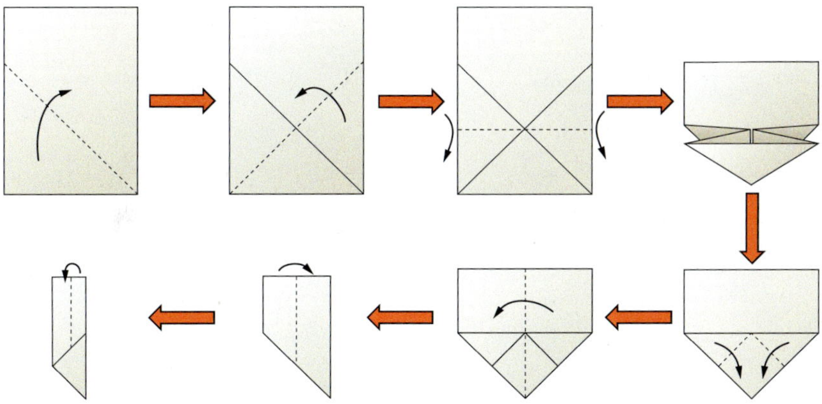

Material:
2 Blatt Papier (DIN A4), Büroklammern

Durchführung:
Baue nach der Faltskizze zwei Papierflieger. Die gepunkteten Linien geben die Faltlinien an, die Pfeile stellen die Faltrichtung dar. Hefte an den Rumpf eines Papierfliegers mehrere Büroklammern.

A1 Beschreibe und erkläre, welcher Papierflieger am besten gleitet!

A2 Beschreibe die Unterschiede zwischen Modell und Vogelflügel und erläutere die Eignung des Modells!

VERSUCH B ▸ Auftrieb

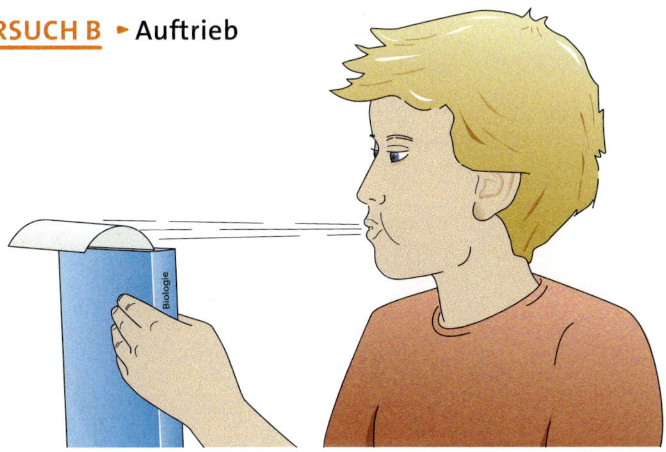

Material:
Papier (DIN-A4), Buch

Durchführung:
Puste über das im Buch eingeklemmte Papier.

B1 Beschreibe deine Beobachtung!

B2 Erkläre mithilfe des Versuchs, weshalb Vögel in der Luft gleiten können! Nimm die Seite 30 zu Hilfe!

Material C ▸ Aufwind

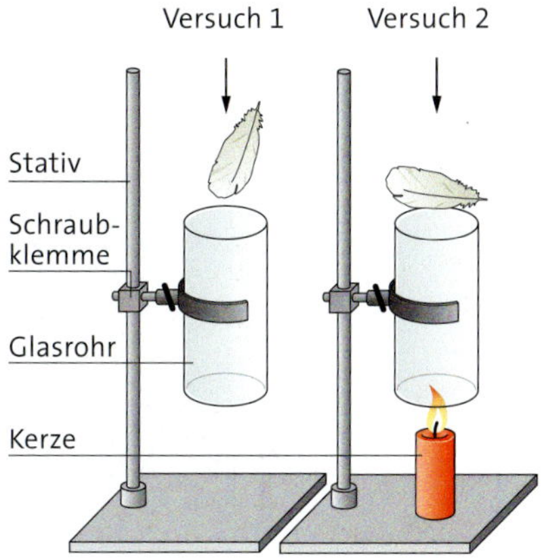

C1 Erstelle für den in der Abbildung dargestellten Versuch ein Versuchsprotokoll!

C2 Übertrage den Versuch auf den Segelflug eines Vogels und erläutere!

Material D ▸ Gleitstrecken

Ein Storch hat die Gleitzahl 17. Wenn er von Spanien nach Afrika zieht, muss der Storch 15 Kilometer ohne Aufwinde über das Meer fliegen. Wenn der Storch den direkten Weg über Italien wählen würde, müsste er ab Sizilien 170 Kilometer über das Meer fliegen.

D1 Berechne, wie hoch der Storch über dem Land aufsteigen muss, wenn er danach die Strecke von Spanien nach Afrika nur im Gleitflug überwindet!

D2 Berechne, wie hoch der Storch über dem Land aufsteigen müsste, wenn er danach die Strecke von Sizilien nach Afrika nur im Gleitflug überwinden würde!

01 Turmfalke bei der Jagd

Turmfalke und Kuckuck

Turmfalken sind weit verbreitet und häufig zu beobachten. Sie sind dem Menschen in die Nähe seiner Siedlungen gefolgt und nisten auf Türmen und anderen Gebäuden. Ihre Beute suchen die Turmfalken auf Wiesen, Feldern und sogar an Straßenrändern. Wie jagen diese Vögel?

JAGDVERHALTEN · Der Turmfalke sucht im ruhigen *Ruderflug* über offene Landschaften seine Beutetiere. Sobald er ein kleines Tier, zum Beispiel eine Feldmaus, erspäht hat, bleibt er in der Luft stehen, indem er mit den Flügeln auf der Stelle rüttelt. Wenn Aussicht auf Jagderfolg besteht, geht der

02 Jagdverhalten des Turmfalken

Turmfalke vom *Rüttelflug* in den *Gleitflug* über und stürzt sich dann im *Sturzflug* mit einer Geschwindigkeit von etwa 180 km/h auf die Beute. Hat der Falke das Beutetier mit seinen vorgestreckten Füßen ergriffen, trägt er es fort. An einem ruhigen Platz, dem Kröpfplatz, wird die Beute mit dem Schnabel getötet und gefressen oder zu den Jungtieren ins Nest gebracht.

KÖRPERMERKMALE DES TURMFALKEN · Der Turmfalke ist etwa taubengroß und an seine Lebensweise gut angepasst. Sein Gefieder ist überwiegend rotbraun. Er besitzt sehr gute Augen und *Greiffüße* mit langen, spitzen Krallen und kann damit flinke Beutetiere fangen. Mit seinem scharfen *Hakenschnabel* zerreißt er die Beute.

LEBENSWEISE DES TURMFALKEN · Der Turmfalke lebt im offenen Gelände. Zu seinen Beutetieren zählen außer Feldmäusen und anderen kleinen Nagetieren auch Eidechsen, Würmer, Insekten und kleine Vögel. Er fängt seine Beute nur auf dem Boden und nicht in der Luft wie die anderen Falkenarten. Die erlegten Tiere verschlingt er in großen Stücken und würgt die unverdaulichen Reste wie Haare, Knochen und Federn als *Gewölle* hervor. Unter seinen Rastplätzen kann man die Gewölle finden.

FORTPFLANZUNG · Im Frühjahr besetzt das Falkenpaar ein Brutrevier. Turmfalken nisten auf Bäumen in alten Krähennestern, in Felsspalten oder auf Gebäuden. Im Frühling legt das Weibchen seine Eier in das einfach gebaute Nest und brütet 29 Tage. Nach dem Schlüpfen bleiben die Jungvögel vier Wochen als **Nesthocker** im Nest und werden von den Eltern gefüttert. Nach dem Ausflug aus dem Nest versorgen die Eltern ihre Jungtiere noch vier weitere Wochen.

03 Körpermerkmale des Turmfalken:
A Greiffuß,
B Hakenschnabel

GREIFVÖGEL UND EULEN · Typische Merkmale der Falken wie sehr gute Augen, scharfe Hakenschnäbel und dolchartige Krallen an Greiffüßen besitzen auch andere Greifvögel und die Eulen. Zu den Greifvögeln zählen Adler, Habichte, Bussarde, Weihen und Milane. Sie fangen Beutetiere mit den Greiffüßen und erdolchen sie mit den Krallen. Eulen jagen und ergreifen ihre Beute meist nachts und töten sie mit dem Schnabel. Wegen ihrer Jagdweise werden die Eulen oft Nachtgreife genannt, auch wenn sie mit den Greifvögeln, die nur tagsüber jagen, nicht näher verwandt sind. Der größte Taggreif bei uns ist der Seeadler, der größte Nachtgreif der Uhu.

1 Beschreibe in Form eines Beobachtungsprotokolls, wie der Turmfalke seine Beute fängt! Nimm die Seiten 232 und 233 zu Hilfe!

2 Nenne Angepasstheiten des Turmfalken an seine Lebensweise! Nimm dabei die Abbildung 03 zu Hilfe!

3 Begründe, weshalb Turmfalken häufig in der Nähe von Siedlungen leben!

4 Zeichne die Umrisse der Flugbilder der Greifvögel in deine Biologiemappe! Erstelle für mindestens zwei der Greifvogelarten einen Steckbrief!

Sperber

Baumfalke

Mäusebussard

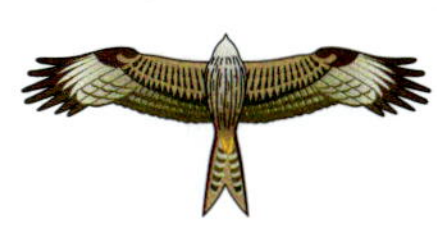
Rotmilan

Seeadler

04 Flugbilder

05 Kuckucksweibchen entfernt ein Ei des Wirtsvogels aus dem Nest

06 Gelege eines Teichrohrsängers mit einem Kuckucksei

07 Kuckucksküken wirft die Eier des Wirtsvogels aus dem Nest

08 Teichrohrsänger füttert das Kuckucksjunge

DER KUCKUCK · Der Kuckuck ist allgemein bekannt wegen seines typischen „guh-kuh" Rufes. Er ist nahezu taubengroß. Seine Nahrung besteht hauptsächlich aus Raupen und Schmetterlingen, von denen viele für andere Vögel ungenießbar sind. Er ist ein *Zugvogel*, der bereits im August in wärmere Gebiete aufbricht. Dort steht ihm dann die bevorzugte Nahrung weiterhin zur Verfügung.
Außergewöhnlich ist seine Fortpflanzungsweise: Das Kuckucksweibchen legt im Frühjahr jeweils ein Ei in das Nest eines Singvogels, der kleiner ist als der Kuckuck. Die Eiablage erfolgt innerhalb weniger Sekunden. Dabei werden die Eier der Nestinhaber, die man als **Wirtsvögel** bezeichnet, entfernt und manchmal auch gefressen. Das Kuckucksei ist ein wenig größer als die Eier des Geleges, gleicht ihnen aber sonst weitgehend. Meist bemerkt das Singvogelweibchen den Unterschied nicht, legt noch eigene Eier dazu und beginnt zu brüten.
Sobald das Kuckucksküken geschlüpft ist, wirft es die Eier oder bereits geschlüpfte Küken des Wirtsvogels aus dem Nest, sodass es allein übrig bleibt. Weil es in gleicher Weise wie die Singvogelküken den orangefarbenen Rachen zeigt und Bettelrufe ausstößt, wird es von den Wirtsvögeln gefüttert und aufgezogen. Selbst die Größe des Jungvogels behindert die weitere *Brutpflege* nicht.
Da der Kuckuck seine Jungtiere von anderen Vögeln füttern und aufziehen lässt, bezeichnet man ihn als **Brutschmarotzer**.

5 Beschreibe das Verhalten des Kuckucks!

6 Erläutere, welchen Vorteil es für den jungen Kuckuck hat, wenn er Eier und Jungvögel des Wirtsvogels aus dem Nest wirft!

7 Erkläre den Begriff Brutschmarotzer!

Material A ▸ Schleiereule

Schleiereulen nisten in Gebäuden. Nachts jagen sie hauptsächlich kleine Nager. Mit ihren nach vorn gerichteten Augen sehen sie bei Sternenlicht noch gut. Auch mit ihren empfindlichen Ohren können sie Beutetiere orten. Ihr weiches Gefieder ermöglicht den Eulen einen lautlosen Flug.

A1 Beschreibe die Schleiereule mithilfe der Abbildungen!

A2 Vergleiche die Eulen mit den Greifvögeln und notiere Gemeinsamkeiten und Unterschiede!

Material B ▸ Gewölle

	Schleiereule	Uhu	Wanderfalke
Mäuse	702	348	0
Ratten	0	206	0
Hasen/Kaninchen	0	67	0
Spitzmäuse	253	7	0
Igel/Wiesel	0	44	0
Vögel	38	328	999
Lurche	6	0	0
andere Tiere	1	0	1

Die Zahlen geben die Beutetiere in den Gewöllen an.

B1 Vergleiche die Zusammensetzung der Nahrung der Vögel in der Tabelle!

B2 Die Gewölle geben Auskunft über die Größe und das Jagdverhalten der drei Vogelarten. Stelle Vermutungen über die Größe und das Jagdverhalten der Vögel mithilfe der Tabellendaten an!

Material C ▸ Spechte

Grünspecht

Schwarzspecht

C1 Informiere dich über die Spechtarten in Lexika, Vogelbüchern oder Internet!

Notiere Merkmale dieser Spechte wie zum Beispiel Größe, Aussehen, Nahrung, Nahrungserwerb und Lebensraum!

C2 Begründe, weshalb man Spechte zu einer Vogelfamilie zusammenfasst!

01 Honigbiene beim Sammelflug

Die Honigbiene – ein Insekt

Im Frühjahr, wenn die Pflanzen anfangen zu blühen, summt und brummt es in der Luft. Die Honigbienen sind unterwegs und besuchen viele Blüten. Danach kehren die Bienen in den Bienenstock eines Imkers zurück. Was macht die Biene so nützlich für Mensch und Natur?

lateinisch insectum = eingeschnitten, eingekerbt

ÄUSSERER KÖRPERBAU DER HONIGBIENE · Die Honigbiene ist ein Kerbtier, ein **Insekt.** Ihr Körper unterteilt sich wie bei allen Insekten in die drei Hauptabschnitte *Kopf, Brust* und *Hinterleib.* Diese Körperteile sind durch deutliche Kerben voneinander abgesetzt. Der Körper der Insekten, die vor vielen Millionen Jahren lebten, war in einzelne Kammern, die *Segmente,* gegliedert. Bei der Biene erkennt man diese Gliederung noch am Hinterleib. Die Segmente sind hier mit Gelenkhäutchen beweglich miteinander verbunden, während die Segmente des Kopfes und der Brust weitgehend verschmolzen sind. Bienen gehören zu den *Gliedertieren.* Die für Insekten typischen sechs Beine sitzen an der Brust und sind jeweils in fünf Abschnitte unterteilt. Der Körper ist von einem festen, aber elastischen Panzer umgeben und geschützt. Dieses *Außenskelett* der Insekten besteht nicht aus Knochen wie das Innenskelett der Wirbeltiere, sondern aus dem Faserstoff **Chitin.** Da den Insekten eine Wirbelsäule fehlt, zählt man sie zu den *wirbellosen* Tieren. An der Brust trägt die Honigbiene außerdem zwei durchsichtige Flügelpaare. Die Flügel sind wie bei allen geflügelten Insekten Ausstülpungen der Haut und keine umgewandelten Vorderextremitäten wie bei den Flügel tragenden Wirbeltieren. Zur Orientierung dienen der Honigbiene ihre zwei Fühler am

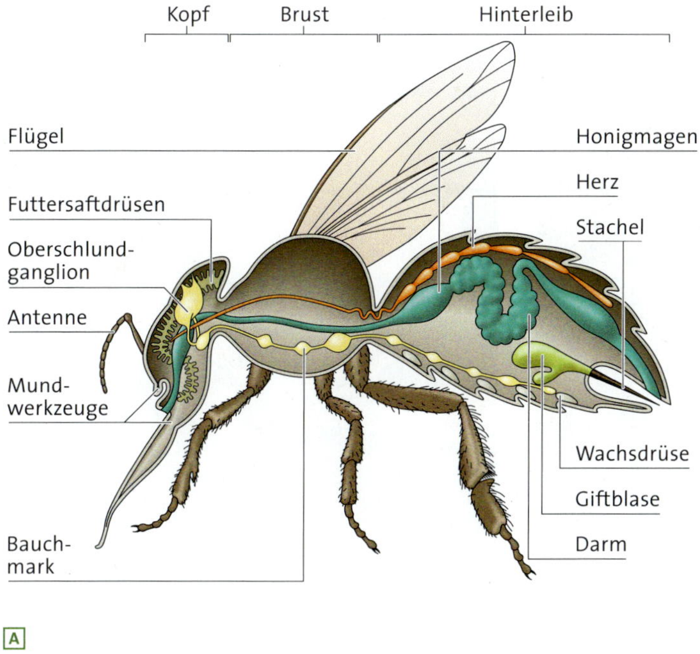

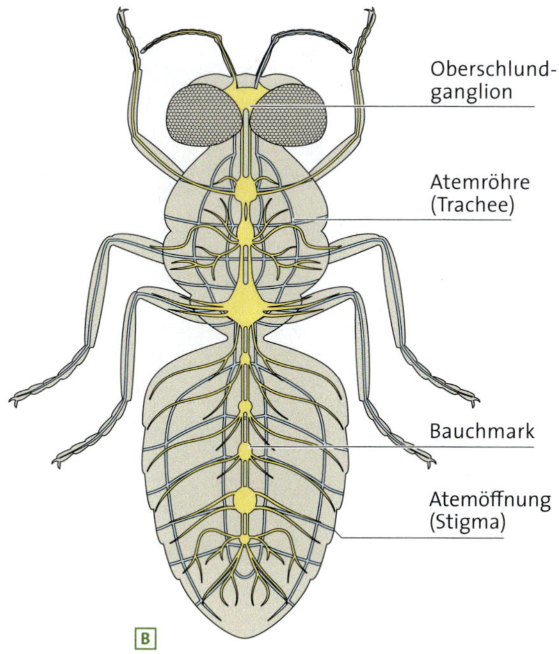

02 Honigbiene: **A** Körperbau im Längsschnitt, **B** Nervensystem und Atmungsorgane in Aufsicht

Antennen und ihre zwei *Netzaugen.* Sie sind aus bis zu 6000 Einzelaugen zusammengesetzt. Die außen am Kopf befindlichen Mundwerkzeuge der Biene bestehen ebenfalls aus Chitin und dienen zum Lecken und Aufsaugen von Flüssigkeiten.

INNERER KÖRPERBAU DER HONIGBIENE · Der gesamte Körper der Biene wird von Blut durchströmt, das von einem *röhrenförmigen Herzen* im Rücken des Tiers von hinten nach vorn gepumpt wird. Die Blutgefäße enden offen. Insekten besitzen im Gegensatz zu Wirbeltieren einen *offenen Blutkreislauf.* Das farblose Blut, die *Lymphe,* dient dem Stofftransport und dem Wundverschluss, jedoch nicht dem Transport der Atemgase. Wie gelangt der benötigte Sauerstoff dann in den Körper und zu den Organen? Er wird durch Atemöffnungen, die *Stigmen,* in den Seitenwänden der Hinterleibssegmente aufgenommen. Verzweigte Atemröhren, die *Tracheen,* leiten ihn direkt und ohne Umweg über das Blut den Organen zu. Der Abtransport des Kohlenstoffdioxids verläuft umgekehrt.

Das Nervensystem der Biene durchzieht als *Bauchmark* die Unterseite des Körpers. Da es aus Paaren von Nervenknoten, den *Ganglien,* aufgebaut ist, die längs und quer miteinander durch Nervenstränge verbunden sind, erinnert es an eine Strickleiter. Deshalb bezeichnet man dieses Nervensystem, das bei allen Gliedertieren vorkommt, als *Strickleiternervensystem.* Ein großer Nervenknoten im Kopf des Insekts, das *Oberschlundganglion,* erfüllt die Aufgaben eines Gehirns. Im Hinterleib trägt die Honigbiene einen Stechapparat mit Giftdrüsen und einem Stachel mit Widerhaken.

1 Erkläre den Begriff Insekt!

2 Erläutere die Atmung bei Insekten!

Arbeiterin
(14 Millimeter)

Königin
(20 Millimeter)

Drohn
(18 Millimeter)

03 Bienenwesen

04 Bienenwabe mit Honigzellen

05 Imker bei der Honigernte

DER STAAT DER HONIGBIENE · In einem Bienenstock leben bis zu 80 000 Bienen. Die meisten von ihnen sind **Arbeiterinnen.** Sie sind zwar weiblich, pflanzen sich aber nicht fort. Sie verrichten in ihrem Lebenslauf nach und nach die anfallenden Arbeiten: Zunächst putzen sie die leeren Zellen der Waben, dann füttern sie die Larven und danach bauen sie neue Waben. Später wachen sie am Flugloch und lassen nur Bienen des eigenen Volks herein. In den letzten 14 Tagen ihres Lebens besuchen sie Blüten und sammeln Nektar und Pollen.

In einem Bienenvolk pflanzt sich nur die **Königin** fort. Sie legt etwa 2000 befruchtete Eier pro Tag. Daraus entwickeln sich die Arbeiterinnen. Im Frühsommer erhalten einige Larven ein spezielles Futter, das „Gelee Royale". Aus ihnen entstehen Königinnen. Ihre Entwicklung erfolgt in besonderen Brutzellen, den *Weiselzellen.* Die junge Königin, die als Erste schlüpft, tötet die anderen mit ihrem Giftstachel, sodass nur sie überlebt. Die alte Königin verlässt mit etwa dem halben Volk den Stock, während dieser Zeit begibt sich die junge Königin einige Male auf „Hochzeitsflug". Dabei wird sie wiederholt von mehreren **Drohnen,** auch aus anderen Völkern, begattet. Drohnen sind männliche Bienen, die sich aus unbefruchteten Eiern entwickeln.

Die Spermien speichert die Königin in einem speziellen Spermienbehälter. Danach bleibt sie im Stock und beginnt mit der Eiablage: Sie gibt entweder Spermien aus dem gesammelten Vorrat zu den Eiern hinzu oder nicht. Die Drohnen werden nach der Begattung nicht mehr im Stock geduldet und verhungern.

NUTZEN DER HONIGBIENE · Honigbienen erzeugen nicht nur Honig, sondern sie bestäuben bei ihrer Sammeltätigkeit auch die Blüten der besuchten Pflanzen. Ohne ihre Bestäubung würden nur wenige Früchte entstehen. Der damit verbundene Nutzwert beträgt für Deutschland etwa vier Milliarden Euro. Blütenhonig stellen die Bienen aus Nektar von Blütenpflanzen her, den sie stark eindicken. Imker öffnen die Honigwaben und schleudern den Honig heraus.

VERSUCH A ▸ Präparation einer Honigbiene

Material:
Tote Honigbienen (vom Imker), Pinzette, Schere oder Lanzettnadel, Lupe oder Binokular, Papierblatt, Klebefolie

Durchführung:
Lege eine Biene auf das Papier. Fasse das Insekt vorsichtig mit den Fingerspitzen an, drücke den Körper leicht zusammen und lasse wieder los. Betrachte die Körperabschnitte mit der Lupe oder dem Binokular und vergleiche den Aufbau der Biene mit der Abbildung 02 auf Seite 39. Trenne mit der Pinzette vorsichtig die Bein- und Flügelpaare ab und lege sie wie in der Abbildung geordnet auf die Klebefolie. Trenne mit der Schere oder Lanzettnadel Kopf, Brust und Hinterleib ab und lege die drei Körperteile ebenfalls geordnet auf die Klebefolie. Lege jetzt ein zugeschnittenes Folienstück vorsichtig über dein Präparat und klebe es fest!

A1 Beschreibe den Eindruck, den du beim Betasten des Bienenkörpers erhältst! Erläutere deinen Eindruck!

A2 Nenne die für ein Insekt typischen Kennzeichen, die du bei der präparierten Biene erkennen kannst!

A3 Zähle die Segmente des Hinterleibs der Honigbiene!

Material B ▸ Arbeitsbiene

1. bis 3. Tag

3. bis 12. Tag

12. bis 18. Tag

18. bis 21. Tag

ab 21. Tag

B1 Beschreibe den Lebenslauf einer Arbeitsbiene! Ordne dabei die Begriffe Wächter-, Putz-, Sammel-, Bau- und Ammenbiene zu!

B2 Ab dem 18. Tag betätigen sich manche Arbeiterinnen als Ventilatorbienen. Sie stehen am Eingang des Bienenstocks und schwirren mit den Flügeln. Begründe das Verhalten!

B3 Die Abbildung 01 auf Seite 38 zeigt eine Honigbiene, die gelbes Sammelgut in Körbchen an den Hinterbeinen, in ihren „Höschen", trägt. Gib an, was dieses Sammelgut ist und wofür es benötigt wird!

B4 Für ein Gramm Honig muss eine Biene rund 12 000 Blüten besuchen. Berechne, wie viele Blüten zur Produktion von einem Glas Imkerhonig, das 500 Gramm enthält, von Bienen besucht werden müssen!

01 Kopf einer Ameise

Angepasstheiten bei Insekten

Insekten gehören zu den häufigsten Tieren auf der Erde. Eine Ursache für die weltweite Verbreitung der Insekten ist, dass sie sich in den verschiedenen Lebensräumen fortbewegen und erfolgreich ernähren können. Dafür sind ganz verschiedene Angepasstheiten nötig. Welche kann man bei Insekten finden?

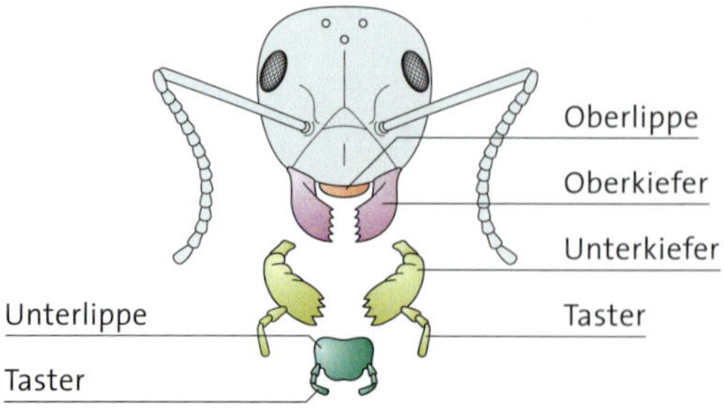

02 Mundwerkzeuge der Ameise (Schema)

MUNDWERKZEUGE · Viele Ameisen ernähren sich von kleinen Beutetieren. Zum Töten und Zerteilen dieser Beute nutzen die Ameisen kräftige, scharfe Mundwerkzeuge. Sie bestehen wie bei allen Insekten aus Chitin und nicht aus Knochensubstanz wie bei den meisten Wirbeltieren. Bei den Mundwerkzeugen der Ameise, die außerhalb des Kopfes hintereinander angeordnet sind, erkennt man eine Ober- und eine Unterlippe. Zwischen ihnen sitzen der kräftige Ober- und der Unterkiefer. Beide Kiefer bestehen aus jeweils zwei Teilen, die wie zwei Zangen in waagerechter Richtung bewegt werden. An dem Unterkiefer und der Unterlippe sitzen kleine Taster zum Abtasten und Schmecken der Nahrung.

03 Mundwerkzeuge: **A** Honigbiene, **B** Schmetterling, **C** Stechmücke (Foto und Schema)

ANGEPASSTHEITEN BEI DEN MUNDWERKZEUGEN · Die Mundwerkzeuge aller Insekten weisen den gleichen Bauplan auf, können aber sehr unterschiedlich geformt sein. Zahlreiche Insekten besitzen Mundwerkzeuge hauptsächlich zum Abbeißen und Kauen fester Nahrung. Solche Mundwerkzeuge mit **Beißzangen** findet man nicht nur bei Ameisen, sondern auch bei Grillen, Käfern und vielen anderen Insektenarten. Die Honigbiene ernährt sich dagegen vorwiegend von flüssigem Nektar, den sie aus Blüten leckt und saugt. Dementsprechend bilden ihr Unterkiefer und ihre Unterlippe einen **Leckrüssel** mit einem *Saugrüssel* und einem *Löffelchen* an der Spitze der Unterlippe.

Der Unterkiefer von Schmetterlingen besteht aus einem langen schlauchförmigen **Saugrüssel**. Damit können sie Nektar aus Blüten mit tiefem Blütenboden saugen. Auch Mücken ernähren sich von Flüssigkeiten, zum Beispiel von Blut. Bevor sie Blut saugen können, müssen sie Tiere oder Menschen zuerst stechen. Die einzelnen Teile der Mundwerkzeuge der Stechmücke haben daher die Form einer spitzen *Stechborste* mit einem *Rohr* und einer *Rinne*. Diese Mundwerkzeuge werden von der Stechmücke eng zusammengehalten und bilden so einen **Stechrüssel.** Mit ihm saugt sie nicht nur Blut, sondern gibt auch umgekehrt Speichel in die Wunde ab, sodass das Blut nicht gerinnen kann.

1 Beschreibe den gemeinsamen Grundbauplan der Mundwerkzeuge der Insekten!

2 Vergleiche den Aufbau der Mundwerkzeugtypen der Insekten!

3 Erläutere an Beispielen, weshalb man an der Verschiedenheit der Mundwerkzeuge der Insekten das Basiskonzept Struktur und Funktion erkennen kann!

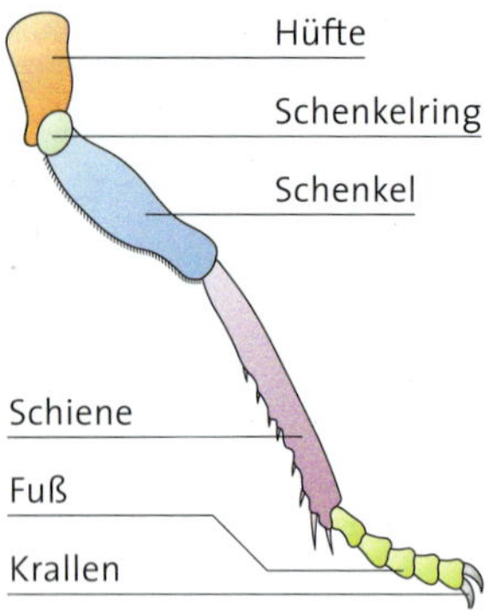

04 Laufbein (Schema)

05 Beine von Insekten

BEINE UND FÜSSE DER INSEKTEN · Die Insekten verfügen über sechs Beine, die paarig an den drei Brustsegmenten sitzen. Die Beine aller Insekten sind nach einem übereinstimmenden Grundbauplan aufgebaut. Die Grundform ist das *Laufbein* wie zum Beispiel bei Ameisen. Es dient der Fortbewegung auf festen Oberflächen. Die Beine bestehen aus *röhrenförmigen Gliedern* aus Chitin, die miteinander beweglich verbunden sind. In diesen Beingliedern befinden sich Muskeln zum Bewegen der Gliedmaßen. Die Füße sind ebenfalls gegliedert, weshalb man die Insekten zur großen Tiergruppe der *Gliederfüßer* zählt.

ANGEPASSTHEITEN · Die Beine der Insekten können wie die Mundwerkzeuge ganz unterschiedlich geformt sein. Nicht alle Insekten benutzen ihre Gliedmaßen zum Laufen. Ein *Sprungbein* zum Beispiel besitzt verlängerte und verstärkte Glieder für eine größere Sprungkraft. Ein *Schwimmbein* ist auch verlängert und trägt dazu oft Borstenfelder, welche die Fläche des Beins vergrößern. Es wirkt wie ein Paddel. Läuse klammern sich mit kurzen, gekrümmten *Klammerbeinen* an den Haaren der Tiere fest, von denen sie Blut saugen. Ein *Grabbein* ist schaufelartig verbreitert. Ein *Sammelbein* besitzt als „Körbchen", eine Vertiefung in der Schiene mit Borsten für das Sammelgut. Stubenfliegen können an völlig glatten, senkrechten Glasflächen laufen, ohne herunterzufallen. An ihren Füßen befinden sich neben krallenartigen *Klauen* auch *Haftballen,* mit denen sie sich an einer glatten Oberfläche anhaften können.

4 Beschreibe den Grundbauplan eines Insektenbeins!

06 Angepasstheiten bei Insektenbeinen:

A Die Gottesanbeterin ähnelt einer Heuschrecke. Sie fängt mit ihren Fangbeinen andere Insekten.

B Stubenfliege auf Glasplatte

Material A ▸ Mundwerkzeuge

Engerling

Tsetsefliege

Schwalbenschwanz

Hummel

A1 Benenne jeweils den Typ der Mundwerkzeuge bei den abgebildeten Insekten! Stelle Vermutungen an, wovon und wie sich diese Insekten ernähren, und begründe deine Vermutungen! Nimm auch die Seiten 42, 43 und 225 zu Hilfe!

A2 Manche Insektenarten benutzen ihre Mundwerkzeuge nicht nur zur Nahrungsaufnahme. Stelle Vermutungen an, für welche weiteren Aufgaben manche Insektenarten ihre Mundwerkzeuge verwenden! Nenne drei Möglichkeiten mit Beispielen!

Material B ▸ Insektenbeine

Gelbrandkäfer

Puppenräuber

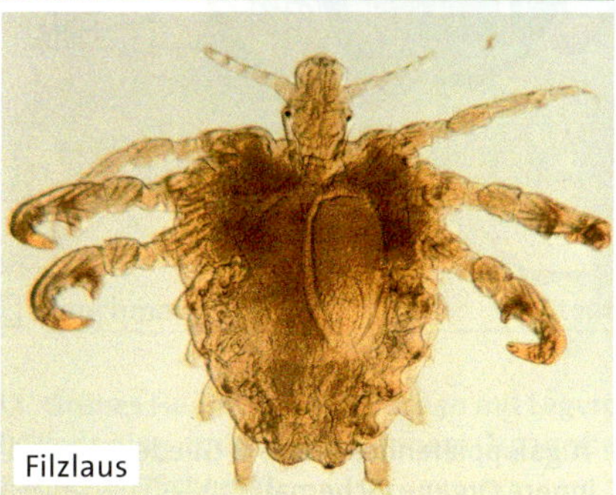
Filzlaus

Warzenbeißer

B1 Benenne die Beintypen der dargestellten Insekten!

B2 Beschreibe die Aufgaben, die diese Beine erfüllen, und wie sie daran angepasst sind!

B3 Ein Menschfloh ist bis zu 3 Millimeter groß und kann bis zu 30 Zentimeter hoch und 50 Zentimeter weit springen. Berechne, wie hoch und wie weit eine Schülerin oder ein Schüler mit einer Körpergröße von 150 Zentimetern bei vergleichbaren Voraussetzungen springen könnte!

01 Keimende Kressesamen

So arbeitet man in der Biologie

Wenn man Kressesamen in einen Topf mit Erde gibt, beginnen sie zu keimen. Um besser verstehen zu können, wie eine Keimung genau abläuft und welche Bedingungen dafür erfüllt sein müssen, sind genaue Vorgehensweisen nötig. Diese Vorgehensweisen zur Klärung von Lebensvorgängen nennt man die Arbeitsweisen in der Biologie. Welche sind die wichtigsten?

BEOBACHTEN · Um zu verfolgen, wie eine Keimung abläuft, müssen Kressesamen nach dem Auslegen auf feuchter Erde regelmäßig angeschaut werden. Nach ein bis drei Tagen ist zu erkennen, dass als Erstes eine kleine weiße Spitze aus dem Samen in Richtung Boden wächst. Diese Spitze ist die Keimwurzel des Kressesamens. Kurze Zeit nach dem Heraustreten der Keimwurzel kann man dann die ersten zwei Laubblätter erkennen, die nach und nach aus dem Samen herauswachsen, die Keimblätter.

Durch aufmerksames Anschauen von Lebewesen über einen gewissen Zeitraum kann man also verstehen, in welchen Teilschritten bestimmte Lebensvorgänge ablaufen. Diese Arbeitsweise nennt man *Beobachten.*

EXPERIMENTIEREN · Welche Bedingungen für das Keimen von Kressesamen erfüllt sein müssen, lässt sich durch Beobachtungen nicht herausfinden. Ob zum Beispiel Wasser hierzu nötig ist, muss erst überprüft werden. Dieses Überprüfen erfolgt durch die Arbeitsweise *Experimentieren.*
Am Anfang eines Experiments steht eine **Fragestellung,** die durch das Experiment beantwortet werden soll. Eine solche Frage könnte lauten: *Was benötigen Kressesamen zum Keimen?*
Zu dieser Frage kann man verschiedene **Vermutungen** aufstellen, die jeweils eine mögliche Antwort oder auch nur eine Teilantwort auf die Frage darstellen. Eine

Vermutung könnte lauten: *Kressesamen benötigen Wasser zum Keimen.*
Um diese Vermutung zu überprüfen, muss nun die **Durchführung** des Experiments geplant und das dazu notwendige **Material** bereitgelegt werden. Anschließend wird das Experiment durchgeführt. Dazu werden zwei Schalen mit Watte ausgelegt. In einer Schale wird die Watte mit Wasser befeuchtet, in der anderen Schale bleibt die Watte trocken. Anschließend werden einige Kressesamen auf die Watte beider Schalen gelegt. Die zwei Schalen werden nun mehrere Tage lang beobachtet. Dabei muss die Watte der einen Schale stets feucht gehalten werden.
Nach der Durchführung des Experiments wird das **Ergebnis** festgehalten. Hierbei wird notiert, dass die Kressesamen in der Schale mit feuchter Watte keimen. Bei den Samen in der Schale mit trockener Watte findet keine Keimung statt.
Am Ende des Experiments erfolgt die **Deutung** der Ergebnisse. Hierbei wird mithilfe der Ergebnisse begründet, ob die Vermutung eine gültige Antwort auf die Frage bietet. Die Deutung könnte lauten: *Kressesamen benötigen Wasser zum Keimen. Sie keimen nur dann, wenn unter sonst gleichen Bedingungen Wasser hinzugegeben wird.*

Wasser ist also eine *Ursache* für das Keimen der Kressesamen. Das Keimen der Samen nennt man hierbei *Wirkung*. Dieser Zusammenhang zwischen einer vermuteten Ursache und einer Wirkung kann mit Experimenten überprüft werden. Das Beispiel zeigt, dass beim Experimentieren eine bestimmte Vorgehensweise genutzt wird, die stets aus zwei Versuchsansätzen besteht: Im ersten Ansatz wirkt die vermutete Ursache auf die Kressesamen ein. Diesen Ansatz nennt man **Experimentalansatz.** Er

02 Kressesamen auf Watte mit und ohne Wasser

alleine kann jedoch noch nicht aufklären, ob Wasser zum Keimen notwendig ist. Zur Kontrolle, ob die Samen auch ohne Wasser gekeimt hätten, wird ein zweiter Ansatz benötigt. Dabei wirkt die vermutete Ursache Wasser nicht auf die Kressesamen ein, während alle anderen Bedingungen gleich sind. Diesen Ansatz nennt man **Kontrollansatz.** Erst der Vergleich zwischen den beiden Ansätzen klärt eindeutig, dass Wasser für das Keimen der Kressesamen notwendig ist, da ohne Wasser keine Keimung erfolgt.
Alle Schritte eines Experiments von der Fragestellung bis zur Deutung werden in einem **Versuchsprotokoll** schriftlich festgehalten.

1 Stelle die allgemeine Vorgehensweise beim Experimentieren in Form einer einfachen Skizze dar!

2 Begründe, weshalb man bei Experimenten einen Experimentalansatz und einen Kontrollansatz benötigt!

3 Kressesamen benötigen Licht zum Keimen. Skizziere den Versuchsaufbau zur Überprüfung dieser Vermutung!

METHODE

Ein Versuchsprotokoll erstellen

Versuchsprotokoll Datum: 15.02.2012

Frage: Was benötigen Kressesamen zum Keimen?

Vermutung: Kressesamen benötigen Wasser zum Keimen.

Material: 2 Schalen, Watte, Wasser, etwa 40 Kressesamen

Versuchsaufbau und Durchführung:

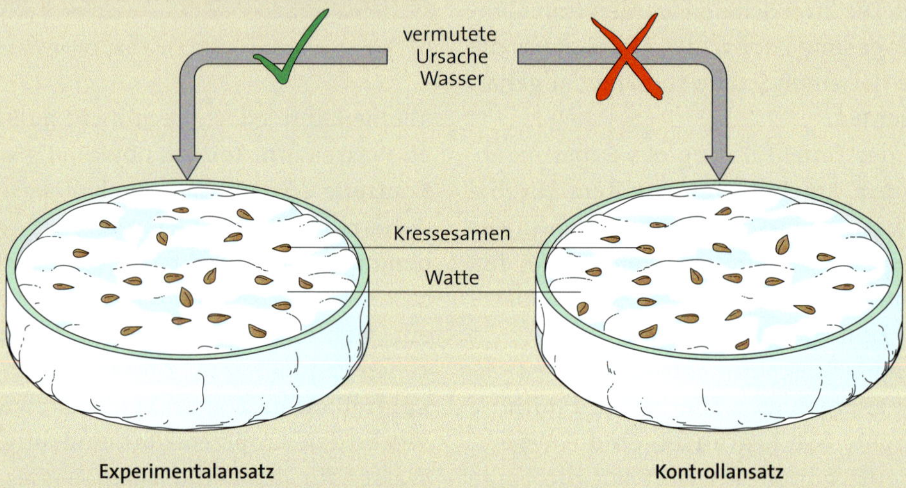

Zwei Schalen werden wie folgt angesetzt:

→ Schale 1 = Experimentalansatz: Schale mit Watte auslegen; etwa 20 Kressesamen gleichmäßig darauf verteilen; Watte mit Wasser beträufeln; täglich Feuchte überprüfen

→ Schale 2 = Kontrollansatz: Schale mit Watte auslegen; etwa 20 Kressesamen gleichmäßig darauf verteilen

Ergebnis:

	Experimentalansatz: mit Wasser	Kontrollansatz: ohne Wasser
Wirkung: Keimung	ja	nein

Deutung/Auswertung: Kressesamen benötigen Wasser zum Keimen. Sie keimen nur dann, wenn unter sonst gleichen Bedingungen Wasser hinzugegeben wird.

METHODE

Ordnen

03 Angebot eines Markthändlers

04 Aufbau von Früchten: **A** Beerenfrucht, **B** Steinfrucht

VIELFALT ORDNEN · *In der Natur begegnet uns eine große Vielfalt an Lebewesen: Gänseblümchen und Rotbuchen, Marienkäfer und Wildschweine. Auch in unserem Alltag treffen wir auf Vielfalt, wenn wir zum Beispiel das Angebot eines Markthändlers bestaunen. Um uns in all dieser Vielfalt orientieren zu können, ordnen wir die vielfältigen Gegenstände und Lebewesen in Gruppen.*

ORDNEN DURCH VERGLEICHEN · *Das Einteilen in Gruppen vollziehen wir, indem wir Unterschiede und Ähnlichkeiten bezüglich bestimmter Merkmale feststellen: Pflanzliche Produkte, die sehr süß schmecken, fassen wir als Obst zusammen, nicht süße Produkte als Gemüse. Das Merkmal, das man zum Vergleichen nutzt, nennt man* ***Vergleichskriterium.*** *Bei der Unterscheidung in Obst und Gemüse ist es der Geschmack.*
Wesentlich für die Einteilung in Gruppen ist das Ziel des Ordnens. Markthändler wollen ihren Kunden Orientierung über ihre Produkte als Nahrung bieten. Deshalb ordnen sie nach dem Kriterium Geschmack. Biologen nutzen hingegen häufig den inneren Aufbau der Früchte als Vergleichskriterium, da ein ähnlicher Aufbau von Früchten Hinweise auf die Verwandtschaft der Pflanzen liefern kann. Je nachdem, welches Vergleichskriterium gewählt wird, entstehen unterschiedliche ***Ordnungssysteme.***

NACH KRITERIEN ORDNEN · *Ein Ordnungssystem, dem ein einziges Vergleichskriterium zugrunde liegt, ermöglicht eine eindeutige Zuordnung. Ordnet man Früchte zum Beispiel einheitlich nach dem Merkmal Farbe, können sie eindeutig in grüne, gelbe und rote Früchte eingeteilt werden. Ein solches Ordnungssystem nennt man* ***kriterienstet.***
Versucht man Früchte anhand zweier Merkmale wie Farbe und Aufbau zu ordnen, ist eine Zuordnung nicht immer eindeutig. Ein entsprechendes Ordnungssystem mit je einer Gruppe für rote und für hartkernige Früchte ermöglicht zum Beispiel keine eindeutige Zuordnung für Kirschen, die rot und hartkernig zugleich sind. Ordnungssysteme, denen mehrere Vergleichskriterien zugrunde liegen, nennt man daher ***kriterienunstet.***

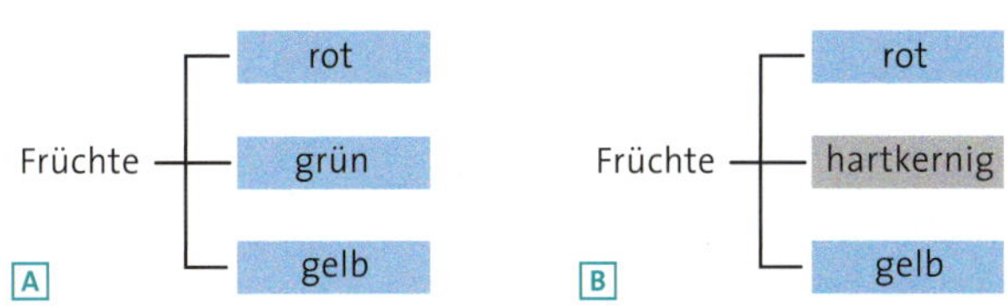

05 Ordnungssysteme: **A** kriterienstet, **B** kriterienunstet

Material A ▸ Tiere ordnen

Kohlmeise

Zitronenfalter

Fledermaus

Ameise

Luchs

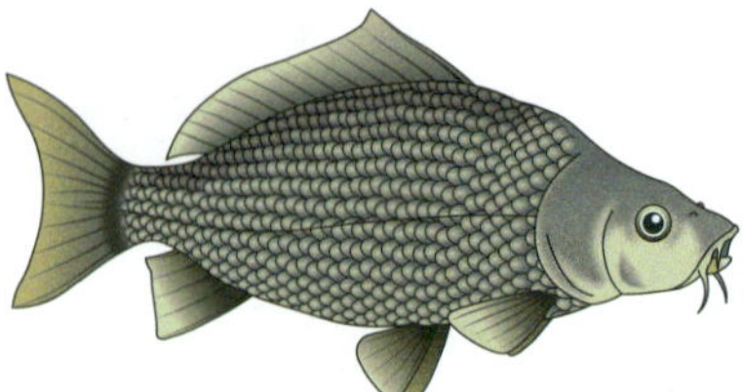
Karpfen

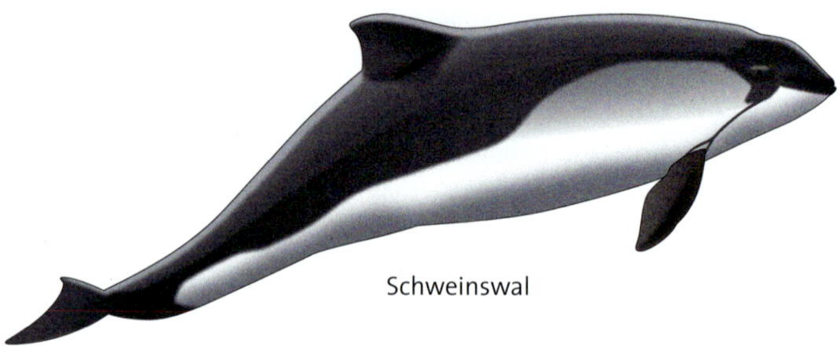
Schweinswal

Teichmolch

A1 Ordne die abgebildeten Tiere auf zwei unterschiedliche Weisen in von dir gewählte Gruppen!

A2 Nenne jeweils die Gruppennamen und das Vergleichskriterium!

A3 Entscheide, ob du jeweils kriterienstet oder kriterienunstet geordnet hast! Begründe deine Entscheidung!

Material B ▸ Ordnungssysteme für Fische

Fische
- gepunktet
- gestreift
- bunt

A

Fische
- Pflanzenfresser
- Allesfresser
- Fleischfresser

B

Fische
- lang gestreckt
- kugelförmig
- breitflossig

C

B1 Stelle den Unterschied zwischen kriteriensteten und kriterienunsteten Ordnungssystemen dar!

B2 Beurteile, ob es sich in den Abbildungen A bis C jeweils um ein kriterienstetes oder kriterienunstetes System handelt!

B3 Stelle für eines der Ordnungssysteme eine Vermutung auf, welches Ziel es erfüllen könnte! Berücksichtige dabei, für wen es nützlich sein könnte!

Material C ▸ Protokoll zu Kresseversuchen

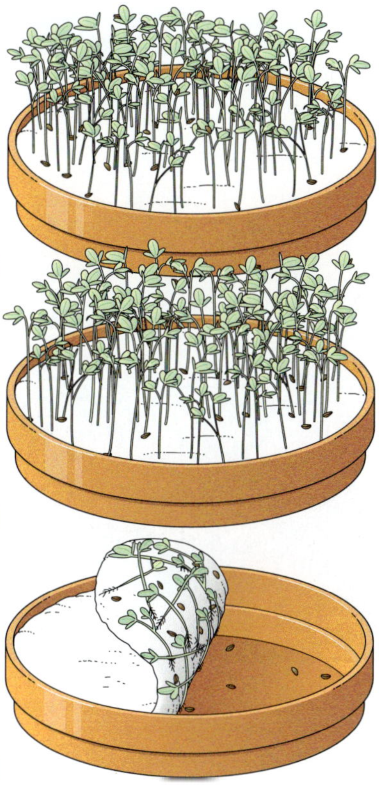

A

B

C

Versuchsprotokoll 1:

Frage: Keimen Kressesamen, wenn sie vorab einen Tag lang im Gefrierfach gelegen haben?

...

Versuchsprotokoll 2:

Frage: Keimen Kressesamen, wenn sie nicht auf, sondern unter der Watte liegen?

...

In den nebenstehenden Schalen sind die Ergebnisse von zwei Versuchen mit Kresse zu sehen. Für die beiden Versuche wurden insgesamt drei Ansätze durchgeführt, jeweils ein Experimentalansatz und ein gemeinsamer Kontrollansatz.

Vier Tage zuvor waren in jede der drei Schalen Kressesamen gegeben worden, wobei Folgendes beachtet wurde: In Schale A wurden Kressesamen verwendet, die direkt aus der Samentüte genommen wurden. Diese wurden *auf* die Watte gelegt.

Die Samen für Schale B wurden vorab 24 Stunden lang in einen Gefrierschrank gelegt und danach zwei Stunden lang wieder aufgetaut. Schließlich wurden sie – wie in der ersten Schale – *auf* die Watte gegeben.
In Schale C wurden die Samen wieder direkt aus der Samentüte genommen, aber dann *unter* die Watte gelegt.

In allen drei Schalen wurde die Watte direkt nach dem Auslegen der Samen angefeuchtet und vier Tage lang feucht gehalten.

C1 Nenne für beide Versuche jeweils das Material!

C2 Begründe, dass Schale A für beide Versuche Kontrollansatz ist!

C3 Begründe, weshalb man Schale C nicht ins Dunkle stellen darf!

C4 Beschreibe, was du in den Schalen siehst!

C5 Vervollständige eines der Versuchsprotokolle! Nimm Seite 50 zu Hilfe!

C6 Formuliere weitere Fragen zur Keimung der Kresse!

Material D ▸ Beobachten eines Rindes

Ein Bauer sagt: „Ein Rind steht mit den Hinterbeinen zuerst auf."
Um diese Ausage zu überprüfen, muss man Rinder beobachten.

D1 Stelle eine Frage zur Beobachtung! Nenne die Vermutung und beschreibe, wie du die Beobachtung durchführen würdest!

01 Rapsfeld

Blütenpflanzen haben Organe

Schon aus der Ferne erkennt man im Frühling blühende Rapsfelder an den leuchtend gelben Blüten. Der Raps ist eine Blütenpflanze. Wie sind diese Pflanzen aufgebaut und welche Aufgaben haben ihre Organe?

WURZEL · Pflanzen sind mit ihren Wurzeln fest im Boden verankert. Wurzeln dienen aber auch der Aufnahme von *Wasser* und den darin gelösten *Mineralstoffen.* An der Wurzel befindet sich ein Filz aus feinen Härchen. Diese *Wurzelhärchen* vergrößern die Oberfläche der Wurzel und ermöglichen die Aufnahme von mehr Wasser und Mineralstoffen. Das aufgenommene Wasser gelangt von der *Wurzelrinde* in den inneren Bereich der Wurzel, den *Zentralzylinder.* Von dort wird es in die Sprossachse geleitet.

SPROSSACHSE · Wasser und darin gelöste Stoffe werden in röhrenförmigen Zellen transportiert. Diese Gewebe heißen *Leitungsbahnen* und ziehen sich durch Wurzel, Sprossachse und Laubblätter. In den Leitungsbahnen gelangen Wasser und Mineralstoffe von der Wurzel in die gesamte Pflanze. Der Transport von Nährstoffen, die in den Laubblättern gebildet werden, erfolgt in weiteren Leitungsbahnen mit siebartig durchlöcherten Querwänden. Deshalb heißen diese Bahnen *Siebröhren.* Alle Leitungsbahnen bilden zusammen ein *Leitbündel.*
Die Sprossachse hat aber nicht nur eine Leitungsfunktion. Sie hebt die Blätter zum Licht und gibt der Pflanze ihre Gestalt und ihre Festigkeit.

LAUBBLATT · Betrachtet man die Unterseite eines Laubblattes unter dem Mikroskop, kann man auf ihr kleine Öffnungen erkennen, die *Spaltöffnungen*. Durch sie kann die Pflanze Wasserdampf an die Umgebung abgeben. Wenn Wasser abgegeben wird, entsteht in den Leitungsbahnen ein Sog, der das Wasser aus den Wurzeln bis in die Spitze der Pflanze zieht. In den Leitungsbahnen strömt auf diese Weise ständig Wasser von unten nach oben. Bei Trockenheit können sich die Spaltöffnungen schließen. So wird verhindert, dass die Pflanze zu viel Wasser verliert und die Blätter welken.

In den *Blattgrünkörnern*, den *Chloroplasten*, wird mithilfe des Sonnenlichts aus Kohlenstoffdioxid und Wasser der energiereiche Nährstoff Zucker sowie Sauerstoff hergestellt. Dieser Vorgang heißt **Fotosynthese.** Das für die Fotosynthese benötigte Kohlenstoffdioxid gelangt aus der Luft durch die Spaltöffnungen in die Blätter. Auf umgekehrtem Weg wird der bei der Fotosynthese entstandene Sauerstoff an die Umgebung abgegeben. Die in den Laubblättern gebildeten Nährstoffe werden über die Siebröhren in die gesamte Pflanze verteilt.
Das enge *Zusammenspiel aller Grundorgane* sorgt also dafür, dass eine Pflanze leben kann.

1 Nenne die Aufgaben der Wurzeln einer Blütenpflanze!

2 Nenne die Aufgaben der Laubblätter einer Blütenpflanze!

3 Nenne die Aufgaben der Sprossachse einer Blütenpflanze!

4 Beschreibe den Weg der Nährstoffe in der Blütenpflanze!

griechisch photos = Licht
griechisch synthesis = Verknüpfung

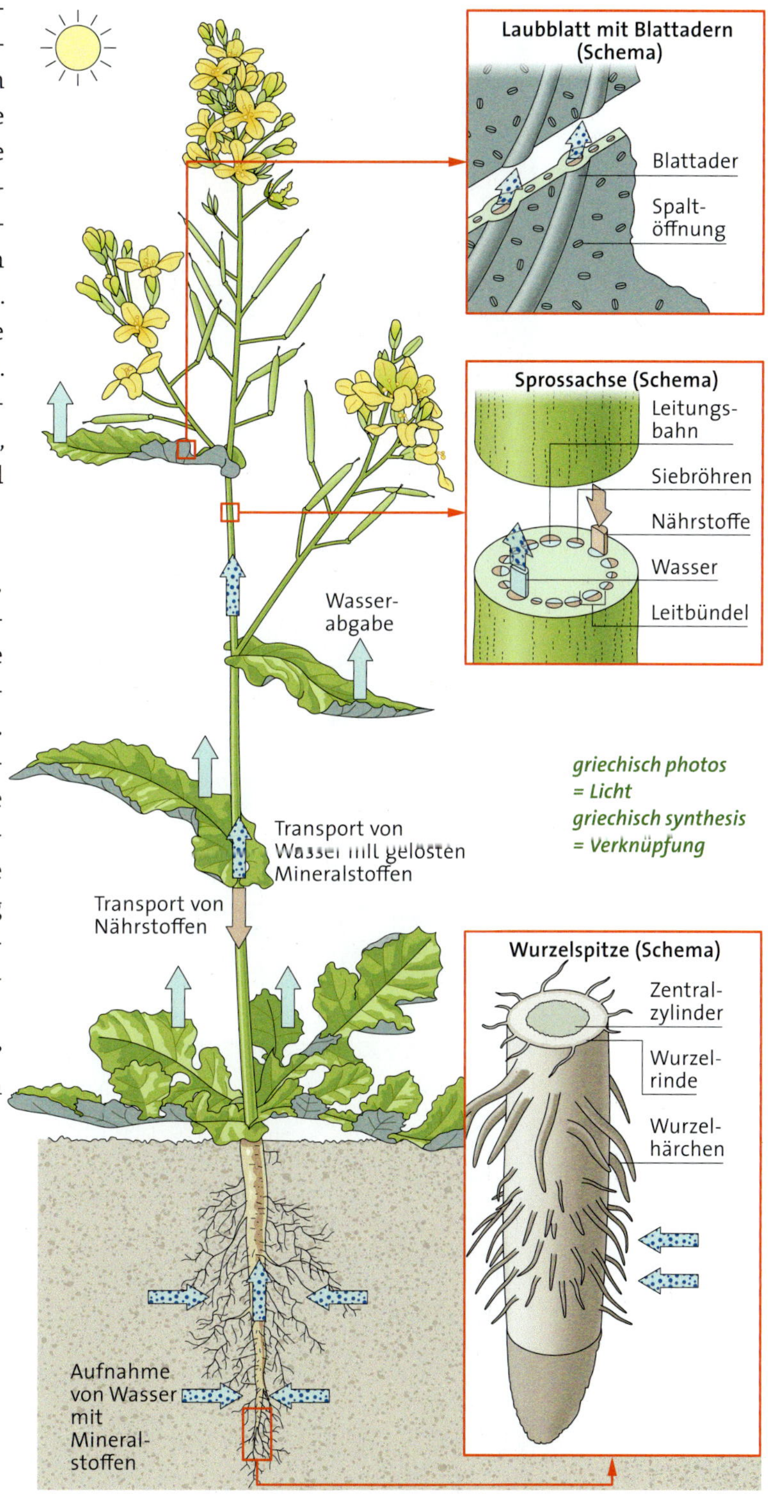

02 Transport von Nährstoffen, Wasser und gelösten Mineralstoffen

03 Efeu

04 Kaktus

05 Sonnentau

ABGEWANDELTE GRUNDORGANE · Der **Efeu** ist eine häufige Kletterpflanze unserer Wälder und Gärten. Die *Wurzeln* des Efeus sind nicht nur am Grund der Sprossachse im Boden zu finden. Ein Teil seiner Wurzeln wächst an vielen Stellen des kletternden Sprosses. Diese Wurzeln werden *Haftwurzeln* genannt. Mit ihnen kann sich der Efeu an Bäumen und sogar an Hausfassaden verankern. So wächst der Efeu in die Höhe und kann auch im Wald ausreichend Sonnenlicht bekommen.

Der *Spross* kann ebenfalls umgebildet sein. In den trockenen Gebieten Amerikas wachsen **Kakteen.** Die Sprossachse eines Kaktus ist sehr dick und fleischig. Im Inneren dieses Sprosses kann der Kaktus große Mengen Wasser speichern. So übersteht er lange Trockenperioden in der Wüste und auch im Blumenfenster.

Beim nur wenige Zentimeter großen **Sonnentau,** der in Mooren wächst, sind die *Laubblätter* umgebildet. Auf den Blättern befinden sich auffällig rot gefärbte Haare mit glänzenden Flüssigkeitstropfen an der Spitze. Wird ein Insekt angelockt und setzt sich auf die Haare, bleibt es an der klebrigen Flüssigkeit hängen. Der Sonnentau krümmt langsam sein Blatt um das Opfer und beginnt, es mithilfe der Flüssigkeit zu verdauen. Der Sonnentau ist eine *fleischfressende Pflanze*. Sie nutzt tierische Nahrung als zusätzliche Mineralstoffquelle.

Abwandlungen der Grundorgane sind *Angepasstheiten* der Pflanzen an ihren Lebensraum und ihre Lebensweise.

5 Erläutere mithilfe eines Beispiels aus dem Text das Basiskonzept Angepasstheit!

BASISKONZEPT

Stoff- und Energieumwandlung

Häufig kann man beobachten, wie ein Tennisspieler während eines langen Spiels eine Banane isst. Dadurch nimmt sein Körper Energie auf, die der Tennisspieler für seine Bewegungen im Spiel benötigt.

Die Energie, die der Mensch braucht, ist also in der Nahrung enthalten. Mit der Nahrung aufgenommener Zucker wird im Körper umgewandelt. Die dabei freigesetzte Energie kann zum Beispiel für Bewegungen genutzt werden.

In der Banane wurde Zucker gespeichert, den die Pflanze in den Blättern unter Nutzung von Lichtenergie aufgebaut hatte. Diesen Vorgang nennt man Fotosynthese. Sowohl beim Menschen als auch bei der Pflanze findet also ***Energieumwandlung*** *statt. Die Energie für unsere Bewegung geht letztlich auf die Energie des Sonnenlichts zurück.*

Gespeichert wird die Energie in der Banane in Nährstoffen wie dem Zucker. Er wird von der Bananenpflanze bei der Fotosynthese gebildet. Dafür nimmt sie Ausgangsstoffe auf und wandelt sie in Zucker um.
Der Mensch nimmt diesen Zucker mit der Banane als Nahrung auf und wandelt ihn im Körper wieder in die Ausgangsstoffe um. Bei der Pflanze und beim Menschen findet also gleichzeitig mit der Energieumwandlung eine ***Stoffumwandlung*** *statt.*

Alle Lebensvorgänge bei Menschen, Tieren und Pflanzen sind mit der Umwandlung von Energie und Stoffen verbunden. Daher spricht man vom ***Basiskonzept Stoff- und Energieumwandlung.***

06 Bananenpflanze

07 Tennisspielerin

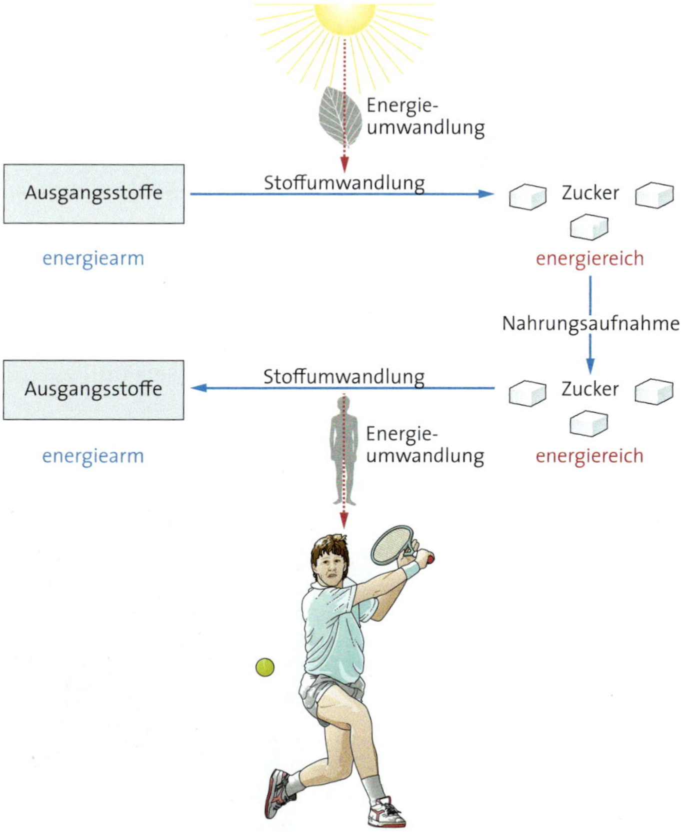

08 Stoff- und Energieumwandlung (Schema)

01 Blühender Kirschbaum

Aufbau einer Blüte

Im Frühling, noch bevor die ersten Laubblätter erscheinen, brechen die Knospen des Kirschbaums auf. Seine vorher kahlen Zweige sind dann ganz mit weißen Blüten bedeckt. Wie ist eine Kirschblüte aufgebaut?

BAU DER BLÜTE · Den auffälligsten Teil der Kirschblüte bilden die weißen und zarten Blütenblätter, die **Kronblätter.** Unter ihnen sitzen kleinere, grüne Blätter, die **Kelchblätter.** Ihr kräftiger Bau weist darauf hin, dass sie die Blüte schützend umhüllt haben. Nach dem Aufblühen biegen sie sich zum Blütenstiel hin. Im Inneren der Blüte sieht man bis zu 30 dünne, fadenartige Gebilde, die **Staubblätter.**

02 Kirschblüte: **A** Aufsicht, **B** Legebild mit 20 Staubblättern, **C** Blütendiagramm mit 30 Staubblättern

Die kleinen, gelben Köpfe der Staubblätter heißen *Staubbeutel* oder *Staubgefäße* und ihre langen, dünnen Stiele *Staubfäden*. Aus der Mitte der Blüte ragt ein Gebilde heraus, das wie eine winzige Flasche aussieht. Die Verdickung unten, der Flaschenbauch, ist der *Fruchtknoten*. Den schlanken Flaschenhals nennt man *Griffel*. Sein Ende, das sich oben zu einer kleinen Fläche verbreitert, ist die *Narbe*. Das gesamte Gebilde aus Fruchtknoten, Griffel und Narbe nennt man *Stempel*. Der Stempel der Kirschblüte besteht aus fünf miteinander verwachsenen **Fruchtblättern.** Die Blüte setzt sich also aus verschiedenen, umgewandelten Blättern zusammen: Kelchblätter, Kronblätter, Staubblätter und Fruchtblätter. Bei genauer Betrachtung unter der Lupe erkennt man, dass alle Teile der Kirschblüte kreisförmig angeordnet sind. Wenn man die Blüte vereinfacht in der Ansicht von oben zeichnet, erhält man einen Blütengrundriss oder ein **Blütendiagramm.** Darin werden die einzelnen Blütenteile durch unterschiedliche Farben gekennzeichnet.

Die Bestandteile der Kirschblüte findet man in der Regel auch bei den übrigen Blütenpflanzen, allerdings in anderer Form, Farbe oder Anzahl. Zum Beispiel bestehen die Blüten des Wiesenschaumkrauts aus nur vier Kelchblättern und nur vier blassvioletten Kronblättern. Im Inneren der Blüte stehen hier vier lange und zwei kurze Staubblätter, und der Stempel besteht aus nur zwei Fruchtblättern.

1 Vergleiche die Blüten der Kirsche und des Wiesenschaumkrauts miteinander! Lege dazu in deiner Mappe eine Tabelle an! Berücksichtige dabei die Anzahl der Kron- und Staubblätter und die Form des Fruchtknotens!

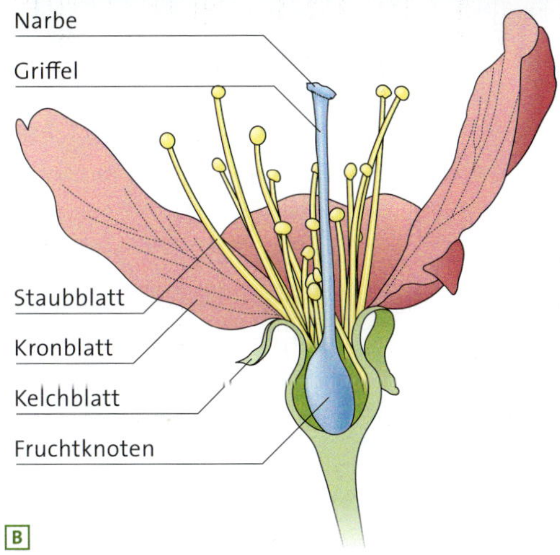

03 Kirschblüte: **A** Längsschnitt, **B** Zeichnung

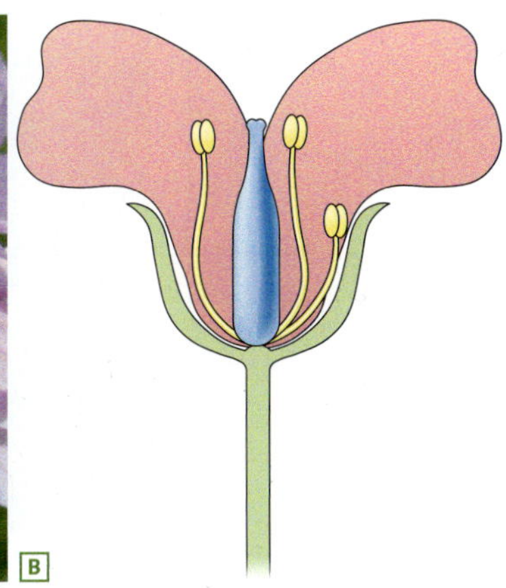

04 Wiesenschaumkraut: **A** Aufsicht, **B** Längsschnitt

METHODE

Untersuchung mit Lupe und Stereolupe

Wenn man Lebewesen oder ihre Organe genau untersuchen möchte, muss man häufig Vergrößerungsgeräte zu Hilfe nehmen.

LUPE *· Mit einer Lupe lässt sich das Bild, das unser Auge wahrnimmt, bis zu 15-mal vergrößern. Wenn du die Lupe zur Vergrößerung einsetzt, gehe folgendermaßen vor:*

- *Nimm das Objekt so in die Hand, dass es gut beleuchtet wird. Benutze zum Halten eventuell auch eine Pinzette!*
- *Halte die Lupe vor ein Auge und schließe das andere!*
- *Führe dann das Objekt, das du betrachten möchtest, so weit an die Lupe heran, bis ein scharfes Bild erscheint!*

STEREOLUPE *· Noch besser lassen sich die Einzelheiten mit einer* ***Stereolupe*** *erkennen. Man nennt sie auch* ***Binokular.*** *Schon einfache Geräte vergrößern zwanzigfach. Das Bild erscheint räumlich, weil die Objekte durch die Stereolupe mit beiden Augen betrachtet werden. Bei der Arbeit mit der Stereolupe solltest du folgendermaßen vorgehen:*

- *Lege das Objekt, eine Pflanze oder ein Tier, auf den Objekttisch!*
- *Stelle die Lampe so ein, dass das Objekt gut ausgeleuchtet wird!*
- *Schau durch die Stereolupe und drehe so lange am Stellrad, bis du das Bild scharf siehst!*

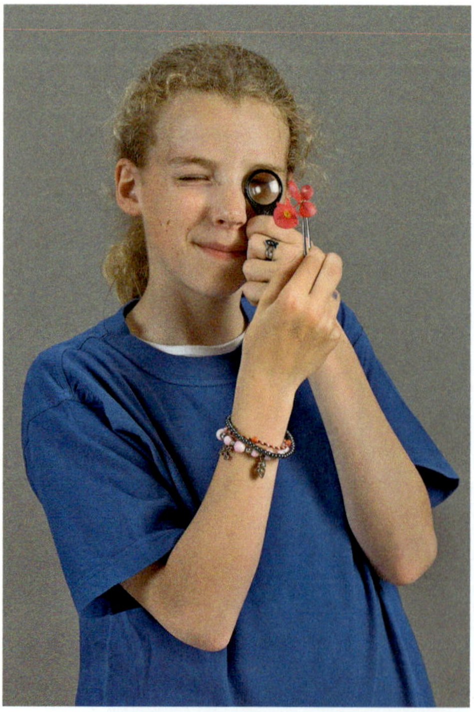

05 Untersuchung mit der Lupe

06 Untersuchung mit der Stereolupe

Material A ▸ **Blütenformen**

A1 Gib an, mit welcher Farbe die einzelnen Blütenteile im Blütendiagramm gekennzeichnet sind! Beachte, dass bei einer Blüte Kelch- und Kronblätter die gleiche Farbe haben!

A2 Ordne die abgebildeten Blüten den Blütendiagrammen zu! Begründe deine Zuordnungen!

VERSUCH B ▸ **Untersuchung einer Tulpenblüte**

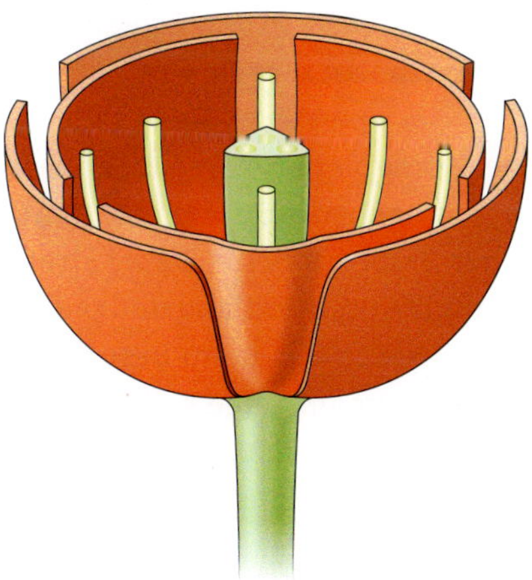

Material:

Tulpenblüte, grobe Schere, Lupe, Binokular, Bleistift, Holzfarbstifte

Durchführung:

Halte die Tulpenblüte mit einer Hand an der Sprossachse kurz unter der Blüte fest. Schneide mit der groben Schere alle Teile der Blüte quer durch, sodass noch etwa ein Viertel stehen bleibt! Bewahre die abgeschnittenen Teile der Blüte auf!

B1 Zeichne ein Blütendiagramm der Tulpe in deine Biologiemappe! Ziehe zunächst mit dem Zirkel Hilfslinien!

B2 Vergleiche den Bau der Tulpenblüte mit dem einer Kirschblüte! Lege dazu in deiner Mappe eine Tabelle an! Trage in die Tabelle die Farbe und die Anzahl der einzelnen Blütenteile ein!

B3 Betrachte den Querschnitt des Stempels mit der Lupe! Zeichne das Bild mit einem Bleistift in deine Biologiemappe!

B4 Beschreibe den Bau der Narbe und eines Staubbeutels! Nimm dazu das Binokular zu Hilfe!

B5 Botaniker bezeichnen Blüten wie die der Tulpe als dreizählig, weil im Blütendiagramm in jedem Kreis nur drei Blütenteile stehen. Gib die entsprechende Bezeichnung für die Blüte des Rapses und der Kirsche an!

01 Honigbiene an einem blühenden Kirschzweig

Bestäubung von Blüten

Bei schönem Wetter kann man unter blühenden Kirschbäumen das Summen vieler Bienen hören. Weshalb besuchen die Bienen den Baum?

INSEKTENBESTÄUBUNG · Die auffälligen Kronblätter und der Duft der Kirschblüten locken die Bienen aber auch andere Insekten an. Am Grund der Blüten scheiden Drüsen einen stark zuckerhaltigen Saft ab, den **Nektar.** Zucker ist ein Nährstoff, aus dem die Tiere sehr viel Energie erhalten können. Auch die Staubblätter dienen als Futterquelle. In ihren Staubbeuteln werden große Mengen von **Pollenkörnern** gebildet, die viel Eiweiß enthalten. Pollenkörner sind so zahlreich und winzig, dass man auch vom **Blütenstaub** spricht. Die Bienen tragen den Blütenstaub, den *Pollen,* in den Bienenstock und verfüttern ihn an ihre Larven.

Wenn eine Honigbiene versucht, an den Nektar zu gelangen, drückt sie die Staubblätter in der Blüte zur Seite. Dabei streift sie an den Staubbeuteln entlang und pudert sich mit Blütenstaub ein. Beim Besuch der nächsten Blüte bleiben einige Pollenkörner auf deren Narbe haften, denn sie ist klebrig. Die Übertragung des Pollens von einer Blüte auf eine andere nennt man **Bestäubung.** Pflanzen, die ihren Blütenstaub von Insekten transportieren lassen, bezeichnet man als **Insektenblütler.** Insektenblütige Pflanzen haben in der Regel auffällige Blüten, die Nektar absondern und duften. Insekten werden davon angelockt.

WECHSELWIRKUNG ZWISCHEN LEBEWESEN · Eine besonders raffinierte Form der Bestäubung findet man beim Wiesensalbei. Seine kräftig blau gefärbten Kronblätter sind im hinteren Blütenbereich zu einer Röhre verwachsen. Vorne bilden sie oben ein helmartiges Dach und unten eine lippenförmige Fläche, die Hummeln zum Landen einlädt. Unter dem Dach liegen zwei lange, gebogene Staubblätter und ein Griffel mit einer zweizipfligen Narbe. Wenn sich eine Hummel in die Blütenröhre zwängt und so den Nektar am Blütengrund erreicht, setzt sie bei jüngeren Blüten einen besonderen Mechanismus in Gang. Der Weg zum Nektar ist durch zwei kleine Platten versperrt. Wenn die Hummel sie mit ihrem Kopf nach hinten wegdrückt, senken sich die Staubblätter wie ein Schlagbaum und die Staubbeutel streifen ihren Pollen auf dem Hinterleib der Hummel ab.

Mit Pollen eingepudert besucht die Hummel nun andere Salbeiblüten. Bei älteren Blüten sind die Staubblätter geschrumpft. Der Griffel allerdings ist länger als bei jungen Blüten und weiter nach unten gebogen. So streift eine Hummel mit ihrem Hinterleib an der nun weiter geöffneten Narbe entlang, wenn sie in die Blütenröhre eindringt. Auf diese Weise gelangen Pollenkörner der vorher besuchten Blüte vom Hinterleib der Hummel auf die Narbe.

Die Hummel erhält Nektar und sorgt im Gegenzug für den gezielten Pollentransport und eine sichere Bestäubung des Wiesensalbeis. Im Laufe der Erdgeschichte entwickelten sich Angepasstheiten, die für Hummeln und für den Wiesensalbei von Vorteil sind. Die Bestäubung des Wiesensalbeis durch Hummeln ist daher ein Beispiel für die Wechselwirkung zwischen Lebewesen.

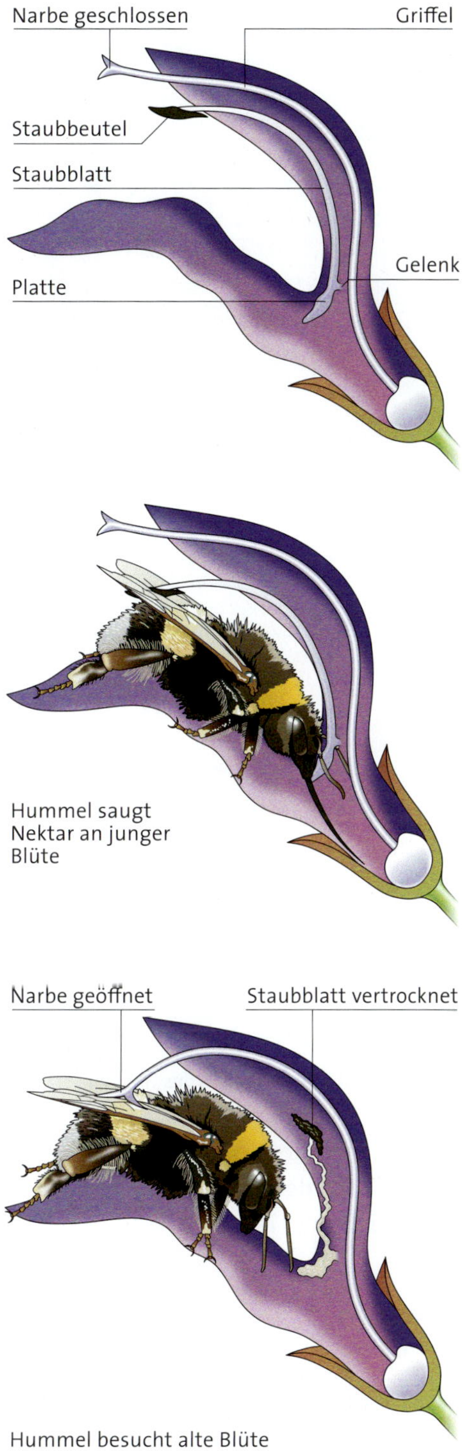

02 Bestäubung beim Wiesensalbei

03 Haselnusszweig mit Kätzchen (Staubblüten, männlich) und Stempelblüten (weiblich)

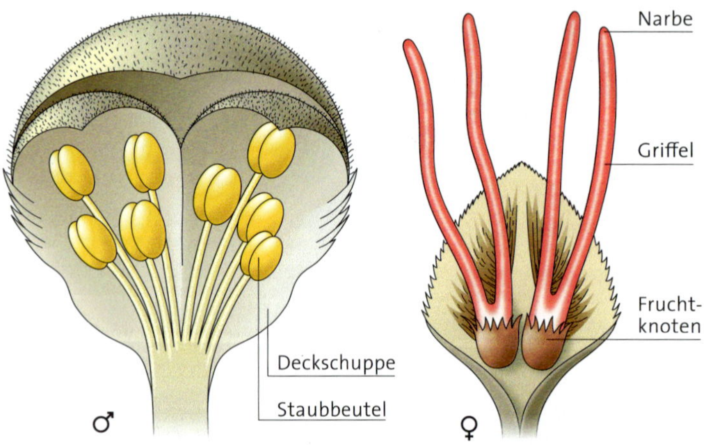

04 Staubblüte (männlich) und Stempelblüte (weiblich) des Haselnussstrauchs

1 Erläutere die Wechselwirkung zwischen der Kirschblüte und der Honigbiene!

2 Nenne die Merkmale von Blüten, die vom Wind beziehungsweise von Insekten bestäubt werden!

3 Kirschbäume und Haselnusssträucher blühen noch vor dem Laubaustrieb. Erkläre, welchen Vorteil das für die Pflanzen hat!

WINDBESTÄUBUNG · Die Blüten des Haselnussstrauchs sind klein und unscheinbar. Ihnen fehlt eine auffällige Blütenhülle aus Kronblättern. Der Strauch bildet zwei verschiedene Formen von Blüten. Die einen von ihnen sind die Haselkätzchen. Dieser Blütenstand setzt sich aus zahlreichen Blüten zusammen, die aus schuppenförmigen Blättchen und Staubblättern bestehen. Das sind die Staubblüten, die man auch **männliche Blüten** nennen kann. Die anderen Blüten sind klein, aber auffällig rot gefärbt. Das sind die Stempelblüten, die man auch als **weibliche Blüten** bezeichnet. Blüten, die sowohl Staubblätter als auch Fruchtblätter haben, nennt man **zwittrig.** Blüten, die entweder nur Staubblätter oder nur Fruchtblätter haben, sind **eingeschlechtlich.**

Ende Februar beginnt der Haselnussstrauch zu blühen. Beim kleinsten Windhauch lösen sich kleine Wolken aus Millionen von gelben Pollenkörnern von den Kätzchen. Sie sind viel kleiner als zum Beispiel die Pollenkörner der Kirsche, sodass sie mit dem Wind weit verweht werden können. Die große Menge an Pollen ist erforderlich, weil nur wenige Pollenkörner zufällig auf die Narben der weiblichen Stempelblüten gelangen. In der Blütezeit trägt der Haselnussstrauch noch keine Laubblätter, sodass die Blüten frei im Wind pendeln. Dadurch lassen sich die Pollenkörner, der Blütenstaub, besser aus den Kätzchen lösen und verwehen. Die weiblichen Blüten können mit der klebrigen Oberfläche ihrer Narben den Pollen leichter auffangen.

Viele unserer Bäume, alle Gräser und einige Kräuter werden durch den Wind bestäubt. Allen gemeinsam sind die unscheinbaren Blüten und die großen Pollenmengen.

Material A ▸ Bestäubung bei der Steinnelke

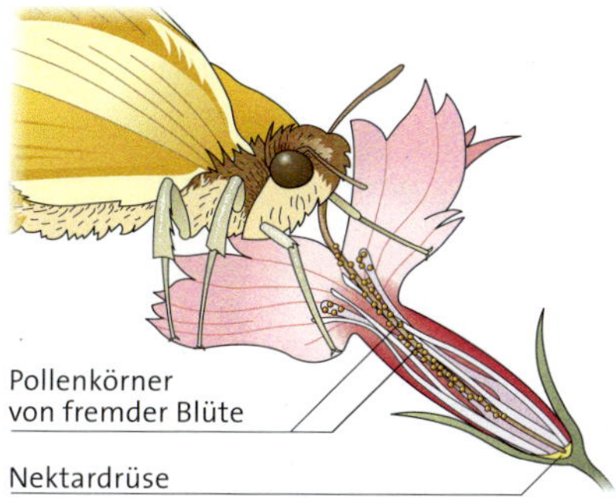

A1 Beschreibe die Bestäubung der Steinnelke!

A2 Erläutere das Basiskonzept Angepasstheit am Beispiel der Steinnelke und des Schmetterlings!

Material B ▸ Bestäubung durch Wind oder Insekten

Wiesenstorchschnabel

Rotbuche

Leinkraut

Brennnessel

Roggen

Rote Taubnessel

B1 Gib an, welche der abgebildeten Blüten vom Wind und welche von Insekten bestäubt werden! Begründe deine Antwort!

B2 Hummeln sind schwere Insekten mit langen Rüsseln. Erläutere, welche der dargestellten Blüten vor allem von Hummeln bestäubt werden!

B3 Erläutere einige Basiskonzepte, die sich aus den Fotos erschließen lassen!

01 Kirschbaum

Bildung von Früchten und Samen

Der Kirschbaum blüht nur für kurze Zeit. Zwei Monate später trägt er reife Kirschen. Wo kommen diese Kirschen her?

POLLENSCHLAUCH · Nach der Bestäubung brechen die auf der Narbe liegenden Pollenkörner auf. Dann schieben sie einen dünnen Fortsatz, den *Pollenschlauch,* in den Griffel

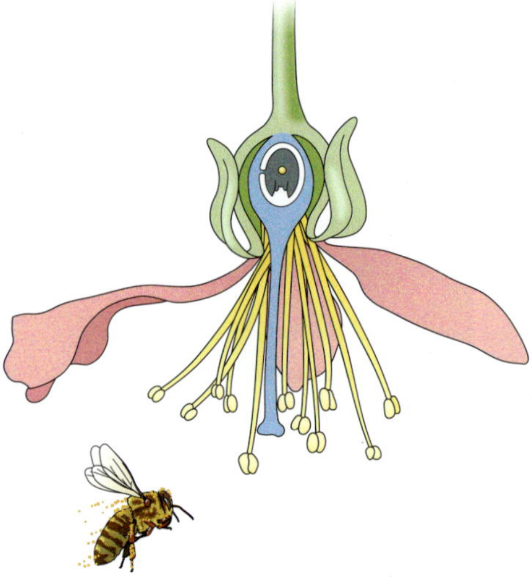

02 Bestäubung

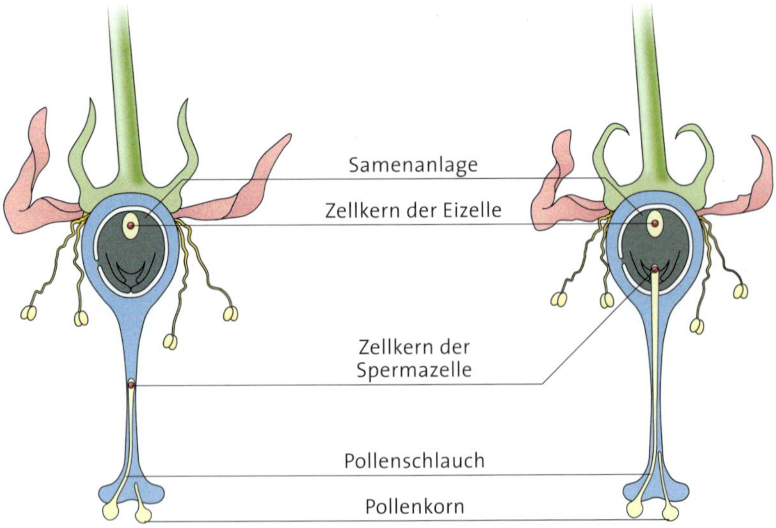

03 Auswachsen des Pollenschlauchs

hinein. Die Pollenschläuche wachsen durch den Griffel in Richtung Fruchtknoten. In den Spitzen der Pollenschläuche liegen die männlichen Geschlechtszellen des Kirschbaums, die man auch *Spermazellen* nennt.

BEFRUCHTUNG · Im Fruchtknoten der Kirschblüte befindet sich eine **Samenanlage** mit einer weiblichen Eizelle. Wenn ein Pollenschlauch die Samenanlage erreicht, öffnet sich seine Spitze und entlässt eine männliche Spermazelle. Diese verschmilzt daraufhin mit der Eizelle. Sobald sich die Zellkerne von Ei- und Spermazelle vereinigt haben, ist die **Befruchtung** vollzogen.
Meistens wachsen mehrere Pollenschläuche in Richtung Fruchtknoten. So ist die Wahrscheinlichkeit höher, dass die Befruchtung auch wirklich gelingt. Eine Eizelle wird immer nur von einer einzigen Spermazelle befruchtet. Die Eizelle des Kirschbaums kann nur von der Spermazelle eines Kirschbaums befruchtet werden, weil Pollenkörner einer anderen Pflanzenart auf der Narbe der Kirschblüte keinen Pollenschlauch austreiben können. Befruchtungen sind nur möglich, wenn die Eizelle und die männliche Spermazelle von der gleichen Pflanzenart stammen.
Weil der Fruchtknoten die Eizellen enthält, kann man den Stempel als das *weibliche Geschlechtsorgan* der Pflanze bezeichnen. Entsprechend sind die Staubblätter die *männlichen Geschlechtsorgane.*

FRUCHTBILDUNG · Nach der Befruchtung beginnt die Bildung des Kirschsamens und der Frucht. Dazu teilt sich die befruchtete Eizelle. Die beiden entstandenen Zellen wachsen heran und teilen sich erneut. Dieser Vorgang wiederholt sich vielfach, bis ein kleines *Keimpflänzchen* herangewachsen ist. Dieses liegt im **Samen,** der aus der Samenanlage entsteht. Gleichzeitig nimmt der Fruchtknoten der Kirschblüte viel Wasser auf und lagert Zucker ein, der durch die Fotosynthese in den Laubblättern gebildet wurde. Der äußere Bereich der Fruchtknotenwand wird zur Fruchtschale, der mittlere Teil zum süßen Fruchtfleisch und der innere zum steinharten Kirschkern. Dieser legt sich schützend um den **Samen,** der den Keimling enthält.

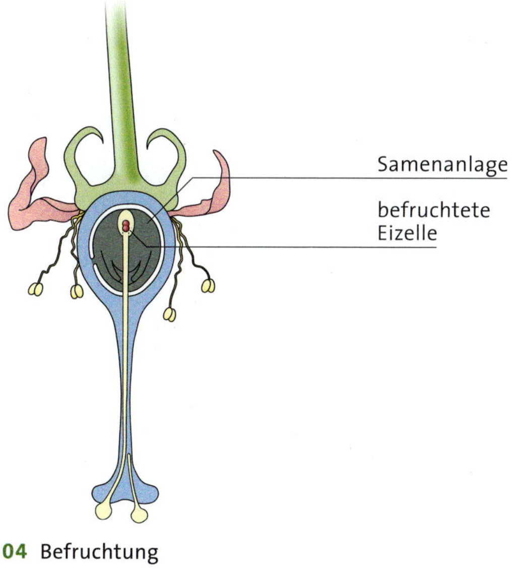

04 Befruchtung

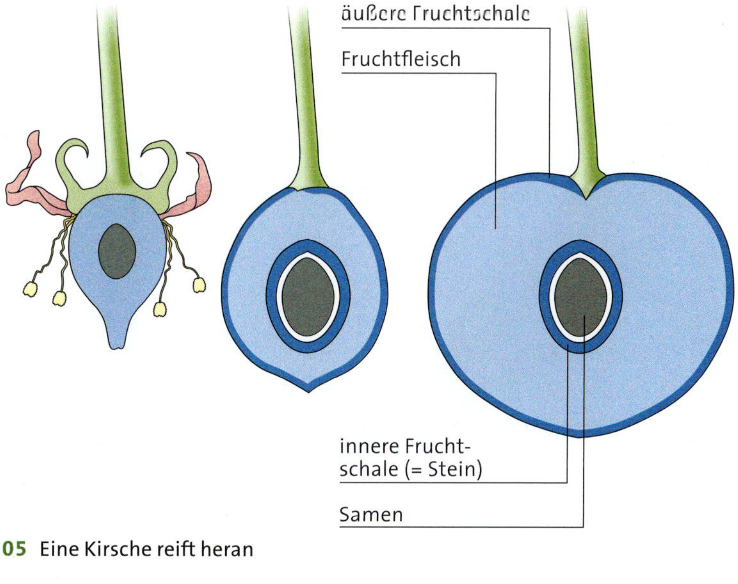

05 Eine Kirsche reift heran

06 Stachelbeere (Beere)

07 Erdbeere (Sammelfrucht)

08 Haselnuss (Nuss)

09 Bohne (Hülse)

FRUCHTFORMEN · Wegen der steinharten Hülle, die den Samen umgibt, nennt man eine Frucht wie die Kirsche **Steinfrucht.** Wenn der gesamte Fruchtknoten saftiges Fruchtfleisch bildet, das die Samen einhüllt, spricht man von einer **Beere.** Beispiele dafür sind die Stachelbeere und die Tomate. Wenn die Fruchtknotenwand vollständig aushärtet und einen Samen umgibt, entsteht eine **Nuss.** Das ist zum Beispiel bei der Haselnuss der Fall, aber auch beim Hahnenfuß, bei dem jedes Fruchtblatt eine kleine Nuss bildet.

Brombeeren und Erdbeeren bestehen aus vielen kleinen Einzelfrüchten, die vom Blütenboden zusammengehalten werden. Solche Früchte nennt man **Sammelfrüchte.** Auch beim Apfel und bei ähnlichem Obst ist der Blütenboden an der Fruchtbildung beteiligt. **Hülsen** und **Schoten** sind trockene Früchte, die aus einem oder zwei Fruchtblättern entstehen. Nach der Reifung platzen sie auf und die Samen werden freigesetzt. Beispiele dafür sind die Schoten des Raps und die Hülsen der Bohne und Erbse.

1 Wenn es Ende Mai und Anfang Juni an vielen Tagen nass und kühl ist, tragen die Kirschbäume im Juli nur wenige Früchte. Erkläre den Zusammenhang!

2 Nenne außer den im Text erwähnten Pflanzen je zwei weitere Beispiele für Steinfrüchte und Beeren!

3 Halbiere eine Tomate und eine Pflaume und zeichne die Schnittfläche! Beschrifte deine Zeichnung!

4 Beschreibe in Stichworten die Vorgänge, die ablaufen, bis eine Haselnuss entstanden ist!

Material A ▸ Pollenkörner

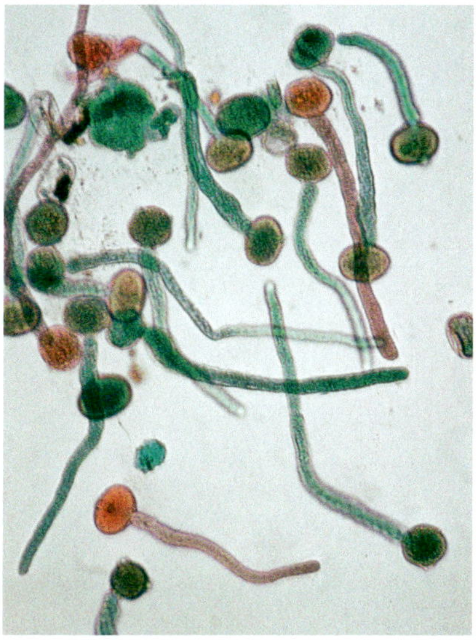

Die Abbildung zeigt stark vergrößerte Pollenkörner, die seit einigen Stunden in einer Nährflüssigkeit liegen.

A1 Beschreibe mit Fachbegriffen den Vorgang, der in der Abbildung zu erkennen ist!

A2 Nenne den Ort in der Pflanze, an dem der in der Abbildung zu erkennende Vorgang abläuft!

A3 Stelle Vermutungen darüber an, welcher Teil einer Blüte in der Natur die Aufgabe der Nährflüssigkeit übernimmt!

A4 Erkläre, weshalb die meisten Pflanzen nur dann Samen, also Nachkommen, bilden können, nachdem der in der Abbildung dargestellte Vorgang abgelaufen ist!

A5 Beschreibe, wo in den abgebildeten Pollenkörnern die Zellen liegen, die den männlichen Geschlechtszellen der Tiere entsprechen!

Material B ▸ Fruchtformen

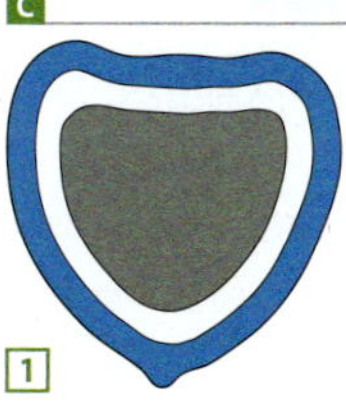

1

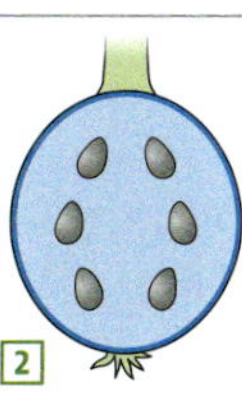

2

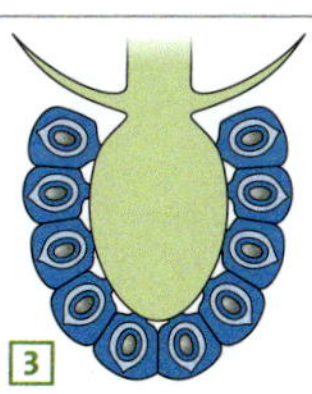

3

4

B1 Ordne die abgebildeten Früchte den Grafiken zu! Achte dabei nicht auf die Form der Früchte! Du kannst einer Grafik auch mehr als eine Frucht zuordnen. Eine der Grafiken passt zu keiner der abgebildeten Früchte.

B2 Nenne jeweils den Namen der Früchte und ihre jeweilige Fruchtform!

01 Löwenzahnpflanze in einer Mauer

Verbreitung von Früchten und Samen

02 Löwenzahnfrucht

03 Flugfrucht eines Ahorns

Löwenzahnpflanzen gehören zu den ersten Pflanzen, die freie Flächen besiedeln. Sogar zwischen den Steinen einer neu gebauten Mauer wachsen sie. Wie ist die Löwenzahnpflanze dorthin gelangt?

VERBREITUNG DURCH DEN WIND · Die Früchte des Löwenzahns hängen an kleinen, aus Haaren gebildeten Fallschirmen. Sie sorgen dafür, dass die Früchte nur sehr langsam zu Boden fallen. So kann sie der Wind über weite Strecken mitnehmen. Die Früchte des Ahorns haben leichte, häutige Tragflächen, die ebenfalls die Sinkgeschwindigkeit verringern. Haare oder Tragflächen sind typisch für solche **Flugfrüchte.**

VERBREITUNG DURCH WASSER · Die Samen der Seerose, der Kokospalme und anderer im oder am Wasser lebender Pflanzen haben mit Luft gefüllte *Schwimmkörper.* Dadurch treiben die Samen auf dem Wasser und entfernen sich so von der Mutterpflanze.

VERBREITUNG DURCH TIERE · Die reifen Beeren des Schneeballs machen mit ihrer auffälligen Farbe Tiere, vor allem Vögel, darauf aufmerksam, dass hier Früchte mit nahrhaftem Fruchtfleisch zu holen sind. Solche **Lockfrüchte** haben sehr widerstandsfähige Samen, die im Darm der Tiere nicht verdaut werden. Mit dem Kot gelangen sie meistens an Stellen, die weit entfernt von ihrer Mutterpflanze liegen.
Andere Pflanzen, zum Beispiel die Klette, haben Früchte entwickelt, die mit kleinen Widerhaken im Fell oder Gefieder von Tieren hängen bleiben. Diese **Klettfrüchte** werden so über weite Strecken verschleppt.
Eichhörnchen und einige Vögel, zum Beispiel der Eichelhäher, legen im Herbst mehrere kleine Vorratslager im Boden an. Sie

verstecken dort Eicheln, Haselnüsse und ähnliche Früchte. Wenn sie die Vorräte nicht benötigen oder nicht wiederfinden, wachsen im Frühling an dieser Stelle Jungpflanzen aus dem Boden.

Die Früchte der Taubnessel und der Samen der Veilchen haben ein kleines, fettreiches Anhängsel. Es heißt auch Ameisenbrot, weil Ameisen die Früchte und den Samen häufig in ihren oft weit entfernten Bau schleppen und dort fressen. Unterwegs verlieren sie zuweilen eine Frucht oder einen Samen, und bei günstigen Bedingungen kann daraus eine neue Pflanze heranwachsen.

SELBSTVERBREITUNG · Je älter die Früchte des Springkrauts werden, desto stärker stehen sie unter Spannung. Reife Früchte platzen schon auf, wenn sie nur leicht berührt werden. Ihre Fruchtblätter rollen sich blitzartig auf und schleudern die Samen weit von sich. Solche **Schleuderfrüchte** hat auch der Besenginster.

Da Pflanzen sich nicht wie Tiere bewegen können, bilden viele von ihnen Samen, die über weite Strecken transportiert werden. Auf diese Weise besiedeln die Pflanzen neue Gebiete, der Löwenzahn sogar die mit Erde gefüllten Fugen einer Mauer. Außerdem vermeiden sie so die Konkurrenz mit den Elternpflanzen, die auftreten würde, wenn sie in nächster Nähe zu ihnen wachsen würden.

1 Beschreibe Angepasstheiten von Samen oder Früchten, die ihrer Verbreitung dienen!

2 Informiere dich in Pflanzenbüchern, Lexika oder im Internet, wie Linde, Möhre, Holunder, Schöllkraut und Waldrebe ihre Früchte oder Samen verbreiten!

04 Eichelhäher mit Eichel

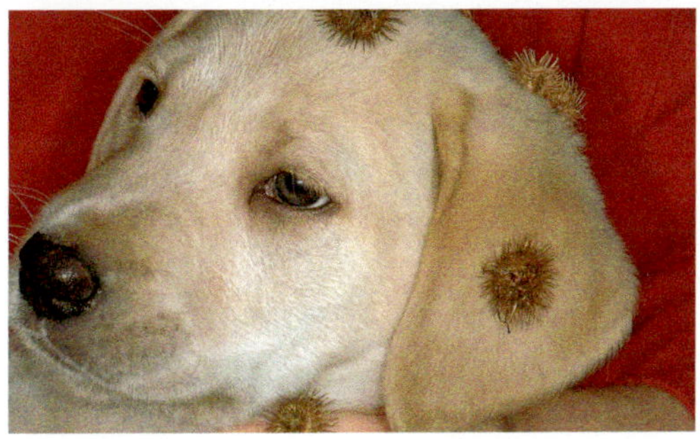

05 Früchte der Klette im Fell eines Hundes

06 Waldameise mit Taubnesselfrucht

07 Früchte des Springkrauts

08 Fortpflanzung durch Ausläufer bei der Erdbeere

09 Scharbockskraut mit Wurzelknollen und Brutknöllchen

UNGESCHLECHTLICHE FORTPFLANZUNG · Eine Erdbeerpflanze bildet lange Seitentriebe, die **Ausläufer.** Wenn sie den Boden berühren, verankern sie sich mit Wurzeln, treiben Blätter aus und wachsen zu neuen Erdbeerpflanzen heran. Weil an dieser Vermehrung keine *Geschlechtszellen* beteiligt sind, spricht man von einer *ungeschlechtlichen Fortpflanzung.*

Das Scharbockskraut pflanzt sich geschlechtlich durch Samen fort, aber auch ungeschlechtlich durch **Wurzelknollen.** Das sind nährstoffhaltige Verdickungen der Wurzeln, aus denen neue Pflanzen entstehen können. Außerdem bildet die Pflanze in den Ansatzstellen der Blätter kleine Knöllchen. Diese **Brutknospen** fallen ab, wenn sie groß genug sind, treiben Wurzeln aus und wachsen zu neuen Pflanzen heran.

Durch die ungeschlechtliche Fortpflanzung können sich Pflanzen sehr schnell vermehren. Demgegenüber dauert die geschlechtliche Fortpflanzung mit der Bildung von Blüten, Samen und Früchten viel länger. Alle Nachkommen, die durch ungeschlechtliche Fortpflanzung entstehen, gleichen ihrer Herkunftspflanze vollständig und sind auch untereinander identisch. Aus den Samen derselben Pflanze dagegen entstehen Nachkommen, die sich voneinander meistens geringfügig unterscheiden.

In Gärtnereien und Baumschulen nutzt man die ungeschlechtliche Fortpflanzung, indem man Pflanzen durch **Stecklinge** vermehrt. Das sind abgeschnittene Pflanzenteile, aus denen neue Pflanzen heranwachsen, wenn man sie in den Boden steckt. So lassen sich zum Beispiel aus den Blättern einer Geranie oder aus Zweigen einer Weide in kurzer Zeit viele neue Pflanzen heranziehen, die ihren Herkunftspflanzen vollständig gleichen.

3 Beschreibe, weshalb es für einen Gärtner von Vorteil ist, Bäume aus Stecklingen heranzuziehen und nicht aus Samen!

4 Stelle Vermutungen darüber an, welche Vorteile für eine Erdbeerpflanze mit der geschlechtlichen und ungeschlechtlichen Fortpflanzung verbunden sein könnten!

VERSUCH A ▸ Flugfrüchte

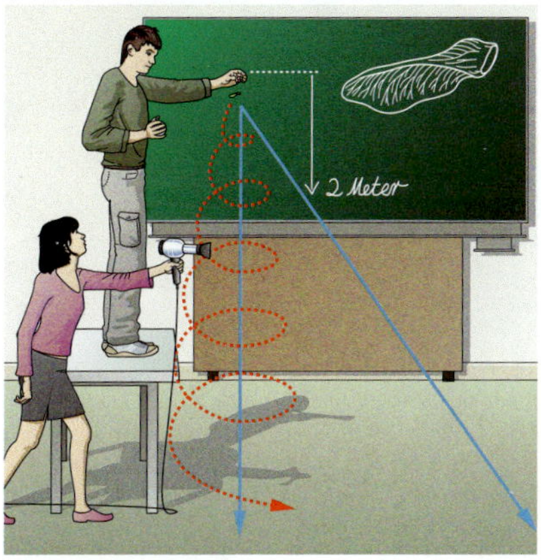

	Flugfrucht mit Flugeinrichtungen		Flugfrucht ohne Flugeinrichtungen	
	Einzelwerte	Mittelwert	Einzelwerte	Mittelwert
Flugdauer (in Zehntelsekunden)	–	–	–	–
Flugweite (in Zentimetern)	–	–	–	–

Material:

Samen oder Früchte von Löwenzahn oder Ahorn oder Linde oder ähnliche Flugfrüchte, Maßband, Fön, Stoppuhr, feine Schere, Biologiemappe, Bleistift

Durchführung:

Lasse die Flugfrüchte einer Pflanzenart aus mindestens zwei Metern Höhe fallen. Miss mit der Stoppuhr die Zeit, in der die Flugfrucht zu Boden fällt. Wiederhole den Versuch fünfmal und halte die Messergebnisse in deiner Biologiemappe fest!
Erzeuge seitlich von der Fallstrecke der Flugfrucht mit einem Fön einen Luftstrom. Miss mit dem Maßband, wie weit die Flugfrucht abgetrieben wird. Wiederhole den Versuch fünfmal und trage die Ergebnisse in deine Biologiemappe ein!
Entferne die Flugeinrichtungen mit der Schere von der Flugfrucht und wiederhole die beiden vorangegangenen Versuche jeweils fünfmal. Trage die Ergebnisse in deine Biologiemappe ein!

A1 Berechne die Mittelwerte für die Versuche! Addiere dazu die Einzelwerte und dividiere die Summe durch die Anzahl der Werte!

A2 Übertrage die Einzelwerte und Mittelwerte in eine Tabelle nach dem oben gezeigten Muster!

A3 Erstelle ein Versuchsprotokoll! Benutze die Tabelle zur Deutung! Nimm die Seite 50 zu Hilfe!

VERSUCH B ▸ Begonien

Material:

Begonienpflanze, Blumentopf, Blumenerde, kleine Kieselsteine, Skalpell, Schere

Durchführung:

Trenne mit der Schere ein Laubblatt der Begonienpflanze ab.
Schneide mit dem Skalpell an etwa fünf bis sieben Stellen die Blattadern quer durch.
Fülle den Blumentopf mit Erde und feuchte diese gut an.
Lege das Begonienblatt auf die Erde und beschwere die Schnittstellen so mit den Kieselsteinen, dass noch ein kleiner Teil frei bleibt.
Halte die Blumenerde in den nächsten Wochen ständig feucht. Beobachte die Veränderungen und beschreibe sie an jedem vierten Tag.

B1 Erstelle ein Versuchsprotokoll, in dem du unter anderem auch die Veränderungen beschreibst, die du an dem Begonienblatt beobachten kannst!

01 Gartenbohnenpflanze

02 Samen der Gartenbohne

Aus Samen entwickeln sich Pflanzen

Bohnensamen kann man viele Monate lang aufbewahren, ohne dass sie sich verändern. Sobald man sie aber in feuchten Boden legt, wachsen daraus neue Pflanzen heran. Wie ist das zu erklären?

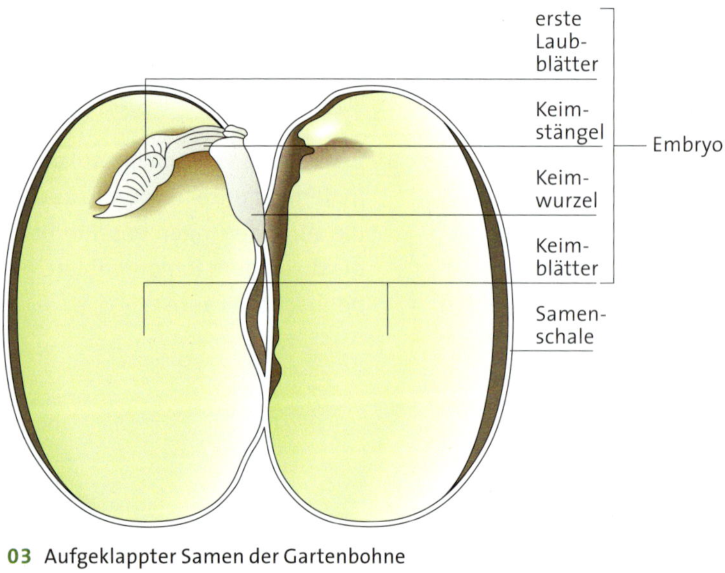

03 Aufgeklappter Samen der Gartenbohne

BAU DES SAMENS · Wenn man die **Samenschale** entfernt, zerfällt ein Bohnensamen in zwei dicke, ovale, leicht gewölbte Hälften, die **Keimblätter.** Zwischen den Keimblättern liegt ein winziges Pflänzchen. Die Keimblätter bilden zusammen mit diesem kleinen Pflänzchen den **Embryo,** auch Keimling genannt. Das Pflänzchen besteht aus zwei Keimblättern, zwei kleinen zusammengefalteten Laubblättern, der **Keimwurzel,** und der Sprossachse, die man auch **Keimstängel** nennt.

Die Lebensprozesse in einer Pflanze oder einem Tier können nur ablaufen, wenn Wasser vorhanden ist. Ein Bohnensamen enthält nur sehr wenig Wasser. Daher ruht der Samen weitgehend und entwickelt sich nicht weiter. Er verharrt in einem Zustand der **Samenruhe.** So kann er ungünstige Bedingungen, zum Beispiel Trockenheit oder Frost, lange Zeit überstehen.

QUELLUNG · Nachdem man einen Bohnensamen ausgesät hat, nimmt er im feuchten Boden viel Wasser auf. Er schwillt dadurch stark an. Diesen ersten Teil der Samenentwicklung bezeichnet man als *Quellung*.

WACHSTUM DES KEIMLINGS · Erst bei höheren Temperaturen bewirkt das aufgenommene Wasser eine Beschleunigung der Lebensprozesse des Bohnenkeimlings. Der Keimling beginnt zu wachsen. Zunächst durchbricht die größer werdende Keimwurzel die Samenschale, die durch die Quellung aufgeplatzt ist, und schiebt sich in den Boden. Dadurch kann sich der Keimling in der Erde verankern und noch mehr Wasser mit den darin gelösten Mineralstoffen aufnehmen. Bald wächst auch der Keimstängel des Bohnenkeimlings, durchbricht bogenförmig die Bodenoberfläche, zieht die Keimblätter und die ersten, noch kleinen Laubblätter nach oben und richtet sich auf.

VERSORGUNG MIT NÄHRSTOFFEN · Die Nährstoffe, die der Bohnenkeimling zum Wachstum benötigt, sind in den dicken Keimblättern gespeichert. Nachdem der Bohnensamen bei der Quellung Wasser aufgenommen hat, kann der Keimling diese Nährstoffe abbauen und als Energie- und Baustofflieferanten für das Wachstum nutzen.

Sobald die ersten Laubblätter das Tageslicht erreicht haben, werden sie grün und beginnen mit der *Fotosynthese*. Jetzt benötigt die junge Pflanze keine Nährstoffe mehr aus den Keimblättern. Sie kann sich selbstständig durch Fotosynthese in den Laubblättern ernähren. Da der Nährstoffvorrat in den Keimblättern auch weitgehend verbraucht ist, schrumpfen sie und fallen schließlich ab. Die Wachstums- und Entwicklungsvorgänge einer Pflanze von der Quellung bis zum Ergrünen der ersten Laubblätter fasst man unter dem Begriff **Keimung** zusammen. Sobald die kleine Pflanze mit der Fotosynthese beginnt, ist die Keimung beendet.

ERBINFORMATION · Die *Erbinformation* der Elternpflanzen liegt im Zellkern der befruchteten Eizelle. Er enthält die Informationen, die die Eigenschaften der neuen Pflanze weitgehend bestimmen. Diese *Erbinformation* stellt eine Art Programm dar, das dafür sorgt, dass die neu entstehende Pflanze den Elternpflanzen ähnelt. So entsteht also aus einem Bohnensamen stets eine Bohnenpflanze und nicht eine Erbsen- oder Linsenpflanze.

04 Keimung und Wachstum bei der Gartenbohne

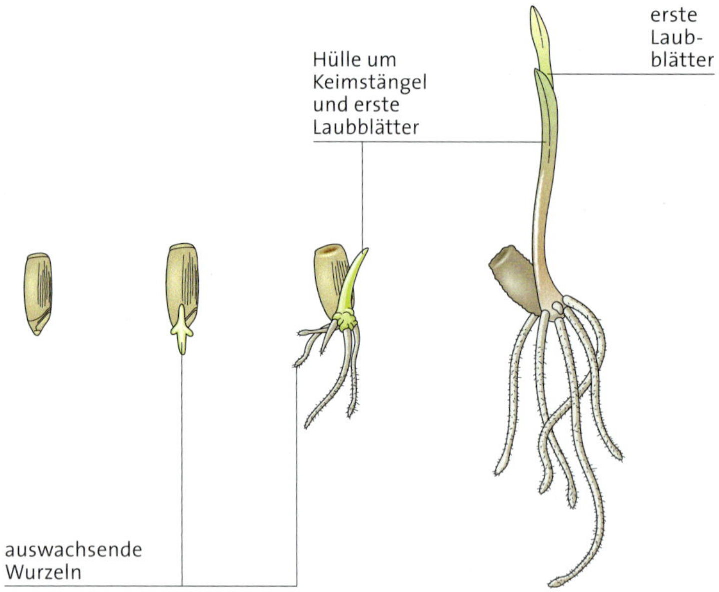

05 Keimung eines Roggenkorns

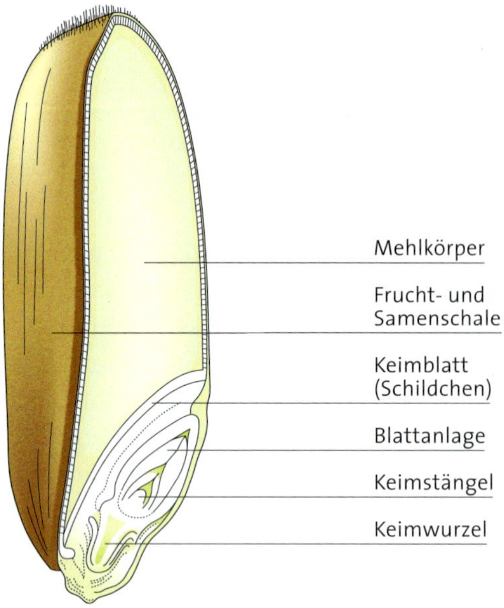

07 Roggenkorn im Längsschnitt

06 Wachstum der Roggenpflanze

SAMENFORMEN · Viele Samen sind ähnlich gebaut wie die Bohne. Auch Erbsensamen, Eicheln und Kastanien zerfallen in zwei dicke, nährstoffhaltige Keimblätter, wenn man sie öffnet. Die Früchte der *Gräser* aber, zu denen auch Weizen, Roggen, Mais, Reis und andere *Getreidearten* gehören, haben nur ein einziges, dünnes Keimblatt. Die für die Keimung erforderlichen Nährstoffe speichert ein Getreidekorn nicht im Keimblatt, sondern im **Mehlkörper.** Das Keimblatt dient nur dazu, die Nährstoffe aus dem großen Mehlkörper an den Keimling weiterzuleiten.

KEIMUNG EINES ROGGENKORNS · Wie der Bohnensamen keimt auch das Roggenkorn nur in einer feuchten und nicht zu kühlen Umgebung. Zu Beginn der Keimung quillt es auf und schiebt zunächst die Keimwurzel durch die aufgeplatzte Schale in den Boden. Danach wächst der *Keimstängel* mit den Anlagen für die ersten *Laubblätter* und durchbricht die Bodenoberfläche. Stängel und Blätter sind zunächst noch von einer derben, spitzen *Schutzhülle* umgeben, die sich später öffnet.

1 Nenne die Bestandteile eines Bohnensamens!

2 Beschreibe den Verlauf der Keimung eines Bohnensamens in Stichworten!

3 Erkläre, weshalb die Keimblätter der Gartenbohne am Ende der Keimung schlaff und runzelig aussehen!

4 Vergleiche den Bau des Samens und den Verlauf der Keimung von Gartenbohne und Roggen!

5 Begründe, weshalb Bohnensamen oder Weizenkörner bei der Keimung „verhungern“, wenn sie zu tief im Boden stecken!

Material A ▸ Keimungsbedingungen

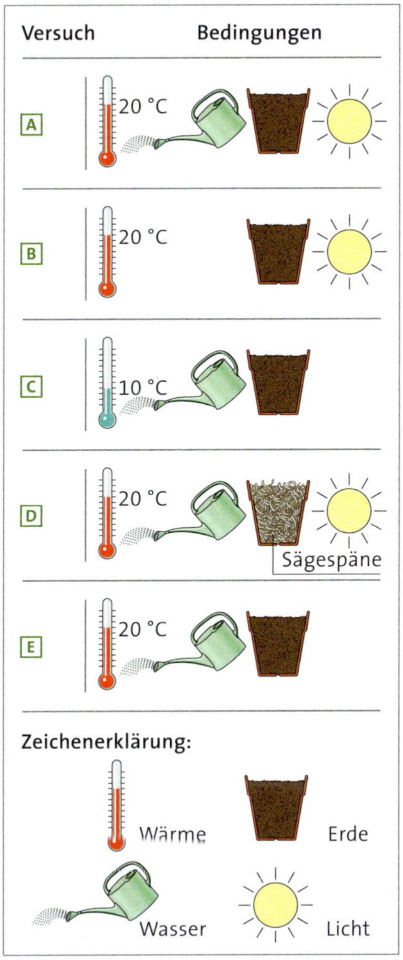

Es wurden fünf Keimungsversuche mit Erbsen unter verschiedenen Bedingungen durchgeführt.

A1 Gib für jeden Versuch an, ob die Erbsensamen keimen! Begründe deine Antwort!

A2 Erstelle einen Plan für ein Experiment, mit dem überprüft werden kann, ob Luft zur Keimung der Erbsensamen erforderlich ist! Nimm die Seite 50 zu Hilfe!

VERSUCH B ▸ Quellung von Bohnensamen

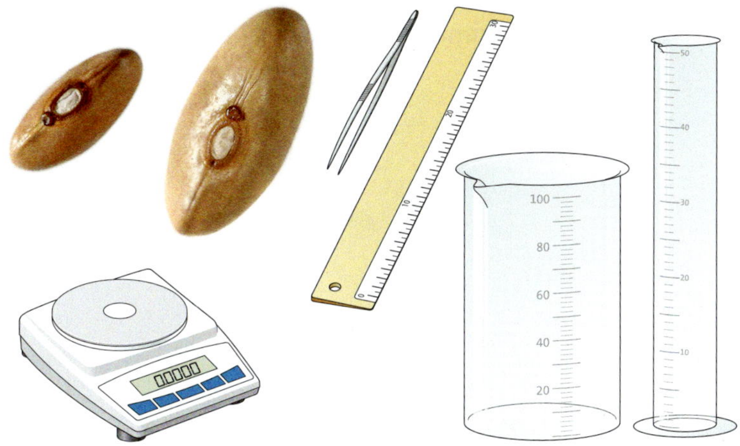

Material:

Bohnensamen, Laborwaage, große Pinzette, Messzylinder (50 ml), Becherglas (100 ml), Millimeterpapier oder Lineal

Durchführung:

Wiege zehn Bohnensamen auf einer genauen Waage. Berechne und notiere die durchschnittliche Masse der Bohnen!
Miss die Länge jedes Samens, indem du ihn auf ein Lineal oder Millimeterpapier legst. Berechne und notiere die durchschnittliche Länge. Nimm zur Berechnung des Mittelwerts die Angaben in der Aufgabe A1 auf Seite 73 zu Hilfe.
Lege die zehn Samen für einen Tag in ein mit 50 ml Wasser gefülltes Becherglas.
Hole die Samen mit der Pinzette aus dem Wasser und miss mit einem Messzylinder die Menge an Wasser ab, die im Gefäß zurückgeblieben ist.
Stelle die Masse und Länge der gequollenen Samen fest und berechne die Durchschnittswerte.
Trage alle Messergebnisse des Versuchs in eine Tabelle nach dem unten stehenden Muster in deine Biologiemappe ein.

B1 Deute die Versuchsergebnisse! Vergleiche dazu auch die Menge des Wassers, die im Becherglas übrig geblieben ist, nachdem du die gequollenen Samen herausgenommen hast, mit der ursprünglichen Wassermenge im Glas! Bedenke dabei, dass ein Milliliter Wasser die Masse von einem Gramm hat!

	trockene Samen	gequollene Samen	Veränderungen
durchschnittliche Masse (in ml)	–	–	–
durchschnittliche Länge (in mm)	–	–	–

METHODE

Diagramme erstellen und auswerten

01 Wachstumsbeobachtung bei einer Bohnenpflanze

Alter in Tagen	4	8	12	16
Länge der Sprossachse in Millimeter	3	11	50	80

02 Messergebnisse der Wachstumsbeobachtung in einer Tabelle

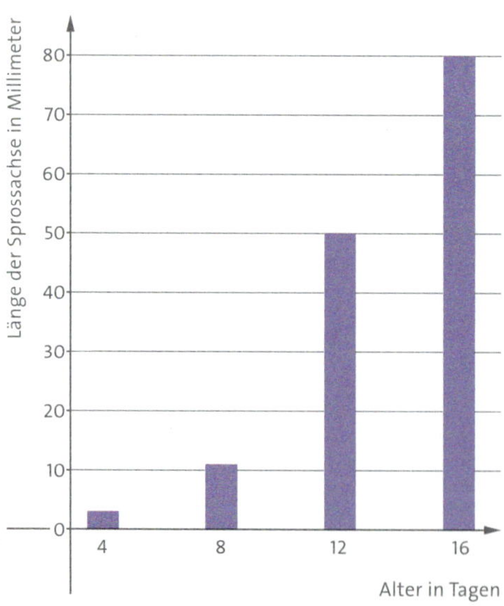

03 Messergebnisse der Wachstumsbeobachtung in einem Säulendiagramm

Viele Fragen über die Natur können nur durch Beobachtungen und Experimente sowie deren Auswertung beantwortet werden. Deshalb bezeichnet man die Biologie, wie alle Naturwissenschaften, als experimentelle Wissenschaft.
Wenn man beispielsweise wissen möchte, wie schnell eine Bohnenpflanze wächst, versucht man, diese Frage mithilfe einer Beobachtung zu beantworten. Dabei misst man die Länge der Sprossachse an verschiedenen Tagen und notiert die Messwerte.

TABELLE *· Wenn mehrere Messwerte erfasst werden sollen, ist es oft sinnvoll, sie in einer Tabelle darzustellen. Im Fall der Bohnenpflanze wird das Alter der Pflanze in Tagen zum Messzeitpunkt in die obere Zeile eingetragen. In die zweite Zeile wird die gemessene Länge der Sprossachse eingetragen. So sieht man deutlich, wie groß die Bohnenpflanze an einem bestimmten Tag war. Um die erfassten Messwerte noch schneller und einfacher überblicken zu können, werden sie in einem* ***Diagramm*** *zeichnerisch dargestellt.*

SÄULENDIAGRAMM *· Auf der Hochachse, der* ***y-Achse,*** *des Diagramms wird die Länge der Sprossachse in Millimetern abgebildet. Auf der Rechtsachse, der* ***x-Achse,*** *des Diagramms wird das Alter der Pflanze in Tagen eingetragen. Markiert man die Länge der Sprossachse an einem bestimmten Tag und zeichnet einen senkrechten Balken von diesem Punkt nach unten, erhält man ein Säulendiagramm. Die Höhe der Säule entspricht also der Länge der Sprossachse an einem bestimmten Tag.*

LINIENDIAGRAMM *· Wenn man die im Säulendiagramm ermittelten Punkte durch eine Linie miteinander verbindet, erhält man ein Liniendiagramm. Aus Liniendiagrammen kann der* ***Verlauf*** *oder eine* ***Änderung*** *von Daten leicht abgelesen werden. Im Beispiel der Bohnenpflanze zeigt das Liniendiagramm den Wachstumsverlauf der Pflanze. Je mehr Messpunkte man hat, desto genauer kann ein Verlauf aus dem Diagramm abgelesen werden.*

KREISDIAGRAMM *· Mit einem Kreisdiagramm können besonders gut Anteile eines Ganzen abgebildet werden. Kreisdiagramme werden auch* ***Tortendiagramme*** *genannt, da ihre einzelnen Teile wie Tortenstücke aussehen. In Abbildung 05 ist ein Beispiel für ein Kreisdiagramm dargestellt. Beim Erstellen eines Kreisdiagramms muss berücksichtigt werden, dass der Kreis eine Winkelsumme von 360° aufweist. Der Kreisausschnitt eines Anteils richtet sich nach dem Winkel am Kreismittelpunkt. Die Kreisausschnitte der einzelnen Anteile kann man mithilfe des Dreisatzes errechnen:*

$100\,\% = 360°$

$1\,\% = 360° : 100 = 3{,}6°$

$25\,\% = 360° : 100 \times 25 = 90°$

Diagramme helfen dabei, sich schnell einen Überblick über Daten zu verschaffen. Erklärungen für Beobachtungen oder Ergebnisse von Experimenten können Diagramme jedoch nicht liefern.

1 *Zeichne aus den Daten der Tabelle in Abbildung 06 ein Säulendiagramm und ein Liniendiagramm!*

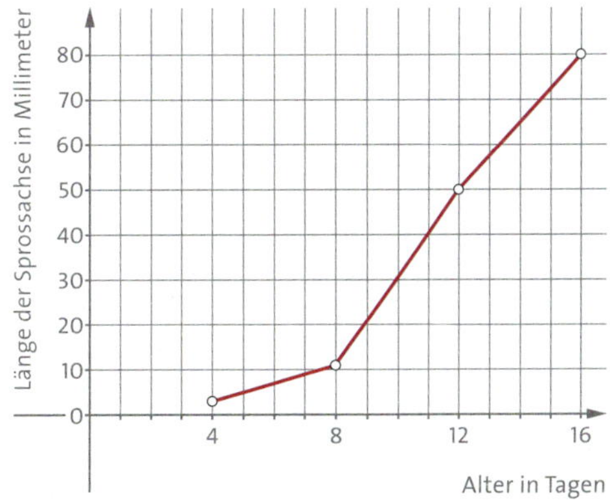

04 Messergebnisse der Wachstumsbeobachtung in einem Liniendiagramm

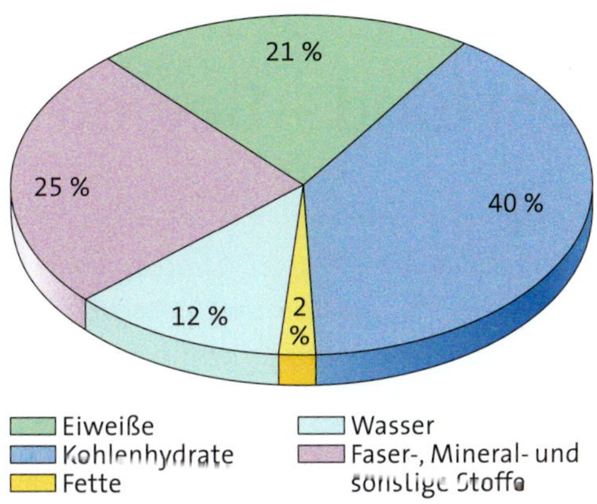

05 Inhaltsstoffe eines reifen Bohnensamens in einem Kreisdiagramm

Alter der Pflanze	Länge der Sprossachse
1 Tag	5 Millimeter
2 Tage	10 Millimeter
3 Tage	35 Millimeter
4 Tage	63 Millimeter
5 Tage	75 Millimeter
6 Tage	120 Millimeter
7 Tage	140 Millimeter
8 Tage	155 Millimeter

06 Wachstum einer Rapspflanze

01 Familienhund

Der Hund – Begleiter des Menschen

Hunde sind treue Begleiter des Menschen. Mit Familienhunden spielen und toben viele Kinder. Hunde begleiten den Menschen und können vielfältige Aufgaben übernehmen. Welche sind das?

HUNDE HELFEN DEM MENSCHEN · Blinde Menschen können sich sicher zurechtfinden, wenn sie von einem **Blindenhund** geführt werden. Dieser warnt vor Hindernissen und kann auf Kommando bestimmte Ziele, zum Beispiel einen Zebrastreifen, aufsuchen. Ein Hund, der in der Lage ist, Personen oder Gegenstände aufzuspüren, wird **Spürhund** genannt. Er kann bei der Polizei als *Suchhund* eingesetzt werden. Zum Hüten von Nutztieren, wie zum Beispiel Schafen, begleitet der Hund einen Hirten als **Hütehund.** Ein Grundstück, das der Hund als Revier betrachtet, wird von ihm verteidigt. Er dient dem Menschen so als **Wachhund.** Die besonderen Fähigkeiten, mit denen Hunde Menschen unterstützen, verdanken sie unter anderem ihren Sinnesorganen. Was ist aber das Besondere an den Sinnesorganen eines Hundes?

SINNESORGANE · Das Schnuppern an Gegenständen oder die Kontaktaufnahme mit anderen Hunden erfolgt über die Nase. Der Hund kann manche Geruchsstoffe viel besser riechen als der Mensch. Die Fähigkeit zum Riechen bezeichnet man als einen *Sinn.* Wegen seines feinen Geruchssinns ist der Hund ein **Nasentier.** Lange bevor man an der Tür eines Hundebesitzers klingelt, nimmt der Hund schon Geräusche wahr und reagiert mit Bellen. Er kann auch höhere Töne hören, die der Mensch nicht mehr wahrnehmen kann. Wegen seines feinen Gehörs bezeichnet man den Hund als **Ohrentier.**
Die Sehschärfe und die Farbwahrnehmung der Hundeaugen sind deutlich schlechter

als die eines Menschen. Geruchsstoffe, Geräusche und Licht sind Umwelteinflüsse, die vom Körper wahrgenommen werden. Für die Aufnahme solcher *Reize* besitzen die Tiere und der Mensch Organe. Zu diesen **Sinnesorganen** zählen Nase, Ohr und Auge.

KÖRPERBAU · Schnell und ausdauernd rennt ein Hund über eine Wiese. Dies wird dem Hund auch durch sein Knochengerüst, das *Skelett,* ermöglicht. Es lässt sich in *Schädel, Rumpfskelett* und *Beine*, die *Extremitäten,* gliedern. Die *Wirbelsäule* verläuft vom Kopf des Hundes über den Rumpf bis zum Schwanz und besteht aus einzelnen Wirbeln. Der Hund ist ein **Wirbeltier.** Über die *Schulterblätter* und die *Beckenknochen* sind die kräftigen Vorder- und Hinterbeine mit dem Rumpfskelett über Gelenke beweglich verbunden. Der *Oberschenkelknochen* der hinteren Laufbeine steht über das Kniegelenk mit den *Unterschenkelknochen* in Verbindung. Diese werden *Schien-* und *Wadenbein* genannt. Der an den Unterschenkelknochen ansetzende Fuß teilt sich in die *Fußwurzel, Mittelfußknochen* und *Zehenknochen* auf. Der Hund tritt nur mit den Zehen auf, unterstützt durch die starken Krallen, die nicht in die Pfote eingezogen werden können. Der Hund ist ein **Zehengänger.** Sprünge werden von den weichen, belastungsfähigen Ballen der Hundepfoten abgefedert.

FLEISCHFRESSERGEBISS · Wenn ein Hund an einem Knochen nagt, werden die spitzen **Eckzähne** sichtbar, die sich neben den **Schneidezähnen** im Ober- und Unterkiefer befinden. Da sie dem Ergreifen und Festhalten der Beute dienen, werden die vier Eckzähne als **Fangzähne** bezeichnet. Genagt und zerkleinert wird die Nahrung mit den Backenzähnen. Jeweils zwei **Backenzähne** im Ober- und Unterkiefer sind größer, kräftiger und schärfer als die anderen. Es sind **Reißzähne,** mit denen die größte Kraft aufgewendet werden kann. Das Gebiss eines Hundes ist ein typisches **Fleischfressergebiss.** Die Anordnung der Zähne wird in einer *Zahnformel* zusammengefasst.

02 Skelett und Gebiss des Hundes

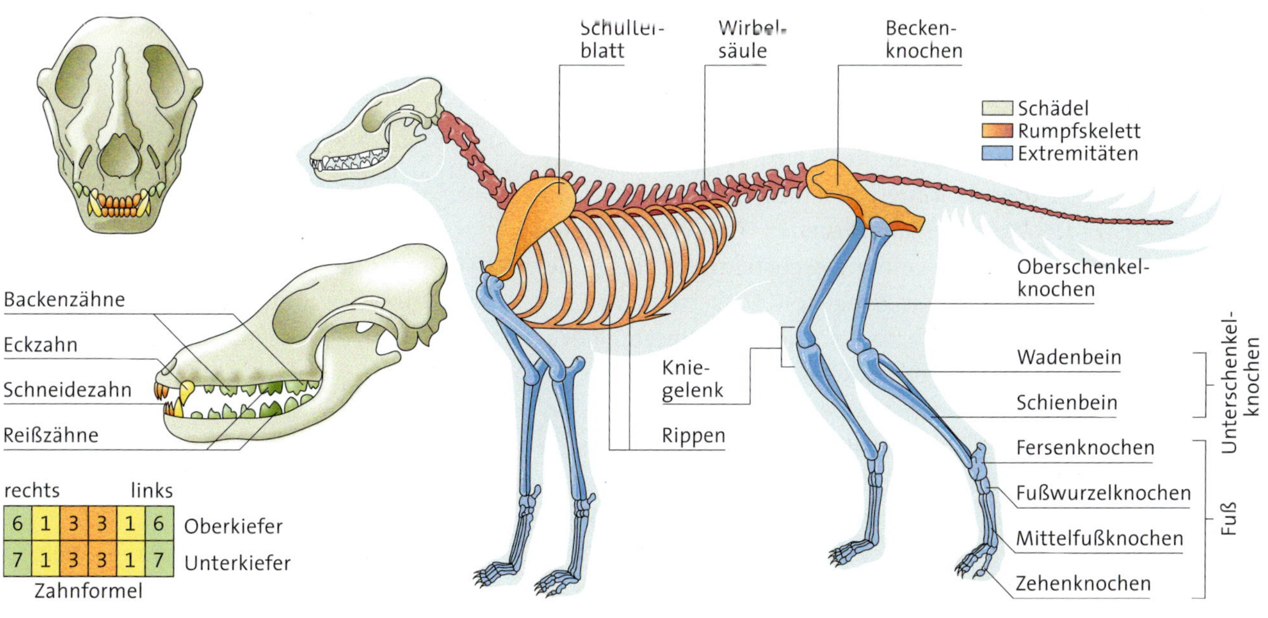

03 Hündin mit neugeborenen Welpen

FORTPFLANZUNG · Die Fortpflanzung bei Hunden setzt wie bei vielen anderen Tieren ein weibliches und männliches Tier voraus, eine *Hündin* und einen *Rüden*.
Eine Hündin wird zwischen dem 6. und 18. Monat zum ersten Mal *läufig*, was bedeutet, dass sie bereit ist, sich mit einem Rüden zu paaren. Nach der **Paarung** mit dem Rüden können sich im Leib der Hündin vier bis zehn Jungtiere entwickeln. Die Zeit, in der sich die Jungen im Mutterleib entwickeln, dauert etwa 63 Tage und wird **Tragzeit** genannt. Während dieses Zeitraums ist die Hündin *trächtig*.
Etwa einen Tag vor der Geburt wird die Hündin unruhig und sucht sich einen ruhigen Platz für die *Geburt*. In kurzen Abständen kommen die jungen Hunde auf die Welt. Die neugeborenen Hunde, die **Welpen,** sind von einer durchsichtigen Hülle, der *Fruchtblase,* umgeben. Diese wird von der Hündin zerrissen und aufgefressen, bevor die Welpen trocken geleckt werden. Die völlig hilflosen Welpen sind bis etwa zwei Wochen nach der Geburt blind und taub. Sie müssen von der Mutter betreut werden. Solche Tiere bezeichnet man als **Nesthocker.**
Regelmäßig suchen die Welpen nach den Milchzitzen der Mutter. Haben sie diese gefunden, treten sie mit den Beinen gegen den Bauch der Mutter und regen damit die Milchdrüsen zur Abgabe von Milch an. Die Milch der Hündin enthält alles, was die Welpen für ihre Entwicklung benötigen.
Da Hunde lebende Jungtiere zur Welt bringen und diese vom Muttertier gesäugt werden, gehört der Hund zu den **Säugetieren.**

HUNDEHALTUNG · Die jungen Hunde wirken besonders anziehend auf Kinder. Doch bevor sich eine Familie einen Hund als neues „Familienmitglied" anschafft, sollte sie prüfen, ob alle Lebensansprüche eines Hundes erfüllt werden können.
Hunde brauchen viel Bewegung, genügend Platz und Auslaufmöglichkeiten. Neben einem Schlafplatz, Futter und Pflege sind auch der ständige Kontakt zur Familie und die Erziehung des Hundes sehr wichtig. Dies benötigt viel Zeit, Aufmerksamkeit und Beschäftigung durch die Familienmitglieder.
Nicht nur die Anschaffung eines Hundes als Haustier kostet Geld. Eine ganze Reihe von Folgekosten kommt auf den Hundebesitzer zu. Hundefutter und Tierarztkosten müssen ebenso regelmäßig bezahlt werden wie Hundesteuer und Versicherungen.

1 Beschreibe verschiedene Situationen, bei denen Suchhunde eingesetzt werden können!

2 Der Hund ist ein Säugetier und ein Wirbeltier. Erkläre, auf welche Merkmale sich diese Aussage bezieht!

3 Beschreibe mithilfe der Zahnformel des Hundes den Aufbau eines Hundegebisses und erkläre die Funktionen der einzelnen Zahntypen!

4 Begründe, weshalb man junge Welpen als Nesthocker bezeichnet!

Material A ▸ Körperbau

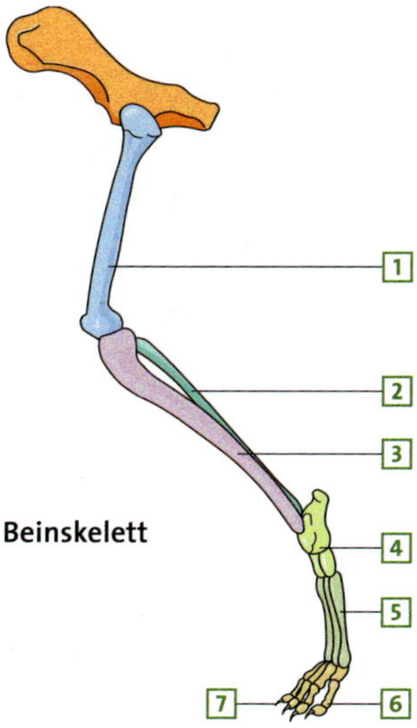

Beinskelett

Pfote

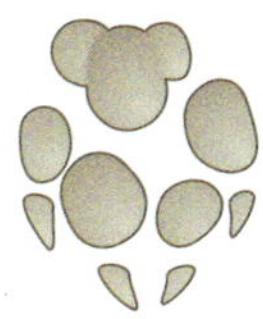

Pfotenabdruck

A1 Zeichne das Beinskelett in deine Mappe und ordne den Zahlen die entsprechenden Fachbegriffe zu!

A2 Erkläre den Begriff Zehengänger!

A3 Erläutere den Begriff Laufbein! Nimm für die Antwort auch die Abbildung der Pfote und den Pfotenabdruck zu Hilfe!

Material B ▸ Sinnesleistungen

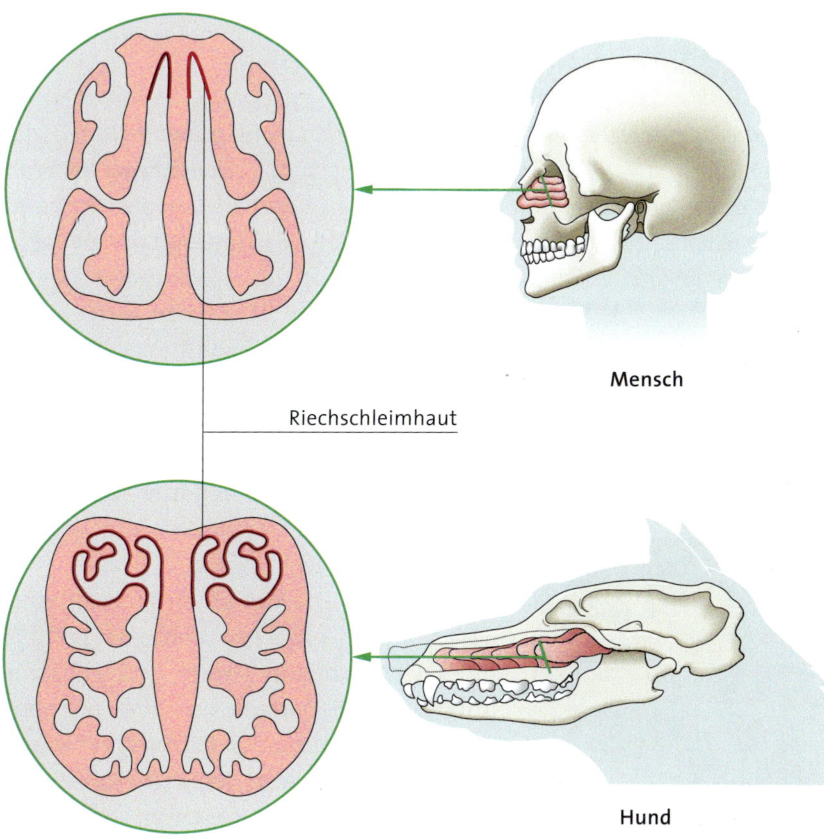

Die Nase ist mit einer Schleimhaut ausgekleidet, die dem Riechen dient. Deshalb nennt man sie *Riechschleimhaut*. Ihre Oberfläche beträgt beim Hund 85 cm², beim Menschen 4 cm², bei der Katze 20 cm² und beim Kaninchen 9 cm².

B1 Zeichne für die Flächen der Riechschleimhaut ein Säulendiagramm (Hochachse: Fläche in cm², Rechtsachse: Hund, Mensch, Katze, Kaninchen)! Nimm die Seiten 78 und 79 zu Hilfe!

B2 Werte das Diagramm aus und deute die Ergebnisse!

B3 Erkläre die Begriffe Nasentier und Ohrentier!

B4 Beschreibe, wofür der Mensch die besonderen Sinnesleistungen des Hundes nutzt!

01 Wolfsrudel

Der Hund – das älteste Haustier des Menschen

In Gräben und Höhlen aus der Steinzeit findet man immer wieder Knochen von Hunden. Man geht deshalb davon aus, dass die Zähmung des Wolfes in jener Zeit erfolgte. Wie aber konnten aus wilden Wölfen zahme Haustiere werden?

VOM WILDTIER ZUM HAUSTIER · Die Beziehung zwischen dem Wolf und dem Menschen lässt sich über 25 000 Jahre zurückverfolgen. Zurückgelassene Nahrungsreste lockten die Wölfe wohl immer wieder in die Nähe der Menschen. Vielleicht half der Wolf dem Menschen sogar als Jagdpartner beim Aufspüren von Beutetieren. Man geht davon aus, dass vor etwa 15 000 Jahren Wolfswelpen vom Menschen aufgezogen wurden. Die Wölfe gewöhnten sich an den Menschen und wahrscheinlich haben sie sich in der Gefangenschaft auch weitervermehrt. Im Laufe der Zeit entwickelten sich zahme Wölfe. Das Wildtier wurde zum Haustier.

02 Rangordnungskampf

ZÜCHTUNG · Die Menschen beobachteten, dass sich die gezähmten Wölfe zum Beispiel in den Merkmalen Größe und Fellfarbe unterschieden. Daraufhin wurden nur noch die Wölfe miteinander gepaart, auf deren Merkmale man Wert legte. Im Laufe von Jahrtausenden hat der Mensch so aus dem

Wolf, dem Stammvater des Hundes, eine große Anzahl von Hunderassen **gezüchtet.**

VERHALTENSWEISEN · Wölfe leben in Gemeinschaften von etwa fünf bis zehn Tieren. Ein solches **Rudel** beansprucht ein eigenes Jagdrevier, dessen Grenzen mit Kot und Urin markiert werden. In einem Rudel hat jedes Tier einen festen Platz. Das stärkste Tier führt das Rudel an. Es ist der **Leitwolf.** Alle anderen Rudelmitglieder ordnen sich ihm in einer festgelegten Reihenfolge unter. Diese **Rangordnung** kann man im Verhalten der Wölfe beobachten. Das ranghöchste Tier stellt seinen Schwanz auf, hebt den Kopf und spitzt die Ohren. Dieses **Imponierverhalten** kann in **Drohverhalten** umschlagen. Dann zeigt der Wolf seine Zähne. Rangniedere Wölfe legen daraufhin die Ohren an, ziehen den Schwanz ein oder legen sich sogar auf den Rücken und bieten dem Gegner ihre Kehle an. Dieses **Demutsverhalten** verhindert, dass der Gegner zubeißt. Die Rangordnung legt auch fest, wer zuerst fressen oder trinken darf.
Ihre Beute jagen die Wölfe des Rudels gemeinsam. Dabei verständigen sie sich durch lautes *Heulen.* Mit hoher Geschwindigkeit und Ausdauer wird die Beute den anderen Rudelmitgliedern entgegengehetzt, bis es für das Beutetier keine Fluchtmöglichkeit mehr gibt. Der Wolf ist ein **Hetzjäger.**

1 Beschreibe verschiedene Zuchtziele, die der Mensch bei der Züchtung von Hunden anstrebt!

2 Nenne Verhaltensweisen von Wolf und Hund und vergleiche sie miteinander!

3 Erstelle Regeln für Hundehalter, die sich aus der Lebensweise der Wölfe ableiten lassen!

03 Körpersprache des Wolfes: **A** Imponieren, **B** schwaches Drohen, **C** Demutsverhalten, **D** Überlegenheit des ranghöheren rechten Wolfes

BASISKONZEPT

Vielfalt

Alle Wölfe weisen gemeinsame Merkmale auf und sie können miteinander Jungtiere bekommen, an die sie diese Merkmale vererben. Aufgrund dieser Vererbung ähneln die Jungtiere ihren Eltern. Man kann aber auch Unterschiede zwischen den Wölfen, ja sogar zwischen Elterntieren und ausgewachsenen Jungtieren erkennen. Die Wölfe unterscheiden sich zum Beispiel in der Körpergröße, in der Dichte des Fells oder in der Fellfarbe. Die Merkmale der Wölfe liegen also in verschiedenen Ausprägungen vor. Diese Unterschiede sind bei allen Lebewesen zu beobachten und eine Ursache für die ***Vielfalt*** *des Lebens auf der Erde.*

METHODE

Einen Steckbrief erstellen

Ein Steckbrief kennzeichnet ein Tier oder eine Pflanze sehr genau. Die Informationen werden knapp und übersichtlich dargestellt. Einen Steckbrief erstellst du in folgenden Schritten:

1. ***Informationsbeschaffung*** *· Informiere dich über das Lebewesen. Nutze hierzu Bücher, Lexika, Zeitschriften, Zeitungen oder auch das Internet.*
2. ***Informationen auswählen*** *· Überlege dir nach deiner Informationsbeschaffung, welche Merkmale und Eigenschaften das Lebewesen am besten beschreiben und charakterisieren: Bild, wissenschaftlicher Name, Tiergruppe, Körperbau, Fortbewegung, Ernährung, Fortpflanzung, Lebensraum, Angepasstheit, Verbreitung, Gefährdung oder auch weitere Besonderheiten.*
3. ***Informationen zusammenstellen*** *· Stelle die wichtigsten Informationen in deiner Biologiemappe übersichtlich dar.*

STECKBRIEF

Afrikanischer Wildhund
Lebensraum: *Savannen Afrikas;*
Aussehen: *schwarz im Bereich der Kehle und im vorderen Teil des Gesichts;*
Größe: *etwa 75 Zentimeter;*
Gewicht: *etwa 32 Kilogramm;*
Ernährung: *Fleischfresser, Jagd im Rudel;*
Fortpflanzung: *Tragezeit von elf Wochen, 7 bis 11 Jungtiere pro Wurf*

STECKBRIEF

Deutscher Schäferhund
Größe: *etwa 60 Zentimeter;*
Gewicht: *etwa 30 Kilogramm;*
Wesen: *selbstbewusst, robust, aktiv, aufmerksam;*
Verwendung: *Spürhund, Wachhund*

STECKBRIEF

Bernhardiner
Größe: *etwa 70 Zentimeter;*
Gewicht: *etwa 80 Kilogramm;*
Wesen: *ruhig und gutmütig;*
Verwendung: *Rettungshund, Familienhund*

STECKBRIEF

Rauhaardackel
Größe: *etwa 30 Zentimeter;*
Gewicht: *etwa 7 Kilogramm;*
Wesen: *mutig, ausgeprägter Charakter;*
Verwendung: *Jagdhund, Familienhund*

Material A ▸ Rangordnungskampf zwischen Wölfen

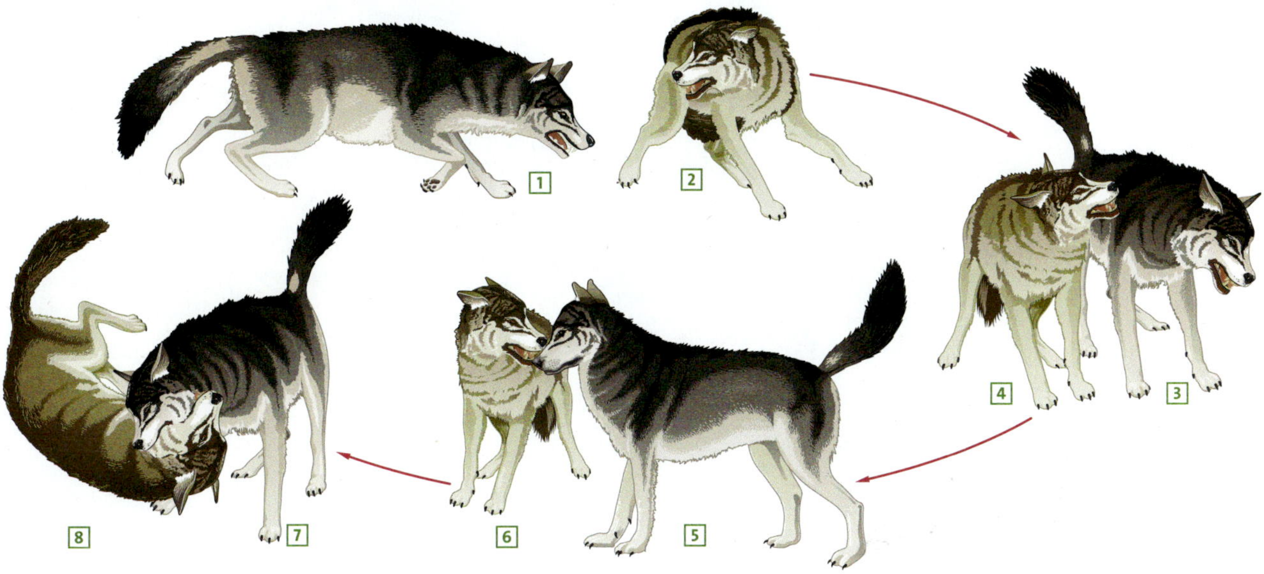

A1 Ordne den abgebildeten Wölfen 1 bis 8 Begriffe zu, die ihre jeweilige Stimmung beschreiben! Verwende zum Beispiel Begriffe wie „ängstlich", „angriffslustig", „demütig" und beschreibe die dargestellten Körperhaltungen!

A2 Beschreibe den Rangordnungskampf! Begründe, welcher Wolf der ranghöhere ist!

Material B ▸ Vielfalt

Das linke Foto zeigt einen in den kanadischen Wäldern lebenden Wolf, das rechte einen am Polarkreis lebenden Wolf.

B1 Beschreibe die beiden Wölfe! Erkläre die Vorteile des jeweiligen Körperfells der Wölfe! Berücksichtige hierbei auch den Lebensraum der Tiere!

B2 Stelle Vermutungen an, wie aus ursprünglich einer Art zwei Arten werden könnten! Berücksichtige bei deinen Überlegungen die beiden Fotos!

B3 Erläutere die Aussage „Ohne Vielfalt keine Züchtung"!

01 Katze beim Anschleichen

Die Katze – ein Schleichjäger

Tief geduckt und mit gespitzten Ohren lauert die Katze im Feld. Fast bewegungslos sitzt sie dort und beobachtet mit weit geöffneten Augen ihre Beute. Wie schafft es die Katze, eine flinke Maus zu fangen?

JAGDVERHALTEN · Hat die Katze eine Maus entdeckt, *schleicht* sie sich sehr langsam, tief geduckt und fast lautlos an das Beutetier heran. Die Katze ist ein **Schleichjäger.** In Sprungnähe verharrt sie dann fast regungslos und verliert dabei die Maus nicht aus den Augen. Die Katze *lauert.* Blitzschnell stößt sich die Katze mit den Hinterbeinen zum Sprung ab und packt die Maus mit ihren scharfen Krallen. Sie tötet das Beutetier mit einem Biss. Katzen jagen in ihrem Revier alleine. Sie sind **Einzelgänger.** Wie ist der Körper der Katze an ihr Jagdverhalten angepasst?

KÖRPERBAU · Mit ihren kurzen Beinen kann sich die Katze in geduckter Haltung anschleichen. Die Krallen kann sie im Gegensatz zum Hund einziehen. Mit ihren weichen Ballen tritt sie wie mit „Samtpfoten" auf und wird von ihren Beutetieren nicht gehört. Wie der Hund tritt auch sie

02 Katze bei der Jagd

nur mit den Zehen auf. Die Katze ist ein *Zehengänger.* Sie kann sehr gut klettern und große Sprünge machen. Hierbei hilft der Schwanz, das Gleichgewicht zu halten. Ihre *Wirbelsäule* ist sehr beweglich. Die Katze ist ein **Wirbeltier.** Mit den spitzen Eckzähnen tötet die Katze ihre Beutetiere wie zum Beispiel Mäuse und Vögel, aber auch Kaninchen und Frösche durch einen Nackenbiss. Die kräftigen Reißzähne wirken wie eine *Brechschere* und dienen dem Zerbrechen von Knochen und dem Zerkleinern der Beute. Die Katze hat, wie der Hund, ein *Fleischfressergebiss.*

SINNESLEISTUNGEN · Zum Aufspüren eines Beutetieres nutzt die Katze ihren leistungsfähigen **Sehsinn.** Sie kann bei Dunkelheit fast genauso gut sehen wie bei Tageslicht. Bei der Jagd hilft ihr auch ihr sehr guter **Hörsinn.** Die Ohren können aufgestellt und gedreht werden, wodurch auch das Piepsen und das Nagen von kleinen Beutetieren über eine weite Entfernung noch sehr genau wahrgenommen werden können.

Der **Geruchssinn** ist zwar schlechter ausgebildet als der eines Hundes, aber dennoch deutlich besser als der eines Menschen. Er hilft nicht nur bei der Jagd, sondern auch bei der Erkennung von Reviermarkierungen.

Mithilfe von sensiblen *Tasthaaren* kann die Katze sich auch in der Dunkelheit sicher bewegen. Die weit abstehenden *Schnurrhaare* und andere *Borstenhaare* am Kopf können

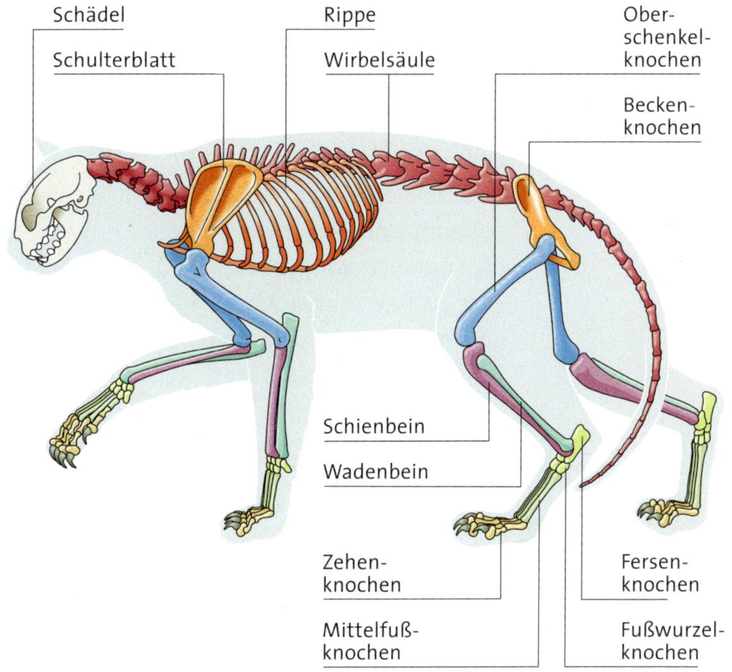

03 Skelett der Katze

Berührungen wahrnehmen. So gelingt es der Katze, auch bei vollständiger Dunkelheit Hindernissen auszuweichen. Neben dem **Tastsinn** kann sich die Katze in der Nacht auch auf ihre ausgezeichneten Augen verlassen. Die hervorragenden Sinnesleistungen ermöglichen ein Jagen im Dunkeln. Die Katze ist ein **Nachtjäger.**

1 Beschreibe die verschiedenen Körperhaltungen der Katze bei der Jagd!

2 Beschreibe die Angepasstheiten des Katzenkörpers an die Lebensweise der Katze!

ENTWICKLUNG · Die Hauskatze stammt ursprünglich von der nordafrikanischen **Falbkatze** ab. Aus den Nachkommen dieser Wildkatze haben sich über Jahrtausende zahme Haustiere entwickelt.

Bereits neun Wochen nach der Paarung bekommt die Katze zwei bis acht Jungtiere, die zunächst völlig hilflos sind. Wenn sie in eine ruhige und sichere Umgebung getragen werden müssen, packt die Katze ihre Jungtiere mit den Zähnen im Genick. Diese verharren dann beim Wegtragen regungslos in **Tragstarre.** In den ersten Wochen werden die kleinen Katzen *gesäugt*. Die Katze ist ein **Säugetier.**

Nach wenigen Wochen schon lernen die jungen Katzen dann das Anschleichen und Anspringen von Beute. Hierzu bringt die Katzenmutter lebende Mäuse mit. So werden die Jungtiere, die miteinander das Jagen üben, spielerisch auf das eigenständige Leben vorbereitet.

BASISKONZEPT

Struktur und Funktion

Mit Leichtigkeit klettert die Katze auf einen Baum. Hierzu dienen ihr die scharfen Krallen, die in die Rinde des Baumes eindringen. Dafür müssen die in den Hautfalten liegenden Krallen ausgestreckt werden. Wie funktioniert dieser Mechanismus? Ein kleiner Muskel zieht an der unteren Sehne. Dadurch wird das elastische Band zwischen den Zehenknochen gedehnt und die Kralle am letzten Zehenknochen aus der Hautfalte ausgefahren. Zum Einziehen der Kralle zieht ein anderer kleiner Muskel an der oberen Sehne. Der Muskel ist angespannt. Das elastische Band verkürzt sich und die Kralle verschwindet wieder in der Hautfalte. Die ***Funktion*** *der Katzenkralle wird also ermöglicht durch Knochen, Sehnen und Bänder. Diese „Bauteile" der Katzenpfote stellen eine* ***Struktur*** *dar. Diese Struktur ermöglicht die Funktion „Ausstrecken und Einziehen der Kralle".*

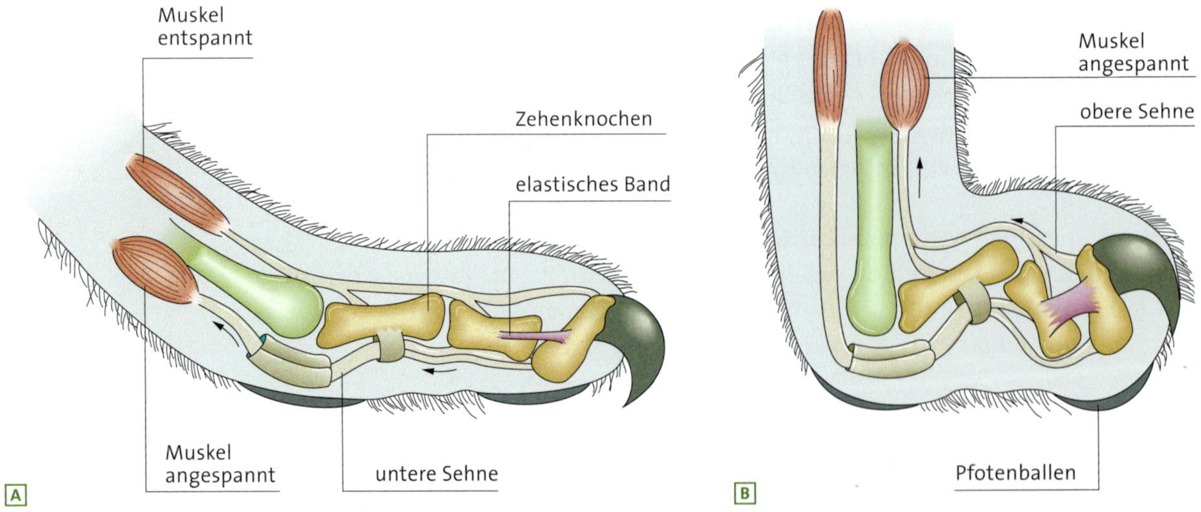

04 Katzenpfote: **A** ausgestreckte Kralle, **B** eingezogene Kralle

Material A ▸ Katzenpfote

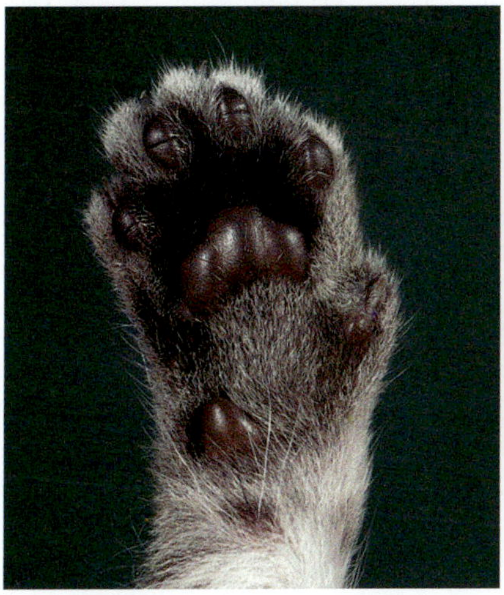

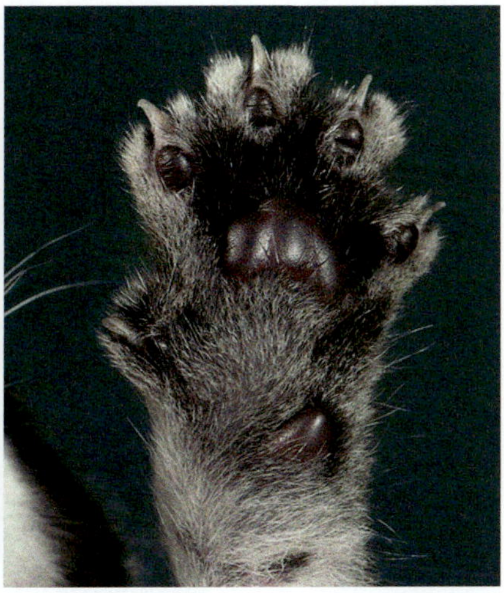

A1 Katzenkrallen sind immer scharf. Erläutere diese Aussage! Nimm die Abbildung 04 auf Seite 90 zu Hilfe!

A2 Erläutere, welche Bedeutung Katzenpfote und Katzenschwanz beim Klettern und Jagen haben!

Material B ▸ Katzengebiss

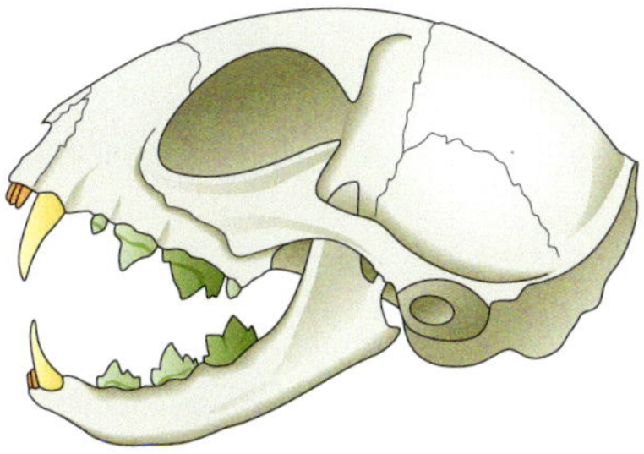

B1 Erstelle eine Zahnformel für das Katzengebiss! Nimm die Abbildung 02 auf Seite 81 zu Hilfe!

B2 Das Gebiss der Katze ist ein typisches Fleischfressergebiss. Begründe diese Aussage!

Material C ▸ Katzenaugen

A

B

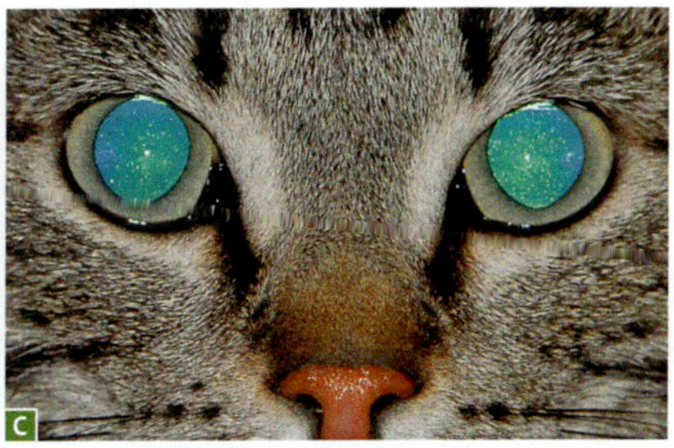
C

Durch die Pupillen gelangt das Licht in die Augen der Katze. Über die Größe der Pupillen wird die Menge des einfallenden Lichtes reguliert. So schließen sich die Pupillen tagsüber zu schmalen senkrechten Schlitzen, während sie nachts weit und kreisrund geöffnet sind. Von einer hinteren Schicht des Auges wird das einfallende Licht gespiegelt. Dadurch leuchten Katzenaugen. Die geringe Lichtmenge in der Dämmerung oder in der Nacht wird durch die Spiegelung den Sinneszellen im Auge mehrfach zugeführt. So wird das einfallende Licht optimal genutzt.

C1 Ordne den Augenpaaren A und B eine ungefähre Tageszeit zu! Begründe deine Zuordnung!

C2 Erkläre, weshalb sich die Katze auch im Dunkeln sicher orientieren kann! Nimm auch den Text auf Seite 89 zu Hilfe!

C3 Erkläre, weshalb die Reflektoren am Fahrrad als Katzenaugen bezeichnet werden!

01 Hund und Katze

Verhalten bei Hund und Katze

Hund und Katze leben häufig gemeinsam in einem Haus. Hierbei kann man beobachten, dass sie unterschiedliches Verhalten zeigen. Welche Verhaltensweisen kennzeichnen Hund und Katze?

VERHALTENSWEISEN · Eine Katze, die Kontakt aufnehmen will, hat die Ohren nach vorne gerichtet und den Schwanz steil aufgestellt. Sie begrüßt ihr Gegenüber freundlich. Eine Lautäußerung bei Zufriedenheit der Katze ist das *Schnurren*. Wenn die Pfoten zusätzlich vor- und zurückgestreckt werden, tretelt die Katze. So zeigt sie ihrem Gegenüber ein großes Wohlbehagen. Dieses *Treteln* ist ein Verhalten, das bereits die Jungtiere zeigen. Wenn sie beim Säugen gegen Bauch oder Brust der Katze treten, wird der Milchfluss in den Brustdrüsen des Muttertieres angeregt.

Droh- und Abwehrverhalten werden hingegen durch Fauchen und einen hin und her peitschenden Schwanz angezeigt. Macht die Katze einen *Katzenbuckel* und sträubt das Fell, so ist dies eine *Drohgebärde*. Zusätzlich wird dem Gegenüber die Seite zugedreht. So wirkt die Katze größer und die *Imponierhaltung* wird verstärkt. Angriff oder Flucht können die Folge sein.

Wenn ein Hund Kontakt aufnimmt, bellt er häufig. Sein Blick und die Ohren sind ebenfalls nach vorne gerichtet, der Schwanz wird waagerecht gehalten. Der Hund ist dann *aufmerksam*. Wenn die Nackenhaare aufgestellt, der Schwanz nach oben gestreckt und die Zähne gezeigt werden, droht der Hund. Dies kann durch *Knurren* noch verstärkt werden.

Zur Revierverteidigung oder bei Erregung *bellt* der Hund laut. Wenn er mit dem Schwanz wedelt, drückt er im Gegensatz zur Katze Freude aus. Duckt sich der Hund, fordert er zum Spiel auf.

1 Beschreibe das Verhalten bei Hund und Katze mithilfe der Abbildung 02!

2 Stelle Vermutungen an, weshalb sich Hund und Katze oft „nicht verstehen"!

BASISKONZEPT

Information und Kommunikation

Im Tierreich werden zwischen den einzelnen Lebewesen viele Informationen ausgetauscht. So bringt zum Beispiel die Katze in ihrem Revier ständig Duftmarken an. Dazu reibt sie ihre Wangen an einem Gegenstand. Der an dem Gegenstand haften bleibende Duftstoff signalisiert anderen Katzen, dass das Revier besetzt ist. Aus dem Duftsignal ist eine wichtige ***Information*** *für andere Katzen geworden. Informationen können Angaben über Nahrung, Rivalen oder Feinde enthalten. Die dabei zu beobachtenden Signale der Tiere sind vielfältig. So können in Lauten, Körperhaltungen oder Verhaltensweisen ganz unterschiedliche Informationen verschlüsselt sein. Der Austausch von Informationen und damit die Verständigung unter den Lebewesen werden als* ***Kommunikation*** *bezeichnet.*

02 Verhaltensweisen von Hund und Katze:
A Begrüßung,
B Drohen,
C Drohen,
D Aufforderung zum Spiel

HALTUNGSBEDINGUNGEN · Hund und Katze sind beliebte Haustiere. Voraussetzung für die Haltung von Tieren ist, dass man über ihre Lebensweise informiert ist. Für den Hund als Rudeltier ist tägliche Beschäftigung mit den Familienmitgliedern wichtig. Er braucht Bewegung und muss Zeit zum Schnüffeln haben. Für Futter und einen festen Schlafplatz sollte gesorgt sein. Fell, Pfoten, Augen und Ohren müssen regelmäßig gereinigt werden.
Bei einer Katze muss man beachten, dass sie meist nicht so anhänglich wie ein Hund wird. Auch lässt sie sich schwerer erziehen. Die Katze ist im Gegensatz zum Hund meist an das Haus und weniger an den Menschen gebunden. Deshalb sollte man ihr ausreichend Auslaufmöglichkeiten außerhalb der Wohnung oder im Haus bieten.
Da die Katze eigentlich nur bei der Jagd ein Einzelgänger ist, darf die tägliche Beschäftigung mit ihr ebenfalls nicht zu kurz kommen. Kletter- und Spielmöglichkeiten sind auch sehr wichtig. Sie hat allerdings ein größeres Ruhebedürfnis als ein Hund.
Bei beiden Haustieren ist auf ein ausreichendes Platzangebot, Bewegungsfreiheit und Auslaufmöglichkeiten zu achten.

3 Vergleiche die Haltungsbedingungen von Hund, Katze und einem weiteren Haustier deiner Wahl!

4 Bewerte aus Sicht eines Biologen die Ansicht eines Menschen, der glaubt, dass seine Katze ihn liebt!

STECKBRIEF

Meerschweinchen
Lebensweise: *gesellige Tiere, tagaktiv;*
Haltung: *mehrere Tiere im Käfig, im Sommer Freilandhaltung, tägliche Zuwendung und Betreuung;*
Futter: *rohkostreiche Nahrung, Fertigfutter, Obst;*
Nachwuchs: *2 bis 6 Jungtiere, etwa 4 Würfe pro Jahr;*
Lebenserwartung: *etwa 8 Jahre*

STECKBRIEF

Rennmaus
Lebensweise: *gesellige Tiere; tag- und nachtaktiv;*
Haltung: *hoher Käfig, am besten nur zwei gleichgeschlechtliche Tiere;*
Futter: *lebende Insekten, Mehlwürmer, Gemüse, Getreidekörner, wenig Obst;*
Nachwuchs: *1 bis 9 nackte und blinde Jungtiere;*
Lebenserwartung: *2 bis 6 Jahre*

STECKBRIEF

Goldhamster
Lebensweise: *Einzelgänger, dämmerungs- und nachtaktiv;*
Haltung: *Einzeltierhaltung, Käfig mit Einstreu und Klettermöglichkeiten wie Papprröhren und Schachteln, Schlafhäuschen und Wasserspender;*
Futter: *Trockenfutter, Gemüse, Obst und tierisches Eiweiß;*
Nachwuchs: *3 bis 12 Jungtiere;*
Lebenserwartung: *2 bis 4 Jahre*

Material A ▸ Schädel im Vergleich

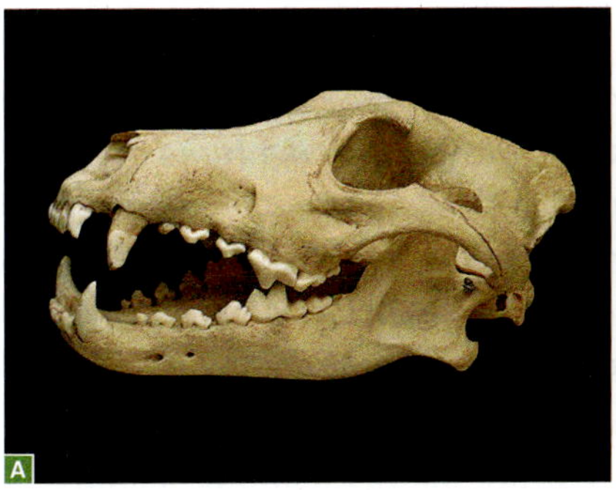

A1 Beschreibe die beiden Schädel und ordne die Abbildungen Hund oder Katze zu! Begründe deine Zuordnungen!

A2 Beschreibe die Funktion eines der beiden Gebisse!

Material B ▸ Pfoten im Vergleich

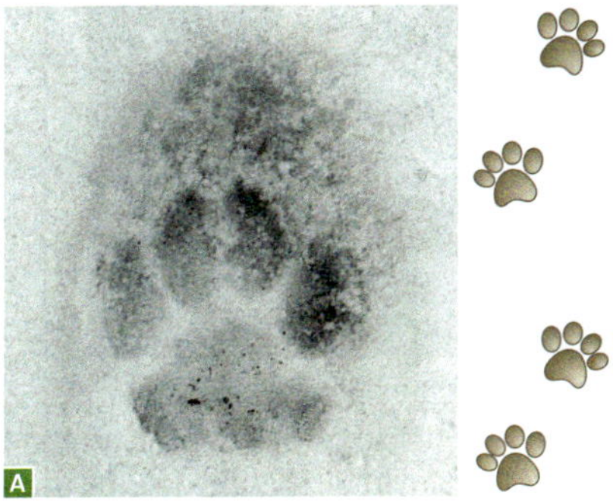

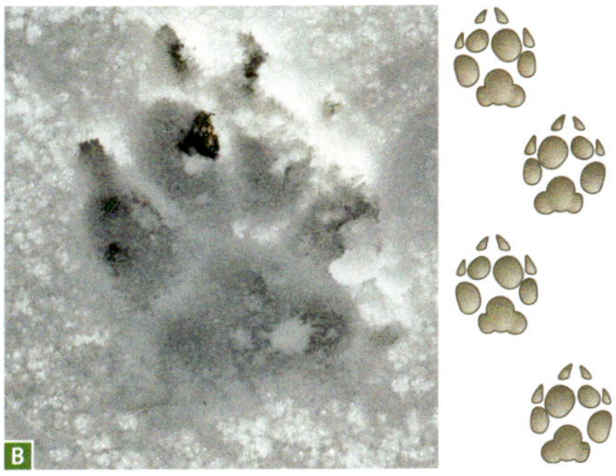

B1 Ordne den Pfotenabdrücken im Schnee Hund oder Katze zu! Begründe deine Zuordnungen!

B2 Erläutere, wie die Pfoten von Hund und Katze an ihre Lebensweise angepasst sind!

Material C ▸ Verhalten im Vergleich

Merkmal	Hund	Katze
Gebiss	–	–
Jagdweise	–	–
Besondere Sinnesleistungen	–	–
Sozialverhalten	–	–

C1 Beschreibe das Verhalten von Hund und Katze in den Abbildungen!

C2 Stelle Vermutungen an, welche Bedeutung diese Verhaltensweise bei Hund und Katze hat!

C3 Erstelle nach dem Tabellenmuster links eine Tabelle in deiner Biologiemappe zum Vergleich von Hund und Katze!

01 Rinder auf der Weide

Das Rind – ein wichtiges Nutztier

Auf einer Weide sieht man oft Rinder, die grasen, aber auch Rinder, die sich nach der Nahrungsaufnahme niedergelegt haben und scheinbar ruhen. Wenn man genau hinschaut, bemerkt man, dass sie beim Ruhen ständig kauen. Weshalb machen Rinder das?

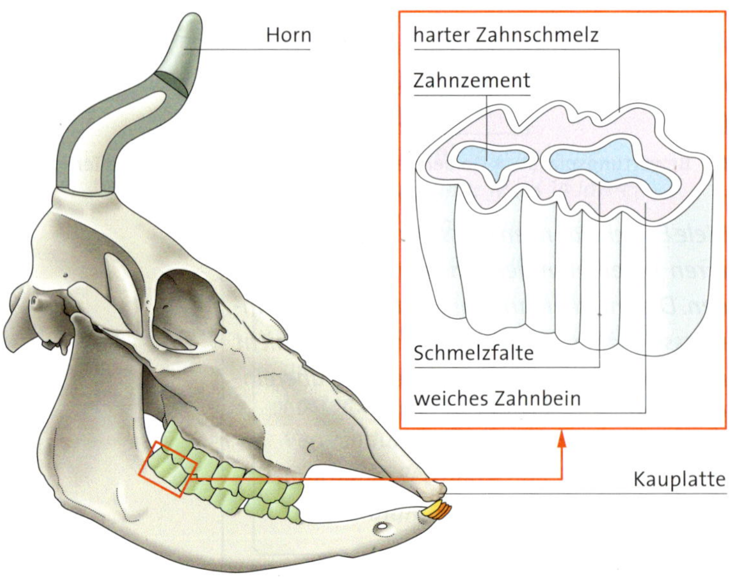

02 Schädel und Gebiss des Rindes

NAHRUNGSAUFNAHME · Mit gesenktem Kopf stehen die Rinder auf der Weide und grasen. Mit der langen, rauen Zunge umfasst das Rind das hohe Gras und reißt es mit einem ruckartigen Heben des Kopfes ab. Ein kurzes Grasbüschel dagegen klemmt das Rind zwischen die *Schneide-* und *Eckzähne* des Unterkiefers und die *Kauplatte* des Oberkiefers. Hebt das Rind den Kopf, wird das Gras durchtrennt. Es verschluckt das Gras immer unzerkaut. Das Rind ist ein **Pflanzenfresser.**

Nach stundenlangem Weiden legt sich das Rind nieder und beginnt zu kauen. Mit seitlich mahlenden Bewegungen des Unterkiefers wird das Gras durch die scharfen Kanten der *Backenzähne*, die *Schmelzfalten*, zerrieben. Die Schmelzfalten bestehen aus hartem *Zahnschmelz*, zwischen dem das weichere Material, *Zahnbein* und *Zahnzement*, liegt. Es nutzt sich schneller ab. Das Rind hat ein **Pflanzenfressergebiss.** Weshalb schluckt das Rind die Pflanzennahrung erst unzerkaut hinunter?

WIEDERKÄUERMAGEN · Gras, Kräuter und Blätter verdaut das Rind mit Hilfe anderer Lebewesen. Die Nahrung gelangt zunächst unzerkaut über die Speiseröhre in den geräumigen **Pansen.** Er kann bis zu 200 Liter aufnehmen. Hier befinden sich Bakterien und winzige Wimpertierchen. Sie helfen bei der Verdauung, indem sie die Pflanzennahrung zersetzen. Hat das Rind genug Nahrung aufgenommen, legt es sich nieder. Durch Bewegungen der Wand des Pansens wird die Nahrung durchmischt und in den **Netzmagen** weitergeleitet. An seinen netzartig gefalteten Innenwänden bilden sich Nahrungsballen, die über die Speiseröhre zurück ins Maul gestoßen werden. Sie bestehen hauptsächlich aus Bakterien und Wimperntierchen. Dort werden sie mit viel Speichel vermischt und zwischen den Backenzähnen zu einem dünnflüssigen Nahrungsbrei mahlend zerkaut. Das Rind ist ein **Wiederkäuer.** Nach dem Wiederkäuen gelangt der feine Nahrungsbrei in den **Blättermagen,** wo ihm Wasser entzogen wird. Der eingedickte Speisebrei wird schließlich in den **Labmagen** weitergeleitet. Hier und im Darm findet die weitere Verdauung statt. Dabei wird die Nahrung in ihre Bestandteile zerlegt. Die einzelnen Bausteine der Nährstoffe werden schließlich über die Wand des Darms, der über 50 Meter lang ist, in das Blut des Rindes aufgenommen.

HUFTIERE · Der Fuß des Rindes besitzt zwei vollständig ausgebildete Zehen aus jeweils drei Knochen. Das Rind tritt nur mit den vordersten Zehenknochen auf. Es ist ein **Zehenspitzengänger.** Diese zwei Zehenknochen sind sehr kräftig und haben einen Hornüberzug, den *Huf.* Das Rind ist ein **Huftier.** Da die behuften Zehen paarweise angeordnet sind, gehört das Rind zu den **Paarhufern.**

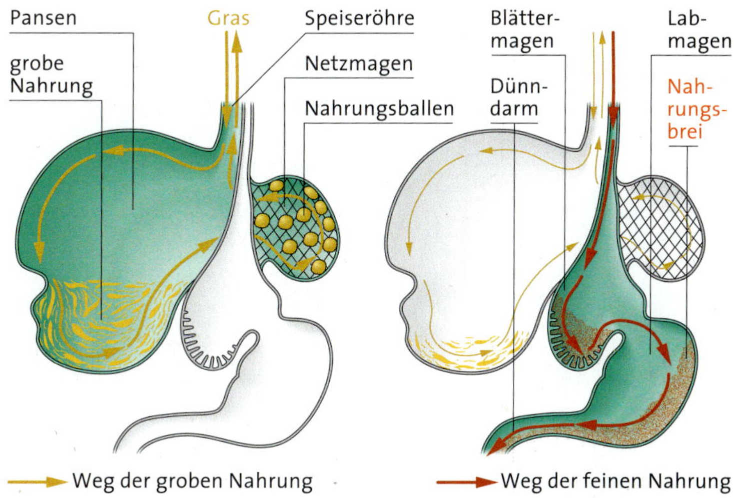

03 Wiederkäuermagen

1) Erstelle die Zahnformel für das Rindergebiss!

2) Begründe, weshalb das Rindergebiss ein Pflanzenfressergebiss ist!

3) Beschreibe den Weg der Nahrung durch den Wiederkäuermagen! Nimm die Abbildung 03 zu Hilfe!

4) Das Rind ist ein Zehenspitzengänger und ein Paarhufer zugleich. Erkläre diese Aussage! Nimm die Abbildung 04 zu Hilfe!

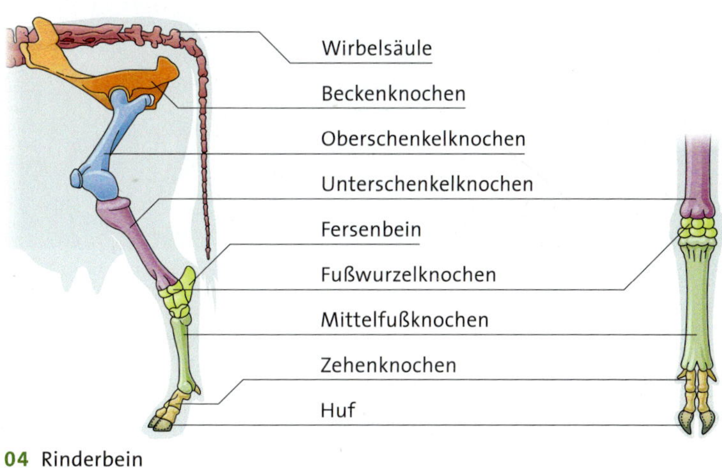

04 Rinderbein

05 Massentierhaltung

06 Stallhaltung

07 Freilandhaltung

5 Beschreibe die drei Haltungsformen von Rindern!

6 Bewerte jeweils die Lebensbedingungen der Rindern!

NUTZTIERE · Milch wird von einem weiblichen Rind, einer **Kuh,** erst nach der Geburt des ersten Jungtieres, eines **Kalbes,** gegeben. Eine Kuh der **Milchrinderrasse** kann mehr als doppelt so viel Milch geben wie eine „normale" Kuh, über 7500 Liter pro Jahr. Rinder, die besonders viel Muskelfleisch ansetzen, zählt man zu der **Fleischrinderrasse.** Vor allem **Bullen,** männliche Rinder, die auch als *Stiere* bezeichnet werden, sind für die *Mast* geeignet. Wird bei der Rinderzucht nur auf die Leistungssteigerung eines Merkmals Wert gelegt, spricht man von einer **Einnutzungsrasse.** Ist sowohl die Milchleistung als auch die Fleischleistung einer Rasse stark erhöht, handelt es sich um eine **Zweinutzungsrasse.**

Um sehr viel Milch oder Fleisch in einem landwirtschaftlichen Betrieb produzieren zu können, werden oft mehrere Hundert Tiere auf engstem Raum gehalten. In einer solchen **Massentierhaltung** können sich die Rinder kaum bewegen. Deshalb wird nur wenig der im Kraftfutter steckenden Energie für die Fortbewegung benötigt. Die meiste Energie aus dem Kraftfutter steht somit zum Aufbau von Muskelmasse zur Verfügung. Die Ställe werden sauber gehalten, damit sich keine Krankheitserreger ausbreiten. Kommt es trotzdem zu einer Erkrankung, ist die Ansteckungsgefahr hoch. Deshalb werden die Rinder ständig von einem Tierarzt betreut. Im Gegensatz zur Massentierhaltung können sich die Tiere bei der **Stallhaltung** frei im Stall bewegen und im Stroh niederlegen. Ein Haltungsverfahren, das den natürlichen Ansprüchen der Tiere am meisten gerecht wird, ist die **Freilandhaltung.** Die Rinder können sich weiträumig im Freien bewegen. Es dauert allerdings länger, bis sie schlachtreif sind, da sie viele Nährstoffe durch die Bewegung verbrauchen und dadurch weniger Muskelmasse ansetzen.

Material A ▸ Rinderrassen im Vergleich

Rinderrasse	durchschnittliche Körpermasse	durchschnittliche Milchleistung pro Jahr	durchschnittliche Zunahme der Körpermasse pro Tag
Schwarzbunte	680 kg	7300 l	0,9 kg
Fleckvieh	750 kg	5690 l	1,3 kg
Charolais	850 kg	3500 l	1,4 kg
Rotbunte	700 kg	6650 l	1,0 kg

A1 Ordne den in der Tabelle aufgelisteten Rinderrassen die Begriffe Milchrinderrasse, Fleischrinderrasse oder Zweinutzungsrasse zu! Begründe deine Zuordnungen!

A2 Sammle Argumente, die für und gegen eine Massentierhaltung von Rindern sprechen!

Material B ▸ Pferd

Aus dem Wildpferd hat der Mensch das Hauspferd gezüchtet. Es diente überwiegend als Trage- und Reittier. Heute hat es im Freizeitsport als Spring-, Reit- und Dressurpferd eine große Bedeutung. Sein Körperbau ist an schnelles Laufen sehr gut angepasst. An jedem Fuß besitzt es nur eine große Zehe, die von einem Huf aus Horn umgeben ist. Das Pferd ist ein **Zehenspitzengänger** und **Unpaarhufer.**

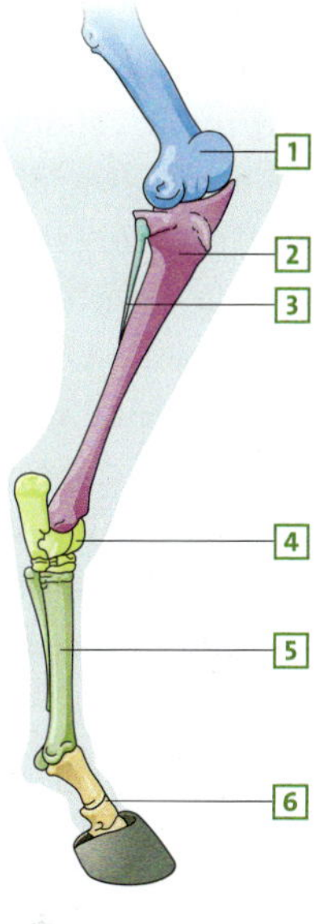

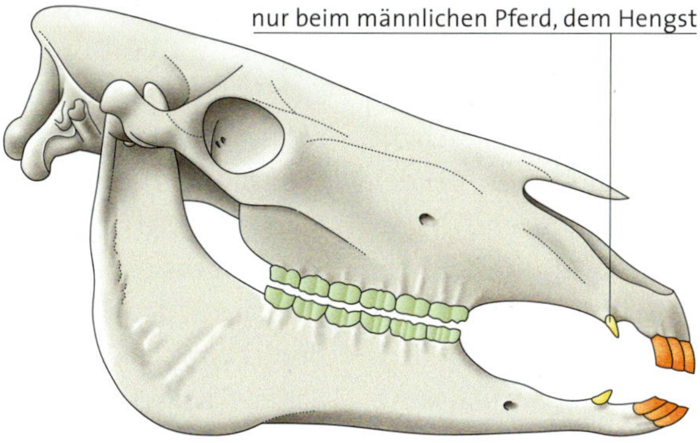

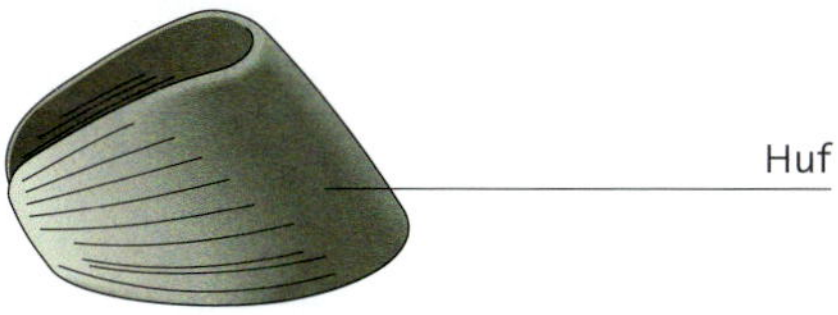

B1 Erstelle die Zahnformel für das Pferdegebiss! Begründe mithilfe des Gebisses, wovon sich das Pferd ernährt!

B2 Ordne den Zahlen Fachbegriffe zu! Nimm die Abbildung 04 auf Seite 99 zu Hilfe!

B3 Nenne Gemeinsamkeiten und Unterschiede im Aufbau eines Rinderbeines und eines Pferdebeines!

01 Wildschwein mit Frischlingen

Das Schwein – ein Allesfresser

Wildschweine leben in Laub- und Mischwäldern in einer Familiengemeinschaft. Mit ihrem Rüssel durchwühlen sie den Waldboden. Was suchen sie im Boden?

LEBENSWEISE · Wildschweine bevorzugen große Waldgebiete mit feuchten und sumpfigen Böden. Tagsüber ziehen sie sich in dichtes Unterholz zurück und ruhen. Bei der Nahrungssuche am späten Abend legen Wildschweine lange Strecken zurück. Sie durchwühlen mit ihrer rüsselartigen Schnauze Falllaub und lockeren Erdboden. Mit ihrem ausgezeichneten Geruchssinn suchen sie im Boden gezielt nach Wurzeln, Würmern, Mäusen, Schnecken und Pilzen. Im Herbst fressen sie zusätzlich Eicheln, Kastanien und Nüsse. Im Frühjahr ernähren sie sich auch von Farnen und Gräsern. Wildschweine sind **Allesfresser.** Selbst bei geschlossenem Maul sind vom Gebiss die stark entwickelten Eckzähne, die **Hauer,** sichtbar. Sie sind bei den männlichen Wildschweinen besonders groß und dienen dem Aufwühlen des Erdbodens, aber auch als Waffe. Im Ober- und Unterkiefer befinden sich jeweils sechs *Schneidezähne,* zwei *Eckzähne* und 14 *Backenzähne.* Die vorderen Backenzähne haben scharfe Kanten, wie es bei Fleischfressern üblich ist. Die hinteren Backenzähne besitzen eine breite Oberfläche, mit der Nahrung gut zermahlen werden kann. Das Gebiss im keilförmigen Schädel zeigt sowohl Merkmale eines Pflanzenfressergebisses als auch Merkmale eines Fleischfressergebisses. Wildschweine haben ein **Allesfressergebiss.**

Wildschweine wälzen sich oft in schlammigen Wasserlöchern, sie *suhlen* sich. Nach

dem Suhlen trocknet der Schlamm am Körper und bildet eine Kruste, die die Haut vor Ungeziefer und Verletzungen schützt. Wenn Wildschweine durch den feuchten Untergrund des Waldes laufen, spreizen sich die Hufe weit auseinander. Sie verhindern so zusammen mit den beiden nach hinten gerichteten *Afterzehen* ein Einsinken in den matschigen Untergrund. Wildschweine sind **Paarhufer** und **Zehenspitzengänger.**
Der Familienverband, die **Rotte,** besteht aus mehreren weiblichen Wildschweinen, den **Bachen,** und vielen Jungtieren. Männliche Wildschweine, die **Keiler,** sind Einzelgänger. Nur zur Paarungszeit zwischen November und Februar gesellen sie sich zu einer Rotte. Im Frühjahr werden drei bis zwölf Jungtiere geboren. Diese **Frischlinge** tragen etwa sechs Monate lang auf dem dunkelbraunen Fell hellbraune Längsstreifen. Danach wechseln sie ihr Haarkleid und nehmen die braune bis schwarze Färbung des Borstenfells der Alttiere an. Im Wald sind sie so gut vor Feinden *getarnt.* Die Augen sind klein und die großen Ohrmuscheln stehen aufrecht. Hören können Wildschweine sehr gut, das Sehvermögen ist nur schwach ausgebildet.

HAUSSCHWEIN · Das Hausschwein stammt vom Wildschwein ab und wird seit mehr als 5000 Jahren vom Menschen gezüchtet. Viele Körpermerkmale haben sich verändert. Im Vergleich zum Wildschwein ist der Kopf weniger keilförmig. Der Körper ist länger, aber niedriger gebaut. Auffällig sind die Schlappohren und der Ringelschwanz. Das weibliche Hausschwein, die **Sau,** wirft zweimal im Jahr sechs bis 20 Jungtiere. Bis zu einer Körpermasse von fünf Kilogramm werden sie **Ferkel** genannt. Das männliche Hausschwein heißt **Eber.** Der Mensch nutzt das Hausschwein vor allem zur Fleischerzeugung.

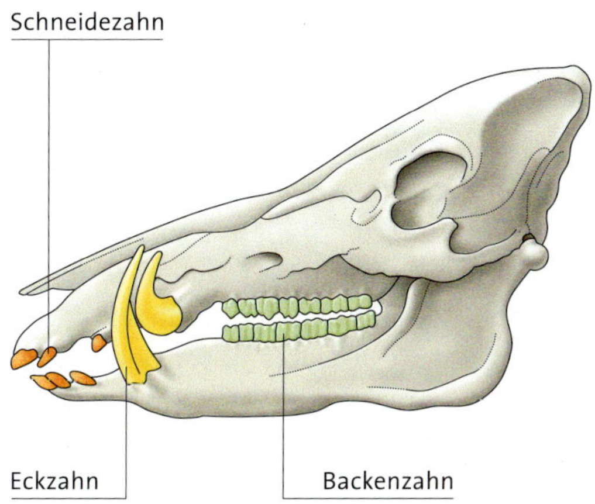

02 Gebiss eines Keilers

1 Erstelle die Zahnformel für das Gebiss eines Keilers!

2 Beschreibe, wie das Gebiss eines Keilers an die Nahrungsaufnahme angepasst ist!

3 Erläutere, welchen Vorteil die Fellfarbe für die Wildschweine hat!

BASISKONZEPT

Fortpflanzung

Wildschweine pflanzen sich wie alle Lebewesen fort. Hierzu sind zwei Partner mit unterschiedlichem Geschlecht nötig. Die Bache und der Keiler zeugen gemeinsam eine hohe Anzahl von Nachkommen, die Frischlinge. Die Nachkommen wachsen heran und pflanzen sich ebenfalls wieder fort. So folgt auf eine Generation Wildschweine die nächste. Alle Lebewesen, Pflanzen, Tiere und Menschen, produzieren Nachkommen. ***Fortpflanzung*** *ist also ein grundlegender biologischer Vorgang. Deshalb bezeichnet man Fortpflanzung als Basiskonzept.*

SCHWEINEHALTUNG · Am besten lässt sich die Nachfrage nach Schweinefleisch durch die Zucht von Hausschweinen decken, die möglichst schnell wachsen und viel Muskelfleisch ansetzen. Die Schweine werden zu Hunderten in Ställen untergebracht. Die kleinen Boxen in den Ställen sind mit Bodenplatten so ausgestattet, dass Kot und Urin in einem Behälter unter den Boxen aufgefangen werden können. Häufiges Füttern und wenig Bewegung der Tiere führen zu einer schnellen Zunahme der Körpermasse. Durch diese **Intensivhaltung** sind die Schweine schon in acht bis zehn Monaten schlachtreif. Für den Menschen bedeutet dies weniger Arbeitsaufwand und eine billige Fleischproduktion. Die Tiere sind unter diesen Haltungsbedingungen aber viel anfälliger für Krankheiten und müssen häufig mit Medikamenten behandelt werden. Bietet man den Schweinen viel Auslauf im Freien, außerhalb von Ställen, so spricht man von der **Freilandhaltung.** Die Tiere haben viel Bewegung und können im Boden wühlen, sich suhlen und so ihren natürlichen Verhaltensweisen nachgehen. Viel Auslauf führt dazu, dass das Hausschwein bis zu zwei Jahre braucht, bis es mit einer Körpermasse von 100 Kilogramm schlachtreif ist.

Erfüllt eine Tierhaltung die natürlichen Lebensbedingungen der Tiere, bei denen sie ihre ursprünglichen und natürlichen Verhaltensweisen zeigen können, so handelt es sich um eine **artgerechte Tierhaltung.**

4 Nenne Merkmale eines Hausschweins, die durch Züchtung aus Wildschweinen verändert wurden!

5 Beschreibe und bewerte die Lebensbedingungen für Hausschweine bei Intensivhaltung und Freilandhaltung!

03 Intensivhaltung

04 Freilandhaltung

Material A ▸ Körperbau des Hausschweines

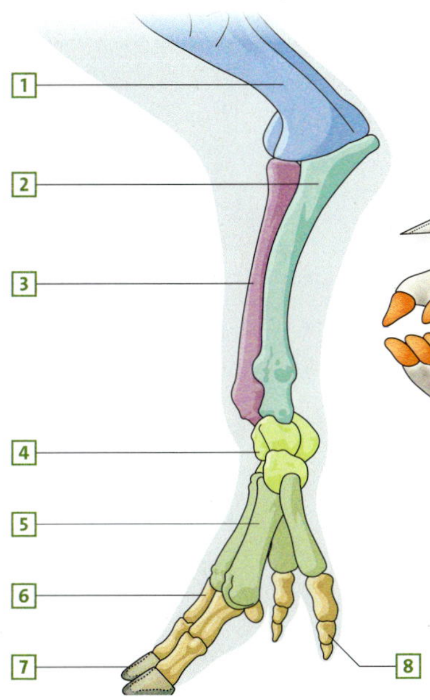

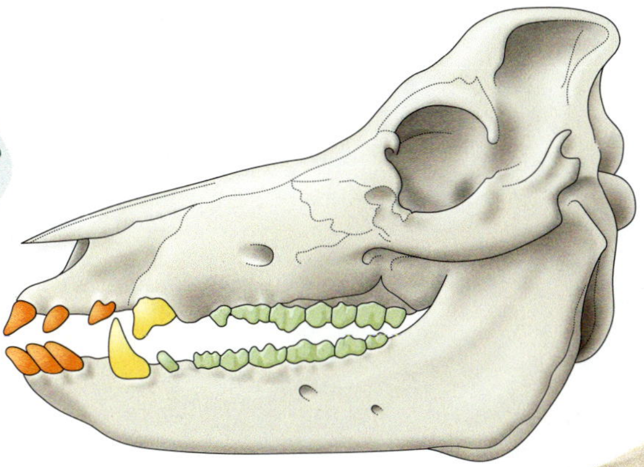

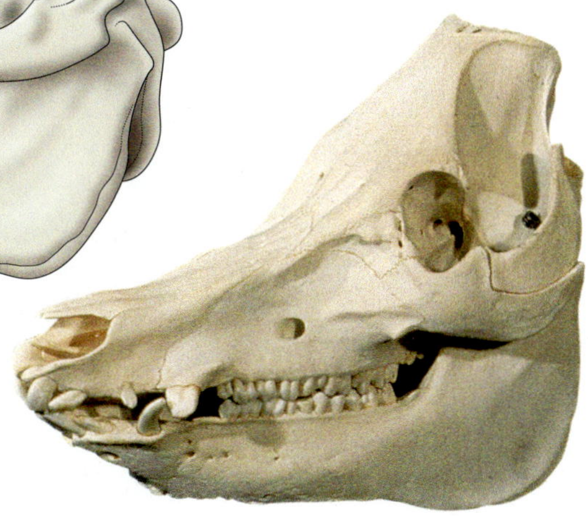

A1 Ordne den Zahlen entsprechende Fachbegriffe zu!

A2 Vergleiche das Bein des Schweines mit dem des Rindes! Nenne Gemeinsamkeiten und Unterschiede! Nimm die Abbildung 04 auf Seite 99 zu Hilfe!

A3 Vergleiche den Schädel eines Wildschweines mit dem eines Hausschweines und beschreibe Gemeinsamkeiten und Unterschiede! Nimm die Abbildung 02 auf Seite 103 zu Hilfe!

A4 Beschreibe verschiedene Angepasstheiten des Wildschweines an seinen Lebensraum!

Material B ▸ Verhältnis von Darmlänge zu Körperlänge bei verschiedenen Säugetieren

Säugetier	durchschnittliche Darmlänge	durchschnittliche Körperlänge	Verhältnis von Darmlänge zu Körperlänge
Schwein	2240 cm	160 cm	–
Hund	500 cm	100 cm	5
Rind	5000 cm	200 cm	–
Ratte	130 cm	13 cm	–

B1 Berechne das Verhältnis von Darmlänge zu Körperlänge für jedes Tier (Darmlänge in Zentimeter dividiert durch Körperlänge in Zentimeter)!

B2 Stelle Vermutungen an, inwieweit die Darmlänge mit der Ernährungsweise zusammenhängt!

B3 Erkläre, weshalb es wichtig ist, das Verhältnis von Darmlänge zu Körperlänge zu berechnen und nicht nur die Darmlängen der Tiere zu vergleichen!

01 Hühnerküken aus dem Ei geschlüpft

Das Haushuhn – ein Eierlieferant

Im Frühling hört man auf manchen Bauernhöfen tiefe Gluck-Geräusche und hohes, vielstimmiges Piepsen. Eine Henne führt ihre Küken aus. Sie sind am Tag zuvor aus den Eiern geschlüpft. Aus Hühnereiern, die man in einem Geschäft kauft, schlüpfen keine Küken. Wie lässt sich das erklären?

02 Haushahn begattet Haushenne

BEGATTUNG · Hühnereier, aus denen Küken schlüpfen sollen, müssen befruchtet worden sein. Dies geschieht nach der Begattung der Henne durch den Hahn. Dazu wirbt der Haushahn um die Henne und lockt sie mit Futter an. Wenn die Henne bereit ist, besteigt der Hahn ihren Rücken und presst seine hintere Körperöffnung, seine *Kloakenöffnung,* auf die der Henne. Dann gibt er sein Sperma in die Kloake der Henne ab.

BILDUNG EINES EIES · Im *Eierstock* der Henne werden Eizellen gebildet, die viele Nährstoffe im *Dotter* enthalten. Als *Dotterkugeln* werden sie dann in den Eileiter transportiert. Wenn nun eine Spermienzelle des Hahns nach der Begattung auf eine Eizelle im Eileiter trifft, dringt sie in die Eizelle ein und verschmilzt mit ihr. Die Eizelle wird dabei **befruchtet.**

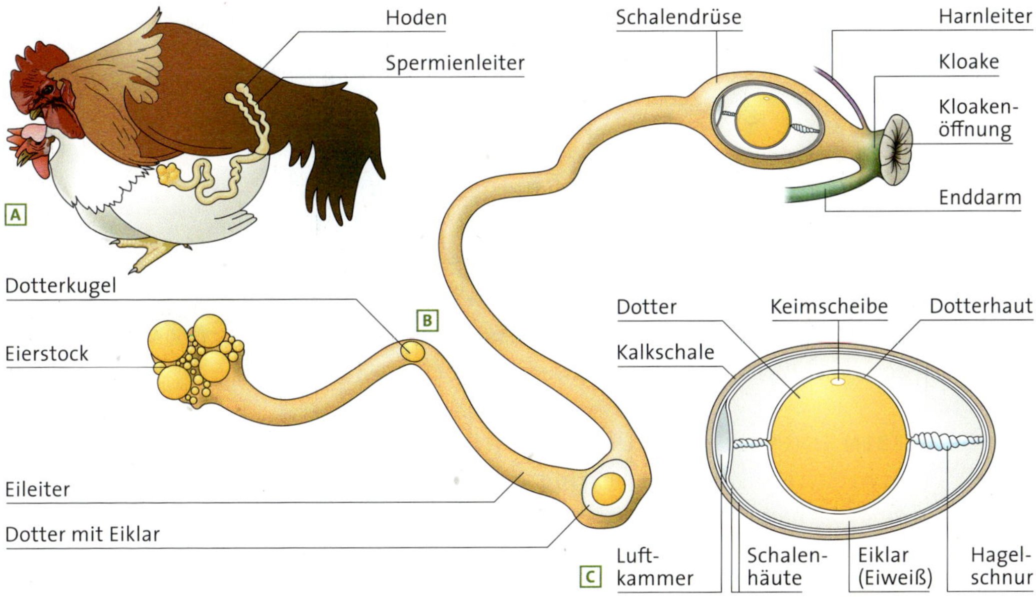

03 Ein Ei entsteht:
A Begattung,
B Bildung des Eies,
C Längsschnitt durch ein Ei

Die im Eileiter befruchtete Eizelle teilt sich vielfach, wächst und entwickelt sich zu einer flachen **Keimscheibe** auf dem Dotter. Während des Transports im Eileiter erhält das Ei weitere Dottermasse, *Eiklar* und zum Schluss zwei zähe, wasserdichte *Schalenhäute* sowie eine schützende *Kalkschale*. *Hagelschnüre* im Ei sorgen dafür, dass die Keimscheibe stets oben auf dem Dotter liegt. Auch unbefruchtete Eizellen entwickeln sich zu fertigen Eiern. Sie enthalten jedoch keine Keimscheibe, aus der sich ein Küken entwickeln kann.

VOM EI ZUM KÜKEN · Die Henne legt ihre Eier in ein Nest, setzt sich darauf und bebrütet sie. Die *Brutwärme* bewirkt im Ei die Weiterentwicklung der Keimscheibe zu einem **Embryo**, aus dem das Küken ensteht. Der Embryo wird über zusätzlich ausgebildete Blutgefäße im Ei mit Nährstoffen aus dem Dotter und dem Eiklar versorgt. Der benötigte Sauerstoff gelangt durch die Kalkschale in das Ei. Nach 20 Tagen ist die Entwicklung zum Küken abgeschlossen.

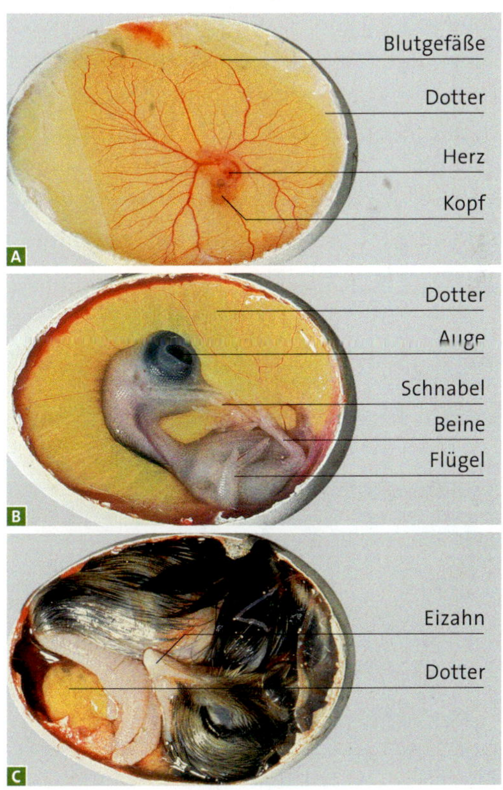

04 Vom Ei zum Küken:
A 6. Tag
B 14. Tag
C 19. Tag

1 Beschreibe die Begattung bei Haushühnern!

05 Schlüpfen eines Hühnerkükens: **A** Aufbrechen der Eischale, **B** schlüpfendes Küken, **C** Trocknen des Federkleids

Kennzeichnung von Hühnereiern:
0 = Ökologische Erzeugung („Bio")
1 = Freilandhaltung
2 = Bodenhaltung
3 = Käfighaltung

AUS DEM LEBEN EINES HÜHNERKÜKENS · Das fertig entwickelte Küken im Ei pickt ein Loch in die innere Schalenhaut zur *Luftkammer* und atmet die Luft. Dann bricht es mit einem Zacken auf dem Schnabel, dem *Eizahn,* die Eischale auf und schlüpft. Nachdem seine Federn, die *Dunen,* getrocknet sind, folgt das Küken der Henne und sucht Futter. Mit gluckenden Locktönen zeigt die Henne, die man jetzt *Glucke* nennt, dass sie die Mutter ist. Das Küken macht mit seinem Piepsen die Glucke auf sich aufmerksam. Die Glucke führt ihre Küken aus, zeigt ihnen Futter, warnt sie vor Feinden und bietet Schutz und Wärme. Vogelküken, die gleich nach dem Schlüpfen das Nest verlassen und weitgehend selbstständig sind, nennt man **Nestflüchter.**

06 Käfighaltung

HÜHNERHALTUNG · Das Haushuhn ist als Eier- und Fleischlieferant ein wichtiges Nutztier des Menschen. Auf einigen Bauernhöfen laufen die Tiere im Freien umher. Sie picken im Boden nach Nahrung, reinigen ihr Gefieder im Sand oder bauen Nester für die Eiablage. In dieser **Freilandhaltung** haben die Hühner ausreichend Platz, sodass sie sich strecken oder mit den Flügeln schlagen können. Eier und Fleisch sind relativ teuer bei dieser Form der Haltung. In vielen Fällen werden die Hühner daher in großen Ställen gehalten, in denen sie frei herum laufen können. Eine solche Haltungsform nennt man **Bodenhaltung**. Wasser und Futter erhalten die Tiere aus Futterautomaten. Ihre Eier legen sie in einfache Nester.
Oft werden die Hühner jedoch in Käfigen untergebracht, die in sehr großer Anzahl neben- und übereinander stehen. In dieser **Käfighaltung** stehen die Tiere auf einem Drahtgitter, auf das sie die Eier legen. Wasser und Futter erhalten sie automatisch. Der Kot fällt durch das Gitter. Die enge Unterbringung führt zu Stressreaktionen: Die Tiere picken aufeinander ein, sie verlieren ihre Federn und sind sehr krankheitsanfällig.

2 Vergleiche und bewerte die Lebensweise der Hühner in den drei Haltungsformen!

VERSUCH A ▸ Untersuchung eines Hühnereies

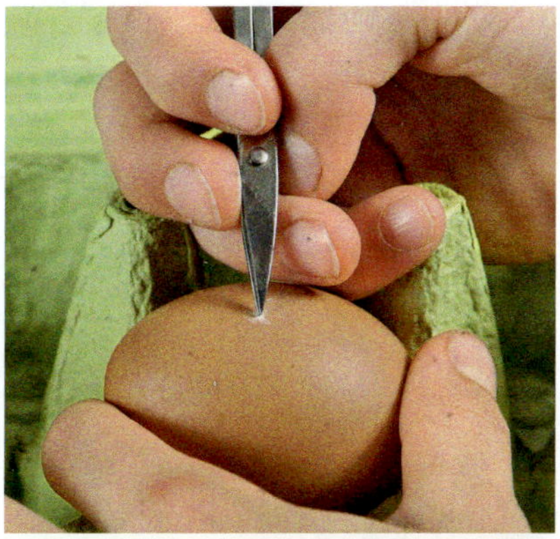

Material:

1 rohes Hühnerei, Eierpappe, spitze Schere, Lupe

Durchführung:

Lege das rohe Ei in eine Mulde der Eierpappe. Bohre mit der Scherenspitze vorsichtig ein Loch in die Eischale. Entferne mit der Pinzette die Kalkschale, bis ein Loch mit etwa drei Zentimeter Durchmesser entstanden ist, und schneide mit der Schere die Schalenhaut auf.

A1 Benenne die Eibestandteile, die du durch die Öffnung sehen kannst!

A2 Beschreibe die Lage der Eibestandteile und vergleiche sie mit der Abbildung 03 C auf Seite 107!

VERSUCH B ▸ Nachweis der Kalkschale

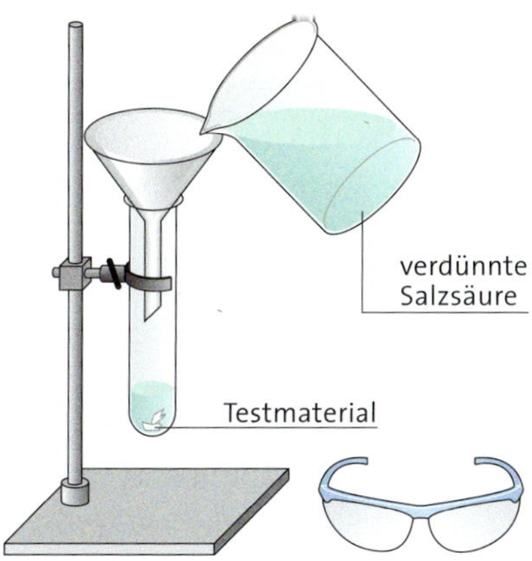

Vorsicht: *Verdünnte Salzsäure hat eine schwach reizende Wirkung und muss bei Berührung mit Wasser und Seife abgewaschen werden!*

Material:

3 Reagenzgläser mit Halterungen; verdünnte Salzsäure, 1 Stück gesäuberte Eierschale; 1 Stück Kalk; 1 Kieselsteinchen, 1 Trichter, Schutzbrille

Durchführung:

Gib Eierschale, Kalk und Kieselsteinchen in je ein Reagenzglas. Übergieße sie mit verdünnter Salzsäure, bis ihre Oberflächen bedeckt sind. Beobachte mehr als zehn Minuten. Schutzbrille tragen!

B1 Beschreibe und erläutere deine Beobachtungen!

Material C ▸ Entwicklung eines Hühnerkükens

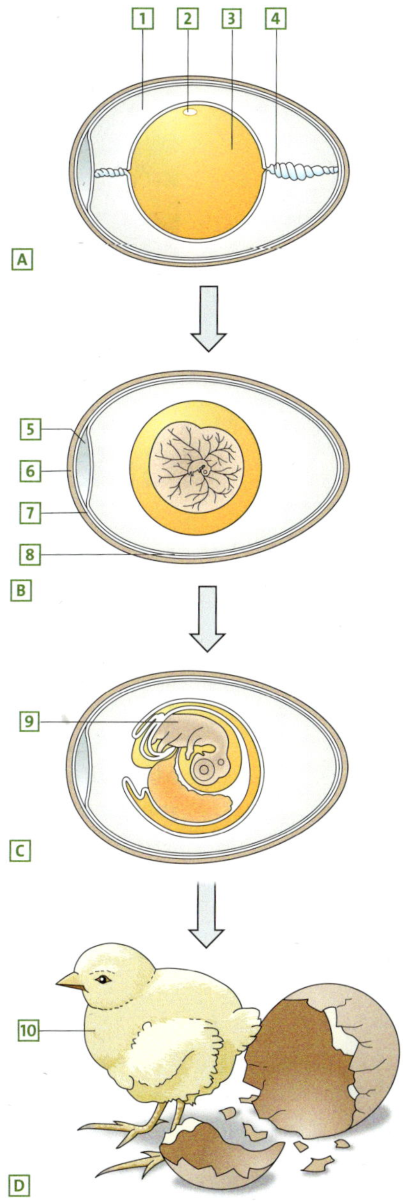

C1 Ordne den Zahlen in den Abbildungen die entsprechenden Fachbegriffe zu!

C2 Beschreibe die Entstehung und Entwicklung des Hühnerkükens!

01 Gräser

Gräser ernähren den Menschen

In den Sommermonaten kann man auf Weiden grasende Rinder beobachten. Den größten Anteil ihrer Futterpflanzen machen Süßgräser aus. Woran kann man Süßgräser erkennen?

SÜSSGRÄSER · Ein wichtiges Erkennungsmerkmal fast aller Süßgräser ist der Bau ihrer schlanken und hohlen Sprossachsen, der **Halme.** Sie sind röhrenförmig aufgebaut und durch Verdickungen, die *Knoten,* in Abschnitte gegliedert. An den Knoten setzen die Blätter in zwei Reihen an. Der untere Teil des Blattes, die *Blattscheide,* umschließt den Halm. Der obere Teil des Blattes, die *Blattspreite,* ist schmal und lang. Am Übergang zwischen Blattscheide und Blattspreite gibt es bei den meisten Süßgräsern ein farbloses *Blatthäutchen,* dessen Form für jede Art typisch ist. Die kleinen, unauffälligen Blüten der Süßgräser unterscheiden sich deutlich von den Blüten anderer Pflanzenfamilien. Farbenprächtige Kronblätter fehlen, stattdessen besitzen sie unscheinbare Blütenblätter, die man **Spelzen** nennt. Von außen nach innen unterscheidet man die *Hüllspelzen,* die *Deckspelzen* und die *Vorspelzen.* Zwei *Schwellkörper* haben die Aufgabe, die Spelzen zur Blütezeit auseinanderzudrücken. Dadurch hängen die drei Staubblätter dann weit zwischen den Spelzen heraus und die Pollenkörner können durch den Wind leicht fortgetragen werden. Alle Süßgräser sind **Windbestäuber.** Auch der Bau der beiden Narben ist an die Windbestäubung angepasst: Diese sind federförmig vergrößert

02 Blütenstände von Süßgräsern

und bilden somit eine große Auffangfläche für die Pollenkörner. Die einzelnen Blüten sind in einem kleinen Blütenstand, dem **Ährchen,** zusammengefasst. Mehrere Ährchen sind wiederum in einem größeren Blütenstand wie zum Beispiel einer **Ähre** oder **Rispe** angeordnet.

GETREIDE · Nicht nur Tiere fressen Gras, auch der Mensch ernährt sich von Teilen der Süßgräser. Er züchtete aus den *Wildformen* der Gräser alle Getreidearten, wie beispielsweise den *Weizen.* Zum Gedeihen benötigt diese Getreideart mineralstoffreiche Böden, die nicht zu schnell austrocknen. Regen im Frühjahr und hohe Temperaturen im Sommer führen dann zu hohen Ernteerträgen. Die Aussaat von kälteempfindlichen Weizensorten erfolgt im Frühjahr. Neben diesem **Sommergetreide** wird der weniger kälteempfindliche Winterweizen bereits im Herbst gesät. Diese Getreidesorte zählt zum **Wintergetreide.**

Der für den Menschen wertvolle Teil der Weizenpflanze ist die Frucht, das **Weizenkorn.** Es ist von einer Samenschale, die mit der Fruchtschale verwachsen ist, umhüllt. Unter diesen Schalen liegt die aus Eiweiß bestehende *Kleberschicht.* Im Inneren des Weizenkorns befindet sich der *Mehlkörper.* Er enthält viel Stärke und liefert bei der Keimung über das *Schildchen* dem *Keimling* die notwendigen Nährstoffe.
Noch bevor sich die Weizenkörner aus den Spelzen lösen und zu Boden fallen, werden die Weizenkörner geerntet. Beim anschließenden Mahlen der Weizenkörner in Getreidemühlen werden die Mehlkörper von den Schalen, der *Kleie,* getrennt. Je nachdem, wie fein gemahlen wird, entstehen Mehl, Grieß oder Graupen, die zu Teigwaren, Brot oder Kuchen verarbeitet werden.

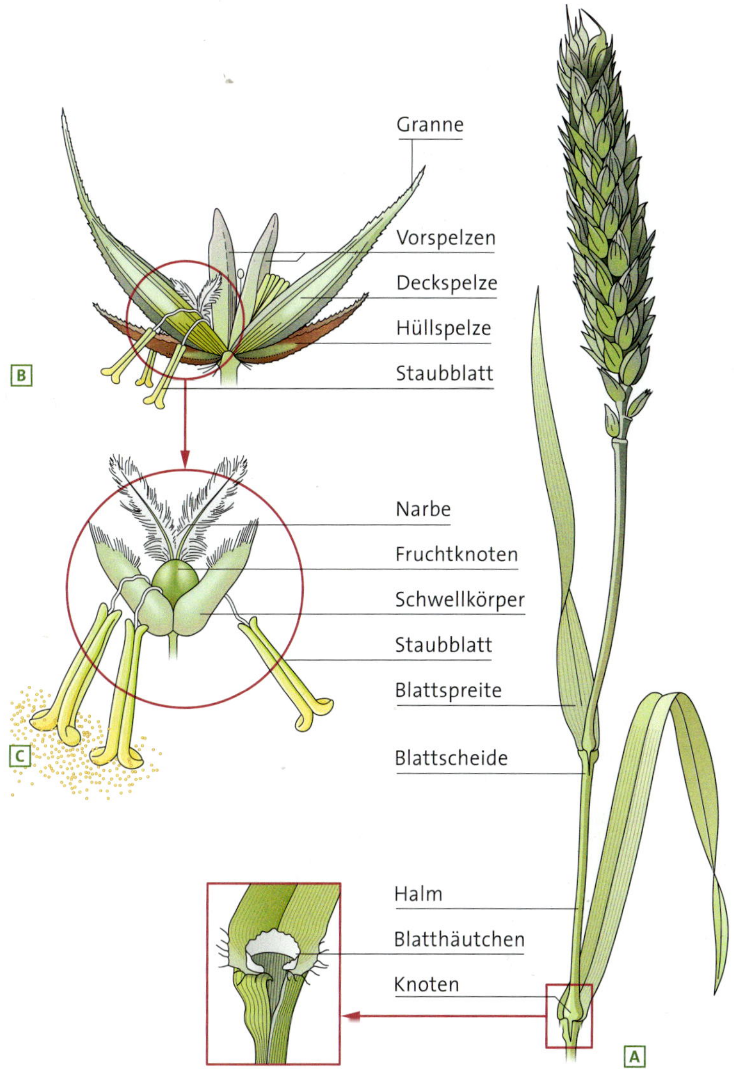

03 Weizen: **A** Halm und Blütenstand, **B** Ährchen, **C** Einzelblüte

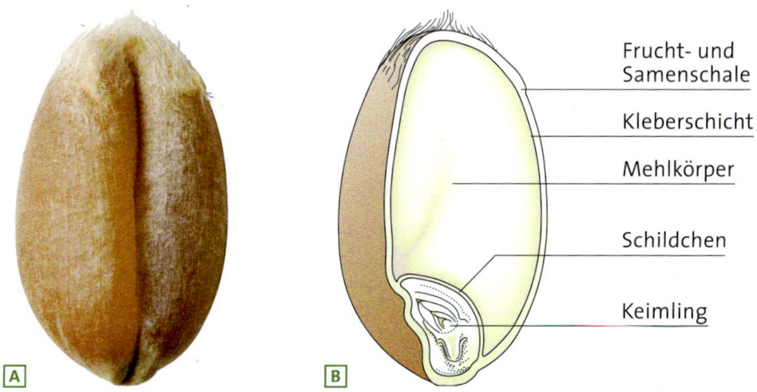

04 Weizen: **A** Weizenkorn, **B** Schema eines Weizenkorns

STECKBRIEF

Roggen
Bau: *bis zwei Meter lange Halme, Ähre als Blütenstand, lange Grannen, walzenförmige und lange Körner;*
Standortansprüche: *gering, Anbau bei kühlerem bis kaltem und trockenem Klima möglich, wächst auch auf Sandböden;*
Verwendung: *Brotherstellung, Futtermittel*

STECKBRIEF

Hafer
Bau: *bis eineinhalb Meter lange Halme, Rispe als Blütenstand, längliche Körner;*
Standortansprüche: *mildes bis kühleres Klima, wächst auch auf sandigen und mineralstoffarmen Böden (Magerböden);*
Verwendung: *Haferflocken, Futtermittel vorwiegend für Pferde*

STECKBRIEF

Gerste
Bau: *nur bis ein Meter lange Halme, Ähre als Blütenstand, sehr lange Grannen, bespelzte Körner;*
Standortansprüche: *niedrig, kann auch in kühlem Klima und auf mineralstoffarmen Böden angebaut werden, entwickelt sich auch in kurzen Sommern.*
Verwendung: *Bierherstellung, Tierfutter*

STECKBRIEF

Echte Hirse
Bau: *bis eineinhalb Meter lange Halme, Rispe als Blütenstand, sehr kleine und runde Körner ohne Längsfurche;*
Standortansprüche: *trockenes und warmes Klima, Sandböden;*
Verwendung: *Fladenbrot, Futter für Hausvögel, Halme zur Herstellung von Fasern*

WEITERE GETREIDEARTEN · Ursprünglich stammt der **Mais** aus Südamerika. Er ist eine sehr wärmeliebende Nutzpflanze und wächst auf mineralstoffreichen Böden. Wie alle Süßgräser wird er durch den Wind bestäubt. Die reifen Maiskörner werden direkt als Gemüse gegessen oder zu Cornflakes, Popcorn oder Mehl verarbeitet. Vor allem aber wird Mais als wertvolles Tierfutter und als Rohstoff für Biogasanlagen verwendet.
Reis wird hauptsächlich in Asien angebaut. Er benötigt viel Wasser, daher werden die Pflanzen auf befluteten Feldern angebaut. Häufig werden die Felder sehr aufwendig an den Berghängen in Terrassen angelegt. Auch die Ernte erfordert viel Handarbeit. Wenn die Blätter gelb werden, wird der Reis geerntet.

1 Ordne die Süßgräser der Abbildung 01 auf Seite 110 der Grafik 02 zu! Gehe dabei von links nach rechts vor!

2 Erläutere, inwiefern der Blütenbau der Süßgräser an die Windbestäubung angepasst ist!

Material A ▸ Grashalm

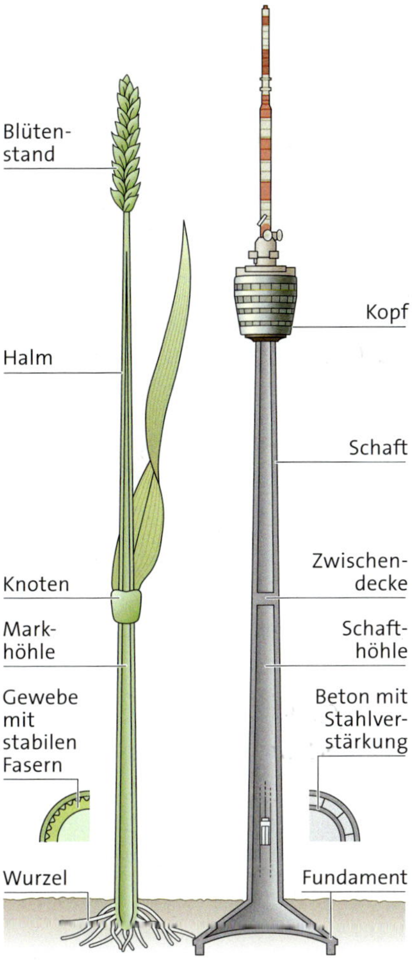

Die hohlen Grashalme knicken auch bei starkem Wind nicht um. Der Halm wird durch Knoten in Abschnitte gegliedert. Oberhalb der Knoten wird der Halm von Blattscheiden fest umhüllt. Die Wände der Halme sind in Längsrichtung durch stabile Fasern verdickt.

A1 Erläutere, weshalb ein Grashalm sehr stabil ist!

A2 Nenne Gemeinsamkeiten und Unterschiede zwischen dem Grashalm und dem Fernsehturm!

Material B ▸ Getreideanbaugebiete

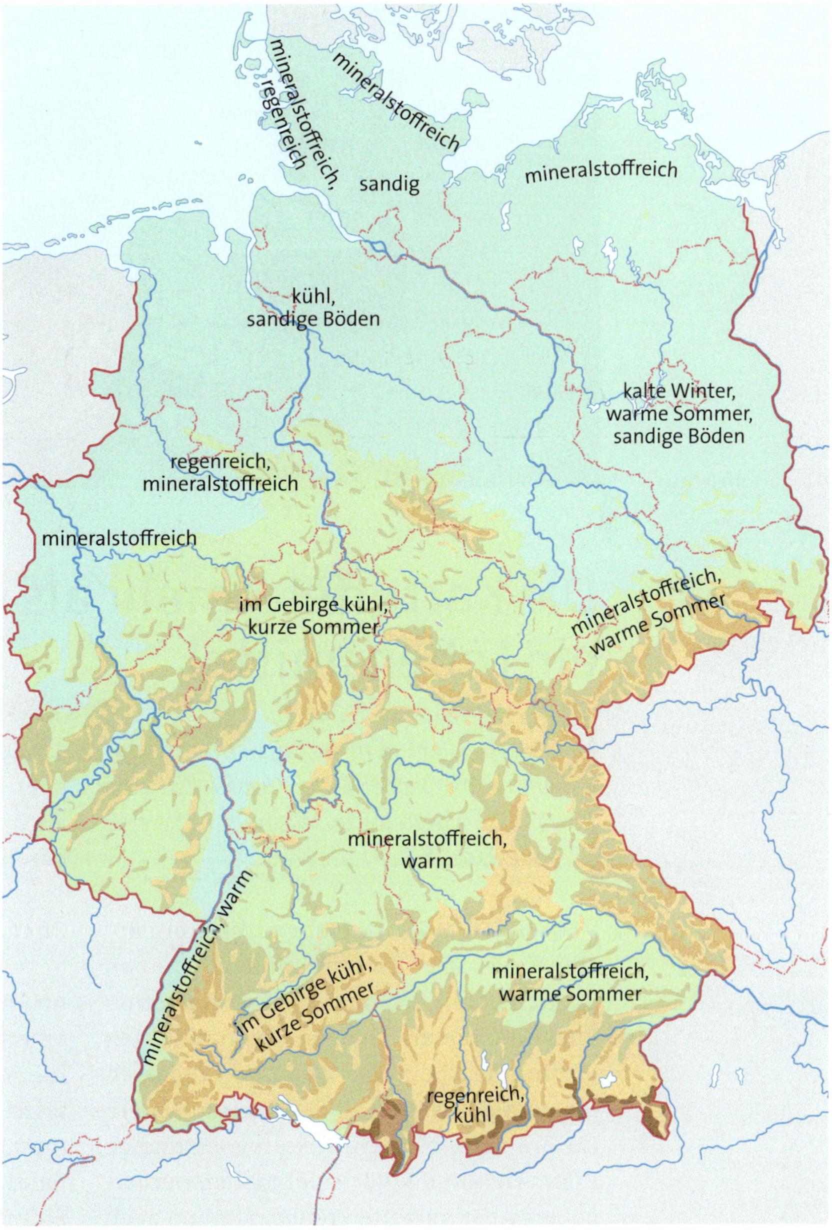

B1 Bestimme die Getreidearten, die in den verschiedenen Gebieten gut gedeihen! Nimm die Seiten 111 und 112 zu Hilfe!

B2 Erstelle einen Steckbrief für den Mais! Nimm die Seite 112 zu Hilfe und informiere dich in Lexika, Pflanzenbüchern oder im Internet!

B3 Stelle Vermutungen an, weshalb heute in Deutschland verbreitet Mais angebaut wird!

01 Kartoffelernte

Die Kartoffel – mehr als nur ein Lebensmittel

Im Herbst sieht man Kartoffelerntemaschinen auf den Feldern. Die Kartoffel ist eine wichtige Nutzpflanze. Weshalb hat sie so große Bedeutung?

VERWENDUNG · Die oberirdischen Bestandteile der Kartoffelpflanze sterben während des Winters ab. Die Kartoffelknolle im Boden dagegen überdauert den Winter. Sie ist ein *Überwinterungsorgan*. In ihr wird der Nährstoff Stärke gespeichert. Im Frühjahr können erneut vollständige Pflanzen aus den Kartoffelknollen hervorgehen. Aber Kartoffelknollen können auch geerntet werden. Sie sind ein wichtiges Grundnahrungsmittel. Man isst Pellkartoffeln, Kartoffelbrei, Kartoffelsalat oder Pommes frites. Dennoch wird in Deutschland nur etwa die Hälfte der Ernte direkt als Nahrungsmittel genutzt. Weitere Verwendung findet die Kartoffel als Tierfutter sowie zur Herstellung von Schnaps, Chips oder Kartoffelstärke. Kartoffelstärke wird auch zur Herstellung von biologisch abbaubarem Verpackungsmaterial genutzt. Ein Teil der Kartoffelernte wird erneut als Pflanzkartoffeln benötigt.

ANBAU · Kartoffeln gedeihen am besten in einem lockeren, gut durchlüfteten Boden. Im Frühjahr bringt der Landwirt die Kartoffeln mithilfe einer speziellen Legemaschine in flachen Furchen aus. Anschließend werden sie mit Erde bedeckt und die Erde zu Dämmen angehäufelt. Das ist notwendig, weil sich die im Boden heranwachsenden Kartoffelknollen sonst grün verfärben würden. In allen grünen Teilen der Kartoffelpflanze ensteht ein Gift, das selbstverständlich nicht in die Nahrung gelangen soll. Zu welchem Organ der Pflanze gehört die Kartoffel?

KARTOFFELPFLANZE · Bei der Kartoffelpflanze wächst die Sprossachse auch unterirdisch. Sie verzweigt sich zu Seitensprossen, den *Ausläufern.* Im Sommer verdicken sich die Enden dieser Ausläufer zu *Sprossknollen,* den Kartoffeln. Sie sind also keine Wurzelorgane. Sieht man genau hin, wird man kleine Vertiefungen an den Kartoffeln finden. Diese Knospen nennt man *Augen.* Lagert man die Kartoffeln im Keller zu lange, wachsen aus den Knospen Triebe mit kleinen, schuppenförmigen Laubblättern und Wurzeln. Pflanzt man diese ausgetriebene Kartoffel im Garten, wächst daraus wieder eine neue krautige, grüne Pflanze mit vielen neuen, unterirdischen Kartoffeln. Diese Art der Vermehrung bezeichnet man als *ungeschlechtliche Fortpflanzung.*

Die Kartoffelpflanze bildet aber auch Blüten und fleischige, grüne Beeren mit zahlreichen Samen. Aus einem Samen kann ebenfalls eine neue Kartoffelpflanze entstehen. Es hat also eine *geschlechtliche Fortpflanzung* stattgefunden.

Die Kartoffelpflanze gehört in die Familie der **Nachtschattengewächse** wie Tomaten-, Paprika- und Tabakpflanzen. Gemeinsames Kennzeichen sind der Aufbau der Blüten und die Beerenfrucht. Unterschiedlich ist der Gehalt an Gift in den verschiedenen Pflanzenorganen. Bei der Kartoffelpflanze entwickelt sich in allen Pflanzenteilen ein Gift, sobald sie grün werden. Werden die Kartoffelknollen nicht im Dunkeln gelagert, werden sie grün und giftig.

02 Kartoffelpflanze

Kartoffelknolle

IM BLICKPUNKT GESCHICHTE

Weg der Kartoffel nach Europa

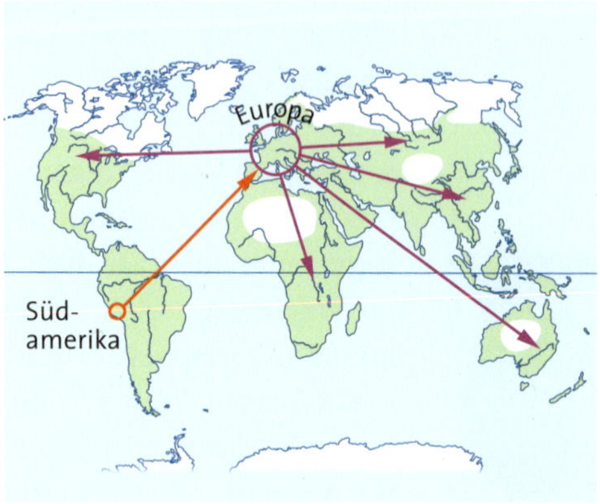

03 Ausbreitung der Kartoffelpflanze in die Welt

04 Friedrich der Große kontrolliert den Kartoffelanbau

Die Kartoffelpflanze stammt ursprünglich aus Südamerika. Schon vor mehr als 2000 Jahren bauten die Indianer sie in den Anden an. Etwa in der Mitte des 16. Jahrhunderts eroberten die Spanier das Reich der Inkas und brachten die Kartoffelpflanze über den Seeweg nach Europa.

Die Bevölkerung in Europa nahm stetig zu, und die Kartoffel wurde zu einem beliebten Nahrungsmittel. In Deutschland stieß die Kartoffel dagegen auf heftige Ablehnung. Was war der Grund für diese Haltung? Zu Beginn hatten die Menschen aus Unkenntnis die giftigen Beerenfrüchte gegessen und waren krank geworden. Daraus folgerten sie, dass alle Pflanzenorgane ungenießbar seien. Diese Meinung hielt sich in Deutschland erstaunlich lange. Die Menschen wehrten sich trotz der Anordnung des Königs, Kartoffeln anzubauen. Da griff FRIEDRICH II. zu einer List: Er ließ seine Kartoffelfelder durch Soldaten bewachen, was sie als sehr kostbar erscheinen ließ. Damit änderte sich die Haltung der Bevölkerung gegenüber der Kartoffel. So wurde sie auch in Deutschland zum wichtigsten Grundnahrungsmittel und verhinderte viele Hungersnöte.

1 Beschreibe mithilfe der Abbildung 02 auf Seite 115 den Bau einer Kartoffelpflanze!

2 Nenne die Aufgaben, die die Kartoffelknolle für die Kartoffelpflanze hat!

3 Erläutere, weshalb der Begriff „Kartoffelaussaat" biologisch gesehen falsch ist!

4 Begründe, weshalb die Kartoffeln im Dunkeln gelagert werden sollen!

5 Erläutere, warum FRIEDRICH II. unbedingt wollte, dass die Menschen Kartoffeln anbauen!

6 Erläutere, welches biologische Wissen ein Landwirt für den Kartoffelanbau benötigt!

Material A ▸ Kartoffelzucht

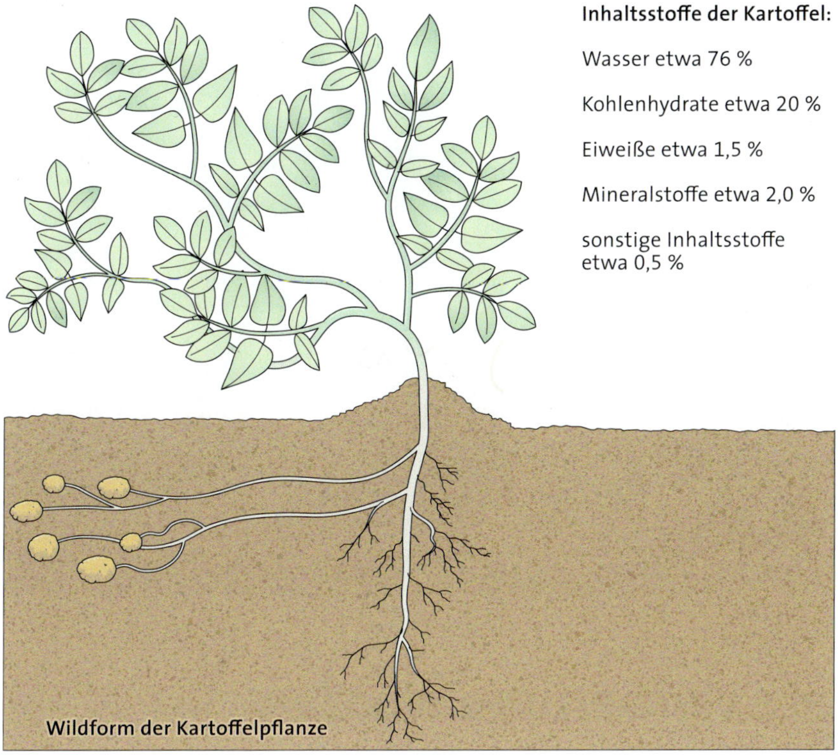

Inhaltsstoffe der Kartoffel:

Wasser etwa 76 %

Kohlenhydrate etwa 20 %

Eiweiße etwa 1,5 %

Mineralstoffe etwa 2,0 %

sonstige Inhaltsstoffe etwa 0,5 %

A1 Inzwischen gibt es über 5000 Kartoffelsorten. Nenne mögliche Zuchtziele bei der Kartoffel!

A2 Beschreibe an einem Zuchtziel der Kartoffel, wie ein Züchter bei der Zucht vorgeht! Nimm die Seiten 84 bis 85 zu Hilfe!

A3 Stelle die Inhaltsstoffe der Kartoffel in einem Kreisdiagramm dar! Nimm die Seite 79 zu Hilfe!

A4 Eine mittelgroße Kartoffel enthält durchschnittlich bis zu 20 Milligramm Vitamin C. Der Bedarf eines Menschen liegt bei 75 Milligramm pro Tag. Berechne, wie viele Kartoffeln ein Mensch essen muss, um den Tagesbedarf zu decken!

VERSUCH B ▸ Stärkenachweis

Hinweis: *Mit Iod-Kaliumiodid-Lösung weist man Stärke nach. Eine Dunkelblaufärbung zeigt an, dass Stärke vorhanden ist.*

Material

Kartoffel, Iod-Kaliumiodid-Lösung, Tropfpipette, Messer

Durchführung

Schneide eine Kartoffel in zwei Hälften. Bringe einige Tropfen Iod-Kaliumiodid-Lösung auf die Schnittfläche.

B1 Schreibe ein Versuchsprotokoll! Nimm die Seite 50 zu Hilfe!

B2 Führe den Versuch auch mit einer Küchenzwiebel, einem Bohnensamen und einem Rettich durch! Deute die Versuchsergebnisse!

01 Luchs

Gefährdete Wirbeltiere werden geschützt

02 Gänsegeier

03 Wisent

Der Luchs war in Deutschland von etwa 1850 bis 1950 in freier Wildbahn ausgestorben. Auch zahlreiche heute lebende einheimische Wirbeltierarten sind in ihrem Bestand gefährdet oder sogar vom Aussterben bedroht. Welches sind die Ursachen dafür und wie können diese Arten erfolgreich geschützt werden?

AUSGESTORBENE WIRBELTIERE · Neben dem Luchs, der größten europäischen Katzenart, sind in Deutschland in den letzten 150 Jahren auch das Wisent, der Wolf, der Braunbär und der Gänsegeier ausgestorben. In allen Fällen führte die unkontrollierte Jagd durch den Menschen zu ihrer Ausrottung. Heute kennt man jedoch die große Bedeutung dieser Arten für ihren früheren Lebensraum. Deshalb siedelt man mithilfe von Tieren, die in Zoos oder außerhalb Deutschlands überleben konnten, kleine Gruppen an geeigneten Orten wieder an. So leben Luchse jetzt wieder im Bayerischen Wald, Fichtelgebirge, Pfälzerwald, Harz und Elbsandsteingebirge.

GEFÄHRDETE WIRBELTIERE · Die Verschmutzung oder sogar Zerstörung ihrer natürlichen Lebensräume bedroht heute zahlreiche Arten aus allen Wirbeltiergruppen. Sinnvolle Schutzmaßnahmen sind daher neben strengen Jagdbeschränkungen vor allem die Erhaltung ihrer natürlichen Lebensbedingungen und die Wiederherstellung ihrer ursprünglichen Lebensräume.

04 Großes Mausohr

06 Smaragdeidechse

GROSSES MAUSOHR · Diese Fledermaus ernährt sich von Insekten, die sie nachts im Flug erbeutet. Tagsüber schläft sie in einem dunklen Versteck, zum Beispiel in alten, hohlen Bäumen, offenen Dachböden oder Kirchtürmen. Ihren Winterschlaf verbringt sie oft in Höhlen. Durch den Einsatz von Insektengiften findet sie zu wenig Nahrung und wird durch das von ihren Beutetieren aufgenommene Gift auch selbst geschädigt. Außerdem werden Bäume heute gefällt, bevor sie hohl werden und als Unterschlupf dienen können. Schließlich werden Dachböden oft ausgebaut und alte Gebäude abgerissen. Sinnvolle Maßnahmen zum Schutz aller Fledermäuse sind daher das Vermeiden von Insektengiften, die Sperrung von Höhlen im Winter, das Stehenlassen hohler Bäume und das Aufhängen von speziellen Nistkästen an geeigneten Orten, um ihnen Sommer- und Winterquartiere zu bieten.

SMARAGDEIDECHSE · Dieses seltene Reptil ernährt sich überwiegend von Insekten, Spinnen, Asseln und Schnecken. Die Smaragdeidechse hält sich in zur Sonne ausgerichteten Felsen und Steinhalden auf, wo sie sich aufwärmen und in Spalten und Ritzen Schutz vor ihren Fressfeinden finden kann. Sie ist durch den Einsatz von Schädlingsvernichtungsmitteln gefährdet, die ihre Beutetiere und über diese auch sie selbst vergiften. Außerdem wird sie durch die Beseitigung von Steinhalden bei Baumaßnahmen bedroht. Sinnvolle Maßnahmen zum Schutz aller Reptilien sind daher das Vermeiden von Schädlingsvernichtungsmitteln und die Erhaltung von Felsen, Steinhalden und alten Gemäuern. Die Errichtung von Trockenmauern, die aus mörtellos aufeinandergeschichteten Steinen bestehen, bietet ihnen einen neuen Lebensraum.

05 Nistkasten für Fledermäuse

07 Trockenmauer

STECKBRIEF

Hirschkäfer
Nahrung: *Larven fressen abgestorbenes Holz alter, morscher Eichen, die erwachsenen Käfer saugen Säfte an den Wunden lebender Stämme;*
Gefährdung: *Eichen werden heute bereits gefällt, bevor sie morsche Stellen aufweisen, um möglichst hochwertiges Holz zu erhalten*

STECKBRIEF

Kleine Pechlibelle
Lebensraum: *Larven entwickeln sich in flachen stehenden Gewässern, ausgewachsene Tiere jagen an Tümpeln und Teichen nach Insekten;*
Gefährdung: *Teiche und Tümpel werden verschmutzt und trockengelegt, um neue Ackerflächen oder Bauland zu gewinnen*

STECKBRIEF

Löcherbiene
Nestbau: *nistet in kleinen Hohlräumen in morschen Baumstämmen;*
Gefährdung: *abgestorbene, alte Bäume werden in Gärten, Parks und Wäldern heute meist sofort entfernt, um die Gefahr von herabfallenden Ästen und umstürzenden Stämmen zu verringern*

STECKBRIEF

Malermuschel
Lebensraum: *langsam fließende Bäche und Flüsse;*
Ernährung: *filtriert Kleinstlebewesen aus dem Wasser;*
Gefährdung: *Bäche und Flüsse werden durch Abwässer und Reste von Planzenschutzmitteln, Insektengiften und Düngemitteln verschmutzt*

Material A ▸ Eine Schutzmaßnahme für Wirbellose

Die hier abgebildete Konstruktion dient dem Schutz bestimmter wirbelloser Tierarten. In ein überdachtes Fachwerkgerüst wurden angebohrte Holzstücke, hohle Schilfrohre, Hohlblocksteine und löchrige Kalksteine eingesetzt.

A1 Stelle Vermutungen an, welche der auf Seite 124 vorgestellten wirbellosen Tierarten durch diese Maßnahme geschützt werden kann!

A2 Erläutere, unter welchen Voraussetzungen die Errichtung einer solchen Schutzmaßnahme an deiner Schule sinnvoll ist!

A3 Erläutere mithilfe ihrer Steckbriefe, auf welche Weise die anderen drei auf Seite 124 vorgestellten wirbellosen Tierarten geschützt werden können!

Material B ▸ Lebensräume von Wirbellosen früher und heute

Die Abbildungen zeigen die Umgebung eines Dorfes um 1900 und 1995. Im Laufe der Zeit sind hier Schmetterlings-, Libellen- und Holz bewohnende Käferarten, eine Krebsart und eine Muschelart ausgestorben.

B1 Beschreibe die Veränderungen dieses Lebensraumes!

B2 Erläutere mithilfe der beiden Darstellungen die möglichen Ursachen für das Aussterben der oben genannten wirbellosen Tierarten!

01 Blüte der Bienenragwurz

Gefährdete Pflanzen werden geschützt

Über gefährdete Pflanzen wie die Bienenragwurz wird gesagt: „Ansehen immer, abpflücken nie!" Doch Blumenpflücken ist nur bei wenigen seltenen Pflanzen die Ursache für ihre Gefährdung: Viele verschwinden, weil sich ihre Lebensräume verändern. Wie ist das zu verstehen?

PFLÜCKEN VERBOTEN · Geschützte Pflanzen darf man nicht pflücken. Denn wenn man Blumen abreißt, entwickeln sich aus den Blüten keine Früchte und Samen, aus denen neue Pflanzen hervorgehen können. Die Pflanze kann sich nicht vermehren und verschwindet. Doch das Gleiche geschieht, wenn sich ihr Lebensraum verändert. Um das zu verstehen, muss man sich zunächst einmal die ursprünglichen Wuchsorte jeder seltenen Pflanzenart genau ansehen.

BIENENRAGWURZ AUF DER SCHAFWEIDE · Die Bienenragwurz ist eine prächtige Orchidee. Aber sie bleibt klein und wird daher von anderen Pflanzen überwuchert. Sie gedeiht nur auf Magerrasen, wo hoch wachsendes Gras regelmäßig von Schafen abgeweidet wird. Die Bienenragwurz wird nicht gefressen, weil sie bitter schmeckt und ein Gift enthält, von dem sich Schafe den Magen verderben. Daher lassen sie Orchideen stehen und fressen nur die Pflanzen, die keinen bitteren Geschmack haben und ungiftig sind.
Rinder und Ziegen sind für die Beweidung der Magerrasen nicht so gut geeignet: Rinder sind zu schwer und zertrampeln die Pflanzen. Ziegen sind weniger empfindlich und fressen auch bittere und giftige Gewächse, die unter Naturschutz stehen.

02 Kalkeifel

UMWANDLUNG VON GRÜNLAND · Die Schafweide lohnt sich heute kaum noch. Denn Schäfer bekommen für Wolle nur noch wenig Geld. Allenfalls können sie Lammfleisch verkaufen. Daher geben viele Schäfer die Schafhaltung auf. Viele Schafweiden, die man nicht mehr braucht, düngt man, damit dort auch größere Pflanzen wachsen. Diese Pflanzen überwuchern die Bienenragwurz. Sie bekommt nicht mehr genug Sonnenlicht und blüht nicht mehr. Die meisten ehemaligen Schafweiden werden heute gemäht, und zwar sehr früh im Jahr, denn die Pflanzen wachsen wegen der Düngung sehr rasch. Dabei werden Orchideen abgeschnitten, bevor sie blühen.

Ebenso wie die Bienenragwurz verlieren viele andere seltene Pflanzen ihren Standort, zum Beispiel Enzianarten. Sie werden immer seltener oder verschwinden.

Die Veränderung von Lebensräumen ist heute ein allgemeines Problem. Man muss Schäfer finden, die mit ihren Schafen die Magerrasen beweiden. Durch die Beweidung werden sie erhalten. So kann man die seltenen Pflanzenarten der Magerrasen am besten schützen. Weil die Schafhaltung nur wenig Geld einbringt, muss man die Schäfer für die Landschaftspflege bezahlen, eine wichtige Naturschutzarbeit.

1 Nenne Gründe, weshalb seltene Pflanzen geschützt werden!

03 Intensivgrünland

A ▸ Die Biologie beschäftigt sich mit Lebewesen

Kann ich ...

1 die Kennzeichen von Menschen, Tieren und Pflanzen erläutern? *(Seite 8, 9 und 10)*

B ▸ Was lebt in meiner Nachbarschaft?

Kann ich ...

1 die Baumerkmale des Eichhörnchens, des Maulwurfs und der Fledermäuse beschreiben und damit ihre Angepasstheit an den jeweiligen Lebensraum und ihre Lebensweise erklären? *(Seite 14 bis 24)*

2 die besonderen Baumerkmale der Vögel beschreiben und damit ihre Fähigkeit zum Fliegen erklären? *(Seite 26 und 27)*

3 die verschiedenen Flugarten von Vögeln erläutern und zu dem jeweiligen Bau der Flügel in Beziehung setzen? *(Seite 30 bis 32)*

4 die besonderen Baumerkmale des Turmfalken beschreiben und damit seine Angepasstheit an seine Lebensweise erklären? *(Seite 34 bis 35)*

5 die Verhaltensweisen des Kuckucks beschreiben? *(Seite 36)*

6 am Beispiel der Honigbiene den äußeren und inneren Bau eines Insekts beschreiben und am Beispiel der Mundwerkzeuge und der Beine verschiedener Insekten die Angepasstheiten an ihre Nahrung und Lebensweise erklären? *(Seite 38, 39 und 42 bis 44)*

7 Gemeinsamkeiten und Unterschiede von Säugetier und Insekt nennen? *(Seite 46 und 47)*

8 ein einfaches biologisches Experiment beschreiben und ein Versuchsprotokoll erstellen? *(Seite 50)*

9 Lebewesen nach bestimmten Kriterien ordnen? *(Seite 51)*

10 den Bau einer Blütenpflanze beschreiben und abgewandelte Grundorgane mit der Angepasstheit an ihre Lebensweise erklären? *(Seite 54 bis 56)*

11 den Aufbau einer Blüte beschreiben? *(Seite 58 und 59)*

12 den Begriff Bestäubung erläutern und gegen den Begriff Befruchtung abgrenzen? *(Seite 62, 63 und 66)*

13 die Bildung von Früchten und Samen erklären und verschiedene Fruchtformen unterscheiden? (Seite 67 und 68)

14 die Verbreitung von Früchten und Samen erläutern? *(Seite 70 und 71)*

15 verschiedene Möglichkeiten der ungeschlechtlichen Fortpflanzung beschreiben? *(Seite 72)*

16 die Entwicklung von Pflanzen aus Samen erläutern? *(Seite 74 bis 76)*

17 Diagramme erstellen und auswerten? *(Seite 78)*

C ▸ Nutztiere und Nutzpflanzen

Kann ich ...

1 den Hund anhand seiner körperlichen Merkmale beschreiben und die Fortpflanzung des Hundes erläutern? *(Seite 80 bis 82)*

2 die Hundehaltung erläutern? *(Seite 82)*

3 die Entwicklung des Wolfes zum Hund beschreiben? *(Seite 84)*

4 die besonderen Baumerkmale einer Katze beschreiben? *(Seite 88 und 89)*

5 das Verhalten von Hund und Katze miteinander vergleichen? *(Seite 92 und 93)*

6 die besonderen Baumerkmale des Rindes beschreiben? *(Seite 98 und 99)*

7 die besonderen Baumerkmale des Schweines beschreiben? *(Seite 102 und 103)*

8 die verschiedenen Formen der Nutztierhaltung erläutern? *(Seite 100, 104 und 108)*

9 die Fortpflanzung beim Haushuhn und die Entwicklung des Kükens aus dem Ei beschreiben? *(Seite 106 und 107)*

10 den Bau von Süßgräsern beschreiben und die Bedeutung von Getreide für die Ernährung erläutern? *(Seite 110 bis 112)*

11 den Bau der Kartoffelpflanze und die Besonderheit der Kartoffelknolle beschreiben *(Seite 114 und 115)*

D ▸ Naturschutz

Kann ich ...

1 Gründe nennen, weshalb Wirbeltiere und wirbellose Tiere ausgestorben sind, und beschreiben, wie gefährdete Tiere geschützt werden? *(Seite 118 bis 121)*

2 Gründe nennen, weshalb viele Pflanzen vom Aussterben bedroht sind und weshalb ihr Schutz wichtig ist? *(Seite 122 und 123)*

Kann ich aus dem Kapitel „Vielfalt von Lebewesen" Beispiele nennen für die Basiskonzepte:

- Struktur und Funktion?
- Stoff- und Energieumwandlung?
- Steuerung und Regelung?
- Information und Kommunikation?
- Vielfalt (Variabilität und Angepasstheit)?
- Entwicklung?
- Fortpflanzung (Reproduktion)?

01 Turnerin beim Flickflack

Das Skelett besteht aus Knochen

Wie beweglich der Körper des Menschen ist, kann man bei einer Turnerin beobachten. Sie läuft, springt, beugt und streckt ihren Körper. Am Ende ihrer Übung landet sie sicher auf dem Boden und steht wieder aufrecht. Die hierfür nötige Stabilität erhält der Körper durch sein Skelett. Wie ist das Skelett aufgebaut?

SKELETT · In unserem Körper befinden sich über 200 Knochen. Sie sind zu einem Knochengerüst, dem *Skelett*, zusammengesetzt. Es lässt sich wie der gesamte Körper in drei Abschnitte gliedern. Sie werden als **Kopf, Rumpf** und **Gliedmaßen** bezeichnet. Letztere werden auch *Extremitäten* genannt. Das Skelett stützt und trägt den Körper und schützt die inneren Organe.

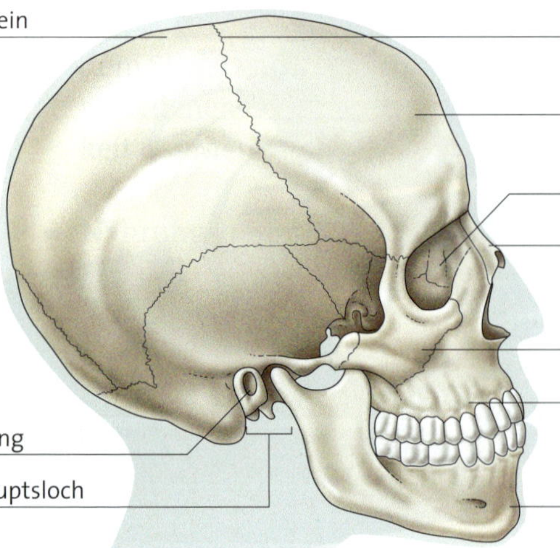

02 Schädel des Menschen

KOPF · Die Knochen des Kopfes bilden den **Schädel.** Zum größten Teil besteht er aus plattenartigen Knochen, die kugelähnlich zusammengesetzt sind. Im Alter von etwa einem Jahr verwachsen sie entlang der *Knochennähte*. Diese besonders harten Knochen wie *Stirnbein* oder *Scheitelbein* schützen das Gehirn vor Verletzungen.
Die übrigen Knochen des Kopfes bilden den Gesichtsschädel. Dazu gehören *Nasenbein, Jochbein, Oberkiefer* und der bewegliche *Unterkiefer*. Neben den Ohröffnungen und den Öffnungen im Gesichtsbereich befindet sich im Schädel das Hinterhauptsloch. Es dient als Anbindungsstelle für den Rumpf.

RUMPF · Die aus vielen einzelnen Knochen bestehende **Wirbelsäule** durchzieht den gesamten Rumpf. Sie trägt am oberen Ende den Schädel. An den Hals schließt sich der **Schultergürtel** an. Er besteht aus den Schulterblättern und Schlüsselbeinen. Im Bereich der Brust sind die bogenförmigen *Rippen* mit der Wirbelsäule verbunden. Zur Brust hin enden sie über Knorpelstücke im *Brustbein* und bilden so den **Brustkorb.** Er schützt Herz und Lunge. Am unteren Ende der Wirbelsäule ist das **Becken** angewachsen. Seine schalenförmigen Knochen schützen und stützen die inneren Organe des Bauchraumes.

EXTREMITÄTEN · Die Extremitäten sind die beweglichsten Teile des Skeletts. Am Schultergürtel setzen die Arme und am Becken die Beine an. Das **Armskelett** wird aus langen, röhrenförmigen Knochen gebildet: dem *Oberarmknochen* und den zwei *Unterarmknochen Elle* und *Speiche.* Das **Handskelett,** das den unteren Abschnitt des Armskeletts bildet, setzt sich aus rundlichen *Handwurzelknochen* sowie länglichen *Mittelhand-* und *Fingerknochen* zusammen. Das **Beinskelett** gliedert sich in den *Oberschenkelknochen* und die zwei *Unterschenkelknochen Schienbein* und *Wadenbein.* Auch diese Knochen sind lang und röhrenförmig. Das **Fußskelett** bildet den unteren Teil des Beinskeletts und ist unterteilt in *Fußwurzel-, Mittelfuß-* und *Zehenknochen.* Es bildet ein Gewölbe, das beim Gehen und Springen Erschütterungen abfedert.

1) Erläutere anhand einer Struktur die Schutzfunktion des Skeletts!

2) Zeichne den Umriss deiner Hand in deine Mappe! Skizziere darin die Knochen und beschrifte die Skizze!

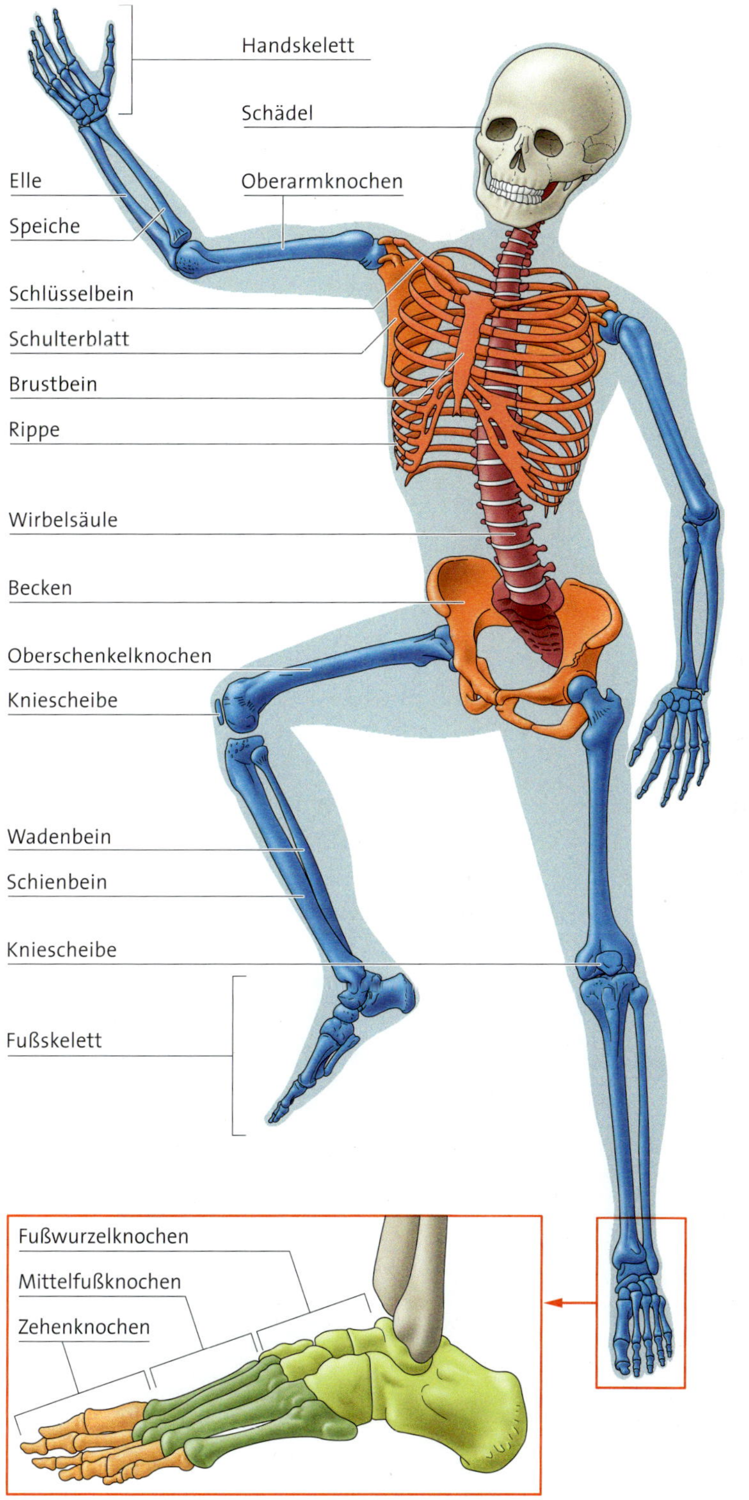

03 Skelett des Menschen

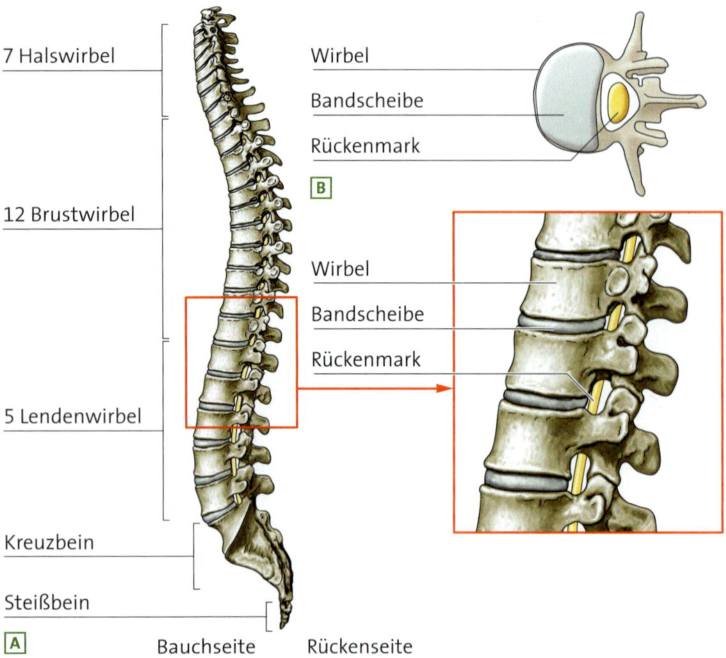

04 Wirbelsäule des Menschen: **A** Seitenansicht, **B** Aufsicht auf einen Wirbel

WIRBELSÄULE · Vom Schädel bis zum Becken verläuft die *Wirbelsäule*. Sie besteht aus einzelnen Knochen, den **Wirbeln**. Diese werden nach ihrer Lage im Körper in sieben *Hals-*, zwölf *Brust-* und fünf *Lendenwirbel* unterteilt. Weitere fünf Wirbel sind zum *Kreuzbein* verwachsen. Die letzten Wirbel sind sehr klein und bilden das *Steißbein*. Betrachtet man die Wirbelsäule von der Seite, so fällt auf, dass sie nicht gerade verläuft. Sie ist vom Kopf bis zum Brustbereich S-förmig gebogen. Vom Brustbereich bis zum Becken zeigt sie eine weitere S-förmige Krümmung. Die Wirbelsäule des Menschen ist somit *doppelt S-förmig* gebogen. Durch diese besondere Form kann sie beim Gehen und Springen Stöße besonders gut abfedern. Die Wirbelsäule ist somit die wichtigste Stütze des menschlichen Körpers. Zudem schützt sie das empfindliche Rückenmark, das entlang der Wirbelsäule verläuft. Zwischen den einzelnen Wirbeln liegen die elastischen **Bandscheiben.** Sie dämpfen Stöße und verhindern zudem die Reibung der Wirbelknochen aneinander. Durch die Bandscheiben erhält die Wirbelsäule ihre große Beweglichkeit.

METHODE

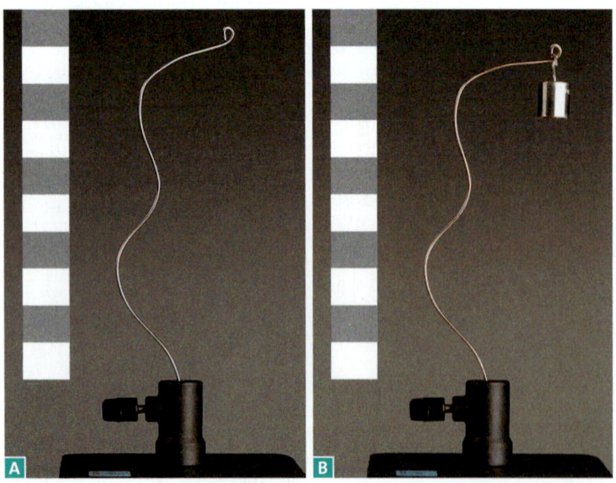

05 Drahtmodell der doppelt S-förmigen Wirbelsäule: **A** ohne Masse, **B** mit einer Masse von 50 Gramm

Mit Modellen arbeiten – Ideen testen

In der Biologie arbeitet man oft mit Modellen. Ein Modell stellt ausgewählte Teile der Wirklichkeit auf neue Weise dar. So kann man diese Teile besser verstehen, ihre Bedeutung für eine bestimmte Funktion herausstellen oder Ideen zur Funktion testen.

Ein Beispiel dafür ist das Drahtmodell der doppelt S-förmigen Wirbelsäule des Menschen. Hängt man an das Modell eine Masse, wird der S-förmige Draht nur wenig nach unten gezogen. Diese besondere Form hat also die Funktion, unserer Wirbelsäule Stabilität zu verleihen. Es handelt sich hier um ein Funktionsmodell. Strukturmodelle hingegen helfen, zum Beispiel sehr kleine Tiere, Pflanzen oder Strukturen gut erkennbar darzustellen.

Material A ▸ Das Skelett

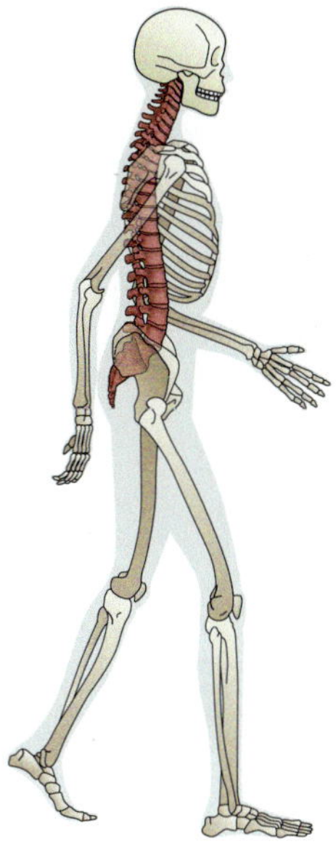

	Hund	Mensch
Gang	–	–
Ausrichtung der Wirbelsäule	–	–
Form der Wirbelsäule	–	–

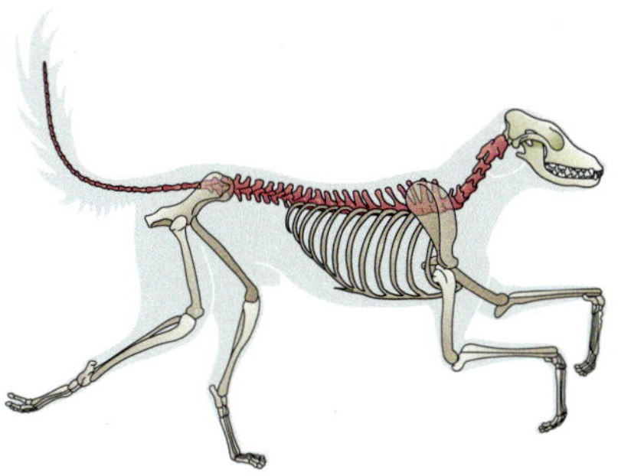

A1 Ordne Mensch und Hund jeweils einen Begriff der folgenden Begriffspaare zu: aufrecht – vierfüßig, waagerecht – senkrecht, doppelt S-förmig – bogenförmig! Erstelle dafür nach dem Muster eine Tabelle in deiner Mappe!

A2 Erläutere mithilfe deiner Zuordnungen die Angepasstheit von Mensch und Hund an die Art ihrer Fortbewegung!

Material B ▸ Die Wirbelsäule

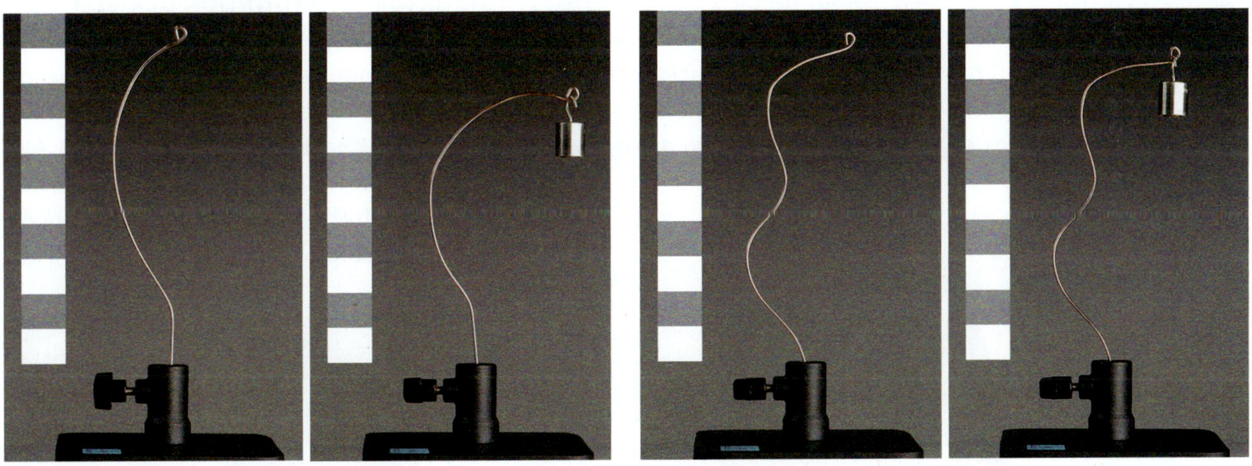

B1 Stelle die Strukturen der Wirbelsäule den entsprechenden Teilen des Modells in einer Tabelle gegenüber!

B2 Bei der Betrachtung der menschlichen Wirbelsäule stellt sich die Frage nach der Funktion der doppelten S-Form. Mit den dargestellten Modellen kann man eine bestimmte Vermutung testen. Formuliere diese Vermutung!

B3 Deute die Beobachtungen des Modellversuchs und übertrage dein Ergebnis auf die Wirbelsäule!

B4 Modelle zeigen nur bestimmte Teile der Wirklichkeit. Nenne die Eigenschaften der Wirbelsäule, die die beiden Drahtmodelle nicht zeigen!

01 Kletterer an einer Kletterwand

Gelenke und Muskeln

Das Skelett sorgt für die Stabilität unseres Körpers. Beim Klettern an einer Kletterwand muss unser Körper aber nicht nur stabil, sondern auch extrem beweglich sein. Welche Strukturen ermöglichen diese Beweglichkeit?

STRUKTUR UND FUNKTION DER GELENKE · Unsere Beweglichkeit wird durch bewegliche Verbindungen zwischen den Knochen ermöglicht. Eine solche Verbindung zwischen zwei Knochen nennt man **Gelenk.** Alle Gelenke zeigen den gleichen Grundaufbau. Das verbreiterte Ende des einen Knochens, der **Gelenkkopf,** passt in die Vertiefung am

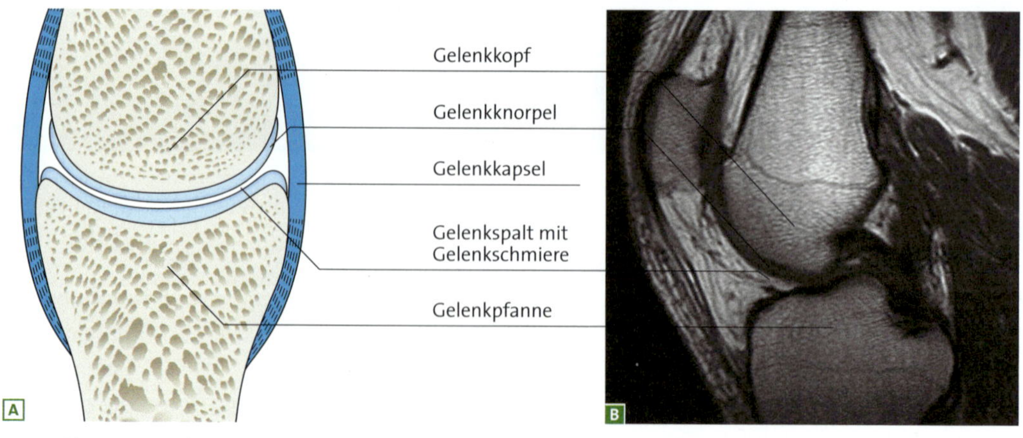

02 Aufbau eines Gelenks: **A** Schema, **B** medizinische Aufnahme

Ende des anderen Knochens, die **Gelenkpfanne.** Die beiden Knochenenden sind mit einer weichen Schicht, dem **Gelenkknorpel** überzogen. Der Gelenkknorpel verhindert, dass die Knochenenden aneinander reiben und sich gegenseitig beschädigen. Für eine reibungslose Bewegung sorgt zusätzlich die **Gelenkschmiere** im **Gelenkspalt.** Das Gelenk ist von einer festen, aber elastischen **Gelenkkapsel** umgeben, die es zusammenhält. Die Gelenkkapsel wird zudem durch **Gelenkbänder** verstärkt.
In Anlehnung an die Bewegungsmöglichkeiten unterscheiden wir verschiedene Gelenktypen. Unsere Arme können wir durch das Schultergelenk nach fast allen Seiten drehen. Es handelt sich um ein **Kugelgelenk.** Das Fingergelenk hingegen erlaubt wie das Scharnier einer Tür nur die Bewegung in eine Richtung und zurück. Daher wird es **Scharniergelenk** genannt. Kugelgelenk und Scharniergelenk sind die beiden häufigsten Gelenktypen.

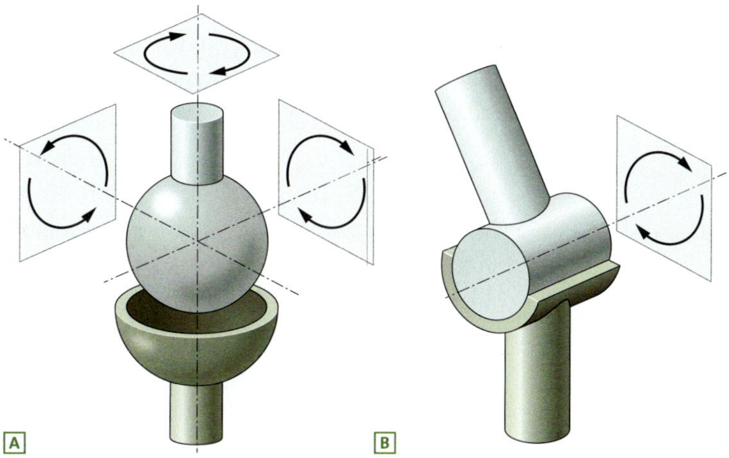

03 Gelenktypen: **A** Kugelgelenk, **B** Scharniergelenk

STRUKTUR DER MUSKELN · Die Muskeln unseres Körpers sorgen einerseits zusammen mit dem Skelett für die aufrechte Haltung. Andererseits ermöglicht diese *Skelettmuskulatur* im Zusammenspiel mit den Gelenken die Bewegung unseres Körpers. Die Skelettmuskulatur umfasst all die Muskeln, mit denen wir das Skelett bewegen. Über 650 Muskeln befähigen uns zu unterschiedlichen Bewegungen wie beim Turnen oder Klettern. Der Grundaufbau ist bei allen Muskeln gleich. Der gesamte spindelförmige Muskel ist von einer festen Muskelhaut umgeben. Diese **Muskelhaut** geht an beiden Enden des Muskels in kräftige **Sehnen** über, die fest mit den Knochen verbunden sind. Innerhalb der Muskelhaut liegen mehrere **Muskelfaserbündel.** In einem Muskelfaserbündel sind viele **Muskelfasern** zusammengefasst. Eine Muskelfaser ist die kleinste Einheit des Muskels. Zwischen den Muskelfasern und den Muskelfaserbündeln verlaufen Blutgefäße und Nerven. Über die Blutgefäße wird die Muskulatur mit Sauerstoff und Nährstoffen versorgt. Die Nerven ermöglichen die Steuerung des Muskels.

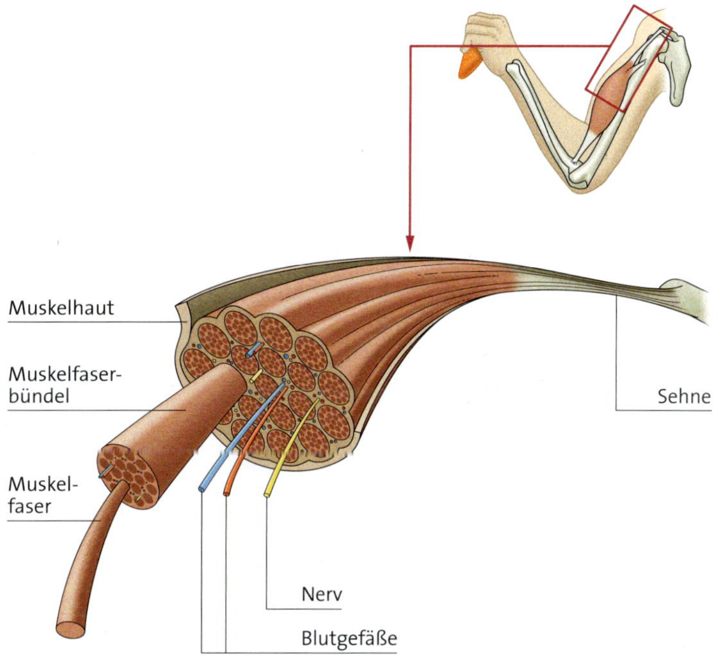

04 Aufbau eines Muskels

FUNKTION DER MUSKELN · Das Beugen unseres Arms, zum Beispiel beim Klettern, erfolgt durch den **Beugemuskel.** Im Oberarm ist dieser Muskel oben mit dem Schulterblatt und unten mit der Speiche über Sehnen verbunden. Beim Beugen verkürzt sich dieser Muskel und wird dadurch dicker und härter, er ist angespannt. Dies lässt sich am Oberarm auch ertasten. Durch die Verkürzung wird der Arm gebeugt. Zum Strecken des Arms muss ein anderer Muskel verkürzt werden. Dieser **Streckmuskel** liegt auf der gegenüberliegenden Seite des Oberarms. Er ist über Sehnen mit dem Schulterblatt und der Elle verbunden. Durch die Verkürzung des Streckmuskels wird der Beugemuskel automatisch verlängert, er ist entspannt. Da Beugemuskel und Streckmuskel entgegengesetzt arbeiten, nennt man sie **Gegenspieler.**

Ein Muskel kann sich nur aktiv verkürzen, er kann sich nicht aktiv verlängern. Daher arbeiten an allen Gelenken mindestens zwei Muskeln nach dem **Gegenspielerprinzip**. Durch die aktive Verkürzung des einen Muskels wird sein Gegenspieler passiv verlängert.

MUSKELN KÖNNEN WACHSEN · Werden Muskeln häufig gebraucht, so werden neue Muskelfasern und auch neue Blutgefäße zur Versorgung des Muskels gebildet. Der Muskel wird trainiert. Durch das Training wachsen diese Muskeln und sind stärker durchblutet. Wird ein Muskel nicht beansprucht oder nicht mehr trainiert, so führt dies zu Muskelabbau.

1 Nenne Alltagsgegenstände, bei denen Bauteile verwendet werden, die in ihrer Funktion dem Kugelgelenk und dem Scharniergelenk ähnlich sind!

2 Beschreibe, wie das Beugen und Strecken des Arms durch Muskeln ermöglicht wird!

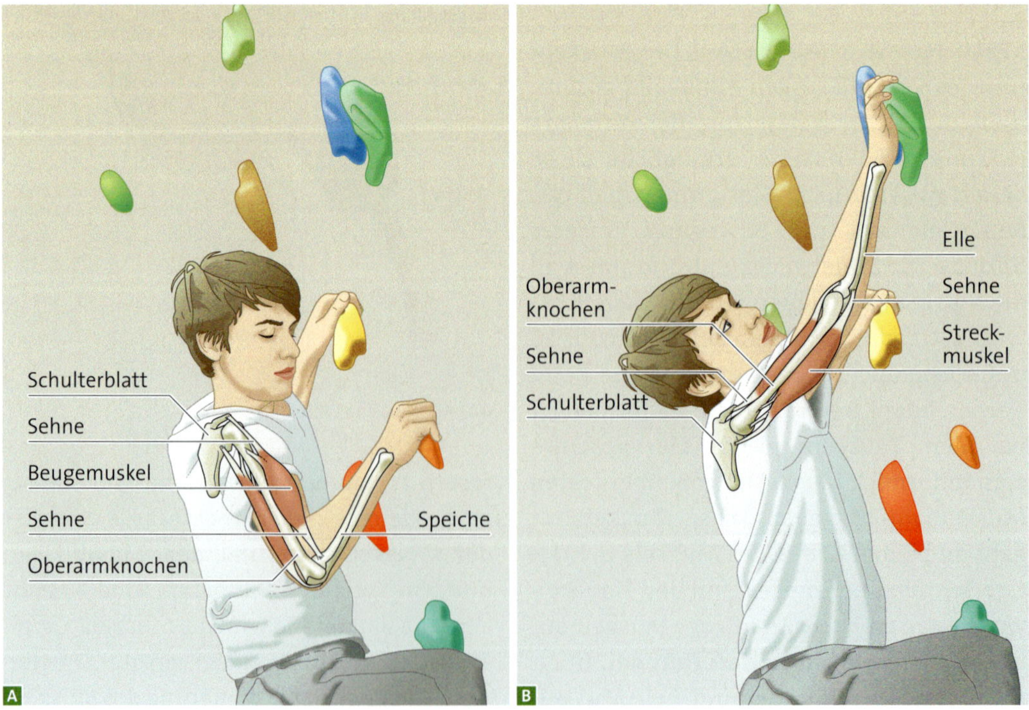

05 Bewegung des Arms:
A Beugen,
B Strecken

Material A ▸ Bewegungssystem

BASISKONZEPT

System

Muskeln machen in Zusammenspiel mit den Gelenken das Skelett beweglich. Zusammen bilden Knochen, Gelenke und Muskeln eine Funktionseinheit, die man auch ***Bewegungssystem*** *nennt. Dies ist eines von vielen Beispielen, bei denen jeweils einzelne Elemente in Wechselwirkung zueinander stehen und so ein übergeordnetes Ganzes aufbauen. Deshalb spricht man vom Basiskonzept* ***System****.*

A1 Beschreibe mithilfe von Abbildung 05 auf Seite 138, wie die einzelnen Bestandteile des Bewegungssystems Arm zusammenarbeiten, wenn der Arm bewegt wird! Nenne auch die dabei beteiligten Gelenke!

A2 Erläutere, was beim Bewegungssystem Arm das übergeordnete Ganze ist und nenne mindestens fünf verschiedene Elemente, die in Wechselwirkung stehen!

A3 Nenne weitere Beispiele für Organsysteme!

VERSUCH B ▸ Modellversuche zum Gelenkaufbau

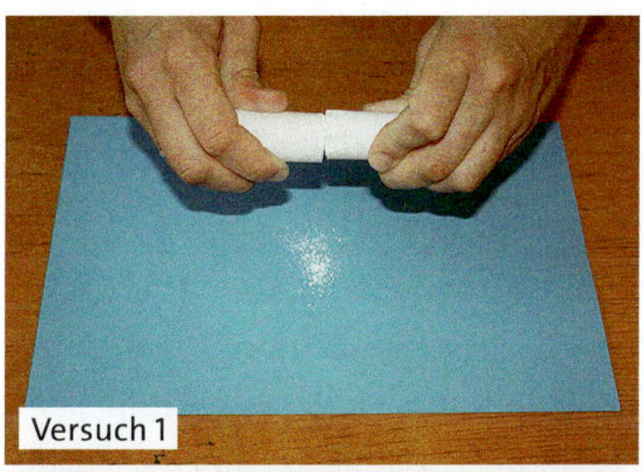
Versuch 1

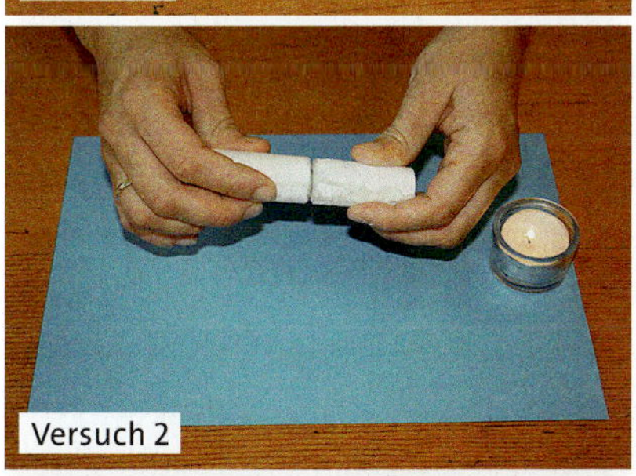
Versuch 2

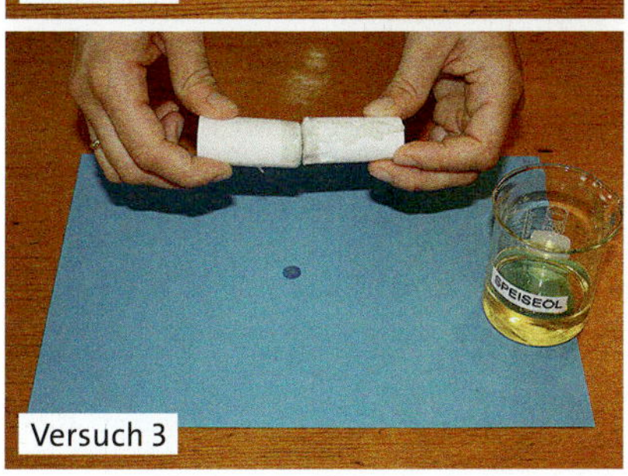
Versuch 3

Material:
2 Stück weiße Kreide, 1 Blatt farbiges Papier, 1 Teelicht, Speiseöl

Durchführung:

Versuch 1: Reibe die beiden Enden der Kreidestücke über dem Blatt Papier aneinander.

Versuch 2: Tauche jeweils ein Ende der zwei Kreidestücke in das flüssige Wachs des Teelichts. Reibe diese zwei Enden nach dem Erkalten des Wachses über dem Blatt Papier erneut aneinander.

Versuch 3: Tauche die mit Wachs überzogenen Enden der beiden Kreidestücke in das Speiseöl. Reibe diese Enden über dem Blatt Papier erneut aneinander.

B1 Beschreibe und deute die Ergebnisse der drei Versuche!

B2 Ordne den Materialien Kreide, Wachs und Öl die entsprechende Struktur eines Gelenks im menschlichen Körper zu!

B3 Ziehe aus den Modellversuchen Schlussfolgerungen zur Bedeutung des Gelenkaufbaus für seine Funktionsweise!

B4 Nenne Eigenschaften des Gelenks, die die Modellversuche nicht zeigen! Erkläre, weshalb diese Strukturen hier weggelassen wurden!

01 Kind beißt in einen Apfel

Die Ernährung

Nach dem englischen Sprichwort „An apple a day keeps the doctor away" bleibt man gesund, wenn man täglich einen Apfel isst. Äpfel reichen für unsere Ernährung jedoch nicht aus. Was braucht der Körper noch?

LEBENSMITTEL · Menschen müssen für Bewegung, Wachstum, Entwicklung und andere Lebensvorgänge Nahrung in Form von **Nahrungsmitteln** zu sich nehmen. Es gibt *pflanzliche Nahrungsmittel* wie Obst, Gemüse, Reis und Getreideprodukte und tierische *Nahrungsmittel* wie Fleisch, Fisch, Milch oder Eier.

Nahrungsmittel, die *Kohlenhydrate, Fette* und *Eiweißstoffe* enthalten, machen mengenmäßig den Hauptanteil der Ernährung aus. Sie werden als **Grundnahrungsmittel** bezeichnet. Fehlt es an ihnen, können sich die Menschen nicht ausreichend ernähren.

Neben den Nahrungsmitteln ist Wasser lebensnotwendig. Beide zusammen werden deshalb als **Lebensmittel** bezeichnet.

NÄHRSTOFFBEDARF · Fleisch, Gemüse, Nudeln und andere Nahrungsmittel enthalten jeweils verschiedene *Inhaltsstoffe*. Besonders wichtig für die Ernährung sind Kohlenhydrate, Fette und Eiweißstoffe. Sie werden deshalb **Nährstoffe** genannt. Kohlenhydratreiche Nahrungsmittel sind zum Beispiel Kartoffeln, Reis, Nudeln und Brot. Das wichtigste Kohlenhydrat ist Stärke. Stärke ist Bestandteil der genannten Nahrungsmittel. Butter, Wurst oder Käse enthalten große Mengen tierischer Fette. Reich an Pflanzenfetten sind Nüsse oder Olivenöl. Kohlenhydrate und Fette decken vor allem den Energiebedarf. Sie werden daher als **Betriebsstoffe** bezeichnet.

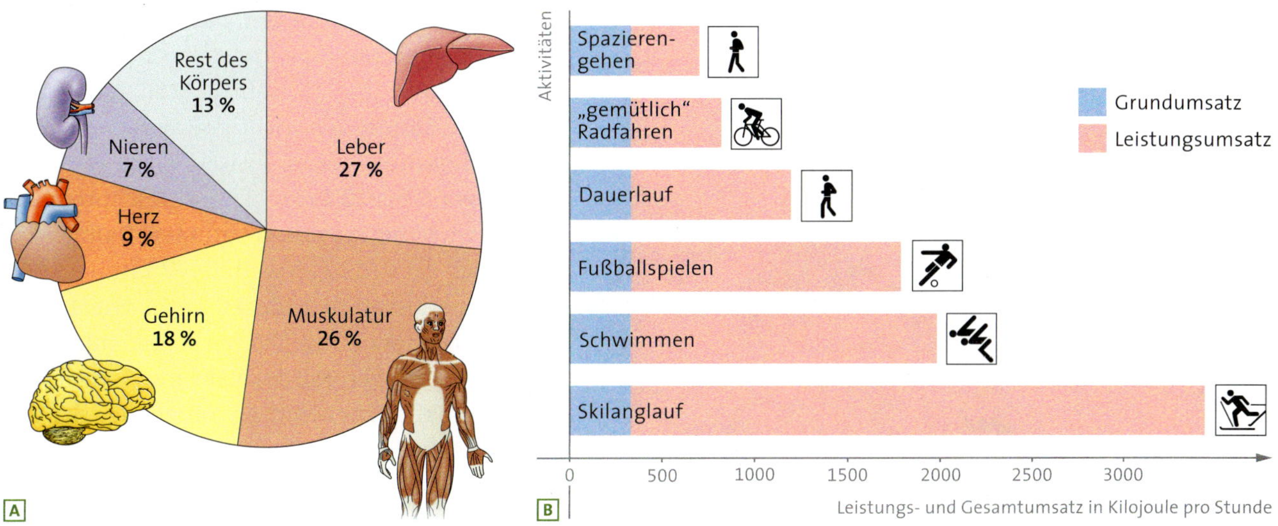

02 Energiebedarf: **A** Anteil verschiedener Organe am Grundumsatz, **B** Leistungs- und Gesamtumsatz bei verschiedenen Tätigkeiten

Eiweißstoffe kommen vor allem in Fleisch, Fisch und Eiern vor. Viel pflanzliches Eiweiß findet sich in Erbsen und Bohnen. Eiweißstoffe enthalten zwar ähnlich viel Energie wie Kohlenhydrate, ihre Bedeutung liegt jedoch weniger im Energiegehalt. Vielmehr werden ihre Bausteine für den Aufbau von Zellen, aber auch für Haare und Nägel benötigt. Daher dienen sie vor allem als **Baustoffe.**

Außer den Nährstoffen sind in den Nahrungsmitteln die für die Ernährung wichtigen **Vitamine** und **Mineralstoffe** enthalten. Sie werden zwar nur in geringen Mengen benötigt, müssen aber mit der Nahrung aufgenommen werden. Vitamine regeln den Ablauf wesentlicher Körpervorgänge. Mineralstoffe sind beispielsweise für die Blut- und Knochenbildung sowie die Nerven- und Muskeltätigkeit nötig. Schließlich sollte die Nahrung auch hinreichend **Ballaststoffe** enthalten. Ballaststoffe regen die Darmtätigkeit an. Äpfel tragen zu einer gesunden Ernährung vor allem dadurch bei, dass sie viele Vitamine, Mineral- und Ballaststoffe enthalten.

ENERGIEBEDARF · Selbst wenn man entspannt im Bett liegt, benötigt der Körper Energie, zum Beispiel für die Atmung, die Verdauung, die Herztätigkeit oder für die Erzeugung von Körperwärme. Die pro Tag bei völliger Ruhe benötigte Energiemenge bezeichnet man als **Grundumsatz.** Der Grundumsatz des Körpers liegt bei etwa 4,2 Kilojoule pro Kilogramm Körpermasse und Stunde. Für einen 70 Kilogramm schweren Mann sind das etwa 7000 Kilojoule am Tag. Bei Frauen und älteren Menschen ist der Grundumsatz etwas niedriger, bei Kranken etwas höher.

1 Kilojoule (kJ) = 1000 Joule (J) (sprich: dschul)

Sobald wir uns bewegen oder denken, benötigen wir mehr Energie. Diese zusätzliche Energiemenge nennt man **Leistungsumsatz.** Der Leistungsumsatz hängt von der Art der Tätigkeit ab. Grund- und Leistungsumsatz zusammen ergeben den **Gesamtumsatz.** Die täglich aufgenommene Energiemenge soll den Gesamtumsatz decken. Wollte man dies allein mit Äpfeln tun, müsste man etwa vier Kilogramm essen.

1 Erkläre den Begriff Energiebedarf!

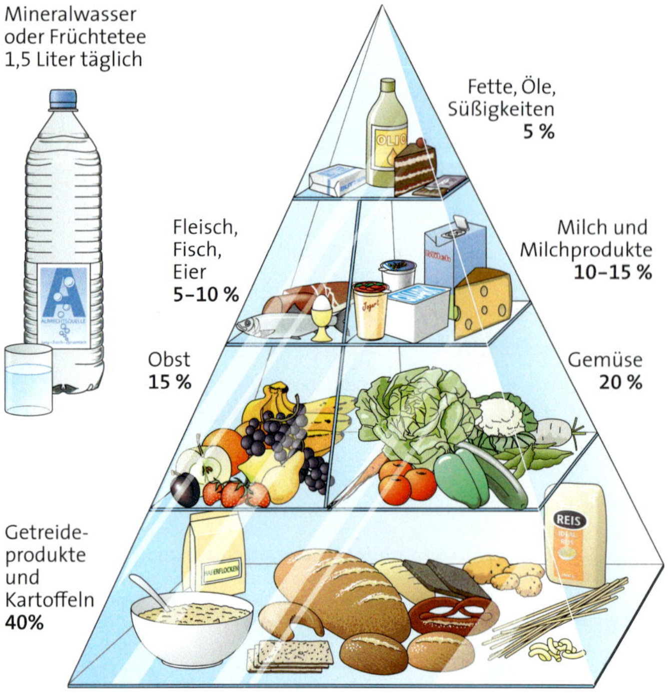

03 Ernährungspyramide

AUSGEWOGENE ERNÄHRUNG · Kohlenhydrate, Fette, Eiweißstoffe, Vitamine, Mineralstoffe, Ballaststoffe und Wasser sind die „sieben Säulen" der Ernährung. In Lebensmitteln sind diese Stoffe in unterschiedlichen Mengen enthalten. Für eine **ausgewogene Ernährung** sollten deshalb die Lebensmittel in den verschiedenen Mahlzeiten so zusammengesetzt sein, dass sie den täglichen Bedarf an diesen Stoffen decken. Die für eine ausgewogene und damit gesunde Ernährung empfohlenen Lebensmittel-Anteile werden in einer **Ernährungspyramide** veranschaulicht.
Grundlage der täglichen Nahrung sind Getreideprodukte, Kartoffeln oder Reis mit etwa 40 Prozent. Die in ihnen enthaltenen Kohlenhydrate decken den Großteil des Energiebedarfs. Außerdem enthalten sie Vitamine, Mineral- und Ballaststoffe. Der Obst- und Gemüseanteil sollte bei zusammen 35 Prozent liegen. Damit werden viele Vitamine, Mineral- und Ballaststoffe aufgenommen, bei Hülsenfrüchten außerdem Eiweißstoffe. Als wichtige Eiweiß- und Fettlieferanten sollten Fleisch, Fisch und Eier etwa 5 bis 10 Prozent und Milchprodukte etwa 10 bis 15 Prozent betragen. Damit wird auch der Bedarf an weiteren Vitaminen und Mineralstoffen gedeckt. Fette wie Butter und Öl sowie Süßigkeiten sollten nur einen sehr geringen Teil der Nahrung ausmachen. Zusätzlich zur Nahrung sollten täglich mindestens 1,5 Liter Wasser getrunken werden.

englisch fast = schnell

englisch food = Essen

englisch convenience = Bequemlichkeit

1 kg = 1000 g
1 g = 1000 mg

ESSGEWOHNHEITEN · Oft müssen Lebensmittel vor ihrem Verzehr zubereitet werden, zum Beispiel werden Kartoffeln geschält und gekocht. Menschen verschiedener Kulturen bevorzugen unterschiedliche Grundnahrungsmittel. Auch Zubereitungsart oder Essenszeit können verschieden sein: Menschen haben bestimmte **Essgewohnheiten.** Die meisten Menschen in Deutschland nehmen täglich drei Mahlzeiten zu sich: ein Frühstück ein Mittag- und ein Abendessen. Viele essen auch nur dann, wenn sie Hunger haben, entweder zu Hause, unterwegs oder bei der Arbeit. Das hat Folgen für die Zubereitung der Lebensmittel. Ist das Mittagessen eine warme Mahlzeit, wird es zu Hause meist mit frischen Lebensmitteln gekocht. In Schulen oder Betrieben wird häufig in einer Mensa oder Kantine gegessen. Solche **Kantinenessen** werden oft in Großküchen hergestellt. Essen, das schnell aufbereitet werden kann, wird als **Fast Food** bezeichnet. Ohne zeitaufwändig zu kochen, kann tiefgekühltes Essen in einer Mikrowelle erwärmt werden. Solche Fertiggerichte, die bequem zubereitet werden können, nennt man **Convenience Food.**

2 Erläutere „ausgewogene Ernährung"!

Material A ▸ Energiebedarf

Aktivität	Leistungsumsatz pro Stunde in Kilojoule
Schlafen	0
Liegen	84
Sitzen, Essen, Lesen, Fernsehen	108
Stehen	194
sitzend Schreiben, Teilnahme am Unterricht	260
Zu-Fuß-Gehen, 5 Kilometer pro Stunde	786
Radfahren, 10 Kilometer pro Stunde	704
Radfahren, 20 Kilometer pro Stunde	1952
Fußballtraining	1942
Dauerlauf, 15 Kilometer pro Stunde	3232

Der Grundumsatz pro Stunde ergibt sich aus dem Produkt der Körpermasse in Kilogramm und dem Wert 4,2 Kilojoule pro Kilogramm.

Ein 40 Kilogramm schwerer Schüler hat folgenden Tagesablauf: 9 Stunden Schlaf, 6 Stunden Schule, 30 Minuten Radfahren zur Schule und 30 Minuten Heimfahrt mit je 10 Kilometern pro Stunde, 2 Stunden Hausaufgaben, 2 Stunden Fußballtraining, die übrige Zeit Essen, Lesen, Fernsehen.

A1 Berechne den Leistungsumsatz und den Gesamtumsatz dieses Schülers an diesem Tag!

A2 Stelle den täglichen Leistungsumsatz seiner Aktivitäten in einem Säulendiagramm dar!

Material B ▸ Ausgewogene Ernährung

A

B

Nährwerttabelle – Die Angaben gelten für 100 g Lebensmittel

Lebensmittel	Energie (kJ)	Kohlenhydrate (g)	Fett (g)	Eiweiß (g)	Vitamine (mg)	Mineralstoffe (mg)
Bratwurst	1436	0	36	13	4	666
Hackfleisch	1243	0	25	19	3	644
Ketchup	436	24	0	2	–	–
Pommes frites	1351	36	16	4	24	1272
Spaghetti	1520	75	1	13	62	194
Tomatensoße	1428	67	4	9	–	–

Eine ausgewogene Ernährung sollte ein Nährstoffverhältnis von etwa 55 Prozent Kohlenhydraten zu 30 Prozent Fett und 15 Prozent Eiweiß haben.

A enthält 120 g Spaghetti, 50 g Hackfleisch und 30 g Tomatensoße.

B besteht aus 120 g Bratwurst, 60 g Pommes frites und 20 g Ketchup.

B1 Berechne den Massenanteil der drei Nährstoffe in beiden Gerichten in Gramm! Stelle die Ergebnisse in einer Tabelle dar!

B2 Berechne die prozentualen Nähstoffanteile, indem du die Masse der jeweiligen Nährstoffe durch die Gesamtmasse aller Nährstoffe teilst und das Ergebnis mit 100 multiplizierst! Trage die Ergebnisse in eine Tabelle ein!

B3 Vergleiche die errechneten Werte mit den Empfehlungen für ein ausgewogenes Nährstoffverhältnis!

IM BLICKPUNKT MEDIZIN

Essstörungen

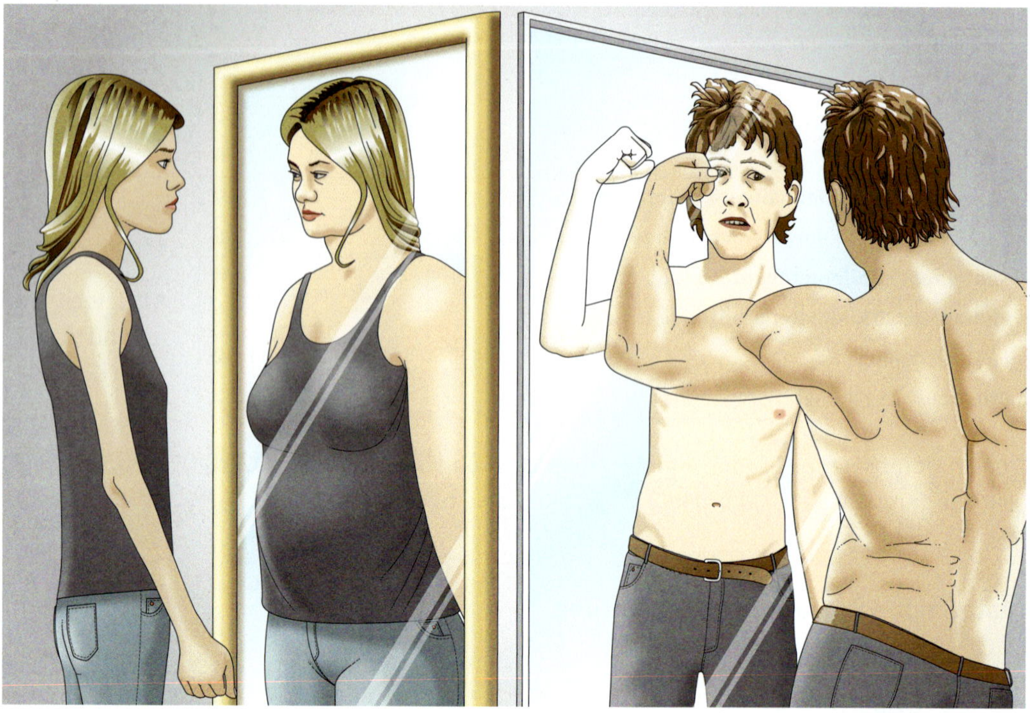

01 Gestörte Körperwahrnehmung

Wer etwas essen muss, hat Hunger, wer etwas essen möchte, hat Appetit. Hat man genug gegessen, ist man satt. Diese natürlichen Signale können jedoch durch Essgewohnheiten überdeckt oder durch seelische Belastungen unterdrückt sein. Wenn der dringende Wunsch nach einem perfekten Körper oder die Angst, zu dick zu werden, das Essverhalten bestimmen, kann es zu **Essstörungen** kommen. Essstörungen sind seelische Erkrankungen, bei denen das Essverhalten nicht den körperlichen Bedürfnissen entspricht.

MAGERSUCHT · Das Schönheitsideal wird in unserer Gesellschaft von sehr schlanken Models verkörpert. Manche Kinder und Jugendliche orientieren sich ausschließlich daran. Hungern und verstärkte sportliche Aktivitäten sollen dann Gewichtszunahmen verhindern. Wenn ständige Gewichts- und Ernährungskontrollen in den Lebensmittelpunkt treten, besteht die Gefahr, an einer Essstörung zu erkranken. Die Vorstellung, perfekt zu sein und den eigenen Körper vollständig kontrollieren zu können, stärkt anscheinend das Selbstwertgefühl. Schon die geringste Gewichtszunahme löst panische Ängste aus und es wird noch weniger gegessen. Da der Körper dadurch weiter abmagert, nennt man diese Essstörung **Magersucht.** Dieser verhängnisvolle Teufelskreis kann nur mit ärztlicher Hilfe durchbrochen werden. Folgen des starken Untergewichts sind Muskel- und Kreislaufschwäche sowie Entwicklungsstörungen.

MUSKELSUCHT · Das männliche Schönheitsideal ist ein muskulöser Körper mit Waschbrettbauch. Um diesem zu entsprechen, betreiben einige Männer in Fitnessstudios Kraftsport oder fördern durch Diäten mit besonders hohem Eiweißanteil den Muskelaufbau. Trotzdem empfinden sie häufig ihren Körper als zu wenig muskulös. Dem wird mit übertriebenen sportlichen Aktivitäten oder durch Einnahme von muskelaufbauenden Medikamenten begegnet. Auch hierbei kann sich eine Essstörung einstellen, die zu einer immer stärkeren Kontrolle der Ernährung führt und die man **Muskelsucht** nennt. Die krankhafte Sorge um den Körper kann zu Gefühlsschwankungen und Vereinsamung führen. Die Medikamente können hohen Blutdruck und Unfruchtbarkeit bewirken.

ESSSUCHT · Beim gemeinsamen Essen, zum Beispiel in der Familie, werden auch Kontakte gepflegt. Außerdem kann man sich mit Essen verwöhnen oder Stress abbauen. Wenn dauerhaft nicht aus Hunger, sondern vor allem zum Ausgleich von Stress oder unangenehmen Gefühlen gegessen wird, kann man an **Esssucht** erkranken. Esssucht ist durch Heißhungerattacken gekennzeichnet, bei denen mehrmals täglich bis zum Fünffachen der normalen Nahrungsmengen eingenommen werden kann. Häufig werden diese riesigen Nahrungsmengen durch Erbrechen oder mithilfe von Abführmitteln aus dem Körper entfernt. Man spricht dann von **Ess-Brech-Sucht** oder **Bulimie.** Folgen können Verdauungsstörungen und Schädigungen von Speiseröhre und Magen sein. Der Teufelskreis der Bulimie kann nur durch die Lösung der seelischen Probleme durchbrochen werden.

02 Heutige Schönheitsideale: **A** bei Frauen, **B** bei Männern

FETTLEIBIGKEIT · Unter den Lebensbedingungen industrialisierter Länder mit wenig körperlicher Arbeit und Nahrungsüberfluss findet man viele übergewichtige Menschen. Wer dauernd mehr isst, als sein Körper für den Gesamtumsatz benötigt, muss mit einer Gewichtszunahme rechnen. Dann kann **Fettleibigkeit,** die man auch **Adipositas** nennt, Folge sein. Diese Essstörung zeigt sich durch eine über das normale Maß hinausgehende Vermehrung des Körperfetts. Außer falscher Ernährung und Bewegungsmangel können aber auch Krankheiten Ursache für Fettleibigkeit sein.

lateinisch adeps = Fett

Menschen mit dieser Essstörung essen über den ganzen Tag verteilt zu viel. Folgen sind oft Bluthochdruck, Diabetes und Wirbelsäulenprobleme. Schuldgefühle wegen des Übergewichts können zu Depressionen führen, die wiederum Anlass sind, sich mit noch mehr Essen zu trösten. Ein solcher Teufelskreis wird meist auch durch Diäten nicht auf Dauer unterbunden.

griechisch bulimos = Stierhunger

1 Erläutere den Begriff Essstörung!

01 Reisgericht

Die Verdauung

Wer möchte nicht gerne von dieser Speise kosten? Aber selbst nach einem guten Essen haben wir mehrere Stunden später wieder Hunger. Was passiert eigentlich mit der aufgenommenen Nahrung?

VERDAUUNG UND VERDAUUNGSENZYME · Viele Stoffe aus der Nahrung wie zum Beispiel Mineralstoffe und Vitamine können direkt ins Blut aufgenommen werden. Anders verhält es sich dagegen mit den Nährstoffen Kohlenhydrat, Eiweiß und Fett. Diese sind jeweils aus bestimmten Bausteinen zusammengesetzt. Vor der Aufnahme in den Körper müssen sie zerlegt werden, denn nur die **Bausteine der Nährstoffe** können ins Blut eintreten. Der Vorgang, bei dem die Nährstoffe in ihre Bausteine aufgespalten werden, heißt **Verdauung.** Die dabei entstehenden Bausteine der Nährstoffe decken im Körper den Energiebedarf oder werden für den Aufbau von körpereigenen Stoffen und Zellen benötigt.

Für die Verdauung benötigt der Körper „Werkzeuge". Die Werkzeuge für die Verdauung sind Stoffe, die man **Verdauungsenzyme** nennt. Enzyme werden in speziellen Organen gebildet. Verdauungsenzyme können nur ganz bestimmte Nährstoffe in ihre Bausteine zerlegen. Die Mundspeicheldrüsen zum Beispiel produzieren Mundspeichel mit einem Enzym, das nur Stärke in seine Bausteine aufspaltet. Drüsenzellen im Magen stellen eiweißzerlegende Enzyme her. Der Bauchspeichel aus der Bauchspeicheldrüse und der Dünndarmsaft enthalten verschiedene Enzyme, die jeweils nur entweder Stärke oder Eiweiß oder Fett in ihre jeweiligen Bausteine auftrennen können.

VORGÄNGE IM MUND · Im Mund wird der Nahrungsbissen mit den Zähnen zerkaut und durch Hinzufügen von Speichel gleitfähig gemacht. Im Speichel ist ein Verdauungsenzym enthalten, das die Stärke aus Kartoffeln, Teigwaren oder Reis zerlegt. Dabei entstehen kleinere Bruchstücke von Stärke. Die Speichelproduktion beträgt etwa 1,5 Liter pro Tag.
Beim Schluckvorgang legt sich der Kehldeckel auf die Luftröhre. Dadurch wird gewährleistet, dass der Speisebrei in die Speiseröhre gelangt. Durch die etwa 25 Zentimeter lange Speiseröhre wird der Speisebrei in den Magen transportiert.

VORGÄNGE IM MAGEN · Der Magen ist ein etwa 1,5 Liter fassendes, dehnbares Organ, das innen von einer *Schleimhaut* ausgekleidet ist. Die Schleimhaut besteht aus verschiedenen Zelltypen. Einige stellen den Magenschleim her. Andere produzieren *Magensäure* und wieder andere bilden *eiweißspaltende Verdauungsenzyme*. Täglich werden etwa zwei Liter Magensaft erzeugt. Der Magenschleim schützt die Magenwand. Die im Magensaft enthaltene Magensäure tötet Krankheitserreger ab, die mit dem Speisebrei in den Magen gelangen. Außerdem wird flüssiges Eiweiß fest, wenn es mit Säure in Berührung kommt. Festes Eiweiß kann von den Verdauungsenzymen besser zerlegt werden. Als Produkt der Eiweißspaltung entstehen kleinere Bruchstücke von Eiweißstoffen.
Die Verweildauer des Speisebreis im Magen liegt je nach Nahrung zwischen einer und fünf Stunden. In dieser Zeit wird der Speisebrei durch Bewegungen der Magenmuskulatur geschüttelt und durchgeknetet. Auf diese Weise wird der Mageninhalt intensiv durchmischt und damit eine gründliche Verdauung gewährleistet.

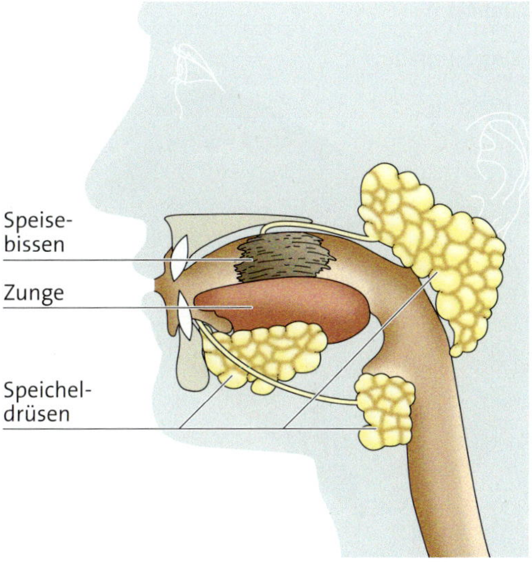

02 Mund mit Speicheldrüse

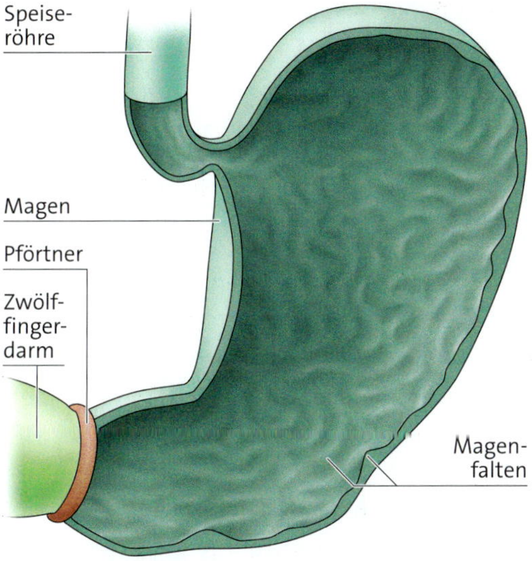

03 Magen

1 Erkläre den Begriff Verdauung!

2 Nenne Aufgaben von Verdauungsenzymen!

3 Erläutere die Aufgaben von Zunge und Zähnen bei der Verdauung im Mund!

4 Erläutere, was mit dem Schütteln und Kneten des Mageninhalts erreicht wird!

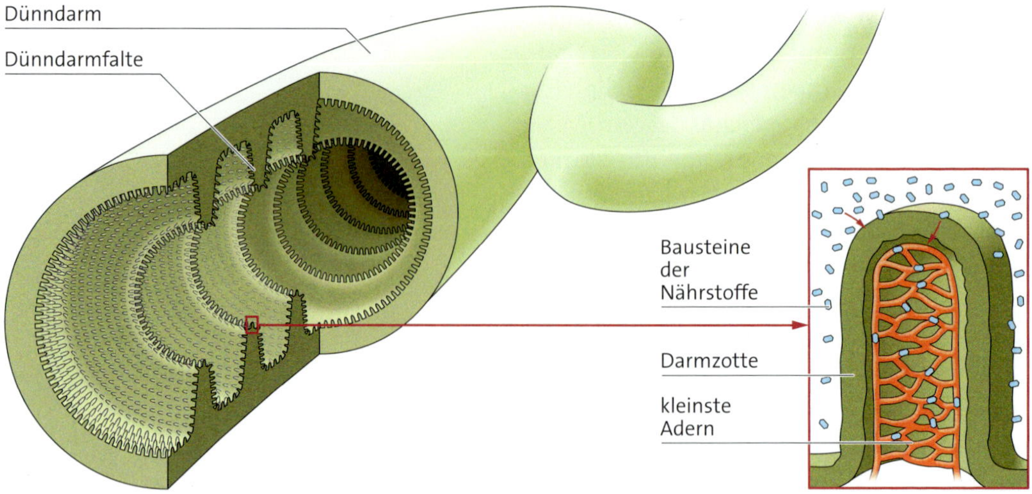

04 Dünndarm und Dünndarmzotten

VORGÄNGE IM DÜNNDARM · Der Ausgang des Magens wird durch einen Muskel, den *Pförtner*, verschlossen. Da er sich nur kurz öffnet, gelangt der vorverdaute Speisebrei portionsweise in den etwa vier Meter langen Dünndarm. Hier werden alle Nährstoffe bis zu ihren Bausteinen verdaut.

In den ersten Teil des Dünndarms, den *Zwölffingerdarm*, münden Gallenblase und *Bauchspeicheldrüse*. Die Gallenblase enthält Gallensaft, der aus der Leber stammt. Der Bauchspeichel enthält Enzyme für den Abbau von Kohlenhydrat, Fett und Eiweiß. Im Dünndarmsaft befinden sich weitere Verdauungsenzyme.

Der Gallensaft macht aus größeren Fetttropfen winzig kleine Fetttröpfchen und sorgt so dafür, dass die fettspaltenden Enzyme leicht an das Fett herankommen. Die Verdauungsenzyme aus Bauchspeichel und Dünndarmsaft zerlegen alle Nährstoffe beziehungsweise deren bereits vorhandene Bruchstücke. Dieser Vorgang dauert etwa zwei bis vier Stunden. Pro Tag werden ungefähr sechs Liter Gallensaft, Bauchspeichel und Dünndarmsaft gebildet.

Die Innenwand des Dünndarms ist gefaltet. Aus diesen **Dünndarmfalten** ragen viele kleine, dicht stehende Ausstülpungen nach innen in den Darm hinein. Diese **Darmzotten** vergrößern die innere Oberfläche des Darms erheblich. Im Inneren der Darmzotten befinden sich kleinste Adern. Wegen der riesigen Kontaktfläche zwischen Darmwand und Adern können viele Bausteine der Nährstoffe gleichzeitig ins Blut gelangen. Die Aufnahme der Bausteine ins Blut nennt man **Resorption.**

Am Ende des Dünndarms sind von der ursprünglichen Nahrung nur noch die unverdaulichen Reste verblieben. Außerdem befindet sich hier der überwiegende Teil der Flüssigkeit aus den Verdauungssäften.

VORGÄNGE IM DICKDARM · In dem etwa 1,5 Meter langen Dickdarm wird dem dünnflüssigen Rest der ursprünglichen Nahrung Wasser entzogen. Dadurch werden die unverdaulichen Bestandteile der Nahrung eingedickt und zuletzt im Enddarm gesammelt, von wo sie ausgeschieden werden. Die Verweildauer der Nahrungsreste im Dickdarm beträgt bis zu 70 Stunden.

5 Beschreibe die Bedeutung der Darmfalten und -zotten für die Resorption!

Material A ▸ Verdauung im Überblick

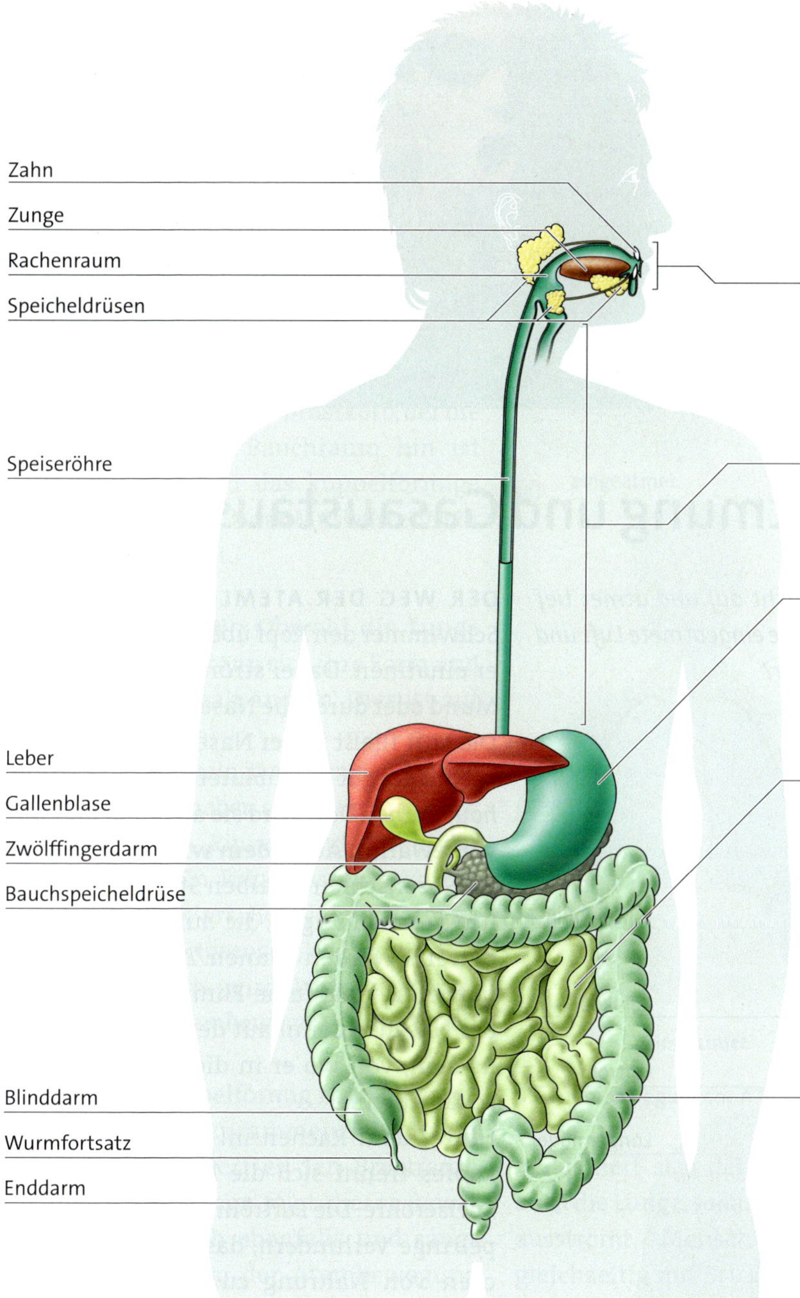

Mundhöhle:

Hier wird die Nahrung zerkleinert und eingespeichelt. Ein Enzym des Speichels zerlegt Stärke in kleinere Bruchstücke.

Speiseröhre:

Der Speisebrei wird weitergeleitet. Verdauung findet hier nicht statt.

Magen:

Die Säure des Magens tötet Bakterien. Enzyme im Magensaft spalten Eiweißstoffe in kleinere Bruchstücke. Andere Stoffe werden hier nicht verdaut.

Dünndarm:

Im Dünndarm zerteilt der Gallensaft große Fetttropfen in winzig kleine Tröpfchen. Enzyme des Bauchspeichels zerlegen Fett und vollenden die Spaltung von Eiweißstoffen und Kohlenhydraten. Die dabei entstehenden Bausteine der Nährstoffe gelangen durch die Dünndarmwand hindurch in das Blut. Ballaststoffe können nicht abgebaut werden.

Dickdarm:

Im Dickdarm wird dem Rest des Speisebreis Wasser entzogen. Die so eingedickten, nicht verwertbaren Bestandteile der Nahrung werden schließlich über den Enddarm ausgeschieden.

A1 Nenne die einzelnen Stationen des Speisebreis im Verlauf der Verdauung!

A2 Beschreibe, was an den einzelnen Stellen mit den Bestandteilen der Nahrung passiert!

A3 Stelle eine Vermutung an, weshalb die Ausscheidungen bei einer Durchfallerkrankung sehr dünnflüssig sind!

GASAUSTAUSCH · In der eingeatmeten Luft sind etwa 21 Prozent Sauerstoff und ganz wenig Kohlenstoffdioxid enthalten. Die ausgeatmete Luft enthält nur noch rund 17 Prozent Sauerstoff, dafür aber vier Prozent Kohlenstoffdioxid. Offenbar werden in der Lunge Sauerstoff und Kohlenstoffdioxid gegeneinander ausgetauscht. Dieser **Gasaustausch** findet zwischen den Lungenbläschen und den Lungenkapillaren statt: Die Atemluft im Inneren der Lungenbläschen ist vom Blut in den Lungenkapillaren nur durch deren sehr dünne Wände getrennt. Diese sind für Sauerstoff und Kohlenstoffdioxid, nicht aber für Blut durchlässig. Das Blut in den Kapillaren kommt aus dem Körper und enthält Kohlenstoffdioxid. Sein Sauerstoffgehalt ist gering. In den Lungenbläschen hingegen ist es genau umgekehrt: Hier ist der Sauerstoffgehalt hoch und der Kohlenstoffdioxidgehalt niedrig. Diese Unterschiede werden ausgeglichen: Kohlenstoffdioxid tritt aus dem Blut heraus in die Lungenbläschen und Sauerstoff tritt aus den Lungenbläschen ins Blut hinein. Daher enthält die Luft beim Ausatmen weniger Sauerstoff und mehr Kohlenstoffdioxid als beim Einatmen. Der Sauerstoff fließt mit dem Blut durch das Herz in den Körper, wo er für den Stoffwechsel benötigt wird.

Ein Mensch in Ruhe atmet etwa 15-mal pro Minute ein und aus. Dabei strömt pro Atemzug ungefähr ein halber Liter Luft in die Lunge und wieder heraus. Ein Schwimmer atmet häufiger und tiefer, weil seine Muskeln mehr Sauerstoff brauchen und weil viel Kohlenstoffdioxid entsteht, das abgegeben werden muss.

3 Beschreibe den Gasaustausch!

4 Erkläre, weshalb der Gasaustausch in sehr kurzer Zeit erfolgen kann!

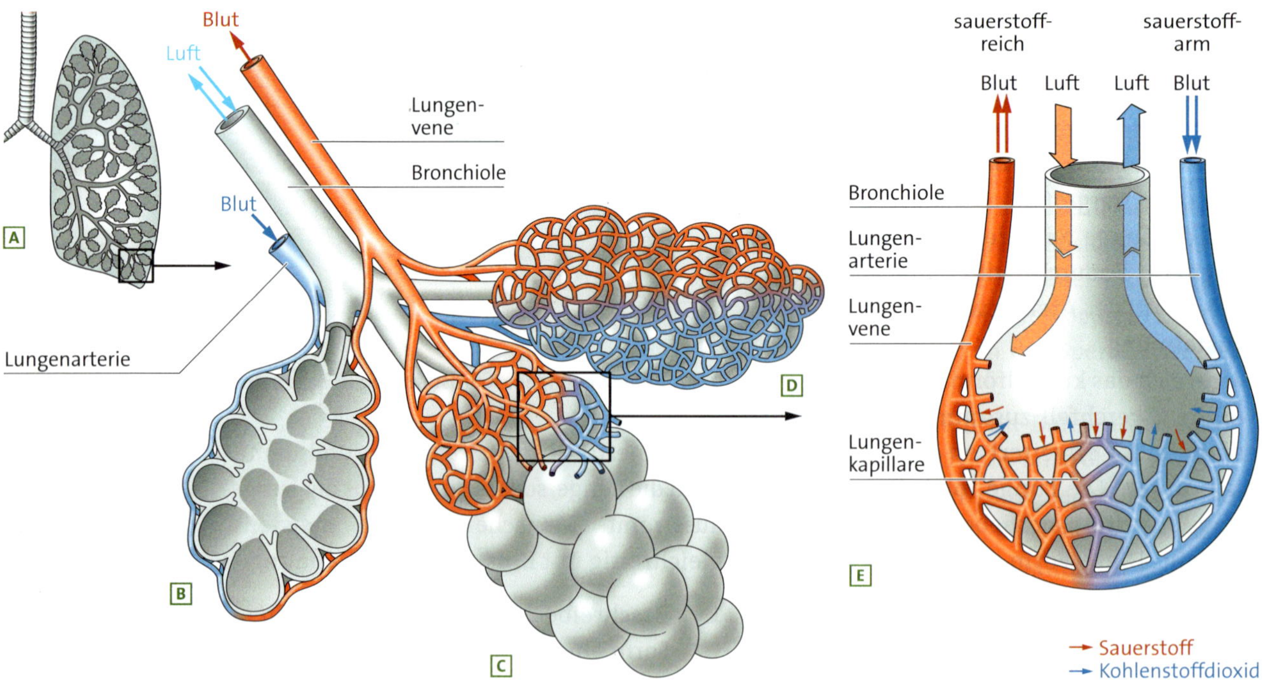

05 Lunge: **A** Lungenflügel, **B** Lungenbläschen im Längsschnitt, **C** Lungenbläschen, Kapillaren teilweise entfernt, **D** Lungenbläschen mit Kapillaren, **E** Gasaustausch am Lungenbläschen (Schema)

Material A ▸ Bauchatmung

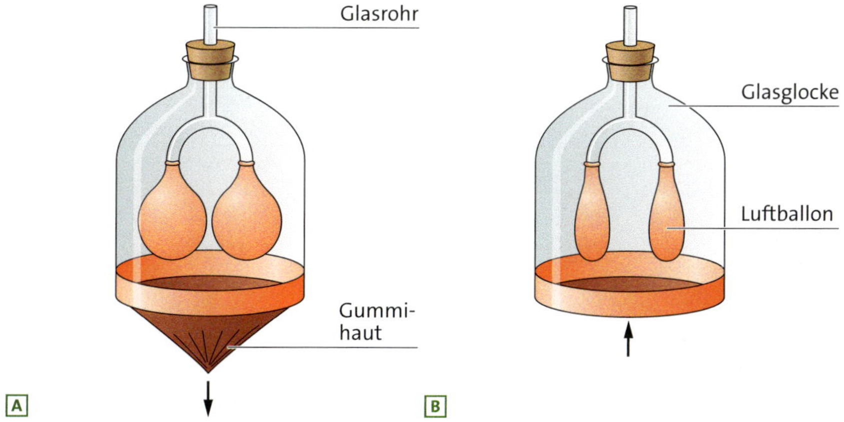

Das abgebildete Modell veranschaulicht die Bauchatmung.

A1 Ordne den Teilen des Modells entsprechende Teile des Körpers zu!

A2 Erkläre, weshalb die Luftballons sich füllen, wenn man die Gummihaut nach unten zieht!

A3 Erkläre, weshalb die Luftballons sich leeren, wenn man die Gummihaut nach oben drückt!

A4 Vergleiche die Veränderung von A nach B mit den Vorgängen bei der Bauchatmung!

Material B ▸ Versuch zum Gasaustausch

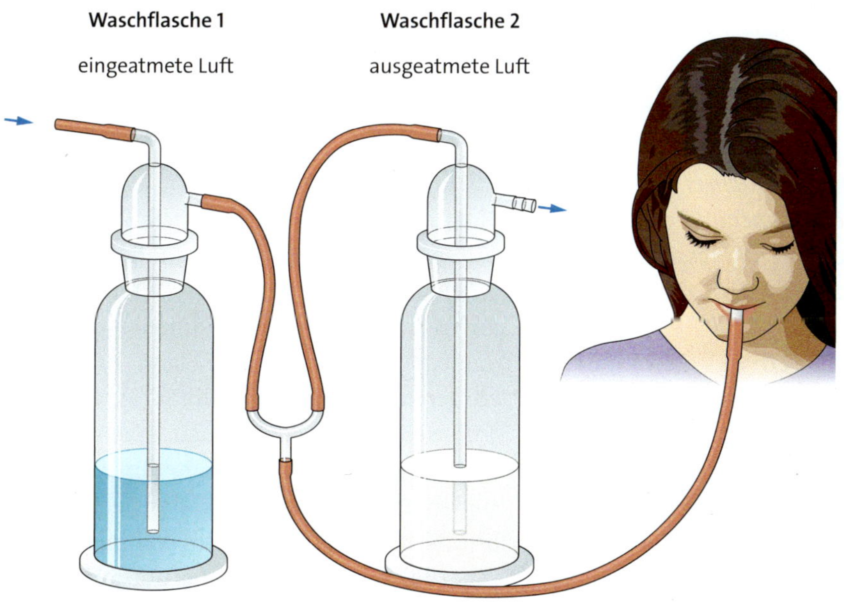

Mithilfe farblosen Kalkwassers kann man Kohlenstoffdioxid in der Luft nachweisen.
Bläst man kohlenstoffdioxidhaltige Luft durch Kalkwasser, so wird das Kalkwasser milchig weiß und trüb. Bei kohlenstoffdioxidfreier Luft bleibt das Kalkwasser farblos und klar. Die Abbildung zeigt einen Versuch, bei dem eine Versuchsperson mithilfe eines Röhrchens durch Kalkwasser einatmet beziehungsweise ausatmet.

B1 Beschreibe den Weg der Luft beim Einatmen und beim Ausatmen!

B2 Formuliere das Versuchsergebnis in zwei Antwortsätzen nach dem Muster: „Wenn ..., dann ...“!

B3 Erläutere, welche Aussagen man mit diesem Versuch über die eingeatmete und die ausgeatmete Luft machen kann!

B4 Vergleiche das Ergebnis mit den Angaben über die eingeatmete und ausgeatmete Luft auf Seite 152!

B5 Gib an, welche zusätzlichen Versuche durchgeführt werden müssen, um den Gasaustausch noch genauer zu beschreiben!

01 Aufruf zur Blutspende

Blut – Bestandteile und Aufgaben

„Blut ist ein ganz besonderer Saft." Dieses Zitat verwenden manche Menschen bei ganz unterschiedlichen Anlässen. Aber was ist eigentlich das Besondere an Blut?

BESTANDTEILE DES BLUTES · Etwa fünf bis sechs Liter Blut fließen durch den Körper eines erwachsenen Menschen. Auf den ersten Blick sieht es so ähnlich aus wie rote Tinte. Bei genauerer Betrachtung stellt man jedoch fest, dass es nicht überall gleichmäßig rot ist. Lässt man es längere Zeit unter Luftabschluss stehen, kann man beobachten, wie sich eine dunkle, rote Schicht absetzt. In ihr befinden sich die festen Bestandteile des Blutes. Darüber schwimmt eine gelbliche, klare Flüssigkeit, die man **Blutplasma** nennt. Darin sind verschiedene Stoffe gelöst, wie zum Beispiel Bausteine von Nährstoffen, Mineralstoffe und Vitamine.

02 Zusammensetzung des Blutes

ROTE BLUTKÖRPERCHEN · Untersucht man Blut unter einem Mikroskop, so kann man erkennen, dass die festen Bestandteile aus verschiedenen Zellen bestehen. Die meisten von ihnen sind rot gefärbt und haben die Form eingedellter Scheiben. Es sind **rote Blutkörperchen,** die dem Blut die Farbe geben. Sie sind sehr klein und haben einen Durchmesser von sieben Mikrometern, das sind sieben Tausendstel Millimeter. Jeder Milliliter Blut enthält etwa fünf Milliarden von ihnen. Die rote Färbung beruht auf einem Farbstoff in den Zellen, dem **Hämoglobin.** Hämoglobin kann Sauerstoff aufnehmen und sieht dann hellrot aus. Es wird dunkler, wenn es den Sauerstoff wieder abgegeben hat. Die Aufgabe der roten Blutkörperchen besteht in der Aufnahme, dem Transport und der Abgabe von Sauerstoff. Zudem können sie auch Kohlenstoffdioxid transportieren.

Rote Blutkörperchen werden im roten Knochenmark gebildet, das sich zum Beispiel im Inneren von Rippenknochen befindet. Sie besitzen keinen Zellkern. Das begrenzt ihre Lebensdauer auf durchschnittlich drei bis vier Monate. Der Platz jedoch, den der Zellkern einnehmen würde, enthält zusätzliches Hämglobin. Die eingedellte Form macht die Zelle dünn. Je mehr Hämoglobin die Zelle enthält und je näher es an der Oberfläche liegt, desto besser kann es Sauerstoff aufnehmen und transportieren.

WEISSE BUTKÖRPERCHEN · Neben den roten Blutkörperchen gibt es im Blut farblose Zellen mit einem Durchmesser von etwa sieben bis 20 Mikrometern. Man erkennt sie unter dem Mikroskop erst, wenn sie angefärbt wurden. Von diesen **weißen Blutkörperchen** gibt es fünf bis acht Millionen in einem Milliliter Blut. Im Gegensatz zu den roten Blutkörperchen besitzen sie einen Zellkern, enthalten aber kein Hämoglobin. Im Blut des Menschen finden sich mehrere Arten von weißen Blutkörperchen, die auch unterschiedlich geformt sein können. Sie werden als Vorstufen im roten Knochenmark gebildet und in anderen Organen des Körpers fertiggestellt. Im Gegensatz zu den roten Blutkörperchen können sich einige weiße Blutkörperchen selbstständig fortbewegen. Manche dieser Zellen können die Blutgefäße verlassen. Sie zwängen sich dann zwischen die Zellen des Körpers. Sowohl in den Blutgefäßen als auch im umgebenden Gewebe besteht ihre Aufgabe darin, eingedrungene Krankheitserreger und Fremdkörper abzufangen. Dies gelingt ihnen zum Beispiel dadurch, dass sie die Eindringlinge auffressen. Das hat in vielen Fällen ihren Tod zur Folge. Aus den toten weißen Blutzellen mit den Fremdstoffen bildet sich *Eiter*.

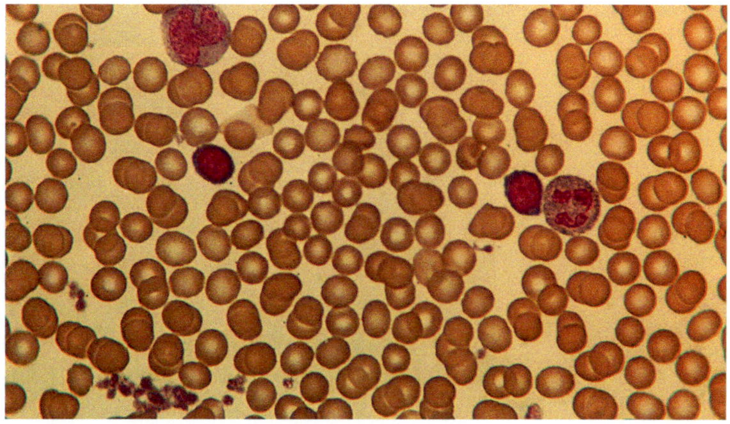

03 Blutausstrich (mikroskopische Aufnahme)

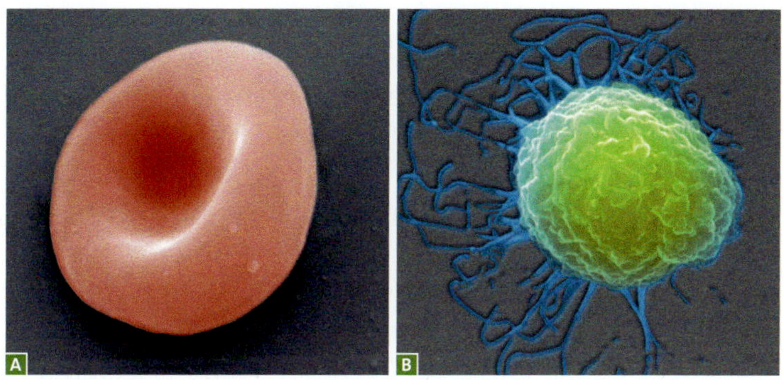

04 Blutzellen (elektronenmikroskopische Aufnahme):
A rotes Blutkörperchen, B weißes Blutkörperchen

1 Nenne mindestens drei verschiedene Stoffe, die in der Blutflüssigkeit gelöst sind!

2 Berechne die Anzahl der roten und der weißen Blutkörperchen, die in fünf Litern Blut enthalten ist!

3 Beschreibe die besonderen Baumerkmale von roten Blutkörperchen, die ihre Aufgaben ermöglichen!

4 Stelle die Unterschiede zwischen roten und weißen Blutkörperchen in Form einer Tabelle dar. Berücksichtige dabei ihre Größe, Form, Anzahl und Aufgaben!

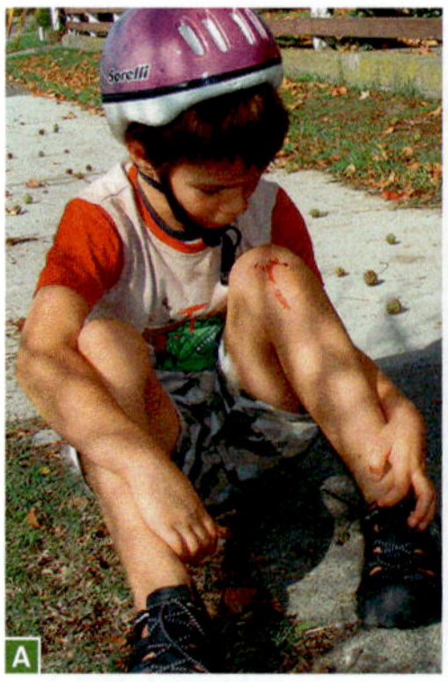

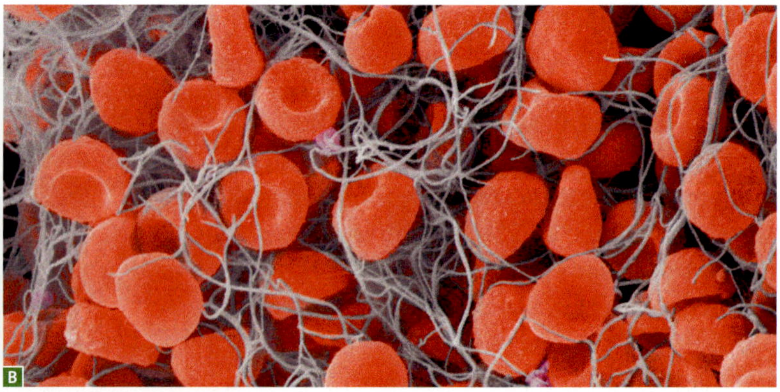

05 Wundverschluss: **A** Schürfwunde, **B** rote Blutkörperchen in einem Netz aus Fibrinfäden.

BLUTPLÄTTCHEN · Auch **Blutplättchen** gehören zu den festen Bestandteilen des Blutes. Sie sind mit einem Durchmesser von zwei bis drei Mikrometern sehr klein und besitzen ebenfalls keinen Zellkern. Ihre Lebensdauer beträgt nur etwa acht bis zwölf Tage. Gebildet werden sie im Knochenmark und kommen mit einer Anzahl von 200 bis 300 Millionen pro Milliliter Blut vor.

Die Aufgabe von Blutplättchen besteht im Verschließen von Wunden. Tritt bei einem Sturz oder einer Verletzung eine Wunde auf, so haften einige Blutplättchen an den Wundrändern. Daran heften sich weitere Blutplättchen an, sodass schnell eine feine, dünne Haut aus verklebten Blutplättchen entsteht. Gleichzeitig werden aus ihrem Inneren Stoffe freigesetzt, die ein im Blutplasma gelöstes Eiweiß so verändern, dass Eiweißfäden entstehen. Diese *Fibrin* genannten Fäden bilden ein engmaschiges Netz, in dem sich rote Blutkörperchen verfangen. Daraus entsteht zunächst ein weicher, später fester werdender Blutpfropf, der schließlich die Wunde verschließt. Der gesamte Vorgang wird **Blutgerinnung** genannt. Der Blutpfropf verändert sich im Laufe von einigen Tagen zu Schorf, unter dem dann neue Blutgefäße und Haut nachwachsen. Blutplasma, das den Fibrin-bildenden Stoff nicht mehr enthält, bezeichnet man als **Blutserum.** Unterbleibt die Blutgerinnung kann es bei kleinen Verletzungen zu großem Blutverlust kommen. Geht mehr als ein Liter Blut verloren, besteht Lebensgefahr.

5 Nenne die Vorgänge der Blutgerinnung und erläutere ihre Bedeutung!

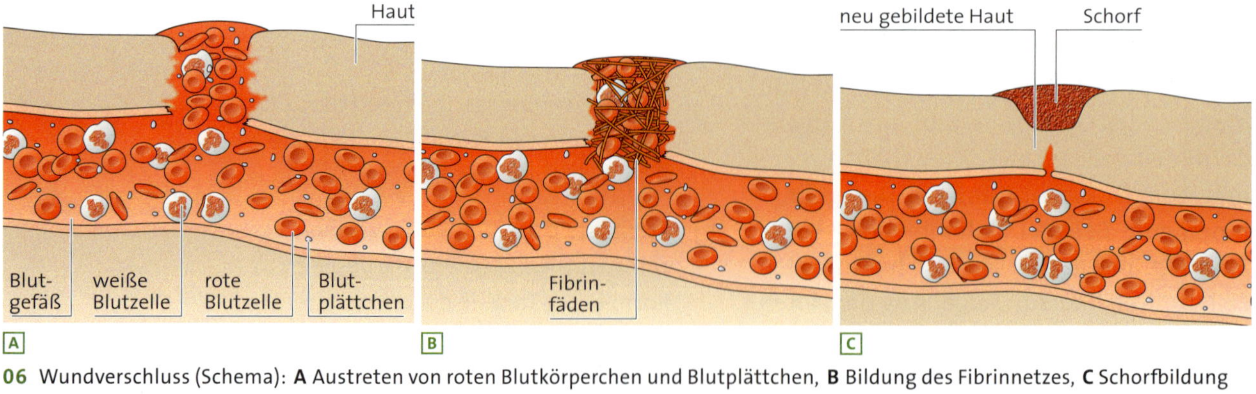

06 Wundverschluss (Schema): **A** Austreten von roten Blutkörperchen und Blutplättchen, **B** Bildung des Fibrinnetzes, **C** Schorfbildung

Material A ▸ Blutspende

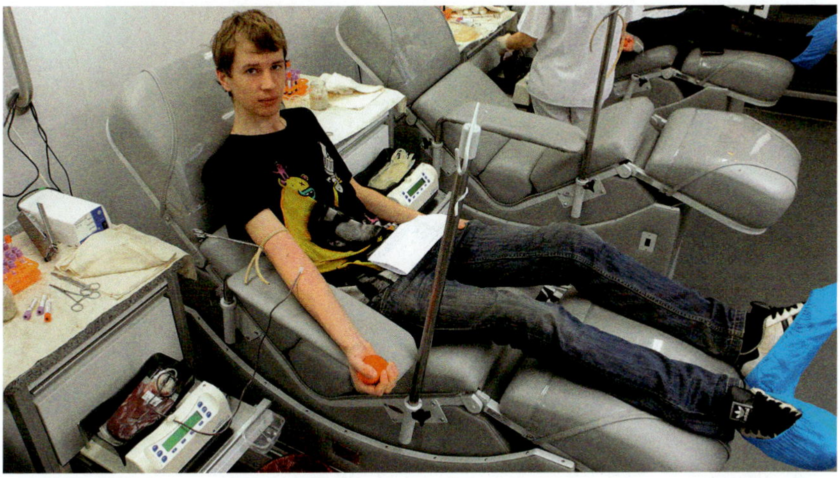

Bei Blutspenden wird ein halber Liter Blut entnommen. Bis zu sechs Blutspenden im Jahr sind erlaubt.

A1 Gib an, wo und in welchem Zeitraum rote Blutkörperchen neu gebildet werden!

A2 Erkläre, weshalb zwei Blutspenden nicht dicht aufeinander folgen dürfen!

A3 Stelle Vermutungen an, weshalb nach dem Blutspenden Cola und ein Imbiss angeboten werden!

Material B ▸ Blutzellen

	Anzahl der festen Bestandteile im Blut in Millionen pro Milliliter		
	weiße Blutkörperchen	**rote Blutkörperchen**	**Blutplättchen**
Person A	15,5	4900	280
Person B	6,0	5 200	250
Person C	5,8	3 100	270
Person D	7,5	5800	84

Die Tabelle zeigt die Anzahl von Blutzellen von vier Personen.

B1 Nenne die Werte für Blutzellen gesunder Menschen! Lies hierzu den Text auf Seite 154 bis 156!

B2 Ermittle die gesunde Person!

B3 Ordne den anderen drei Personen eines der folgenden Krankheitsbilder zu: Gerinnungshemmung, Lungenentzündung, Blutarmut!

Material C ▸ Bluterkrankheit

Das Blut mancher Menschen kann nicht gerinnen. Sie sind von der Bluterkrankheit betroffen. Oft tragen sie Schutzvorrichtungen gegen Stöße, um so Verletzungen zu vermeiden.

C1 Erkläre, welche Ursachen die Bluterkrankheit haben kann!

C2 Begründe, weshalb bei Bluterkranken schon nach kleinen Stößen größere Blutergüsse unter der Haut auftreten können!

C3 Erläutere, weshalb die Bluterkrankheit gefährlich ist!

01 Bewusstloser Gardesoldat

Blutkreislauf und Bau der Blutgefäße

Oh, wie peinlich! Da liegt ein Soldat der Ehrengarde am Boden, während eine hochrangige Persönlichkeit die Ehrenformation abschreitet. Wie konnte das nur passieren?

DURCHBLUTUNG · In einer Ehrenformation dürfen sich Soldaten oft nicht bewegen und müssen still stehen. Dann werden Kopf und Gehirn manchmal nicht ausreichend mit Blut versorgt. Das kann zu einer Bewusstlosigkeit führen, einem Zustand, in dem das Gehirn den Körper nicht mehr richtig steuert. Deshalb fiel der Soldat einfach hin. Wie werden eigentlich alle Bereiche des Körpers mit Blut versorgt?

Blut fließt in einem System von schlauchförmigen Leitungen durch den Körper, die man **Blutgefäße** oder **Adern** nennt. Ausgehend von seiner linken Seite pumpt das Herz Blut über die große Körperschlagader, die **Aorta,** in den Körper. Von ihr zweigen Adern ab und versorgen Kopf, Arme, innere Organe und Beine mit sauerstoffreichem Blut. Blutgefäße, die Blut vom Herzen weg führen, nennt man **Arterien.**

Im weiteren Verlauf verzweigen sich die Adern immer mehr. Dadurch entstehen sehr viele kleinste Haargefäße, die **Kapillaren,** die in einem dichten Netz alle Organe des Körpers mit Blut versorgen. So können Sauerstoff und Bausteine von Nährstoffen an die Zellen abgegeben und im Gegenzug Kohlenstoffdioxid und Abfallstoffe aufgenommen werden. Auf dem Weg zurück zum Herzen wird das nun sauerstoffarme Blut aus den Kapillaren in immer größeren Adern zusammengeführt. Gefäße, in denen das Blut zum Herzen fließt, nennt man **Venen.** Die Vene, in der das Blut aus Kopf und Oberkörper gesammelt wird, heißt *obere Hohlvene.* Das von den inneren Organen, dem Bauchbereich und den Beinen kommende Blut sammelt sich in der *unteren Hohlvene*. Beide Hohlvenen münden auf der rechten Seite des Herzens. Von hier aus wird das Blut durch die *Lungenarterien* in die beiden Lungenflügel gepumpt. In der Lunge spalten sich die Lungenarterien in kleinste Kapillaren auf, aus denen das Kohlenstoffdioxid in die Lungenbläschen austritt, während Sauerstoff aufgenommen wird. Das jetzt wieder sauerstoffreiche Blut fließt über die *Lungenvenen* zurück in den linksseitigen Teil des Herzens, von wo es erneut in die Aorta gepumpt wird. Damit ist der Kreislauf geschlossen.

Eine Besonderheit gibt es bei den Kapillaren des Magen-Darm-Traktes. Sie vereinigen sich zu einer Vene, in der das Blut zunächst zur Leber fließt. Dort teilt sich diese **Pfortader** erneut in Kapillaren auf, aus denen die Bausteine der Nährstoffe in die Leber gelangen. Zusammen mit dem Blut, das der Leber über die Leberarterie zugeführt wurde, fließt es schließlich in die untere Hohlvene. Da das Blut im Körper Sauerstoff abgibt und Kohlenstoffdioxid aufnimmt und in der Lunge Kohlenstoffdioxid abgibt und Sauerstoff aufnimmt, spricht man von einem *Körperkreislauf* und einem *Lungenkreislauf*. Oft wird sogar der Begriff *doppelter Blutkreislauf* verwendet. Doch schaut man sich den Fluss des Blutes genauer an, so erkennt man: Das Blut fließt zwar zweimal durch das Herz, wird aber nicht durchmischt, sondern bleibt getrennt. Somit handelt es sich um *einen* Kreislauf.

1 Erkläre mit eigenen Worten, was Du unter Arterie, Aorta, Vene, Kapillare und oberer Hohlvene verstehst!

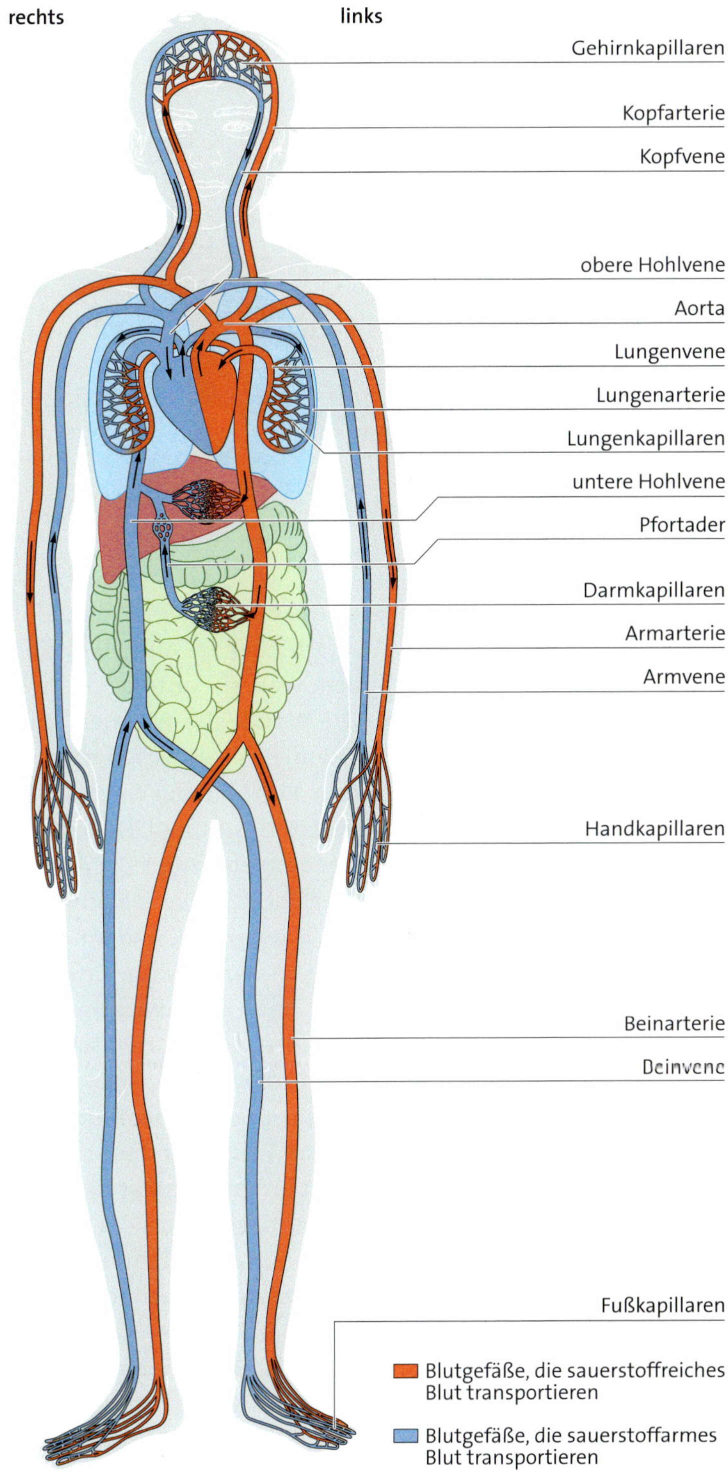

02 Schema des Blutkreislaufs von vorne gesehen

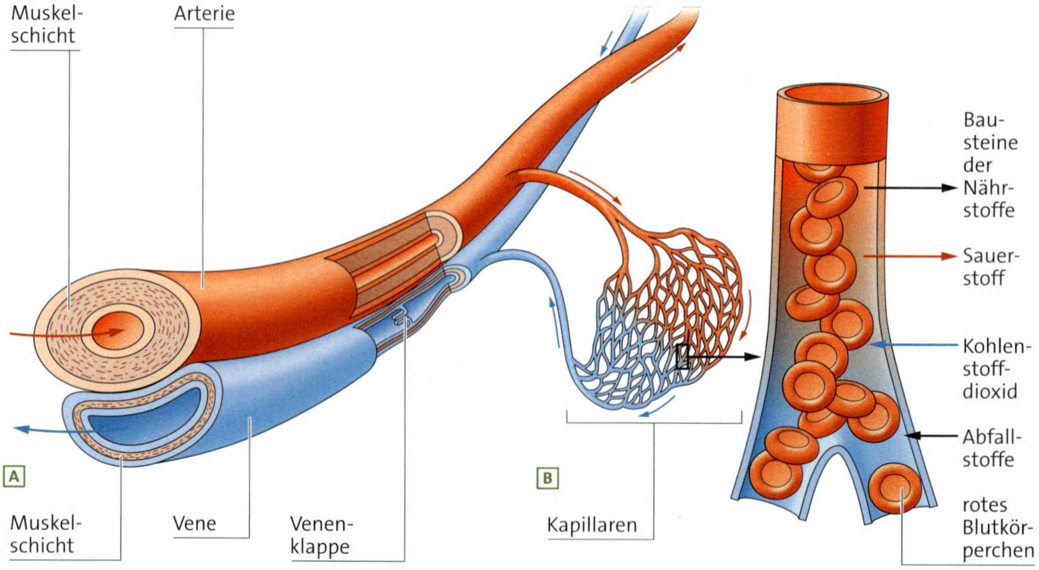

03 Blutgefäße:
A Bau,
B Stoffaustausch an den Kapillaren

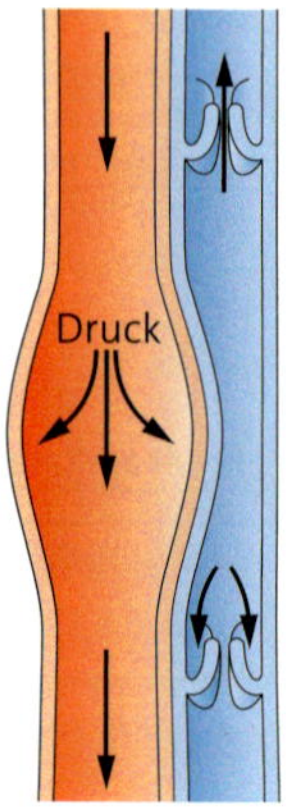

04 Arterienpumpe

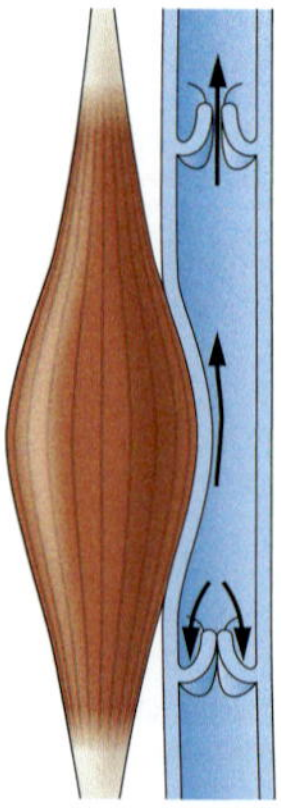

05 Muskelpumpe

BAU DER BLUTGEFÄSSE · Die Blutgefäße können die verschiedenen Aufgaben nur deshalb erfüllen, weil sie unterschiedlich gebaut sind. Die Wände der Arterien sind muskulös. Sie können ihre Öffnungsweite verändern, wenn das Herz Blut mit hohem Druck durch die Arterien pumpt. Die Pumpbewegungen des Herzens rufen Druckwellen in den Arterien hervor. Diese kann man zum Beispiel am Handgelenk und am Hals ertasten. Dort liegen nämlich die Arterien so dicht unter der Haut, dass man den Puls messen, das heißt die Zahl der Herzschläge pro Minute zählen kann.

In den Kapillaren hingegen ist der Blutdruck sehr gering und ihre Wände sind sehr dünn. Die gesamte Anzahl der Kapillaren ist so groß, dass ihre Oberfläche etwa der Fläche eines Fußballfeldes entspricht. Dünne Wände und eine riesige Oberfläche sind Voraussetzungen dafür, dass Sauerstoff, Kohlenstoffdioxid oder Bausteine von Nährstoffen in großer Menge gleichzeitig durch die Wände der Kapillaren treten können.

In den Venen bleibt der Blutdruck ebenfalls sehr niedrig. Das erklärt, weshalb die Wände von Venen viel dünner sind als die von Arterien. Da auch die Muskelschicht sehr dünn ist, wird der Bluttransport nur sehr wenig befördert. Er wird in den Venen jedoch auf andere Art unterstützt: Venen liegen oft direkt neben Arterien oder Skelettmuskeln. Arterien, die sich durch die Druckwelle des Pulses ausdehnen, oder Skelettmuskeln, die sich beim Zusammenziehen verdicken, drücken auf die Venen. *Venenklappen* wirken wie Ventile, die sich in Richtung zum Herzen öffnen und in Richtung zu den Kapillaren schließen. So fließt Blut immer zum Herzen. Man nennt diese Art des Bluttransports in den Venen *Arterienpumpe* oder *Muskelpumpe*. Körperbewegung fördert den Bluttransport in den Venen und damit den gesamten Kreislauf. Bei langem unbeweglichem Stehen gelangt Blut also schlechter zum Herzen. Zu geringe Versorgung des Gehirns kann Bewusstlosigkeit zur Folge haben.

2 Erläutere, weshalb an den Kapillaren Stoffe sehr leicht ausgetauscht werden können!

Material A ▸ Blutkreislauf

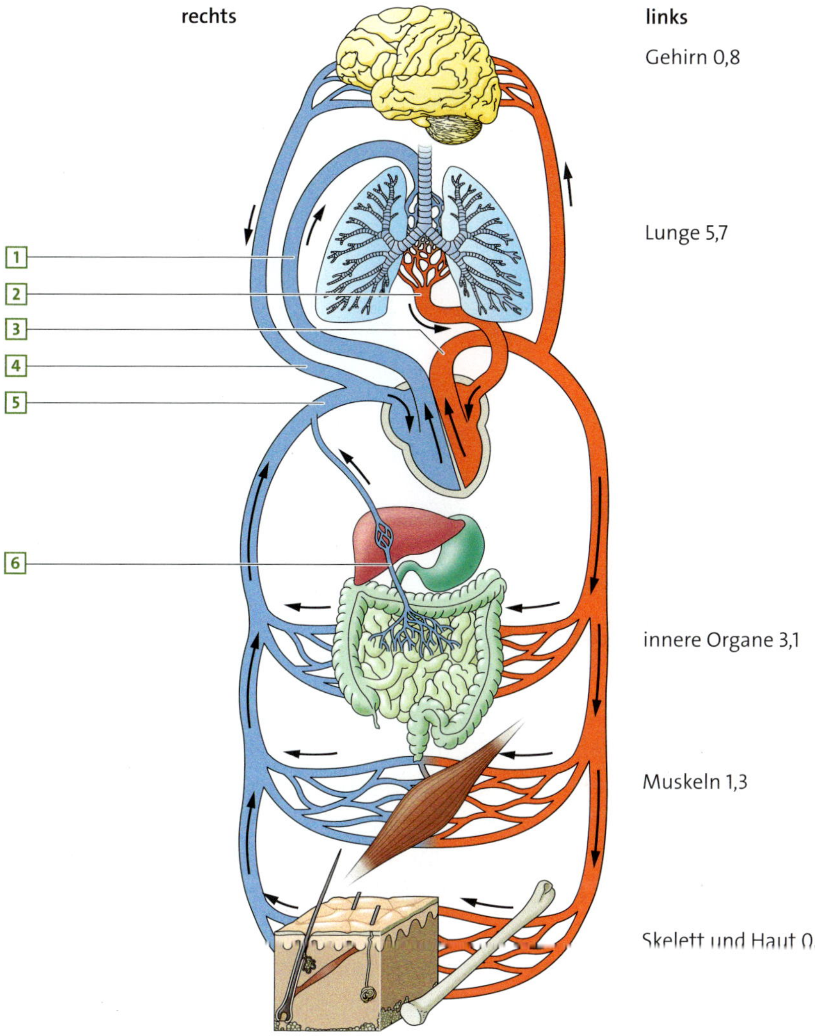

Im Schema ist dargestellt, wie viele Liter Blut pro Minute durch die Organe fließen, wenn sich der Körper im Ruhezustand befindet.

A1 Benenne die Blutgefäße, die mit Zahlen gekennzeichnet sind!

A2 Beschreibe ausgehend von der Aorta den Weg eines roten Blutkörperchens! Fertige ein Pfeildiagramm an! Schreibe die Namen der Blutgefäße, in denen es mit Sauerstoff beladen ist, rot und diejenigen, in denen es sauerstoffarm ist, blau!

A3 Stelle die Durchblutungsmenge der im Schema angegebenen Organe als Säulendiagramm dar. (Hochachse: Liter pro Minute)!

A4 Stelle Vermutungen darüber an, wie sich die Durchblutungsmenge bei einem Marathonlauf, bei einer Klassenarbeit oder nach einem reichhaltigen Mittagessen ändert!

Material B ▸ Durchblutung der Haut

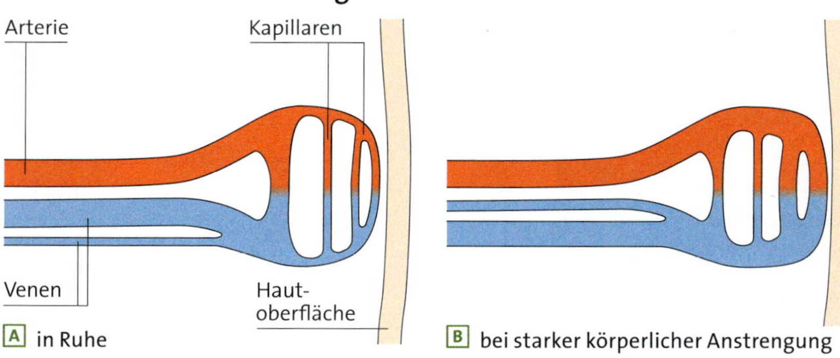

A in Ruhe

B bei starker körperlicher Anstrengung

Das Schema zeigt Blutgefäße in der Haut.

B1 Vergleiche den Durchmesser der Blutgefäße in Schema A mit denen in Schema B!

B2 Erläutere die Wirkungen, die die Veränderungen der Durchmesser mit sich bringen!

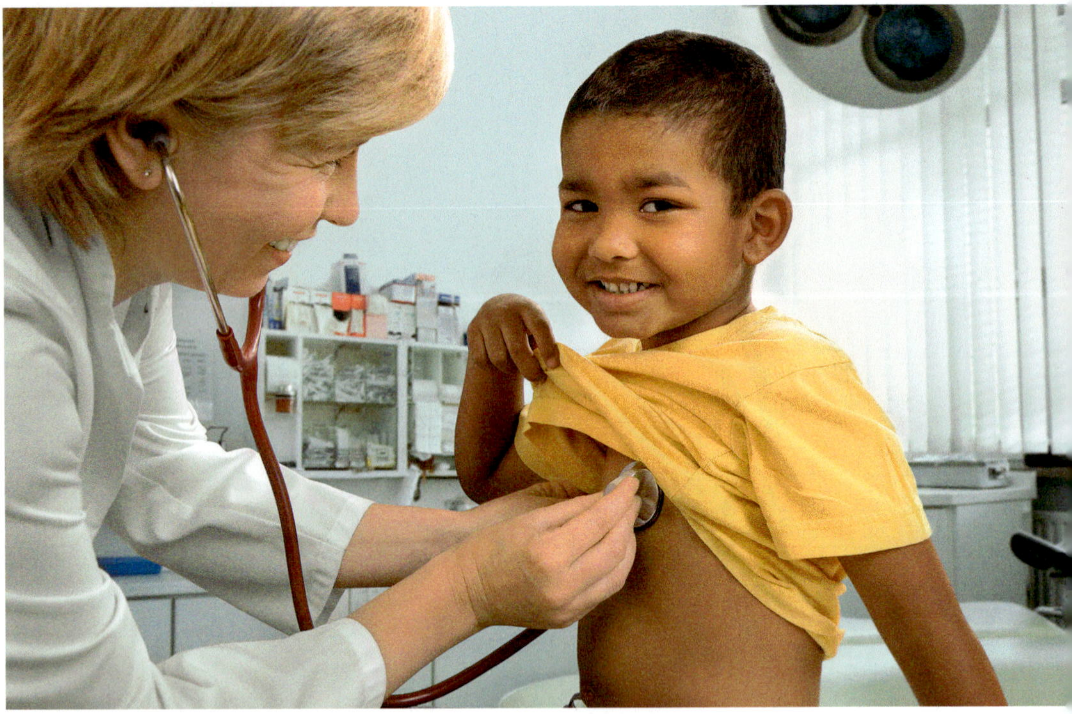

01 Abhören der Herztöne

Herz – Bau und Funktion

Bei einer körperlichen Untersuchung horcht der Arzt auch das Herz ab. Dabei nimmt er Töne wahr. Welche Rückschlüsse lassen sich daraus auf die Herzfunktion ziehen?

BAU DES HERZENS · Das Herz ist ein etwa faustgroßer Muskel, der mehrere Hohlräume umschließt. Es wiegt beim Erwachsenen ungefähr 300 Gramm und liegt zwischen den beiden Lungenflügeln leicht links versetzt hinter dem Brustbein. Der *Herzbeutel* umgibt das Herz vollständig und hält es an seinem Platz.

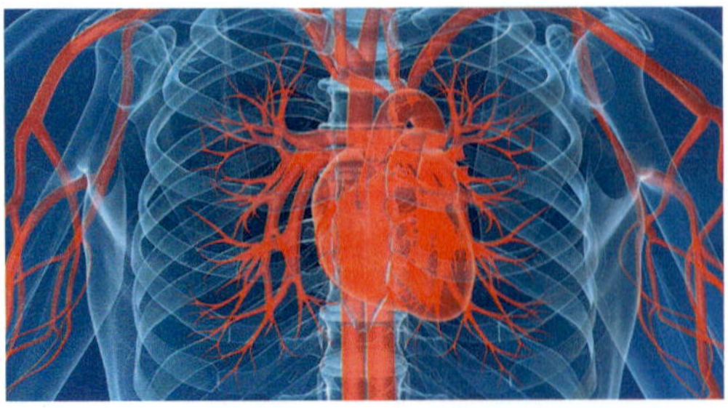

02 Lage des Herzens im Brustkorb

Im Längsschnitt kann man erkennen, dass die linke Herzwand deutlich muskulöser ist als die rechte. Der Innenraum besteht aus insgesamt vier unterschiedlich großen Hohlräumen, von denen jeweils zwei miteinander verbunden sind. Die beiden größeren Räume nennt man **Herzkammern.** Sie sind durch die **Herzscheidewand** voneinander getrennt. Über den beiden Herzkammern liegen die kleineren und weniger muskulösen **Vorhöfe.** Die Verbindungen zwischen Herzkammern und Vorhöfen können durch **Segelklappen** verschlossen werden. In den rechten Vorhof münden die untere und obere Hohlvene, in den linken die Lungenvenen. Aus der linken Herzkammer führt die Aorta in den Körper. Aus der rechten Kammer nimmt die Lungenarterie ihren Ursprung. Die Eingänge zur Aorta und zur Lungenarterie werden beim Herzschlag durch **Taschenklappen** geöffnet und geschlossen.

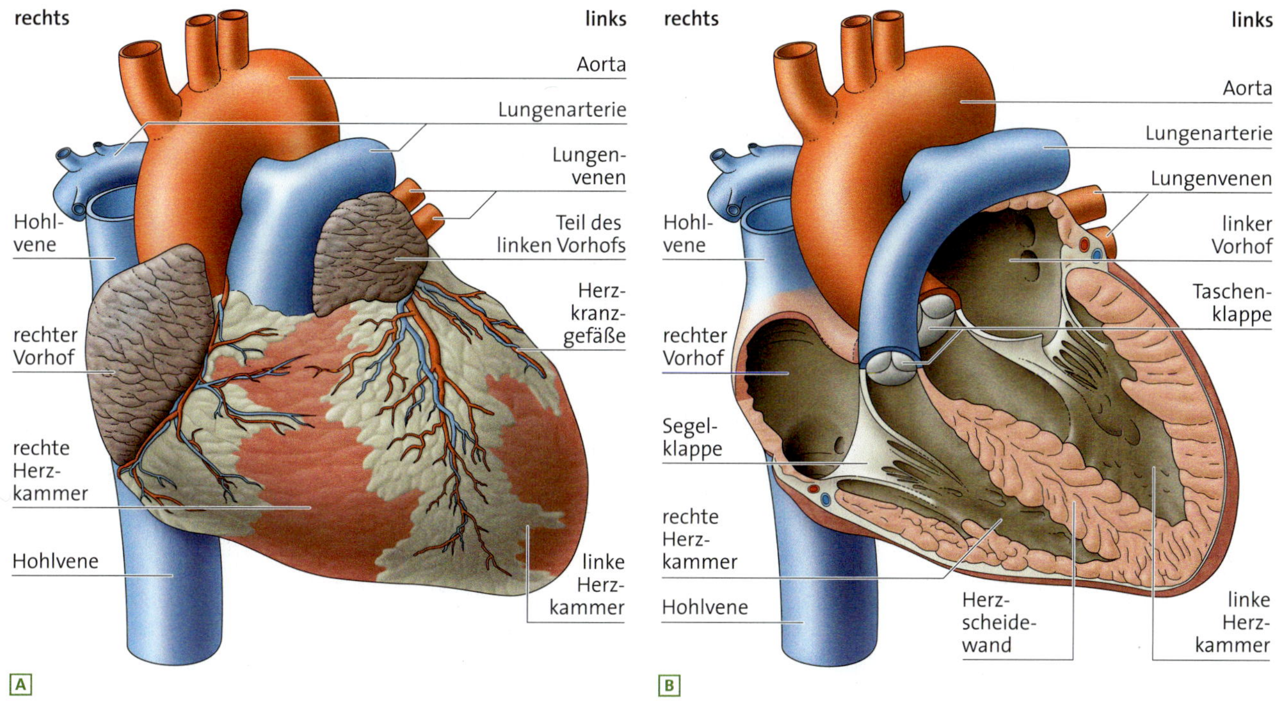

03 Bau des Herzens: **A** Aufsicht, **B** Längsschnitt (die Bezeichnung rechts und links ergibt sich aus der Lage im Körper)

STEUERUNG UND VERSORGUNG · Wenn das Herz nicht schlägt, fließt kein Blut durch die Adern. Dies hat besonders für das Gehirn schlimme Folgen: Bereits nach sechs Sekunden ohne Sauerstoffzufuhr tritt Bewusstlosigkeit ein, nach einigen Minuten ohne Sauerstoff erleidet es dauerhafte Schäden. Eine noch längere Unterbrechung führt unweigerlich zum Tod. Deshalb muss das Herz ein Leben lang arbeiten und darf nicht ausfallen, auch nicht bei Bewusstlosigkeit. Das gelingt dadurch, dass der Herzschlag unabhängig vom Gehirn und vom übrigen Nervensystem durch ein eigenes Zentrum im Herzen gesteuert wird. Bei einem ruhenden Erwachsenen schlägt das Herz etwa 70 Mal pro Minute. Damit werden täglich ungefähr 14 000 Liter Blut durch jede Herzkammer bewegt. Das Blut aus der linken Herzkammer wird durch die Aorta in den ganzen Körper gepumpt. Die dazu benötigte Kraft ist größer als die Kraft für den Transport des Blutes aus der rechten Herzkammer über die Lungenarterien in die Lunge. Deshalb ist der Herzmuskel auf der linken Seite des Herzens dicker als auf der rechten Seite.

Für die dauernde Tätigkeit benötigt der Herzmuskel Energie. Seine Versorgung erfolgt nicht von innen her, sondern über ein Adergeflecht auf der Herzoberfläche. Diese **Herzkranzgefäße** zweigen von der Aorta ab und transportieren Sauerstoff und Betriebsstoffe heran und führen Kohlenstoffdioxid und Abfallstoffe ab.

1 Beschreibe den Aufbau des Herzens!

2 Beschreibe die Funktion von Segelklappen und Taschenklappen!

3 Erläutere die Bedeutung der Herzkranzgefäße für das Herz!

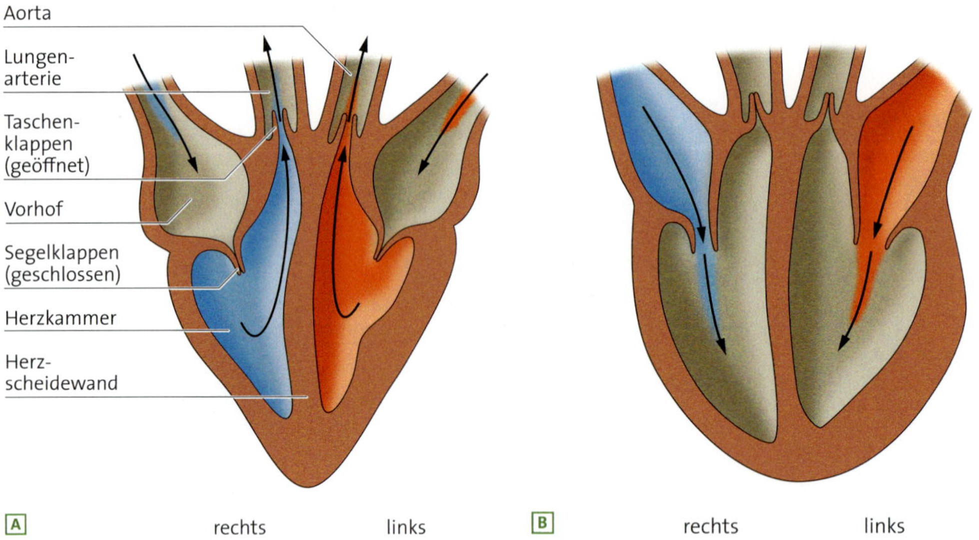

04 Pumpbewegungen des Herzens:
A Systole,
B Diastole

FUNKTIONSWEISE DES HERZENS · In ständigem Wechsel drückt das Herz Blut in die Arterien und saugt es aus den Venen an. Es arbeitet also wie eine Druck-Saug-Pumpe. Diese rhythmische Tätigkeit kann man in zwei Abschnitte gliedern:
Wenn sich die Muskulatur der Herzkammern zusammenzieht, wird Blut aus der linken Kammer in die Aorta und aus der rechten Kammer in die Lungenarterien gepresst. Dabei werden die Taschenklappen geöffnet und die Segelklappen geschlossen. So kann das Blut nicht zurückfließen. Gleichzeitig entspannt sich die Vorhofmuskulatur, wobei Blut aus den Hohlvenen in die Vorhöfe fließt. Der Zeitabschnitt, in dem Blut aus den Herzkammern in die Arterien gedrückt wird, heißt **Systole.**
Danach entspannt sich die Herzkammermuskulatur. Die Herzkammern weiten sich und Blut aus den Vorhöfen strömt in die Herzkammern. Jetzt sind die Segelklappen geöffnet und die Taschenklappen geschlossen. Den Zeitabschnitt, in dem Blut aus den Vorhöfen in die Herzkammern fließt, nennt man **Diastole.**
Danach zieht sich die Kammermuskulatur wieder zusammen und der Druck-Saug-Vorgang beginnt von Neuem. Dabei wird die Fließrichtung des Blutes allein durch das Schließen und Öffnen der verschiedenartigen Herzklappen bewirkt. Dieses geschieht gegenläufig beim Druck- und beim Saugvorgang.
Wenn das Herz abgehört wird, kann man das jeweilige Verschließen der unterschiedlichen Herzklappen als Herztöne wahrnehmen. Den ersten, etwas dunkleren Ton hört man, wenn sich zu Beginn der Systole die Segelklappen schließen. Der zweite Ton ist heller, lauter und kürzer und tritt am Ende der Systole auf, wenn sich die Taschenklappen schließen.

4 Beschreibe den Vorgang der Systole und der Diastole!

5 Beschreibe den Druck-Saug-Vorgang bei der Herztätigkeit!

6 Erkläre, wie es dazu kommt, dass das Blut immer nur in einer Richtung durch das Herz fließt!

Material A ▸ Bau des Herzens

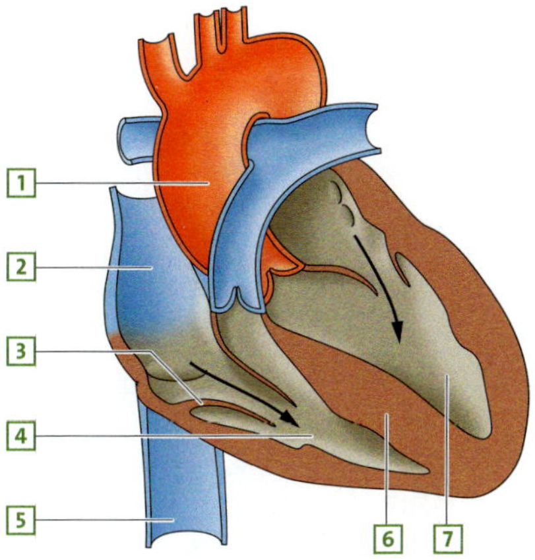

Die Abbildung zeigt ein Schema des Herzens im Zustand der Diastole.

A1 Benenne die mit Zahlen gekennzeichneten Teile des Herzens!

A2 Erkläre, weshalb der Muskel der linken Herzkammerwand dicker ist als der Muskel der rechten!

A3 Erkläre, weshalb im Zustand der Diastole die Segelklappen geöffnet und die Taschenklappen geschlossen sind!

A4 Erkläre, weshalb die Blutmengen gleich groß sein müssen, die aus beiden Herzkammern in die Blutgefäße fließen!

A5 Berechne, wie oft pro Tag bei ruhendem Körper die gesamte Blutmenge durch das Herz fließt!

A6 Erläutere, welche Folgen auftreten, wenn die Segelklappen nicht richtig schließen!

A7 Stelle Vermutungen an, welche Folgen es hat, wenn durch ein Loch in der Herzscheidewand die Herzkammern nicht vollständig voneinander getrennt sind!

Material B ▸ Leistungen des Herzens

	untrainierte Person		Leistungssportler	
	ruhend	belastet	ruhend	belastet
Blutvolumen pro Herzschlag in Milliliter	70	70	125	125
Herzschläge pro Minute	70	130	40	130
Gesamtes Blutvolumen in Liter	6	6	6	6

Bei einer untrainierten Person und bei einem Leistungssportler wurden Herzuntersuchungen jeweils bei ruhendem Körper und bei Belastung durchgeführt. Die dabei ermittelten Werte für das Blutvolumen pro Herzschlag, für die Herzschläge pro Minute und für das gesamte Blutvolumen sind in der Tabelle dargestellt.

B1 Berechne das Blutvolumen, das bei einer untrainierten Person in ruhendem Zustand und bei Belastung in einer Minute in die Aorta gepumpt wird!

B2 Berechne das Blutvolumen, das bei einem Leistungssportler in ruhendem Zustand und bei Belastung in einer Minute in die Aorta gepumpt wird!

B3 Vergleiche die errechneten Werte des Leistungssportlers mit denen der untrainierten Person erstens im Ruhezustand und zweitens bei Belastung!

B4 Stelle Vermutungen an, welche Teile des Herzens bei einem Leistungssportler von der Vergrößerung betroffen sind!

B5 Erkläre, weshalb unter anderem das Herz eines Leistungssportlers dafür verantwortlich ist, dass seine körperliche Leistung höher ist als die einer untrainierten Person!

01 Einrad fahrende Mädchen

Bewegung hält den Körper fit

Einrad fahren erfordert viel Geschicklichkeit und Körperbeherrschung. Wer joggt oder Fußball spielt, muss vor allem Ausdauer besitzen. So hat jede Sportart ihre eigenen Ansprüche. Weshalb betreiben eigentlich viele Menschen Sport?

SPORT UND SPIEL · Ob in der Schule oder im Büro, eine große Anzahl von Tätigkeiten werden, anders als früher, vorwiegend im Sitzen ausgeführt. Außerdem verbringen viele Menschen auch ihre Freizeit oft mit Fernsehen, vor dem Computer oder mit anderen bewegungsarmen Beschäftigungen. Dieser Mangel an Bewegung ist zusammen mit einer falschen Ernährung häufig Ursache für Übergewicht.
Sportliche Aktivitäten hingegen tragen zum Ausgleich des Bewegungsmangels bei. Gleichzeitig werden dabei zu viel aufgenommene Nährstoffe abgebaut. Das führt zu einer Steigerung der **körperlichen Fitness** und dient damit der Gesundheit.
Daneben sorgen Sport und Spiel auch für seelisches Wohlbefinden. Viele Menschen haben Spaß daran zu erleben, was ihr Körper leisten kann. Manche joggen allein oder fahren Einrad und denken dabei über die Erlebnisse des Tages nach. Andere gehen lieber gemeinsam mit Freunden zum Tennisspielen oder zum Schwimmen. Wieder andere treffen sich in größeren Gruppen oder im Verein zum Fußball-, Basketball- oder Handballspielen. Für viele ist es auch wichtig, sich in sportlichen Wettbewerben mit anderen zu messen, sei es bei Bundesjugendspielen oder bei Punktspielen der Kreis- oder Bezirksklasse. Sport und Spiel können also auch das Selbstbewusstsein und das seelische Gleichgewicht fördern.

FOLGEN REGELMÄSSIGEN TRAININGS · Wer regelmäßig Sport treibt und sich im Alltag viel bewegt, trainiert seinen Körper an vielen Stellen: Knochen werden fester, Gelenke werden geschmeidiger, Muskeln werden kräftiger und Sehnen und Bänder werden elastischer. Das hilft, Verletzungen am Skelett zu vermeiden. Die Kräftigung der Rückenmuskulatur beugt Rückenschmerzen und Erkrankungen der Wirbelsäule vor. Die Leistungsfähigkeit von Lunge, Herz und Kreislauf wird erhöht. Damit verbunden ist eine verbesserte Durchblutung, die wiederum zu einer besseren Versorgung mit Sauerstoff und mit Bausteinen der Nährstoffe führt. Folge davon ist eine Steigerung der Ausdauer. Insgesamt verändern sich also verschiedene Organe des Körpers. Dies nennt man **individuelle Anpassung**.

VERLETZUNGSGEFAHR · Um das Risiko von Unfällen und Verletzungen so gering wie möglich zu halten, sollten vor einer sportlichen Betätigung Aufwärm- und Streckübungen gemacht werden. Wichtig ist auch, dass im Notfall Hilfe vorhanden ist oder geholt werden kann.
Prellungen sind **Muskelverletzungen** infolge von Schlag oder Sturz. Verletzungen von Blutgefäßen führen zu Blutergüssen, den „blauen Flecken". Zerrungen treten bei Überdehnungen von Muskeln auf. Seltener sind Muskelfaserriss oder Muskelriss. Werden Gelenkbänder überdehnt, kann es zu **Gelenkverletzungen** kommen. Springt dabei der Gelenkkopf aus der Gelenkpfanne, tritt eine Verstauchung auf. Bleibt der Gelenkkopf außerhalb der Gelenkpfanne, liegt eine Verrenkung vor. Bei einem einfachen **Knochenbruch** bleibt das umliegende Gewebe unverletzt. Werden hingegen Muskeln und Blutgefäße verwundet, ist ein komplizierter Knochenbruch entstanden.

02 Schwimmende Kinder

03 Kinder beim Fußballspielen

04 Schülerinnen und Schüler im Schulgarten

05 Bundesjugendspiele

1 Nenne Gründe, weshalb Sport und Bewegung im Alltag sinnvoll sind!

2 Erläutere, was man unter individueller Anpassung versteht!

01 Aktivität statt Sucht: **A** Klettern, **B** Musikmachen, **C** Mountainbiken, **D** Theaterspielen

Suchtvorbeugung

Manche Menschen sagen, dass sie „fast schon süchtig" nach bestimmten Dingen seien. Eine echte Sucht ist aber eine große Gefahr für unsere körperliche und seelische Gesundheit. Was genau versteht man unter Sucht?

GEWOHNHEIT UND SUCHT · Immer wenn wir uns glücklich fühlen, sind bestimmte Bereiche im Gehirn aktiv. Das Erleben von Zuneigung, Anerkennung oder Erfolg ruft diese angenehmen Gefühle besonders häufig hervor. Deshalb suchen wir immer wieder nach solchen Situationen. So entstehen bei jedem Menschen Gewohnheiten, die dieses Glücksempfinden bewirken. Steigert sich eine Gewohnheit zu einem zwanghaften Verlangen und gewinnt sie zunehmend Kontrolle über den Betroffenen, hat sie sich zur **Sucht** entwickelt.

DAS WESEN VON SUCHT · Es gibt Süchte, die mit Verhaltensweisen zusammenhängen. Aber auch Stoffe wie Alkohol, Nikotin oder andere Drogen können bestimmte Nervenzellen anregen und dadurch Glücksgefühle vortäuschen. Um das erwünschte Gefühl hervorzurufen, muss der Süchtige das *Suchtverhalten* regelmäßig ausführen oder die Drogen regelmäßig einnehmen und deren Menge manchmal sogar noch steigern. Er verliert zunehmend seinen freien Willen und erleidet oft *seelische* und *körperliche Schäden*. In vielen Fällen dreht sich sein ganzes Denken und Tun nur noch um den Erwerb und die Einnahme von Drogen. Er ist abhängig. Wenn er das Suchtverhalten oder den Drogenkonsum unterlässt, leidet er unter seelischen und körperlichen *Entzugserscheinungen*.

02 Rauchen

03 Alkohol

SUCHTENTSTEHUNG · Der Übergang zwischen Gewohnheit und Sucht ist oft fließend. Er wird wahrscheinlicher, wenn der Betroffene in seinem Alltag nur selten echte Glücksgefühle erlebt. Dieser Mangel kann bei einigen Menschen zu einem verstärkten Suchtverhalten oder zu einer verstärkten Einnahme von Suchtmitteln führen.
Ob jemand dann tatsächlich eine Sucht entwickelt, hängt von verschiedenen hemmenden oder fördernden Faktoren ab: Menschen, die sich in Familie und Freundeskreis geborgen fühlen oder an ihrem Arbeitsplatz wohlfühlen und Selbstvertrauen in die eigenen Fähigkeiten haben, werden weniger häufig süchtig als andere. Dagegen können erblich bedingte Anfälligkeiten oder der allgemeine Gesundheitszustand die Suchtentstehung begünstigen. Außerdem spielen gesellschaftliche Bedingungen eine Rolle. Gesellschaftlich akzeptierte *legale Drogen*, wie zum Beispiel Alkohol, können meist relativ leicht beschafft werden. *Illegale Drogen*, wie Marihuana oder Ecstasy hingegen dürfen nicht verkauft werden. Auch hohe Kosten für den Erwerb von Suchtmitteln sowie unangenehme Nebenwirkungen können einige Menschen davon abhalten, bestimmte Drogen auszuprobieren.

SUCHTVORBEUGUNG · Auf manche Ursachen der Suchtentstehung hat der Einzelne nur wenig Einfluss. Man weiß aber, dass Personen, die eine starke Persönlichkeit entwickelt haben, weniger suchtanfällig sind. Viele Fähigkeiten zum sinnvollen Umgang mit alltäglichen oder ungewöhnlichen Problemen können erlernt oder trainiert werden. Hierzu kann man sich in seiner Freizeit zum Beispiel sportliche, spielerische oder künstlerische Herausforderungen suchen, die zwar anstrengend, aber dennoch aus eigener Kraft zu bewältigen sind. Solche Erfolge stärken das Vertrauen in die eigenen Fähigkeiten, die oft größer sind, als man vorher denkt. Werden diese Herausforderungen im Team „geschafft", können dabei sogar neue Freundschaften entstehen. Auch in Gesprächen mit vertrauten Personen, Lehrern, Eltern oder Freunden, können viele Probleme besprochen werden. Gemeinsam findet man oft Auswege aus scheinbar unlösbaren Schwierigkeiten.

Material A ▸ Richtiges Heben

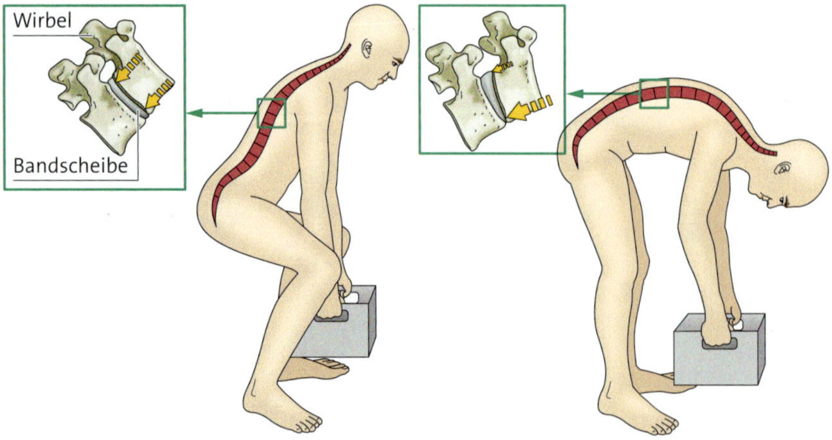

Zwischen den Wirbelkörpern befinden sich Bandscheiben. Sie bestehen aus einer faserigen Hülle mit einer geleeartigen Füllung. Sie wirken wie ein Wasserkissen und können Belastungen abfedern. Bei der Krümmung des Rückens werden sie besonders belastet.

A1 Beschreibe den Bau der Wirbelsäule! Nimm dazu auch Abbildung 04 auf Seite 134 zu Hilfe!

A2 Vergleiche die Belastung der Bandscheiben bei geradem und gekrümmtem Rücken!

A3 Schreibe eine Anweisung zum Thema: „Vermeidung von Rückenschmerzen infolge von Heben schwerer Gegenstände"!

Material B ▸ Schulranzen zu schwer?

Viele Eltern und Lehrer warnen vor einem zu schweren Schulranzen. Dabei wird oft gesagt, dass der Ranzen nicht mehr als zehn Prozent des Körpergewichts wiegen soll. Eine Untersuchung durch Saarbrücker Mediziner ergab nun, dass diese Aussage nicht haltbar ist. Sie hatten 60 Grundschüler und -schülerinnen 15 Minuten lang mit deutlich schwererem Ranzen einen schwierigen Parcours durchlaufen lassen. Dabei wurden weder die Wirbelsäule noch die Rumpf- und Rückenmuskulatur übermäßig belastet. Auch zeigten die Schüler während des Versuchs keine unnormale Haltung. Erst bei einem Ranzengewicht von einem Drittel des Körpergewichts änderte die Wirbelsäule ihre Ruheposition. Allerdings spannten sich dabei auch die Bauch- und Rückenmuskeln deutlich an und stabilisierten damit den Körper. Dadurch wurde die Wirbelsäule wieder entlastet. Nach Ansicht der Mediziner wird eine gesunde kindliche Wirbelsäule durch einen schweren Ranzen nicht geschädigt, weil das Gewicht nur kurzzeitig auf den Rücken einwirkt.

B1 Nenne mögliche Gründe, weshalb viele Eltern und Lehrer sagen, das Gewicht des Schulranzens solle nur bis zu etwa zehn Prozent des Körpergewichts betragen!

B2 Wiege an fünf aufeinander folgenden Tagen deinen Schulranzen und stelle sein Gewicht in Prozent deines Körpergewichts fest! Multipliziere dazu das Gewicht des Ranzens mit 100 und teile das Ergebnis durch dein Körpergewicht! Notiere die Werte und vergleiche sie mit denen deiner Klassenkameraden!

B3 Erläutere, dass ein Schulranzen, dessen Gewicht größer als zehn Prozent des Körpergewichts ist, auch als „gesundheitsfördernd" angesehen werden kann!

Material C ▸ Teer im Zigarettenrauch

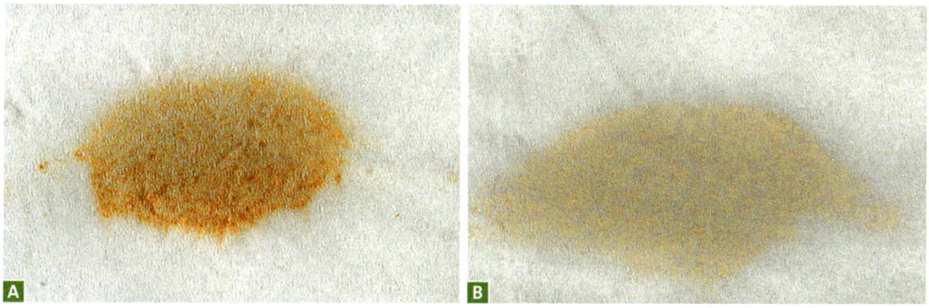

In einem Experiment raucht eine Versuchsperson eine Zigarette und atmet den eingezogenen Rauch durch ein Papiertaschentuch wieder aus.

A zeigt das Ergebnis, bei dem der Rauch nur bis in die Mundhöhle eingeatmet und dann wieder ausgeatmet wurde. Bei B wurde der Rauch bis in die Lunge gezogen.

C1 Beschreibe die Beobachtungen!

C2 Erkläre die Beobachtungen!

C3 Stelle Vermutungen an, was der Teer in der Lunge bewirkt!

Material D ▸ Hauttemperatur und Puls beim Rauchen

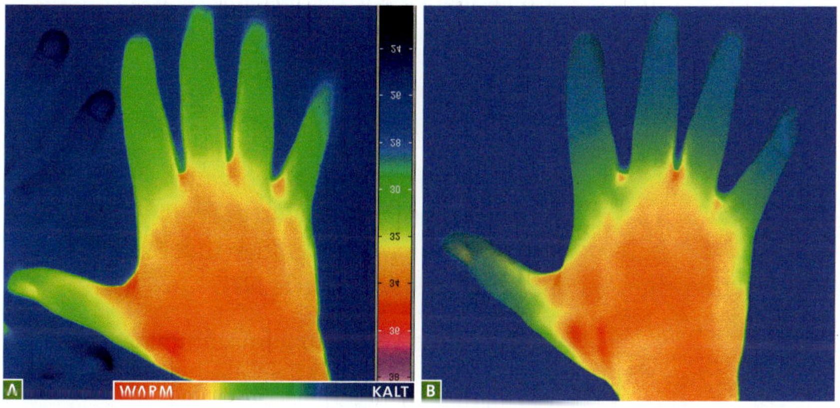

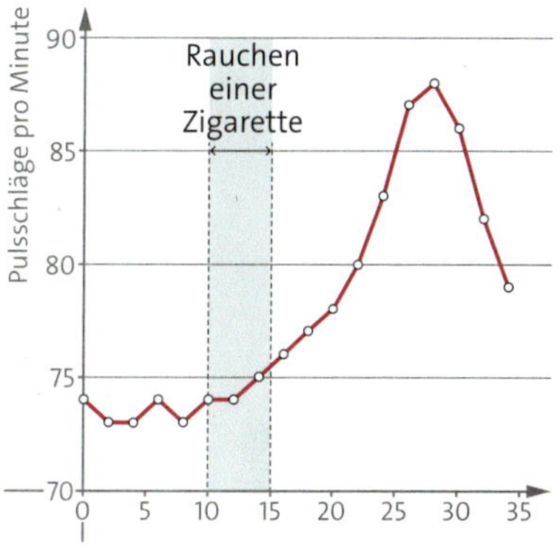

Bild A zeigt das Wärmebild der Hand eines Rauchers vor dem Rauchen, Bild B nach dem Rauchen. Während des Rauchens wurde sein Puls gemessen.

D1 Vergleiche die Wärmebilder.

D2 Beschreibe das Diagramm und werte es aus.

D3 Erläutere, welche Folgen aus den Versuchsergebnissen für den Kreislauf abgeleitet werden können!

Material E ▸ Gute-Laune-Party ohne Alkohol

Stell dir vor, du feierst deinen 12. Geburtstag und hast deine Freunde und Freundinnen zu einer Geburtstagsparty eingeladen. Deine Eltern haben dir bis 22.00 Uhr „sturmfreie Bude" erlaubt, wenn kein Alkohol getrunken wird. Ein Bringe- und Abholdienst ist organisiert.
Die Party ist in vollem Gange, die Stimmung ist bestens, da zieht eine Freundin eine Flasche Sekt aus der Tasche, öffnet sie und reicht sie zum Trinken herum.

E1 Mache Vorschläge, wie du deiner Freundin erklären kannst, dass sie die Flasche wegstecken soll!

E2 Gib an, wie du argumentieren würdest, wenn sie sagt: „Ein Glas ist doch nicht so schlimm"!

A ▸ Körperhaltung und Bewegung

Kann ich …

1) den Bau des Skeletts beschreiben? *(Seite 132 und 133)*

2) den einzelnen Teilen des Skeletts Aufgaben zuordnen? *(Seite 132 und 133)*

3) den Bau der Wirbelsäule erklären? *(Seite 134 und 135)*

4) den Bau eines Gelenks als Schema zeichnen und beschriften? *(Seite 136)*

5) den Bau und die Funktionsweise verschiedener Gelenktypen erläutern? *(Seite 137)*

6) den Bau und die Funktion eines Muskels beschreiben? *(Seite 137)*

7) das Gegenspielerprinzip an einem Beispiel erklären? *(Seite 138)*

B ▸ Ernährung und Verdauung

Kann ich …

1) die Begriffe Nahrungsmittel, Grundnahrungsmittel und Lebensmittel erklären? *(Seite 140)*

2) die Nährstoffe benennen, die der Körper benötigt? *(Seite 140)*

3) den Unterschied zwischen Bau- und Betriebsstoffen erklären? *(Seite 141)*

4) die Begriffe Grundumsatz und Leistungsumsatz erläutern? *(Seite 141)*

5) mithilfe der Ernährungspyramide eine ausgewogene Ernährung erläutern? *(Seite 142)*

6) verschiedene Essgewohnheiten beschreiben? *(Seite 142)*

7) verschiedene Formen von Essstörungen beschreiben? *(Seite 144 und 145)*

8) die Begriffe Verdauung und Verdauungsenzym erklären? *(Seite 146)*

9) die Verdauungsvorgänge im Mund beschreiben? *(Seite 147)*

10) die Verdauungsvorgänge im Magen beschreiben und dabei die Funktionen von Magenschleim und Magensäure erklären? *(Seite 147)*

11) die Verdauung im Dünndarm beschreiben und die Funktion des Gallensaftes erklären? *(Seite 148)*

12) das Prinzip der Oberflächenvergrößerung am Beispiel des Dünndarms erklären? *(Seite 148)*

13) den Vorgang der Resorption erläutern? *(Seite 148)*

C ▸ Atmung und Blutkreislauf

Kann ich ...

1 den Weg der Atemluft beim Einatmen beschreiben? *(Seite 150)*

2 den Bau der Lunge beschreiben? *(Seite 151)*

3 die Vorgänge bei der Brust- und Bauchatmung vergleichen? *(Seite 151)*

4 den Gasaustausch in der Lunge erläutern? *(Seite 152)*

5 die Zusammensetzung des Blutes beschreiben und die Funktion der verschiedenen Blutbestandteile nennen? *(Seite 154, 155 und 156)*

6 den Vorgang der Blutgerinnung beschreiben? *(Seite 156)*

7 ein Schema des Blutkreislaufs zeichnen und beschriften? *(Seite 159)*

8 den Bau und die Funktion der Arterien, Venen und Kapillaren beschreiben und vergleichen? *(Seite 160)*

9 den Bau des Herzens in Form eines beschrifteten Schemas zeichnen? *(Seite 162)*

10 die Tätigkeit des Herzens als Wechselspiel zwischen Systole und Diastole erläutern? *(Seite 164)*

D ▸ Aktiv werden für ein gesundheitsbewusstes Leben

Kann ich ...

1 die Auswirkung von Sport und Bewegung auf das körperliche und seelische Wohlbefinden erläutern? *(Seite 166)*

2 die Folgen regelmäßigen körperlichen Trainings beschreiben? *(Seite 167)*

3 zwischen Gewohnheit und Sucht unterscheiden und die Merkmale von Sucht nennen? *(Seite 168)*

4 mögliche Ursachen für die Entstehung von Sucht aufzählen *(Seite 169)*

5 Maßnahmen zur Suchtvorbeugung beschreiben? *(Seite 169)*

Kann ich aus dem Kapitel „Bau und Leistungen des menschlichen Körpers" Beispiele nennen für die Basiskonzepte:

- Struktur und Funktion?
- Stoff- und Energieumwandlung?
- Steuerung und Regelung?
- Information und Kommunikation?
- Vielfalt (Variabilität)?
- System

Angepasstheiten von Pflanzen und Tieren an die Jahreszeiten

In diesem Kapitel beschäftigst du dich mit

- dem Laubwald im Jahresverlauf und den Nahrungsbeziehungen zwischen Pflanzen und Tieren.
- dem Bau der Zellen von Pflanzen und Tieren. Du erfährst, welche Aufgaben verschiedene Bestandteile einer Zelle haben. Dabei lernst du, mit dem Mikroskop umzugehen.

- den Angepasstheiten von Tieren in ihrem Lebensraum. Du erfährst, wie sie sich fortpflanzen und entwickeln.
- den Merkmalen und der Verwandtschaft bei Wirbeltieren.
- Tieren und Pflanzen aus fernen Lebensräumen. Du erfährst auch etwas über das Leben von Säugetieren im Zoo und wie man sie dort beobachten und beschreiben kann.

01 Blühender Bärlauch im Buchenwald im Frühling

Der Laubwald im Jahresverlauf

Frühling, Sommer, Herbst und Winter – in jeder Jahreszeit sieht ein Laubwald anders aus. Was sind die Ursachen hierfür?

DER BUCHENWALD IM FRÜHLING · Der häufigste Baum unserer Laubwälder ist die *Rotbuche*. Ihr glatter, silbergrauer Stamm ragt bis zu 40 Meter in die Höhe und verzweigt sich erst weit oben in eine breite, dachartige Krone.

02 Blätter der Rotbuche:
A Sonnenblatt,
B Schattenblatt

Kaum haben die wärmer werdenden Sonnenstrahlen im März den Schnee im Buchenwald verschwinden lassen, bahnen sich die ersten Pflanzen ihren Weg durch das am Boden liegende Laub und fangen an zu blühen. Diese **Frühblüher** bedecken dann oft wie ein Teppich den ganzen Waldboden unter den noch kahlen Bäumen.

Die Rotbuche treibt erst im April, wenn wieder ausreichend Wasser in die Krone transportiert wird, die ersten zarten, hellgrünen Laubblätter. Diese beginnen mit der *Fotosynthese* und werden schnell dunkler. Dabei sind die im vollen Sonnenlicht stehenden äußeren Laubblätter, die **Sonnenblätter,** kleiner, dicker und daher auch dunkler grün als die weiter innen, im Schatten liegenden **Schattenblätter.** Kurz nach den Laubblättern entfalten sich auch die unscheinbaren Blüten der Buche, die in getrennten männlichen und weiblichen *Blütenständen* stehen und vom Wind bestäubt werden.

DER BUCHENWALD IM SOMMER · Die Baumkronen der Rotbuchen bilden nun ein dichtes Laubdach, das das Sonnenlicht intensiv zur Fotosynthese nutzt. Die dabei hergestellten *Nährstoffe* werden über die Leitbündel im ganzen Baum verteilt, für das Wachstum genutzt oder gespeichert. Durch die hohen Temperaturen verdunstet über die Laubblätter aber auch viel Wasser, das über die Wurzeln nachgeliefert werden muss.
Auf den Boden dagegen dringt kaum mehr Licht. Dort können deshalb nur noch wenige Pflanzenarten wachsen, die mit diesen geringen Lichtmengen zurechtkommen.

03 Buchenwald im Sommer

DER BUCHENWALD IM HERBST · Wenn die Tage kürzer und kälter werden, verfärbt sich das Laub der Rotbuche allmählich rotbraun. Gleichzeitig werden die nährstoffhaltigen Früchte der Buchen, die *Bucheckern,* reif. Sie sind im Sommer nach der Befruchtung der weiblichen Eizelle aus den Fruchtknoten der weiblichen Blütenstände herangewachsen. Laub und Früchte fallen nach und nach von den Zweigen, bis der Baum kahl ist. Das abgefallene Laub bildet am Boden eine dichte Schicht, die Schutz und Lebensraum für viele Kleinstlebewesen bietet. Diese verarbeiten die Blätter allmählich zu natürlichem Bodendünger, dem **Humus.** Die Bucheckern dienen bis in den Winter vielen Tieren als Nahrung.

04 Buchenwald im Herbst

DER BUCHENWALD IM WINTER · Ohne Laubblätter übersteht der Laubbaum nun die ungünstigen Licht- und Temperaturverhältnisse des Winters. Er befindet sich in einem *Ruhezustand* und zehrt von den gespeicherten Nährstoffen.

1 Nenne die Ursachen für die Veränderungen des Laubwalds im Jahresverlauf!

05 Buchenwald im Winter

06 Buschwindröschen mit Erdspross

07 Weitere Frühblüher: **A** Scharbockskraut mit Wurzelknolle (vergrößert), **B** Krokus mit Sprossknolle (vergrößert), **C** Schneeglöckchen mit Zwiebel (vergrößert)

FRÜHBLÜHER · Bevor ihnen die Laubbäume das Licht zur Fotosynthese nehmen, bedecken Frühblüher wie der *Bärlauch* oder das *Buschwindröschen* den Boden im Buchenwald bereits Anfang März. Ermöglicht wird das durch ihre unterirdischen *Speicherorgane* voller Nährstoffe. Diese wurden im Vorjahr gebildet und stehen den Pflanzen nun schon zur Verfügung.

Die Speicherorgane von Frühblühern sind sehr unterschiedlich beschaffen: *Buschwindröschen* besitzen eine verdickte Sprossachse, die waagerecht unter der Erde wächst und sich jedes Jahr weiterverzweigt, den **Erdspross.** Bei anderen Frühblühern, wie dem *Scharbockskraut,* handelt es sich um rundlich verdickte Pflanzenteile, die **Knollen.** Dabei ist Knolle nicht gleich Knolle: Beim *Scharbockskraut* findet man verdickte Wurzeln, die **Wurzelknollen.** Beim vor allem in Gärten und Parks sehr verbreiteten *Krokus* ist der direkt über den Wurzeln befindliche Teil der Sprossachse verdickt; er besitzt also eine **Sprossknolle.** *Schneeglöckchen,* die man auch im Laubwald findet, besitzen unterirdische, dickfleischige Blätter. Sie liegen dicht beieinander und bilden eine **Zwiebel.** Wenn das Schneeglöckchen im Frühjahr die Vorräte aus der Zwiebel verbraucht hat, liefern seine Laubblätter neue Nährstoffe, die in einer **Ersatzzwiebel** gespeichert werden. Außerdem werden **Brutzwiebeln** gebildet, mit denen sich die Pflanze vermehren kann.

2 Erläutere das Basiskonzept Angepasstheit am Beispiel des Buschwindröschens!

3 Beschreibe den Unterschied zwischen einer Wurzelknolle, einer Sprossknolle und einer Zwiebel!

Material A ▸ Licht und Pflanzenwachstum im Laubwald

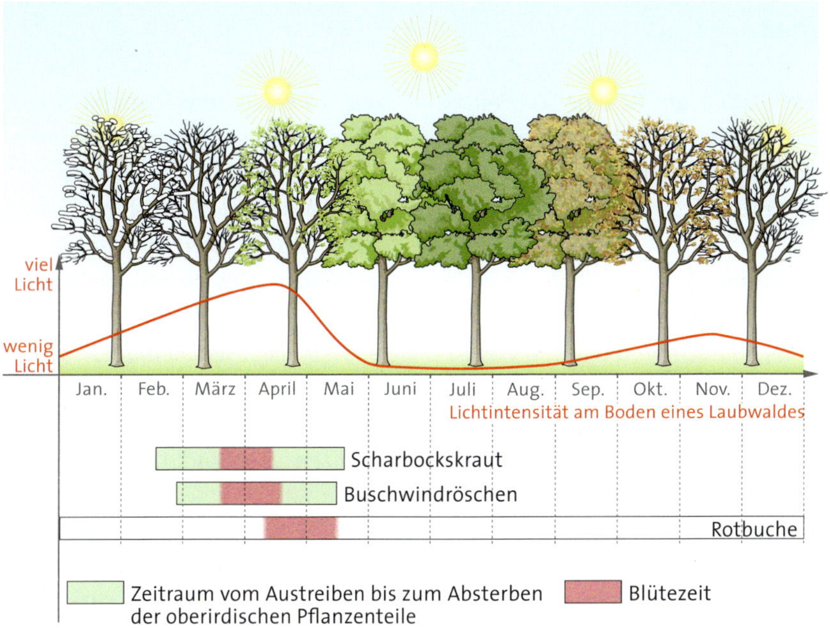

A1 Beschreibe und erläutere den Verlauf der Kurve „Lichtintensität am Boden eines Laubwaldes" in der Abbildung!

A2 Beschreibe anhand der Abbildung, wie das Scharbockskraut an das Leben im Laubwald angepasst ist!

A3 Erkläre, weshalb die Rotbuche nicht zu den Frühblühern gezählt wird!

A4 Im Balken für die Rotbuche ist nur die Blütezeit farblich markiert. Ordne den ausgesparten Zeiträumen selbst gewählte, passende Farben zu und begründe!

Material B ▸ Das Schneeglöckchen im Jahresverlauf

B1 Beschreibe die Entwicklung des Schneeglöckchens und seiner Zwiebel im Jahresverlauf!

B2 Erläutere die Aufgaben der verschiedenen Zwiebeltypen, die das Schneeglöckchen bildet!

B3 Erläutere die Wechselwirkung zwischen Schneeglöckchen und den in der Abbildung dargestellten Insekten!

METHODE

Herbarium – Sammeln und Bestimmen

1) Sammeln und Bestimmen

2) Pressen und Trocknen

3) Aufkleben und Lagern

Ein Herbarium ist eine Sammlung gepresster und getrockneter Pflanzen oder Pflanzenteile, wie zum Beispiel Blätter von Bäumen.

Material:

festes Papier oder leichter Zeichenkarton, Schere, Etiketten (selbstklebend, fünf bis sechs Zentimeter lang), Ziegelsteine oder dicke Bücher, Tageszeitungen, zwei Holzplatten, Bestimmungsbuch

Durchführung:

SAMMELN UND BESTIMMEN · *Bevor man eine Pflanze pflückt, muss man mithilfe des Bestimmungsbuchs ihren Namen feststellen. So wird vermieden, dass man aus Versehen eine geschützte Pflanze beschädigt. Außerdem lassen sich die Pflanzen nach dem Pressen und Trocknen oft nur noch schwer bestimmen. Transportiere die Pflanzen getrennt in Plastiktüten, in die jeweils ein Zettel mit Artname, Fundort und Funddatum gelegt wird.*

PRESSEN UND TROCKNEN · *Lege jede Pflanze einzeln so in gefaltetes Zeitungspapier, dass sie in einer natürlichen Lage ausgebreitet ist. Füge ein Etikett hinzu, auf dem der Artname der Pflanze, die Familie, der Fundort und das Funddatum vermerkt sind. Klappe die Papierbögen zu und staple sie abwechselnd mit Zwischenlagen aus mehreren Bögen Zeitungspapier. Lege oben und unten eine Holzplatte auf den Stapel und beschwere ihn mit Ziegelsteinen oder dicken Büchern. Weil sich leicht Schimmel bildet, müssen die Zwischenlagen aus Zeitungspapier alle zwei bis drei Tage gewechselt werden, bis die Pflanzen vollständig getrocknet sind.*

AUFKLEBEN UND LAGERN · *Lege jede getrocknete Pflanze einzeln auf je einen festen Bogen Papier oder einen leichten Zeichenkarton. Behandle die Pflanzen sehr vorsichtig, da sie jetzt sehr spröde sind und leicht zerbrechen. Schneide aus selbstklebenden Etiketten Streifen und befestige damit die Pflanzen. Klebe dann das vorbereitete, beschriftete Etikett mit dem Namen der Pflanze und allen Funddaten in die rechte untere Ecke des Papierbogens. Bewahre die Herbarbögen in einer passenden Schachtel auf oder hefte sie in einen Ordner ein.*

1 Lege ein Herbarium für Laubblätter an! Sammle von jedem deiner ausgewählten Bäume ein Laubblatt im Sommer und ein Laubblatt im Herbst!

Material A ▸ Blätter einheimischer Laubbäume

Ausschnitt aus einem Bestimmungsbuch für einheimische Laubbäume		
1	Blätter einfach (nur aus einer Fläche bestehend)	weiter bei 3
1*	Blätter zusammengesetzt (aus mehreren Teilblättchen bestehend)	weiter bei 2
2	Blätter gefiedert	Esche
2*	Blätter gefingert	Rosskastanie
3	Blätter schmal und lang (lanzettförmig)	Weide
3*	Blätter nicht schmal und lang	weiter bei 4
4	Blattrand ganzrandig	Rotbuche
4*	Blattrand nicht ganzrandig, sondern gesägt, gebuchtet oder gelappt	weiter bei 5
5	Blattrand gesägt	weiter bei 6
5*	Blattrand gebuchtet	weiter bei 7
5**	Blattrand gelappt	weiter bei 8
6	Blattfläche herzförmig	Sommerlinde
6*	Blattfläche eiförmig	Hainbuche / Weißbuche
7	Blattfläche gleichförmig gebuchtet, Blattstiel etwa ¼ so lang wie die Blattfläche	Traubeneiche
7*	Blattfläche ungleich gebuchtet, Blattstiel sehr kurz	Stieleiche
8	Lappen der Blätter am Ende spitz zulaufend	Spitzahorn
8*	Lappen der Blätter am Ende rundlich	Bergahorn

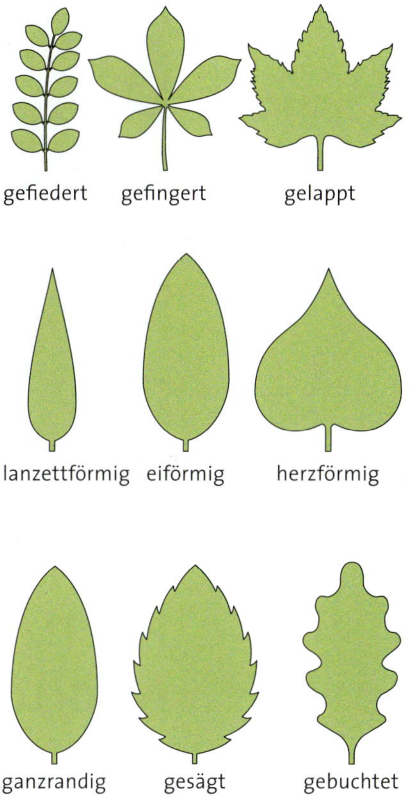

A1 Bestimme mithilfe des Bestimmungsschlüssels die Baumarten, von denen die abgebildeten Blätter stammen!

01 Junges Reh im Wald

Pflanzen und Tiere – Nahrungsbeziehungen im Wald

In einem Wald leben viele Tiere wie zum Beispiel Rehe, Eichhörnchen und Füchse. In einigen Wäldern Deutschlands gibt es auch Wölfe. Wir teilen diese Tiere nach ihrer Nahrung in Pflanzenfresser und Fleischfresser ein. Doch in welcher Beziehung stehen Pflanzenfresser und Fleischfresser in einer Lebensgemeinschaft? Und wie lässt sich diese beschreiben?

NAHRUNGSKETTE · Das Reh lebt bevorzugt am Waldrand, wo es viele Sträucher und junge Bäume gibt. Treiben im Frühling die jungen Laubblätter der Bäume aus, stellen diese die Hauptnahrung der Rehe dar. Das Reh ernährt sich aber auch von jungen Gräsern und Früchten, zum Beispiel Brombeeren. Es nimmt ausschließlich pflanzliche Nahrung auf und gilt deshalb als **Pflanzenfresser.** Auch der Wolf ist ein Bewohner des Waldes. Im Rudel jagt er seine Beute, zu der auch das Reh gehören kann. Der Wolf frisst Tiere. Er ist ein **Fleischfresser.** Zwischen Pflanze, Pflanzenfresser und Fleischfresser

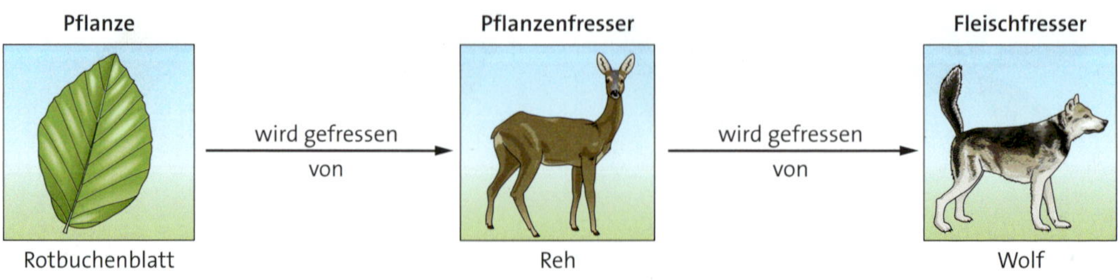

02 Nahrungskette im Wald

besteht eine Nahrungsbeziehung, die sich in ihrer Abfolge kettenartig beschreiben lässt. Sie wird daher als *Nahrungskette* bezeichnet. Eine Nahrungskette zeigt die Abhängigkeit zwischen Lebewesen aufgrund ihrer Ernährungsweise. Im Wald gibt es viele Nahrungsketten: Eicheln werden vom Eichhörnchen gefressen, das wiederum vom Baummarder gejagt wird. Haselnüsse werden von der Haselmaus gefressen, die vom Fuchs erbeutet wird. Am Beginn einer Nahrungskette steht immer eine Pflanze. Ein Pflanzenfresser folgt stets an zweiter Stelle der Nahrungskette. Daran kann sich ein Fleischfresser anschließen.

Das Wildschwein frisst nicht nur Samen oder Pilze, sondern auch Würmer und kleine Säugetiere. Es ist ein **Allesfresser.** Beschreibt man die Nahrungsbeziehung des Wildschweins, hängt seine Stellung in der Nahrungskette davon ab, welche Nahrung es gerade frisst.

NAHRUNGSNETZ · Der Wolf frisst neben dem Reh weitere Tiere wie Mäuse. Diese sind auch Beute von anderen Fleischfressern wie Fuchs oder Habicht. Alle Lebewesen sind Glieder mehrerer Nahrungsketten. Verknüpft man alle Nahrungsketten der Lebewesen in einem Lebensraum miteinander, entsteht ein Netz aus Nahrungsbeziehungen. Dieses bezeichnet man als *Nahrungsnetz.* Es beschreibt die Zusammenhänge der Nahrungsbeziehungen einer Lebensgemeinschaft.

1 Beschreibe die Nahrungsbeziehung zwischen Holunder, Eichhörnchen und Baummarder!

2 Beschreibe die Abfolge der einzelnen Glieder von Nahrungsketten!

3 Erläutere den Unterschied zwischen Nahrungskette und Nahrungsnetz!

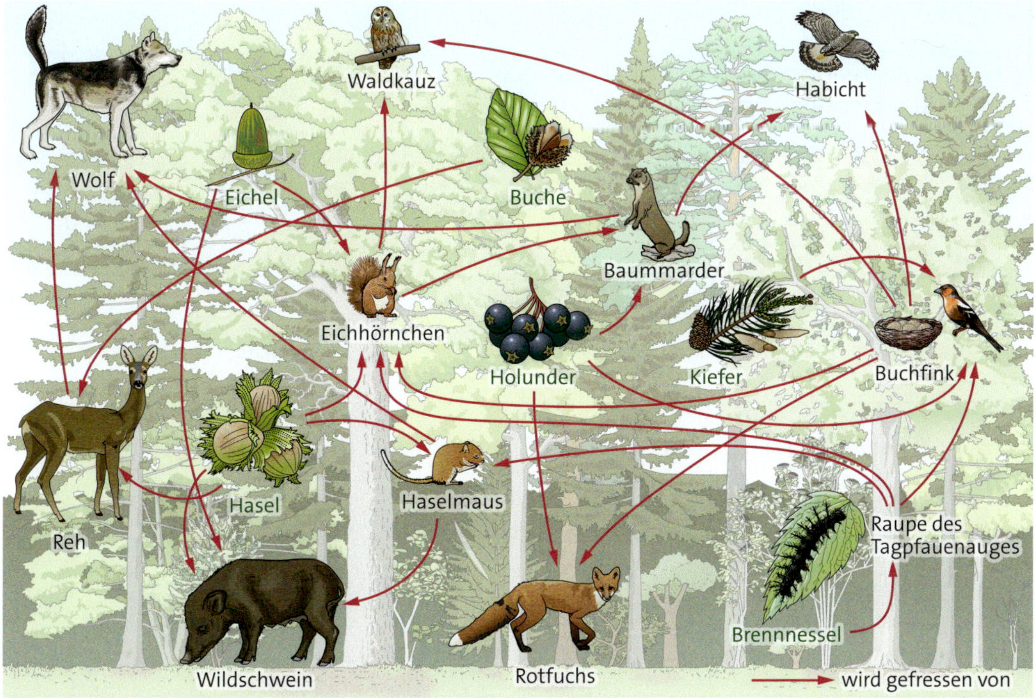

03 Nahrungsnetz im Wald

BASISKONZEPT

Regelung

Eichhörnchen gehören zu den Beutetieren des Baummarders. Deshalb hängt die Anzahl der Baummarder auch von der Anzahl der Eichhörnchen ab. Gibt es nach einem sehr kalten Winter nur wenige Eichhörnchen, können die Baummarder nur wenige Eichhörnchen erbeuten. Es könnten also weniger Baummarder überleben. Wenn es umgekehrt weniger Baummarder gibt, würden weniger Eichhörnchen von den Baummardern erbeutet und ihre Anzahl könnte wieder steigen.

Allerdings haben noch andere Ursachen Einfluss auf die Anzahlen von Eichhörnchen und Baummardern: Einerseits hat das Eichhörnchen mehr Fressfeinde als nur den Baummarder und ihre Anzahl hängt vor allem von der vorhandenen Nahrung ab. Andererseits ernährt sich auch der Baummarder von vielen anderen Beutetieren wie zum Beispiel Mäusen.

Trotzdem beschreibt man eine Räuber-Beute-Beziehung oft nach folgendem Schema: Je mehr Eichhörnchen es in einem Lebensraum gibt, desto mehr Baummarder können dort überleben. Je mehr Baummarder vorkommen, desto weniger Eichhörnchen wird es geben. Je weniger Eichhörnchen es gibt, desto weniger Baummarder werden überleben und je weniger Baummarder vorkommen, desto mehr Eichhörnchen können existieren. Nach dieser Beschreibung schwankt die Anzahl von Eichhörnchen und Baummardern von Jahr zu Jahr deutlich. Über einen sehr langen Zeitraum jedoch bleibt ihre Anzahl gleich.

Eine solche gegenseitige Beeinflussung nennt man ***Regelung****. In der Natur gibt es viele Beispiele für Regelungen. Deshalb spricht man vom* ***Basiskonzept Regelung****.*

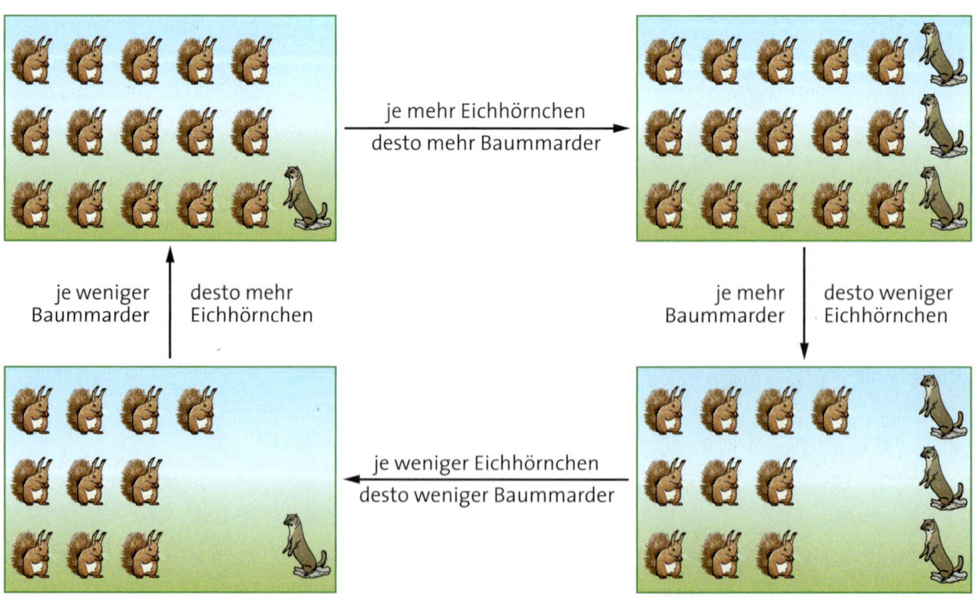

04 Gegenseitige Regelung der Anzahl von Eichhörnchen und Baummarder

Material A ▸ Nahrungsbeziehungen im Wald

Grüner Eichenwickler
Nahrung: junge Eichenblätter

Großer Puppenräuber
Nahrung: Raupen

Eichelhäher
Nahrung: Eicheln, Bucheckern, Früchte, Vogeleier, Jungvögel, Mäuse, Eidechsen

Buchfink
Nahrung: Samen, Beeren, Insekten, Spinnen

Waldkauz
Nahrung: Mäuse, kleine Vögel, Eichhörnchen

Eichhörnchen
Nahrung: Früchte, Samen, Insekten, Jungvögel, Vogeleier

Haselmaus
Nahrung: Eicheln, Bucheckern, Früchte

Wildschwein
Nahrung: Früchte, Wurzeln, Insekten, Pilze, Mäuse, Jungvögel, tote Tiere

Hainbuche

Schwarzer Holunder

Stieleiche

A1 Erstelle für die abgebildeten Tier- und Pflanzenarten zwei möglichst lange Nahrungsketten in deiner Mappe! **Beachte:** *→ bedeutet „wird gefressen von"!*

A2 Erstelle für alle dargestellten Lebewesen ein Nahrungsnetz in deiner Mappe!

A3 Alle Stieleichen in diesem Lebensraum werden gefällt. Erläutere die Auswirkungen dieser Veränderung für die Anzahl der Großen Puppenräuber und der Waldkäuze! Verwende dazu das von dir erstellte Nahrungsnetz!

Material B ▸ Regelung im Wald

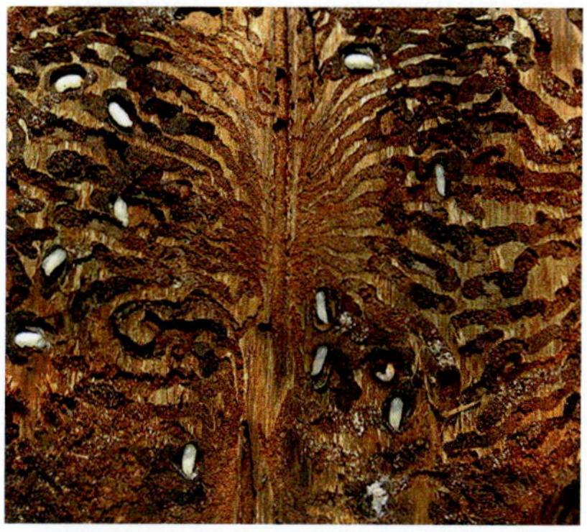

Der Borkenkäfer bohrt Löcher in Rinde und Holz von Bäumen und legt seine Eier hinein. Die Raupen fressen Rindenzellen und hinterlassen dabei ein typisches Muster in der Borke. Dadurch können Bäume so stark geschädigt werden, dass sie absterben.

Der Buntspecht erbeutet Borkenkäferlarven und versorgt sich und seine Jungtiere so mit Nahrung. Zwischen Borkenkäfer und Buntspecht besteht eine Nahrungsbeziehung.

B1 Beschreibe, wie sich die Anzahl der Borkenkäfer und die Anzahl der Buntspechte gegenseitig regeln! Formuliere dazu „Je-desto"-Sätze!

Material C ▸ Angepasstheiten des Buntspechtes

Der Buntspecht ernährt sich von *Insekten* und deren *Larven*, die er unter der Borke und im morschen Holz findet oder durch Hämmern mit seinem keilförmigen Meißelschnabel freilegt. Mit seiner langen Zunge, die er wie eine Harpune herausschleudert, kann er Insektenlarven in ihren Gängen aufspießen und mithilfe von Widerhaken an der Zungenspitze herausziehen. Außerdem frisst er *Samen* und *Nüsse*. Dazu klemmt er zum Beispiel einen Fichtenzapfen in einer geeigneten Baumrindenspalte fest, zerhackt ihn und pickt die Samen heraus. Solche Plätze werden **Spechtschmieden** genannt. Zum Festhalten und Abstützen an Baumstämmen dienen ihm *kurze Beine* und **Kletterfüße** mit jeweils zwei nach hinten gerichteten Zehen. Sie tragen starke *Krallen*. Auch mit seinem kräftigen **Schwanz** stützt er sich ab. Im Kopf schützen besondere Muskeln sein Gehirn wie ein *Stoßdämpfer*.

C1 Nenne die besonderen Merkmale der Buntspechte und ihre Funktionen!

C2 Beschreibe, wie der Buntspecht an seine Lebensweise angepasst ist!

Material D ▸ Artenvielfalt im Wald

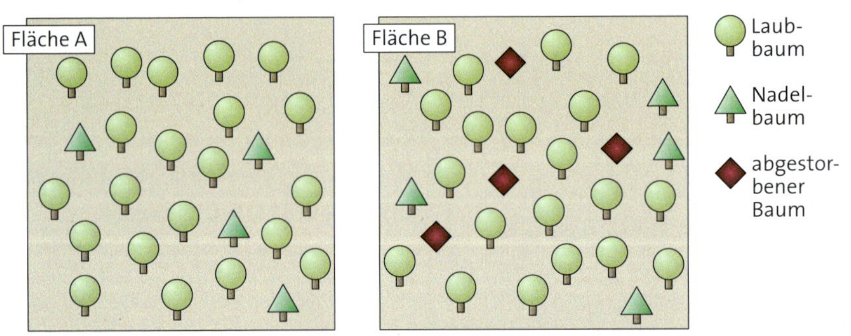

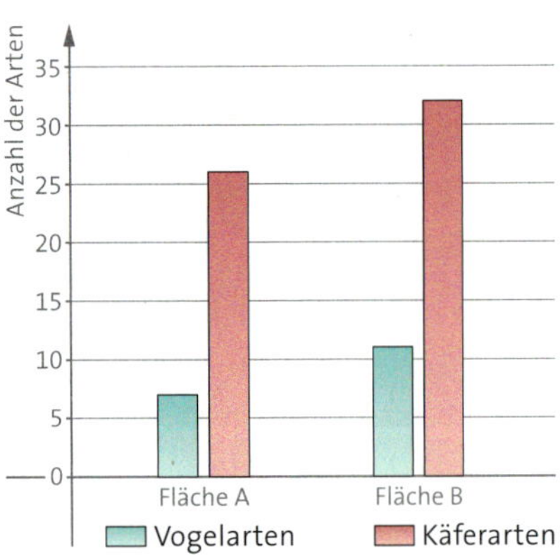

Biologen untersuchten, wie sich die Anzahl der Tierarten in einem Wald verändert, wenn man abgestorbene Bäume nicht aus dem Wald entfernt. Dazu bestimmten sie die Anzahl der Vogelarten und Käferarten in diesem Wald. Die Artenanzahl war zu Beginn der Untersuchung auf beiden Waldflächen gleich. Von Fläche A wurden tote Bäume entfernt, auf Fläche B wurden sie stehengelassen.

Nach 15 Jahren wurden die Anzahlen der Vogelarten und Käferarten auf beiden Flächen ermittelt.

D1 Stelle Vermutungen an, weshalb sich die Artenzahl von Käfern und Vögeln in der beschriebenen Weise entwickelte!

D2 Fasse die Ergebnisse der Untersuchung anhand der im Diagramm dargestellten Daten zusammen!

D3 Begründe, weshalb man zwei Flächen untersuchen musste!

D4 Erläutere die Arbeit eines Biologen, der die Verbreitung von Tieren untersucht!

Material E ▸ Entwicklung eines Waldes

Im Wald wachsen Bäume lange Zeit immer weiter in die Höhe. Schließlich sterben sie ab: Ihr Holz wird morsch, so dass sie schon von einem Windstoß umgeworfen werden können. Auf diese Weise bildet sich eine Lichtung. Das Sonnenlicht dringt bis an den Waldboden vor. Gräser und Kräuter, deren Samen zuvor lange Zeit im Boden lagen, keimen nun: Huflattich, Weidenröschen, Walderdbeere. Viele Tiere finden auf der Lichtung Nahrung, darunter Reh und Wildschwein. Im Fell der Tiere können Samen und Früchte haften. Wenn sie diese auf der Lichtung verlieren, kommen neue Pflanzenarten dorthin, die dort vorher nicht wuchsen. Nach ein paar Jahren breiten sich Himbeeren auf der Lichtung aus, dann Holunder und andere Sträucher. Drosseln und Eichelhäher finden Nahrung. Und schließlich wachsen wieder Bäume in die Höhe, zuerst Birken, Weiden und Pappeln, dann Eichen und Buchen.

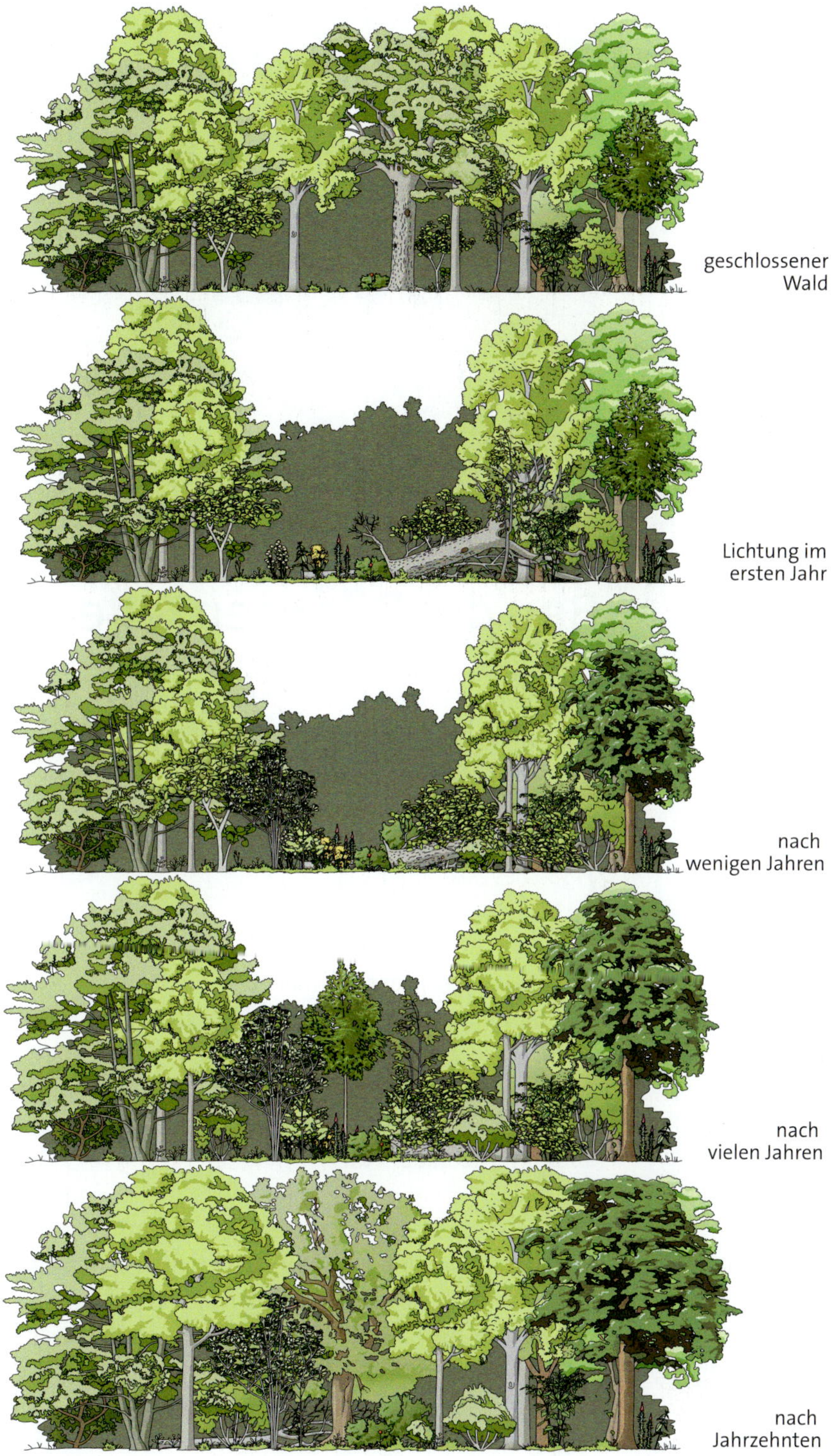

E1 Beschreibe die Entwicklung des Waldes!

E2 Nenne Tiere, die auf der Lichtung leben! Nimm die Angaben auf Seite 185 zu Hilfe!

E3 Begründe, warum nach der Bildung der Lichtung Kräuter keimen und wachsen!

E4 Erkläre, weshalb schließlich wieder ein Wald an die Stelle der Lichtung tritt!

01 Wasserpest:
A Spross,
B lichtmikroskopisches Bild einer Zelle aus dem Laubblatt der Wasserpest bei starker Vergrößerung

Bau der Pflanzenzelle

Unter dem Mikroskop erkennt man, dass das Laubblatt der Wasserpest, einer beliebten Aquarienpflanze, aus vielen gleichartigen, nebeneinanderliegenden und sehr kleinen Kästchen aufgebaut ist. Woraus besteht ein solches „Kästchen"?

ZELLEN · Eine genaue Untersuchung mit dem Mikroskop ergibt, dass die flach erscheinenden Kästchen in Wirklichkeit kleine Räume sind. Man nennt sie **Zellen.** Alle Teile der Wasserpest, nicht nur die Laubblätter, bestehen aus Zellen. Das ist bei allen Pflanzen der Fall.

Die Zellen des Wasserpestblattes sind mit einer Länge von 0,2 Millimetern vergleichsweise groß. Die meisten Pflanzenzellen haben nur eine Größe zwischen 0,1 und 0,01 Millimeter. Alle Pflanzenzellen, ob groß oder klein, sind aber aus ähnlichen Bestandteilen aufgebaut.

lateinisch membrana = zarte Haut

ZELLBESTANDTEILE · Pflanzenzellen sind nach außen von einem stabilen Geflecht fester Fasern, der **Zellwand**, umgeben. Sie gibt der Pflanzenzelle eine stabile Form. An den Fasern kann Wasser entlanglaufen. Zwischen ihnen befindet sich Luft. Dies sind wichtige Unterschiede zwischen einer Zellwand und einer Hauswand.
Im Inneren der Zelle befindet sich eine zähflüssige Masse, das **Zellplasma** oder **Cytoplasma.** Hier laufen die Lebensvorgänge ab. Im Zellplasma werden durch chemische Prozesse des *Stoffwechsels* Substanzen hergestellt, verändert oder abgebaut.
Das Zellplasma ist von der Zellwand durch ein sehr zartes, aber flexibles Häutchen, eine **Membran,** abgegrenzt. Membranen sind so dünn, dass sie im Lichtmikroskop nicht zu erkennen sind. Sie bilden die eigentliche äußere Begrenzung des Zellinhalts.
Wie die Prozesse des Stoffwechsels ablaufen sollen, wird vom **Zellkern** gesteuert. Das

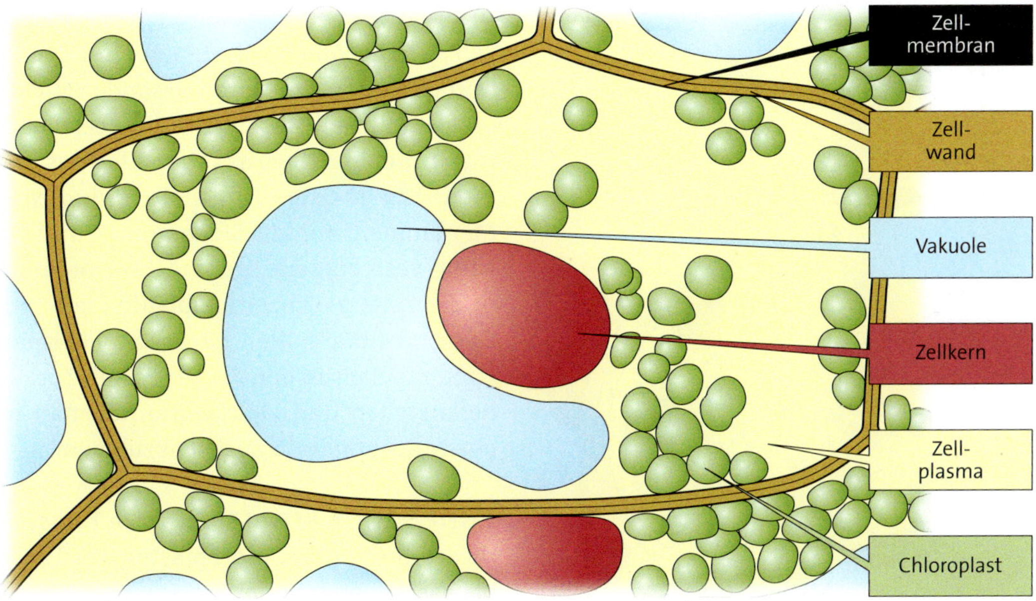

02 Schema des lichtmikroskopischen Bilds einer Pflanzenzelle

ist ein kugel- oder linsenförmiger Bereich, der von Membranen umgeben ist. Er liegt im Zellplasma und erscheint im Lichtmikroskop etwas dunkler als seine Umgebung . Oft sieht man ihn am Zellrand, in der Nähe der Zellwand. Es gibt auch Pflanzenzellen ohne Zellkern. Diese Zellen sind tot, befinden sich aber in lebenden Pflanzen. Das Holz der Bäume besteht aus solchen toten Zellen.

Schon bei etwa 200-facher Vergrößerung erkennt man unter dem Lichtmikroskop im Zellplasma der Wasserpestzellen kleine, linsenförmige, kräftig grün gefärbte Körperchen, die **Blattgrünkörner** oder **Chloroplasten.** Sie sind von Membranen umgeben. Der in ihnen enthaltene Blattfarbstoff, das **Chlorophyll,** sorgt für die grüne Farbe der Laubblätter und Sprosse. In den Chloroplasten läuft die *Fotosynthese* ab. Durch diesen Vorgang kann die Zelle die Lichtenergie der Sonne nutzen und Zucker herstellen, den sie als Nährstoff verwendet.

Einige besonders gestaltete Bereiche des Zellplasmas sind so klein, dass sie unter dem Lichtmikroskop auch bei starker Vergrößerung nur als winzige Pünktchen erscheinen. Unter dem Elektronenmikroskop, das ein viel größeres und genaueres Bild liefert, kann man erkennen, dass es sich um längliche, von Membranen umhüllte Gebilde handelt. Das sind die **Mitochondrien** einer Zelle. Hier wird Zucker abgebaut, sodass die in ihm enthaltene Energie frei wird und der Zelle zur Verfügung steht. Mitochondrien werden deshalb auch als *„Kraftwerke"* der Zelle bezeichnet.

1 Beschreibe die Aufgaben des Zellkerns, der Chloroplasten und der Mitochondrien!

2 Beschreibe die beiden Zellbestandteile, die die Pflanzenzelle umhüllen!

3 Vergleiche die Längen von Zelle, Blatt und Pflanze der Wasserpest anhand von Abbildung 01 und mithilfe eines Lineals!

4 Erläutere, in welcher Beziehung Zelle, Blatt und Pflanze der Wasserpest zueinander stehen!

griechisch chloros = grün; griechisch plastos = geformt

griechisch phyllon = das Blatt

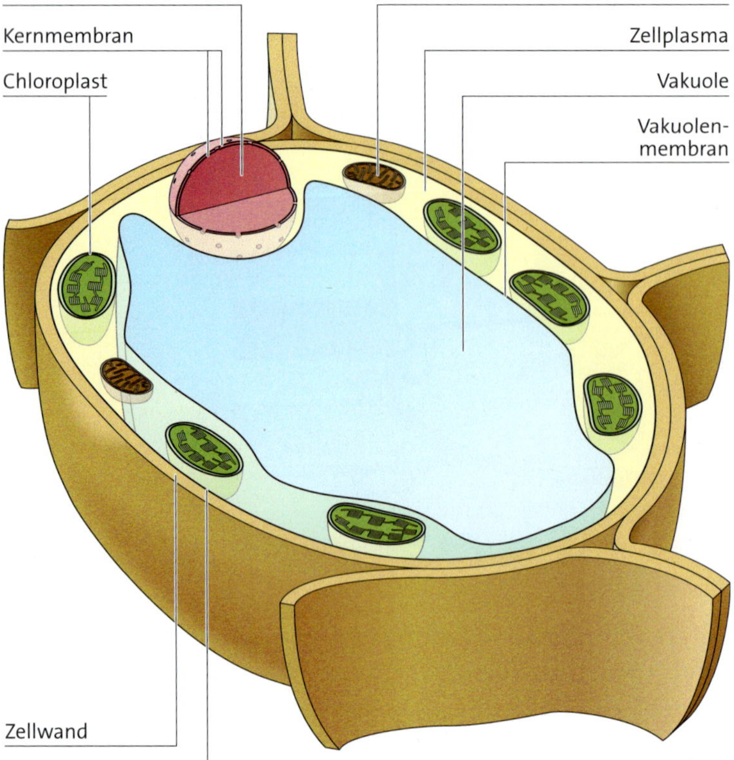

03 Schema einer ausgewachsenen Pflanzenzelle

lateinisch vacuus = leer

VAKUOLE · Das Zellplasma ist auch zum Inneren der Zelle hin durch eine Membran abgegrenzt. In den meisten ausgewachsenen Pflanzenzellen umgibt sie einen großen, mit einer wässrigen Flüssigkeit gefüllten Raum, den **Zellsaftraum,** der auch **Vakuole** genannt wird. In der Vakuolenflüssigkeit, dem **Zellsaft,** kann die Zelle gerade nicht gebrauchte oder nicht verwertbare Stoffe, giftige Substanzen, Farbstoffe und Duftstoffe lagern. Durch Stoffe im Zellsaft erhalten zum Beispiel Zwiebeln oder Erdbeeren ihren charakteristischen Geschmack.
Junge Pflanzenzellen haben nur eine kleine Vakuole. Meistens wird sie mit zunehmendem Alter so groß, dass für das Zellplasma nur ein schmaler Bereich unter der Zellwand übrig bleibt.

ORGANELLEN · Zellbestandteile wie der Zellkern, die Vakuole, die Chloroplasten und Mitochondrien mit ihren besonderen Formen und ihren speziellen Aufgaben fasst man unter dem Begriff **Organellen** zusammen. Die meisten Organellen sind von Membranen umhüllt. Sie sorgen dafür, dass völlig verschiedene Stoffwechselvorgänge in der Zelle gleichzeitig ablaufen können. Ohne Membranhüllen wäre es zum Beispiel nicht möglich, in den Chloroplasten Zucker herzustellen und gleichzeitig nebenan in den Mitochondrien Zucker abzubauen.

OHNE SONNE KEIN LEBEN · Die Fotosynthese, die in den Chloroplasten der Laubblattzellen stattfindet, ist einer der wichtigsten biologisch-chemischen Prozesse auf der Erde. Die Pflanze nutzt die **Sonne** als Energiequelle. In der Fotosynthese stellt die Pflanze mithilfe der Energie des Sonnenlichts energiereiche Stoffe wie Zucker für ihre eigene Ernährung her. Deshalb bezeichnet man die grüne Pflanze auch als *Erzeuger.* Menschen und Tiere ernähren sich von Pflanzen oder von Tieren, die ihrerseits Pflanzen gefressen haben. Damit verwerten sie die Energie, die ursprünglich aus dem Sonnenlicht stammt und von den Pflanzen umgewandelt und dadurch nutzbar gemacht wurde. Die Sonne ist somit der „Motor" für das Leben auf der Erde.

5 Nenne Funktionen der Vakuole!

6 Nenne die Bestandteile, die beim Querschnitt durch eine Pflanzenzelle von außen nach innen aufeinanderfolgen!

7 Beschreibe, welcher Vorteil sich durch die Membranhülle von Organellen für die Zelle ergibt!

Material A ▸ Mikroskopisches Bild von Pflanzenzellen

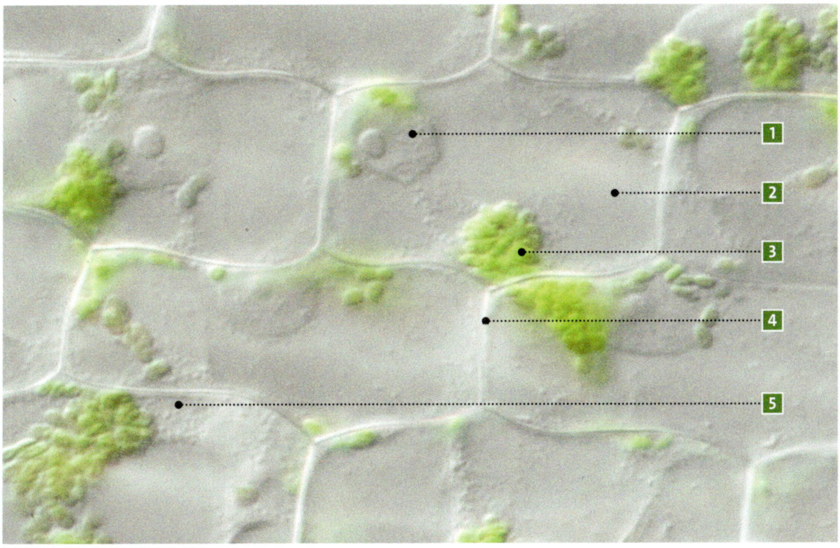

A1 Gib die Anzahl der im mikroskopischen Bild zu erkennenden Zellen an! Berücksichtige dabei auch die unvollständig abgebildeten Zellen!

A2 Nenne die Fachbezeichnungen für die mit Zahlen gekennzeichneten Bereiche und beschreibe jeweils ihre Funktionen!

A3 Beschreibe den Bereich einer Pflanzenzelle, in dem die Lebensvorgänge ablaufen!

A4 Nenne die Stellen der Zelle, an denen Membranen liegen!

Material B ▸ Blattaufbau

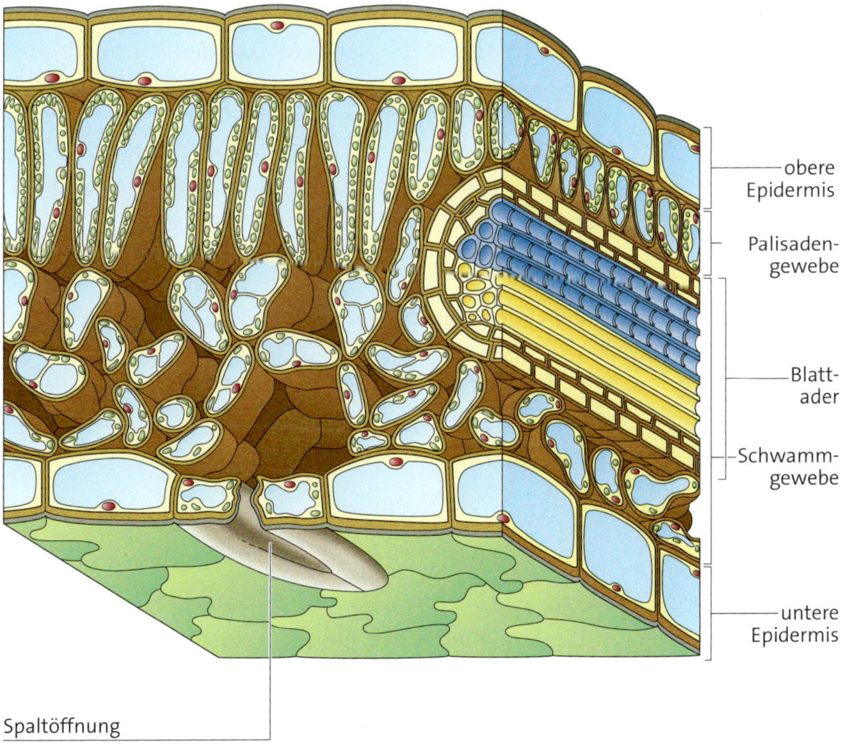

Die Ober- und Unterseite eines Blattes werden jeweils von lückenlos aneinandergereihten *Epidermiszellen* gebildet. Unter der oberen Epidermis liegen dicht an dicht die langgestreckten Palisadenzellen, die das *Palisadengewebe* bilden. Darunter liegen locker verteilt die Zellen des *Schwammgewebes*. Durch die beiden Gewebe laufen die Blattadern, die vor allem dem Wassertransport dienen. Auf der Blattunterseite liegen die Spaltöffnungen.

B1 Beschreibe die drei im Text genannten Zelltypen! Beachte dabei Form, Größe und sichtbare Organellen!

B2 Stelle Vermutungen an, welche Funktion die einzelnen Zelltypen im Blatt haben!

METHODE

Mikroskopieren

Eines der wichtigsten Geräte der Biologen ist das Lichtmikroskop. Es liefert ein stärker vergrößertes und viel genaueres Bild als eine Lupe.

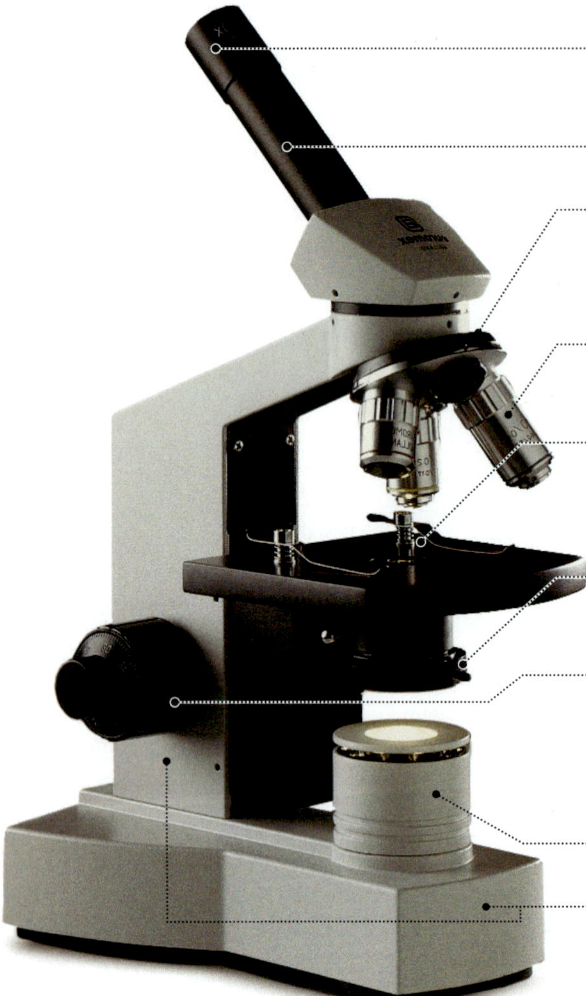

Okular: *vergrößert das Bild. Die Vergrößerung ist neben der Linse eingraviert.*

Tubus: *Röhre mit dem Okular am oberen Ende.*

Objektivrevolver: *Vorrichtung, an der verschiedene Objektive mit unterschiedlichen Vergrößerungen über das Objekt gestellt werden.*

Objektiv: *stellt ein vergrößertes Bild des Objektes her. Die Vergrößerung ist meistens seitlich eingraviert.*

Objekttisch: *Auflage für den Objektträger mit dem Objekt. Das Objekt muss in den Lichtstrahl, über die Öffnung im Objekttisch gelegt werden.*

Blende: *reguliert die Helligkeit und den Kontrast des Bildes.*

Triebrad: *verändert den Abstand zwischen dem Objekttisch und dem Objektiv und stellt so das Bild scharf. Meistens gibt es ein Triebrad für die grobe und eins für die feine Einstellung.*

Mikroskopleuchte: *durchleuchtet das Objekt.*

Stativ und Fuß: *Halterung für das Mikroskop. Am Stativ und am Fuß trägt man das Mikroskop beim Transport.*

01 Bau eines Lichtmikroskops

Damit das Objekt von Licht durchstrahlt wird, muss es dünn und durchsichtig sein. Es liegt auf einer Glasplatte, dem ***Objektträger,*** *und wird oben von einem dünnen Glasplättchen abgedeckt, dem* ***Deckgläschen.*** *Das Bild des Objekts, das man durch das Okular sieht, ist seitenverkehrt und steht auf dem Kopf.*

Um zu berechnen, wie stark ein mikroskopisches Bild vergrößert ist, multipliziert man die Vergrößerung des Okulars mit der des Objektivs. Schulmikroskope vergrößern häufig mit einem 10-fachen Okular und einem 40-fachen Objektiv, also insgesamt 400-fach. Forschungsmikroskope erreichen eine bis zu 2000-fache Vergrößerung.

METHODE

Bedienung des Lichtmikroskops

Um das Lichtmikroskop richtig nutzen zu können und um es dabei nicht zu beschädigen, muss man einige wichtige Regeln beachten:

*1) **Transport:** Trage das Mikroskop mit einer Hand am Stativ und mit der anderen unter dem Fuß.*

*2) **Vorbereitung:** Schließe die Stromversorgung an und schalte die Mikroskopleuchte ein. Drehe den Objektivrevolver so, dass kein Objektiv über der Öffnung im Objekttisch steht.*

*3) **Auflegen des Objektträgers:** Trockne die Unterseite des Objektträgers mit Filtrierpapier und lege ihn über die Öffnung im Objekttisch. Drehe den Objektivrevolver so, dass das Objektiv mit der geringsten Vergrößerung über dem Objekt steht.*

*4) **Scharfstellen des Bildes:** Fahre mit dem Grobtrieb den Objekttisch nahe an das schwächste Objektiv heran ohne dass das Objektiv den Objektträger berührt. Vergrößere den Abstand, bis das Bild zu erkennen ist. Stelle es dann mit dem Feintrieb scharf.*

*5) **Helligkeit und Kontrast:** Stelle mit der Blende die Helligkeit und den Kontrast so ein, dass möglichst viele Einzelheiten klar zu sehen sind.*

*6) **Suche geeignete Stellen:** Schau durch das Okular und verschiebe gleichzeitig den Objektträger, bis du einen geeigneten Bereich des Objekts gefunden hast. Berücksichtige dabei, dass das Bild seitenverkehrt ist und auf dem Kopf steht.*

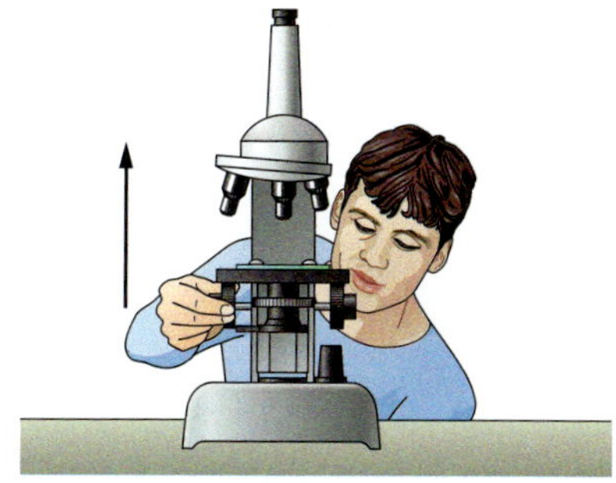

02 Heben des Objekttisches

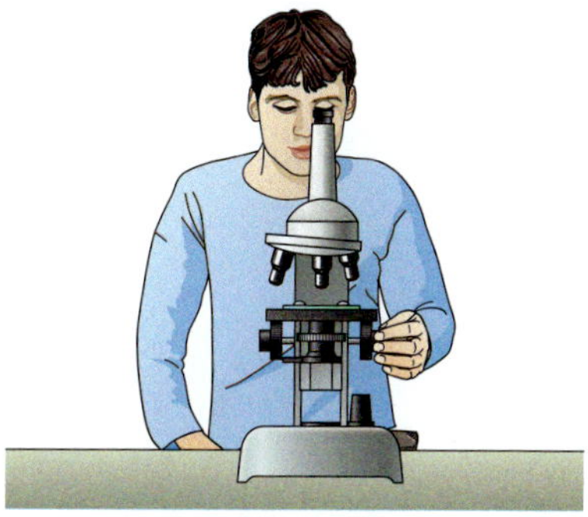

03 Einstellen der Bildschärfe

Ergebnissicherung

*Eine mikroskopische Untersuchung lässt sich häufig durch eine beschriftete **Zeichnung** besser sichern als durch eine Beschreibung. Für die Anfertigung von mikroskopischen Zeichnungen gelten folgende Regeln:*

1) Verwende weißes, unliniertes Papier und zeichne möglichst groß, mindestens eine halbe DIN-A4-Seite.

2) Zeichne nur mit Bleistift. Ziehe klare, durchgängige Linien.

3) Zeichne nur das, was du wirklich siehst.

4) Beschrifte die Zeichnung. Ziehe die Beschriftungsstriche mit dem Lineal. Achte dabei darauf, dass sie sich nicht kreuzen.

5) Gib oben auf der Seite an, welches Objekt dargestellt ist, die Vergrößerung, die Art der Vorbehandlung, zum Beispiel die Färbung, das Datum und deinen Namen!

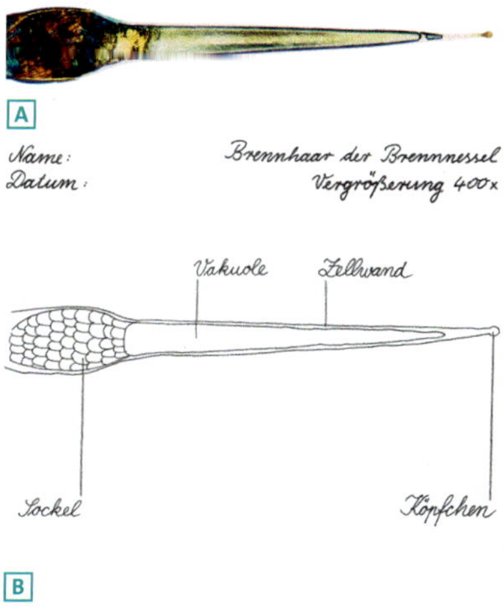

04 Brennhaar einer Brennnessel: **A** mikroskopisches Bild, **B** Zeichnung

METHODE

Herstellung eines mikroskopischen Präparates von Pflanzenzellen

Die Schuppenhaut einer Küchenzwiebel lässt sich leicht so vorbereiten, dass ihre Zellen unter dem Lichtmikroskop sichtbar werden. Man nennt einen solchen Vogang ***Präparation.*** *Folgende Hilfsmittel sind dafür erforderlich:*

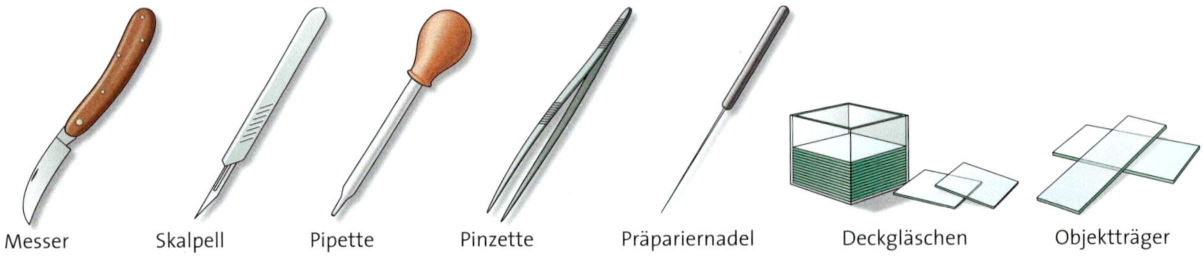

05 Hilfsmittel für die Anfertigung eines mikroskopischen Präparats der Zwiebelschuppenhaut

Um das Präparat herzustellen, arbeitet man in folgenden Schritten:

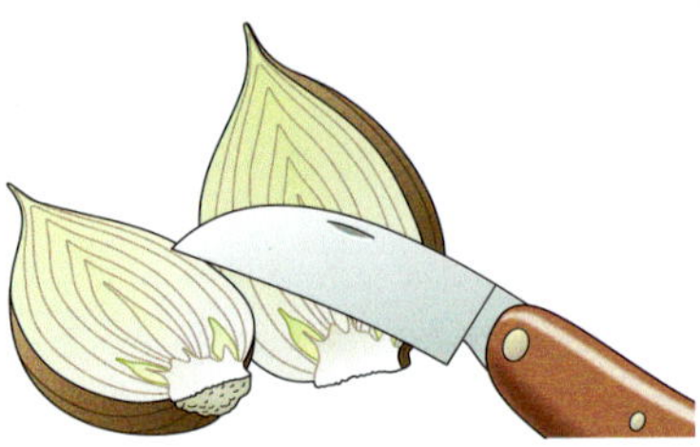

1) *Schneide mit dem Messer die Küchenzwiebel längs so durch, dass zwei gleiche Teile entstehen. Löse eine Schuppe heraus.*

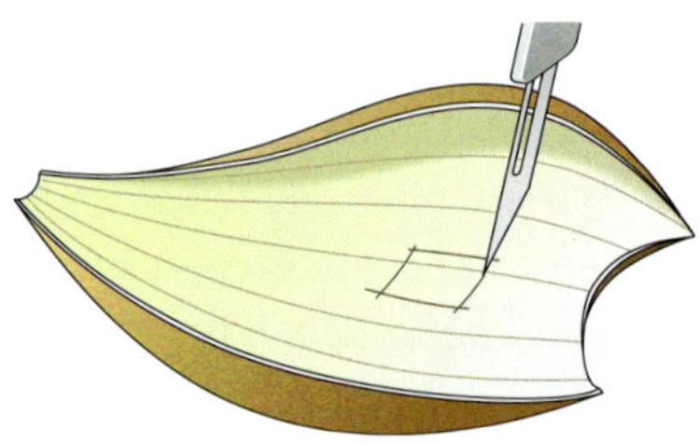

2) *Ritze mit dem Skalpell auf der hohlen Innenseite der Schuppe ein etwa 0,5 Zentimeter großes Quadrat in die dort liegende dünne Zwiebelschuppenhaut.*

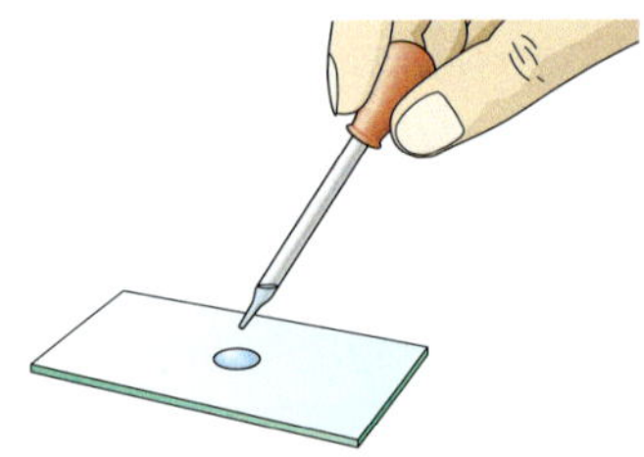

3) *Gib mit der Pipette zwei Tropfen Wasser auf einen sauberen Objektträger. Achte darauf, dass die Unterseite des Objektträgers trocken bleibt.*

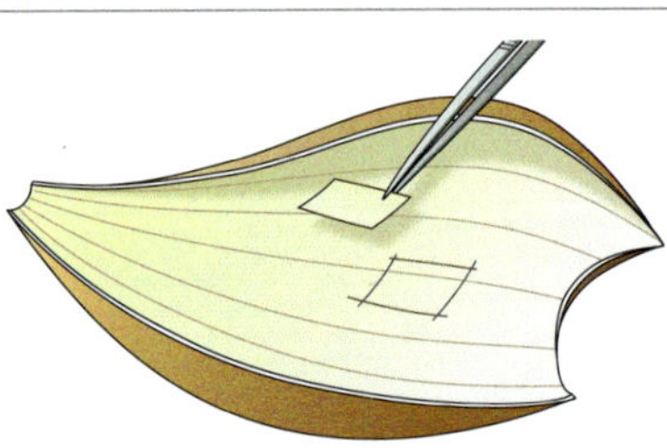

4) *Löse mit einer spitzen Pinzette das kleine Quadrat der Zwiebelschuppenhaut ab. Achte darauf, dass dabei keine Teile der Schuppe mit abgezogen werden.*

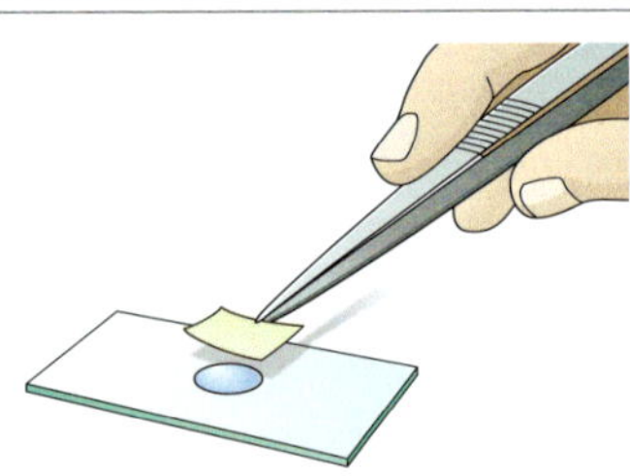

5) *Lege den Ausschnitt der dünnen Zwiebelschuppenhaut mit der Pinzette auf den Wassertropfen des Objektträgers.*

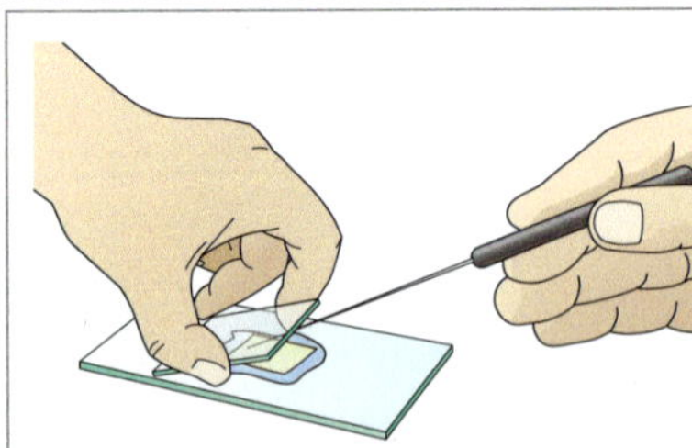

6) *Lege ein Deckglas mit einer Kante an den Rand des Wassertropfens und senke es mit einer Präpariernadel ab. So werden keine Luftblasen eingeschlossen.*

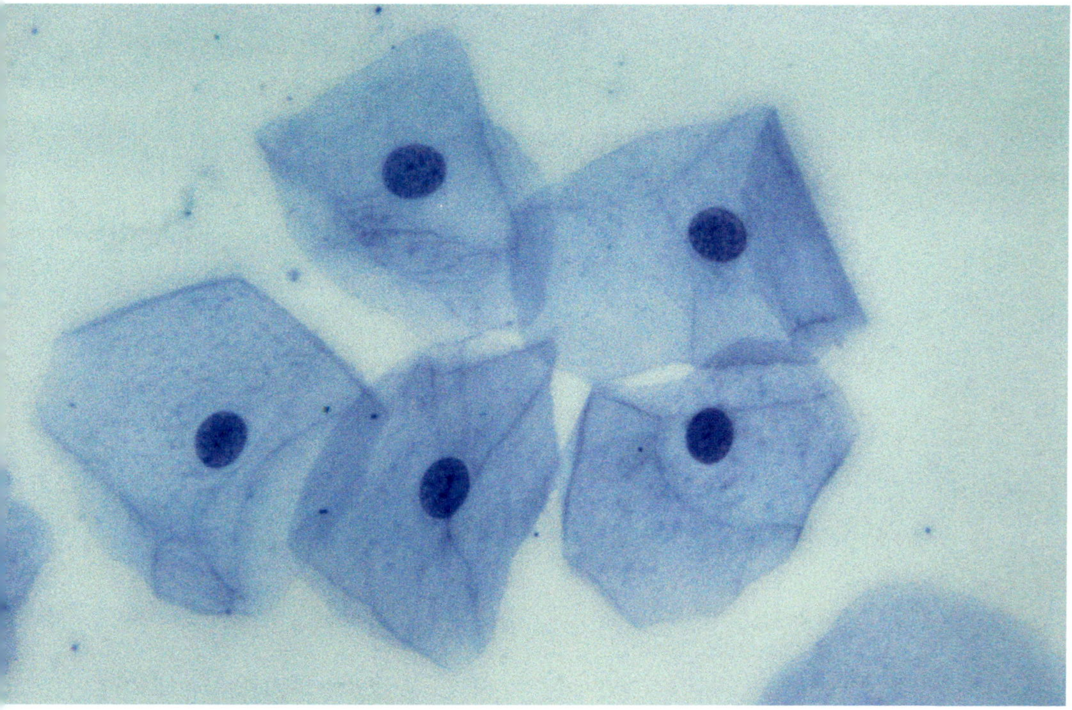

01 Mikroskopisches Bild von angefärbten Zellen der Mundschleimhaut des Menschen

Bau der Tierzelle

Der Körper eines Tieres und eines Menschen unterscheidet sich deutlich von dem einer Pflanze. Gilt das auch für ihre Zellen?

FORM UND GRÖSSE · Die meisten Tierzellen, zum Beispiel die Zellen der Mundschleimhaut des Menschen, sind kleiner als Pflanzenzellen. Ihre Form ist weniger stark festgelegt, weil sie nur von einer *Zellmembran* umgeben sind. Eine zusätzliche feste Zellwand fehlt. Tierzellen sind daher weich und lassen sich leichter als Pflanzenzellen zerreißen.

ZELLBESTANDTEILE · Mundschleimhautzellen sind wie alle Tierzellen vollständig von *Zellplasma* ausgefüllt. Sie haben keine zentrale Vakuole. Im Zellplasma liegt ein *Zellkern*, häufig in der Mitte der Zelle und nicht am Rand wie in Pflanzenzellen. Auch die winzigen Kraftwerke der Zellen, die *Mitochondrien,* sind vorhanden.

In Tierzellen gibt es keine Chloroplasten. Sie sind daher nicht in der Lage, Zucker herzustellen, und müssen deshalb ihre Nährstoffe mit der Nahrung aufnehmen.

1 Nenne drei Bestandteile von Pflanzenzellen, die Tierzellen fehlen!

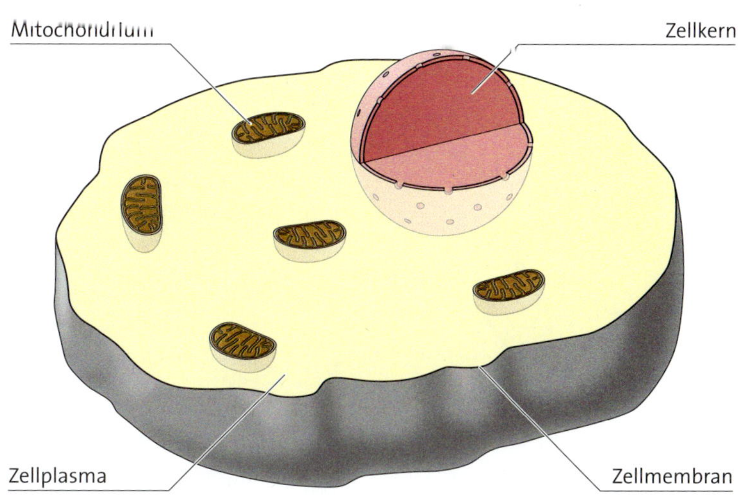

02 Schema einer Tierzelle

VERSUCH A ▸ Herstellung eines mikroskopischen Präparats von Zellen der menschlichen Mundschleimhaut

Material:
Mikroskop, Holzspatel, Pipette, Präpariernadel, Objektträger, Deckglas

Durchführung:

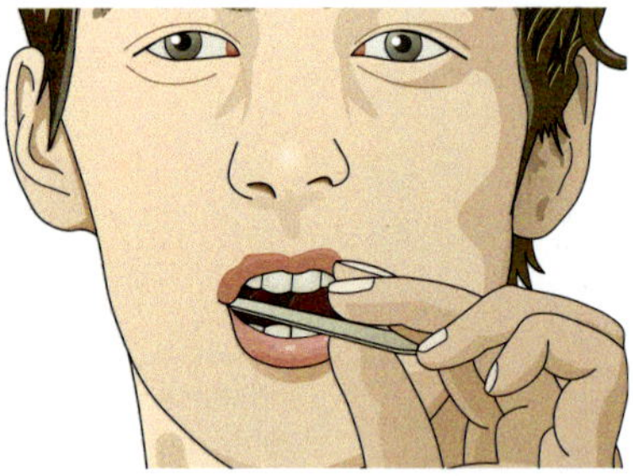

1) *Schabe mit einem Holzspatel vorsichtig von der Innenseite der Wange etwas Mundschleimhaut ab.*

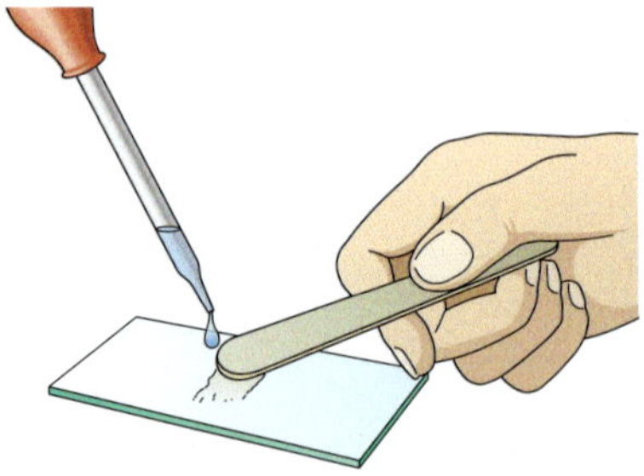

2) *Gib mit der Pipette zwei Tropfen Wasser auf einen Objektträger. Übertrage dann die Mundschleimhautzellen.*

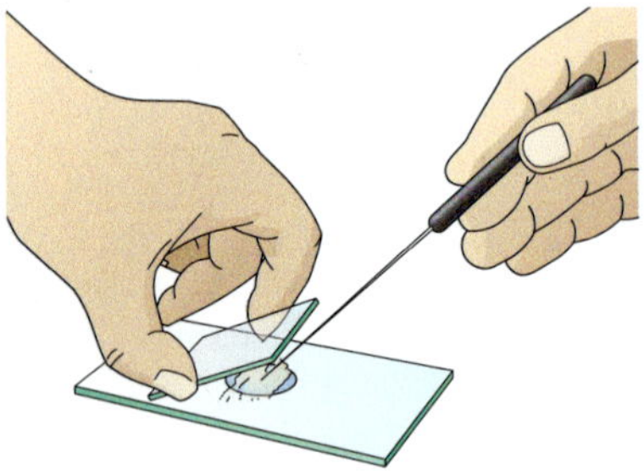

3) *Lege ein Deckglas an den Rand der Flüssigkeit auf den Objektträger und senke es mit einer Präpariernadel langsam ab.*

A1 Mikroskopiere das Präparat! **Hinweis:** *Schließe dabei die Blende des Mikroskops stark!*

A2 Fertige eine beschriftete Zeichnung von drei bis fünf Zellen bei stärkster Vergrößerung an!

VERSUCH B ▸ Färbung mikroskopischer Präparate

Material:
Mikroskop, Präparat von Zellen der Mundschleimhaut, Methylenblau, Pipette, Filtrierpapier
Hinweis: *Methylenblau ist giftig und gibt dauerhafte Flecke. Berührung mit der Haut und der Kleidung vermeiden!*

Durchführung:

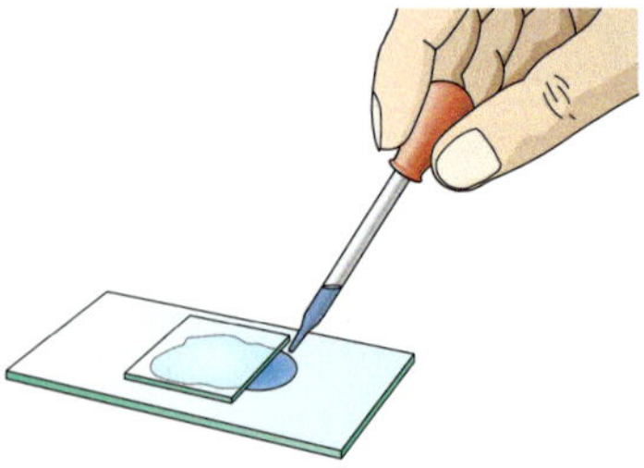

1) *Gib mit einer Pipette einen Tropfen Methylenblau-Lösung neben den Rand des Deckglases.*

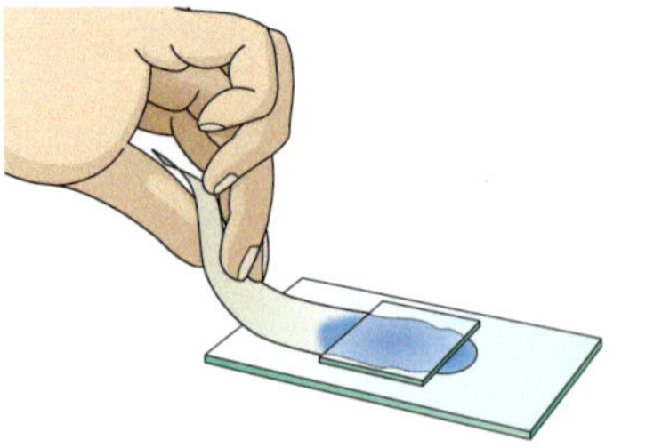

2) *Sauge mit einem Streifen Filtrierpapier vom gegenüberliegenden Rand her die Färbeflüssigkeit durch das Präparat.*

B1 Mikroskopiere das gefärbte Präparat bei stärkster Vergrößerung!

B2 Fertige eine beschriftete Zeichnung von drei bis fünf Zellen an!

B3 Stelle ein mit Methylenblau gefärbtes Präparat von Zellen der Zwiebelschuppenhaut her und mikroskopiere es! Vergleiche dieses mit einem ungefärbten Präparat!

Material C ▸ Vergleich von Tier- und Pflanzenzellen

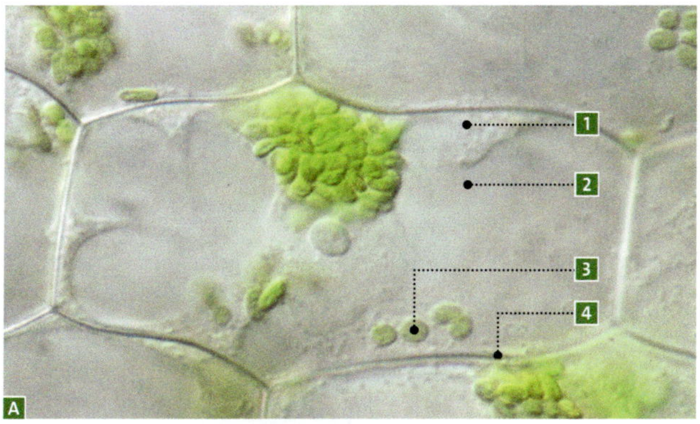

A

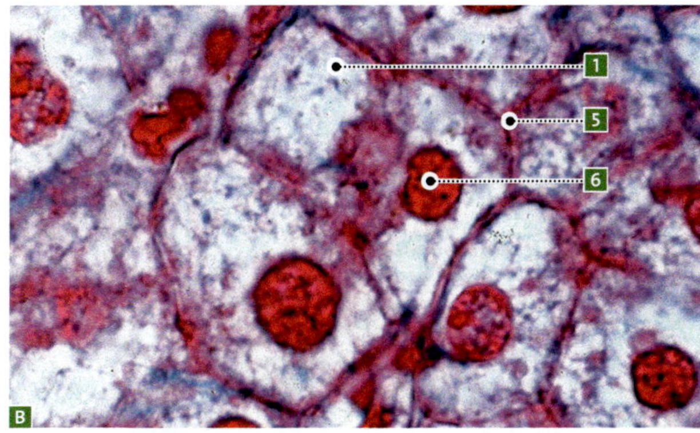

B

C1 Nenne die Fachbegriffe für die mit Zahlen gekennzeichneten Bereiche!

C2 Ordne die mikroskopischen Aufnahmen von Zellen folgenden Bildunterschriften zu: „Zellen aus dem Blatt der Wasserpest“ oder „Zellen aus der Leber einer Maus“! Begründe die Zuordnung!

C3 Vergleiche die beiden Zelltypen! Lege dazu eine Tabelle an! Berücksichtige darin die in den Abbildungen erkennbaren Zellbestandteile!

C4 Nenne Bestandteile der Zellen, die in den Abbildungen nicht zu erkennen sind!

C5 Erläutere, woher die beiden Zelltypen ihre Nährstoffe erhalten!

Material D ▸ Zuordnung von Tier- und Pflanzenzellen

A

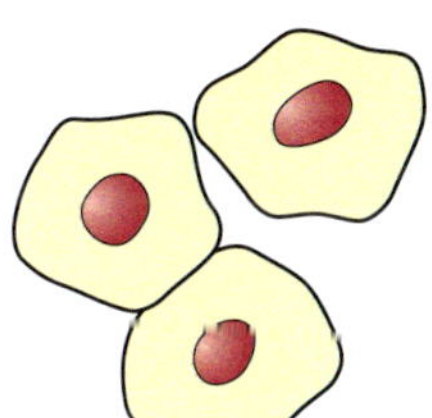
B

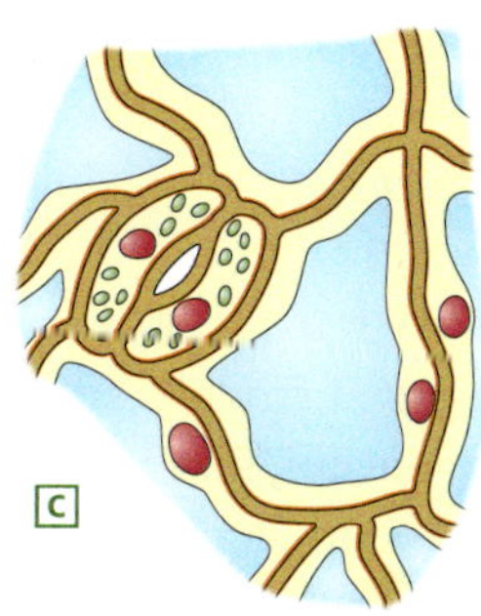
C

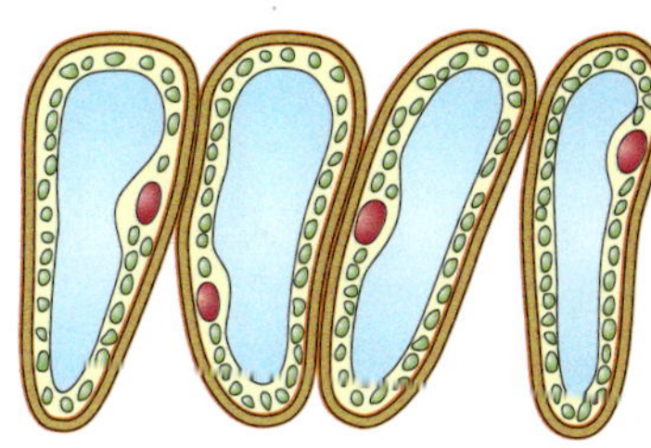
D

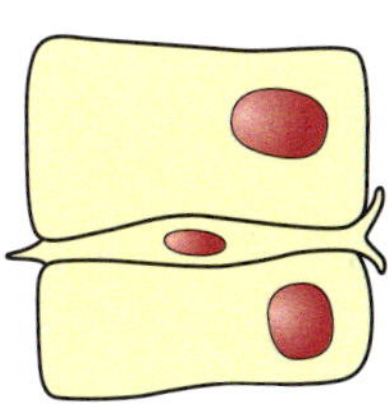
E

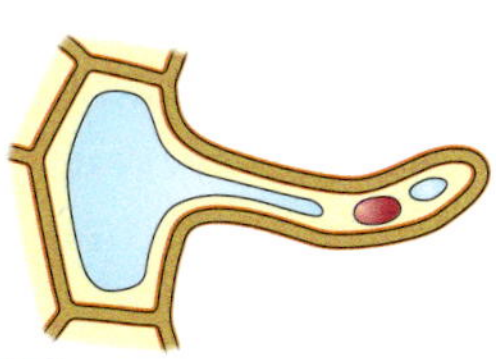
F

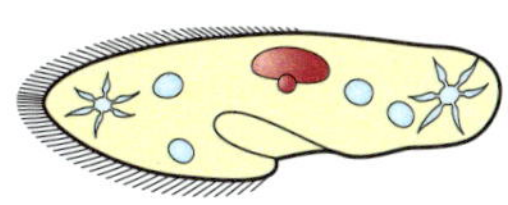
G

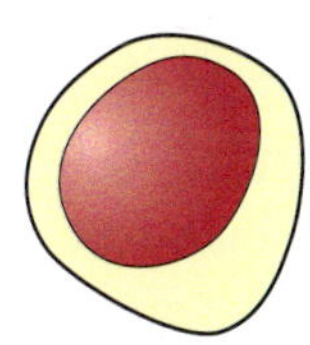
H

I

D1 Ordne jede Abbildung entweder den Pflanzen oder den Tieren zu! Begründe jede Zuordnung!

D2 Die Abbildung A stellt eine tote Zelle dar. Nimm Stellung zu dieser Aussage!

D3 Nenne die Zellen, die vermutlich selbst keinen Zucker herstellen können! Begründe!

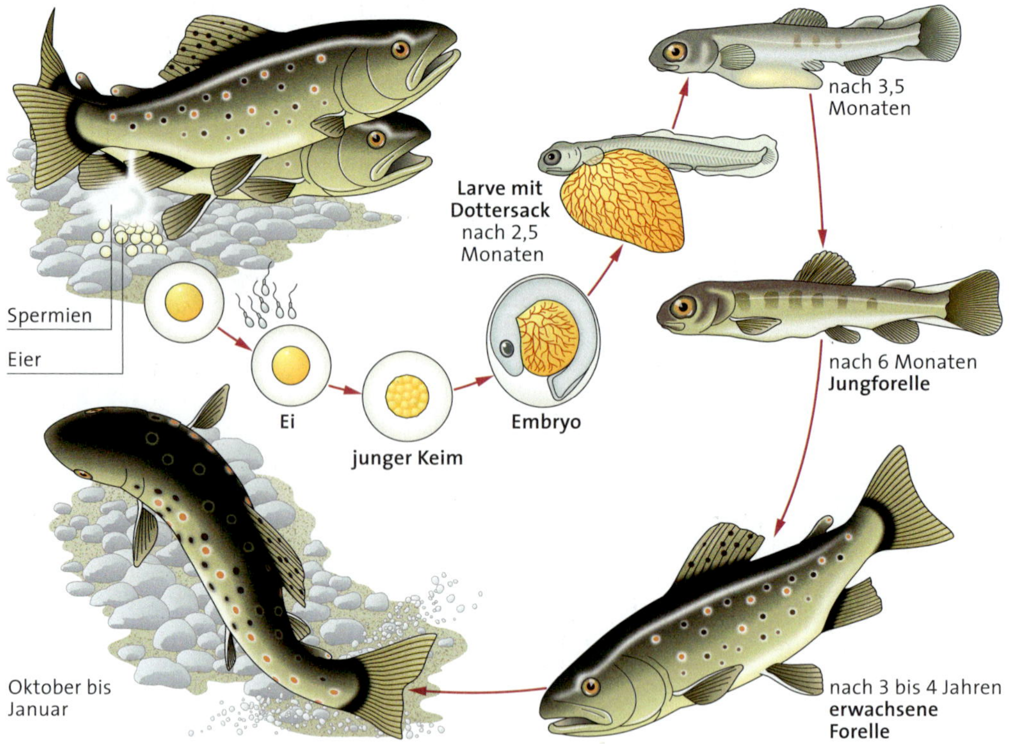

01 Fortpflanzung und Entwicklung der Forelle

Fische – Fortpflanzung und Entwicklung

Im späten Herbst schlägt das Forellenweibchen mit seinem Schwanz eine Grube in das Kiesbett eines Baches. Dort legt sie viele Hunderte von Eiern ab. Wie werden aus den Eiern kleine Forellen?

FORTPFLANZUNG UND ENTWICKLUNG · Zur Fortpflanzungszeit finden sich Männchen und Weibchen zur Paarung zusammen. Während der Paarung legt das Forellenweibchen die nur wenige Millimeter großen Eizellen, den *Laich,* unbefruchtet ins Bachbett. Unmittelbar danach wird der Laich von den Spermienzellen des Forellenmännchens befruchtet. Die Befruchtung findet außerhalb des Körpers statt, man nennt diesen Vorgang daher **äußere Befruchtung.** Nach der Befruchtung bedeckt das Weibchen die *Laichgrube* mit Kies und überlässt die Eier sich selbst. Im befruchteten Ei entwickelt sich der **Embryo.** Nach ungefähr zwei Monaten schlüpfen im Frühjahr aus den Eiern die nur 10 bis 20 Millimeter großen **Larven.** Eine Forellenlarve ist fast durchsichtig und trägt am Bauch einen Teil des Eis, den gelben *Dottersack.* In Lücken zwischen den Kieselsteinen des Bachbetts lebt sie ungefähr drei Wochen lang und ernährt sich nur vom Dottersack. Erst wenn der Dottersack aufgebraucht ist, verlässt der Jungfisch die Kieslücken und sucht im Bach nach Nahrung wie Insektenlarven und anderen Kleintieren. Am Ende des ersten Jahres ist die Jungforelle auf 10 bis 12 Zentimeter herangewachsen. Im Alter von zwei bis vier Jahren und mit einer Größe von ungefähr 30 Zentimetern ist die Forelle geschlechtsreif und kann sich fortpflanzen.

BRUTPFLEGE · Manche Fischarten kümmern sich auch nach der Befruchtung um ihre Eier, Larven oder Jungfische, sie betreiben *Brutpflege*. Ein Beispiel dafür ist der **Stichling.** Dieser kleine Fisch lebt unter anderem in krautreichen Seen und Tümpeln des Flachlandes. Im späten Frühjahr beginnt das Stichlingsmännchen ein *Revier* abzugrenzen. Es benutzt dazu kleine Wurzeln, Steine oder Bodenunebenheiten, die als Grenzmarkierungen dienen. Dann hebt es mit dem Maul eine flache Grube im Boden aus. In diese Grube baut es ein *Nest* aus Pflanzenteilen. Kommt ein Weibchen in die Nähe des Nestes, beginnt das Männchen zu werben. Durch auffällige Zickzackbewegungen lockt es das Weibchen zum Nest. Daraufhin legt das Weibchen die Eier ins Nest und das Männchen kann den Laich besamen. Nach der Befruchtung bewacht das Männchen den Laich, vertreibt Feinde und fächelt den Eiern mit seinen Flossen frisches Wasser zu. Nach wenigen Tagen schlüpfen die Jungfische. In ihren ersten Lebenstagen werden sie vom Vater umsorgt, bis sie schließlich das Nest verlassen.

WANDERUNG · Der **Lachs** laicht in den oberen Bereichen schnell fließender Bäche. Wenn die Junglachse wenige Jahre alt sind, schwimmen sie flussabwärts bis ins Meer. Sobald sie nach ein bis drei Jahren im Meer geschlechtsreif geworden sind, kehren sie in ihr Geburtsgewässer zurück und paaren sich. Den Weg finden sie mithilfe ihres sehr gut ausgeprägten Geruchssinnes. Bei ihrer Wanderung flussaufwärts können sie sogar Stromschnellen und kleine Wasserfälle springend überwinden. Während der Wanderung nehmen die Tiere keine Nahrung zu sich. Nach der Paarung sterben die meisten Lachse an Erschöpfung, nur wenige Tiere kehren erneut ins Meer zurück.
Auch **Aale** wandern. Allerdings schlüpfen die Jungtiere im Atlantik. Im Verlauf von drei Jahren erreichen sie die europäischen Küstengewässer und schwimmen dann flussaufwärts. Hier wachsen sie zu ihrer vollen Größe heran. Erst als geschlechtsreife Tiere kehren sie ins Meer zurück und pflanzen sich fort.

02 Dreistachliger Stichling (Männchen)

03 Wandernde Lachse

1 Beschreibe, wie sich die Forelle fortpflanzt!

2 Stelle Vermutungen an, welche Vorteile und Nachteile die Brutpflege für den Stichling haben kann! Begründe deine Aussagen!

METHODE

Sezieren

Wenn man den inneren Bau eines Lebewesens untersuchen will, muss man seinen Körper öffnen. Man spricht vom ***Sezieren.***

Material:
Wanne oder Schale, spitze Schere, Lupe, Sonde, Pinzette, Forelle

Durchführung:
Lege den Fisch so auf die Unterlage, dass sein Kopf nach links zeigt. Skizziere den Fisch und beschrifte auf deiner Zeichnung die verschiedenen Flossen, das Maul, die Augen, die Nasenöffnung, den Kiemendeckel, die Seitenlinie und den After. Achte beim Öffnen der Körperhöhle immer darauf, die Schere möglichst flach zu halten, damit die inneren Organe des Fisches nicht zerstört werden.

Schnitt 1: Setze die Schere am After des Fisches an. Stich hinein und schneide entlang der Bauchseite nach vorne bis zum Ansatz der Brustflosse.

Schnitt 2: Schneide am Rand des Kiemendeckels entlang so weit wie möglich zum Rücken hinauf.

Schnitt 3: Schneide vom After ebenfalls so weit wie möglich nach oben.

Schnitt 4: Nun klappe den entstandenen Körperlappen nach oben und schneide ihn ab.

Schnitt 5: Zum Schluss entferne vorsichtig den knöchernen Kiemendeckel, ohne die darunter, liegenden Kiemen zu verletzen.

Nach dem Öffnen des Körpers erkennst du die Kiemenhöhle mit den Kiemenbögen und den feinen roten *Kiemenblättchen.* Im unteren Bereich des Körpers liegt direkt hinter den Kiemen das relativ kleine *Herz.* Hinter den Kiemen sieht man auch die Speiser*öhre,* die in den langgestreckten Magen übergeht. Auf den Magen folgt der Darm, der schließlich in der *Afteröffnung* mündet. Unter dem Magen liegt die bräunliche *Leber.* Im oberen Teil der Körperhöhle befindet sich die große, silbrig glänzende Schwimmblase. Zwischen Darm und *Schwimmblase* liegt beim Männchen der milchig weiße *Hoden.* An der gleichen Stelle findest du beim Weibchen den rötlichen *Eierstock.*

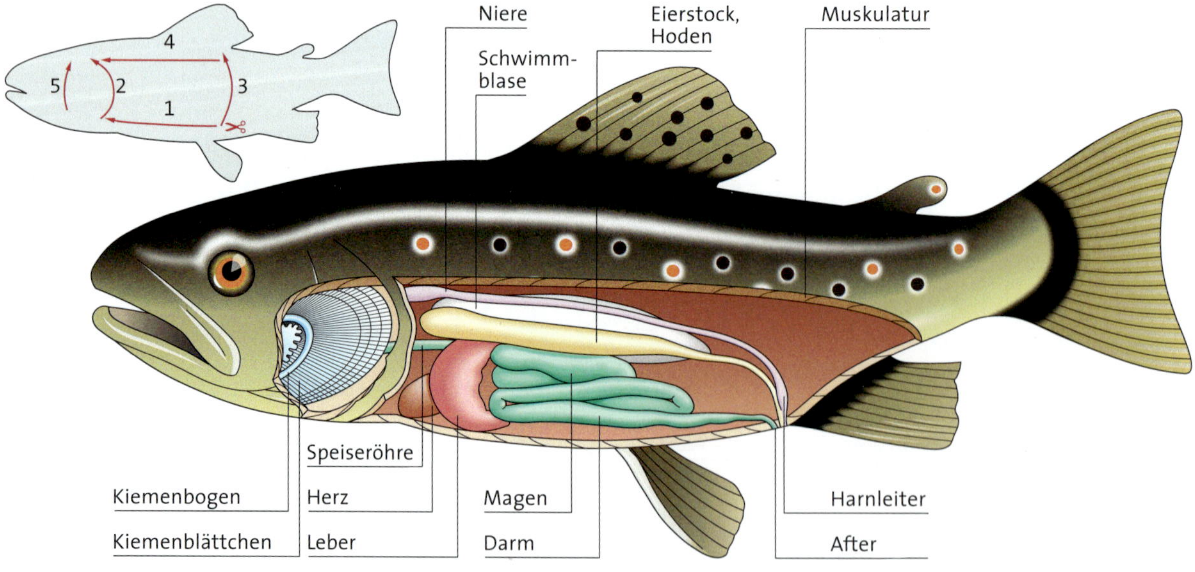

Material A ▸ Entwicklung der Forelle

A1 Beschreibe die Entwicklung vom Ei zum Jungfisch!

A2 Miss die Größe der Larven in den Abbildungen B, C und D und veranschauliche das Wachstum in einem Säulendiagramm (Hochachse: Größe in Millimeter, Rechtsachse: Alter in Tagen)! Bestimme auch die Größe des Eies!

A3 Erkläre, wie und wodurch sich die Größe des Dottersackes im Laufe der Entwicklung verändert! Nimm auch die Abbildung 01 auf Seite 198 zu Hilfe!

Material B ▸ Wanderung der Aale

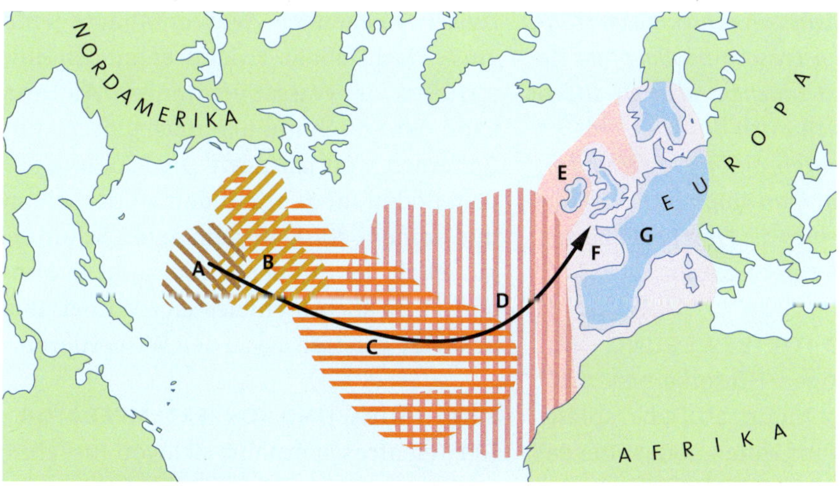

Das Laichgebiet des Europäischen Aals befindet sich in der *Sargassosee* vor der nordamerikanischen Küste. Von dort wandern die frisch geschlüpften Larven als fast durchsichtige *Glasaale* in drei Jahren Richtung Europa. Dann verändern sie Form und Farbe und steigen die Flüsse Europas hinauf, wo die erwachsenen Aale sechs bis zehn Jahre leben. Zur Laichzeit kehren sie in die Sargassosee zurück, pflanzen sich fort und sterben.

B1 Ordne die abgebildeten Aale den in der Karte angegebenen Gebieten zu!

B2 Stelle Vermutungen an, welchen Gefahren Aale und Lachse auf ihren Wanderungen ausgesetzt sind!

01 Springender Teichfrosch

Amphibien – Leben im Wasser und an Land

Am Rand von Gewässern kann man im Frühling und Sommer Frösche beobachten. Sie schwimmen und tauchen, aber sie sitzen und bewegen sich auch am Ufer. Frösche und ihre Verwandten, die im Wasser und an Land leben, nennt man Amphibien oder Lurche. Wie schaffen es die Frösche, in beiden Lebensbereichen zurechtzukommen?

griechisch amphi und bios = beidlebig

KÖRPERBAU UND FORTBEWEGUNG · Mit seinen sehr kräftigen Hinterbeinen stößt sich der Frosch im Wasser ab. Dabei spreizt der Frosch seine fünf Zehen, sodass die dazwischenliegenden Schwimmhäute eine große Fläche bilden. So kann er mit den Hinterfüßen viel Wasser verdrängen. An Land kann der Frosch mit den muskulösen Hinterbeinen weit springen. Die Landung auf dem Boden fängt er mit den Vorderbeinen und seinem stark ausgebildeten **Schultergürtel** ab, der mit der Wirbelsäule verbunden ist. Da alle Amphibien eine Wirbelsäule besitzen, gehören sie zu den **Wirbeltieren.**

ERNÄHRUNG UND KÖRPERTEMPERATUR · Der Teichfrosch ernährt sich von Insekten,

02 Schwimmender Teichfrosch

Spinnen, Würmern und anderen kleinen Tieren. Er fängt seine Beute häufig im Sprung mit dem breiten Maul. Meistens schleudert er blitzschnell seine klebrige Zunge heraus. Mit dieser **Schleuderzunge** zieht er seine Beute ins Maul und verschluckt sie unzerkaut, denn er hat keine Zähne. Frösche können keine eigene Körperwärme erzeugen. Deshalb ist ihre Körpertemperatur immer genauso hoch wie die der Umgebung. Wie alle Amphibien sind sie **wechselwarme Tiere.** Bei sinkender Umgebungstemperatur, im Herbst, bewegt sich der Teichfrosch immer langsamer. Er sucht sich dann im Bodenschlamm eines Gewässers einen sicheren Ort zum Überwintern. In **Winterstarre** verbringt er dort, geschützt vor Feinden, die kalte Jahreszeit. Da er sich in dieser Zeit kaum bewegt, benötigt er nur wenig Sauerstoff.

ATMUNG · Wie alle Amphibien können Teichfrösche sehr lange tauchen. Die Haut des Teichfrosches ist sehr dünn. So kann Sauerstoff aus der Luft, aber auch aus dem Wasser in den Körper eindringen. Eine solche Atmung bezeichnet man als **Hautatmung.** Diese ist aber nur möglich, wenn die Haut feucht ist. Schleimdrüsen geben der Haut einen ständigen, feinen, feuchten Überzug. Außerhalb des Wassers suchen Amphibien feuchte Stellen auf und vermeiden so, dass die Haut austrocknet. Amphibien sind **Feuchtlufttiere.** Die Haut des Teichfrosches ist sehr gut durchblutet. Das Blut nimmt den eingedrungenen Sauerstoff auf, verteilt ihn in alle Bereiche des Körpers und gibt Kohlenstoffdioxid aus dem Körper ab. Der Teichfrosch hat aber auch Lungen, mit denen er den Sauerstoff der Luft in seinen Körper aufnehmen kann. Amphibien sind „Doppelatmer" mit Lungen- und Hautatmung.

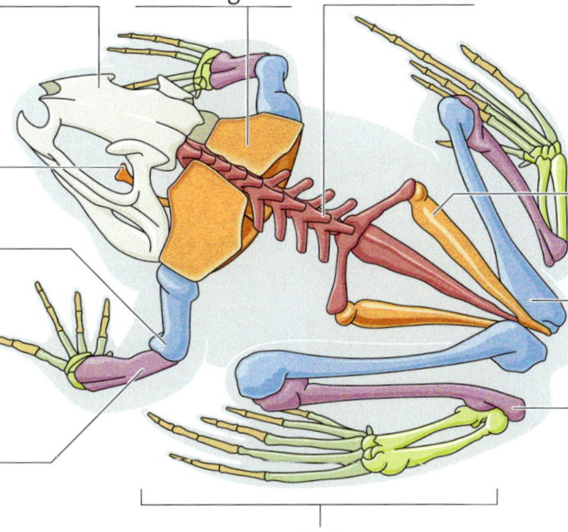

03 Skelett des Frosches

04 Teichfrosch beim Beutefang

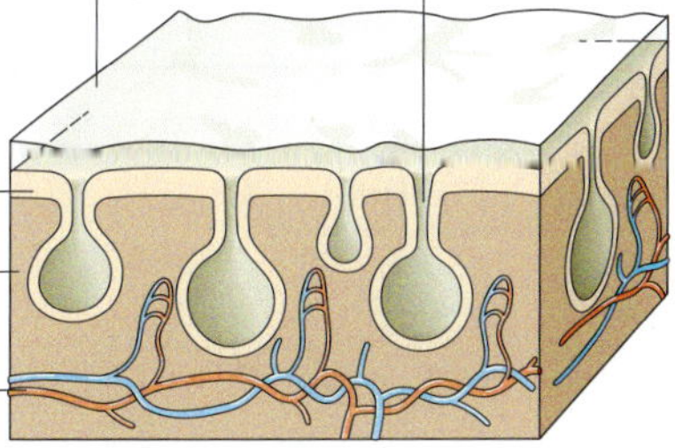

05 Aufbau der Haut eines Frosches (Schema)

1 Erkläre, weshalb ein Frosch nicht längere Zeit in trockener Umgebung leben kann!

2 Begründe, weshalb Amphibien weniger Nahrung benötigen als Säugetiere!

3 Erläutere, weshalb Frösche in Winterstarre fallen!

METHODE

Bestimmungsschlüssel

Wenn Biologen eine Pflanze oder ein Tier bestimmen wollen, verwenden sie einen Bestimmungsschlüssel. Dabei wird fortlaufend jeweils ein Merkmal betrachtet. Hier im Beispiel beginnt man mit dem Merkmal Schwanz. Wenn er vorhanden ist, gehört das Tier zu den Schwanzlurchen, fehlt er, ist das Tier ein Froschlurch. Nun muss man entscheiden, ob der Bauch Flecken hat oder nicht. So geht es weiter, bis der richtige Name für die Art oder die Gruppe gefunden ist.

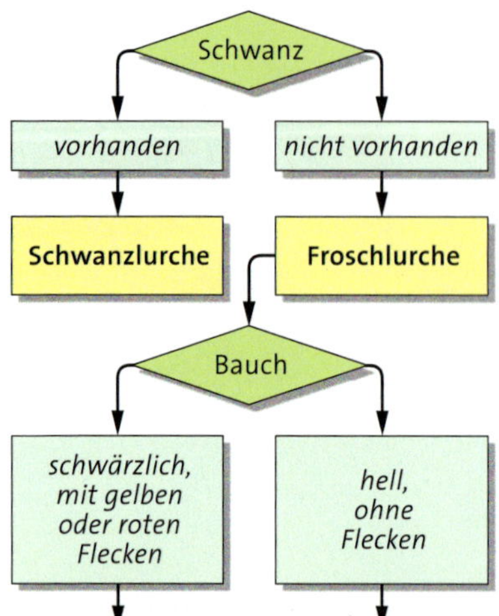

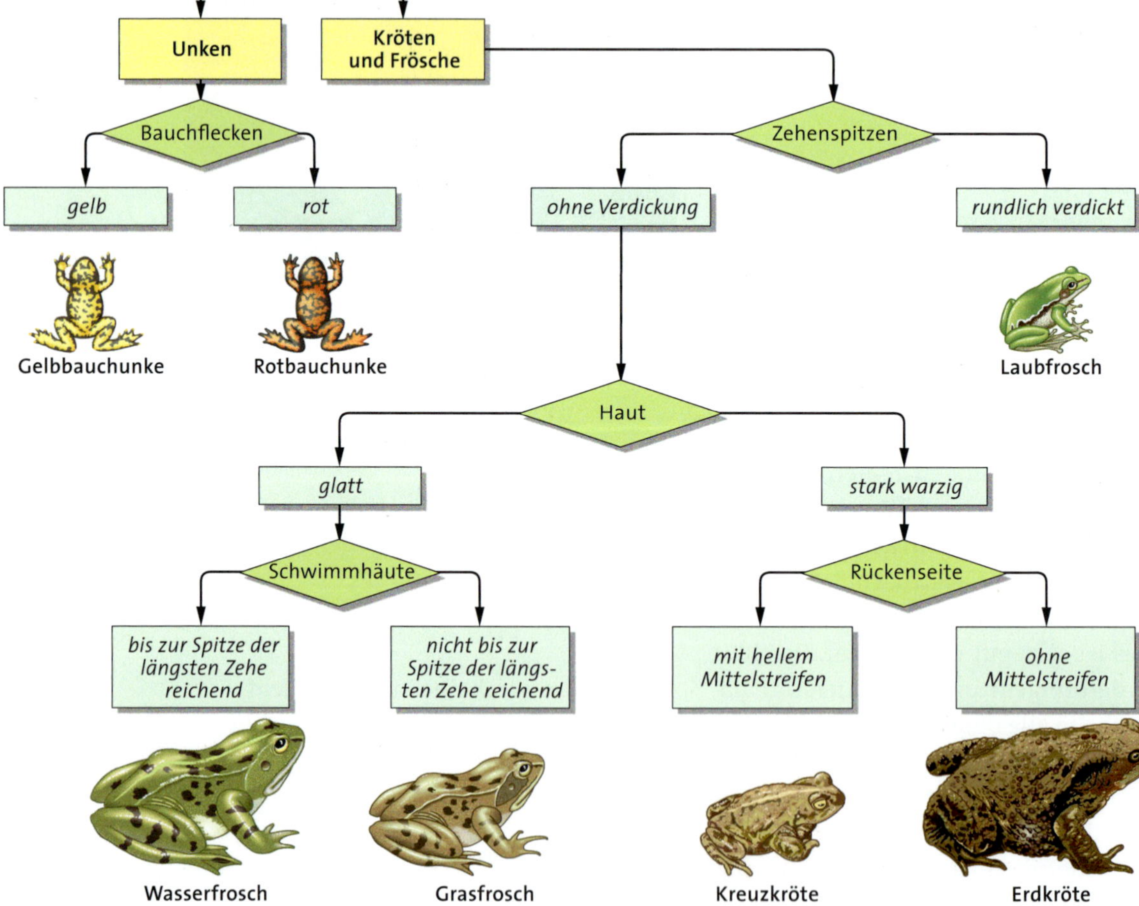

Material A ▸ Körpertemperatur

A1 Erstelle ein Versuchsprotokoll zu dem in der Abbildung dargestellten Experiment!

A2 Erkläre das Verhalten des Frosches im Experiment!

Material C ▸ Bestimmungsschlüssel für Amphibien

Ausschnitt aus einem Bestimmungsbuch für einheimische Amphibien			
1	mit Schwanz; Vorder- und Hinterbeine gleich lang	(Schwanzlurche)	weiter bei 2
1*	ohne Schwanz; Hinterbeine viel länger und kräftiger als Vorderbeine	(Froschlurche)	weiter bei 6
2	Schwanz abgeflacht	(Molche)	weiter bei 3
2*	Schwanz rund	(Salamander)	weiter bei 5
3	Bauch orange, ohne schwarze Flecken		Bergmolch
3*	Bauch orange, mit schwarzen Flecken		weiter bei 4
4	Kehle weißlich orange mit schwarzen Flecken		Teichmolch
4*	Kehle dunkel mit kleinen weißen Flecken		Kammmolch
5	Körper einfarbig schwarz		Alpensalamander
5*	Körper schwarz mit großen gelben Flecken		Feuersalamander

A

B

C

D

C1 Erstelle in deiner Biologiemappe einen vollständigen Bestimmungsschlüssel! Nimm Seite 204 zu Hilfe!

C2 Ordne den vier abgebildeten Arten mithilfe des Bestimmungsschlüssels die richtigen Artbezeichnungen zu!

Material B ▸ Atmung

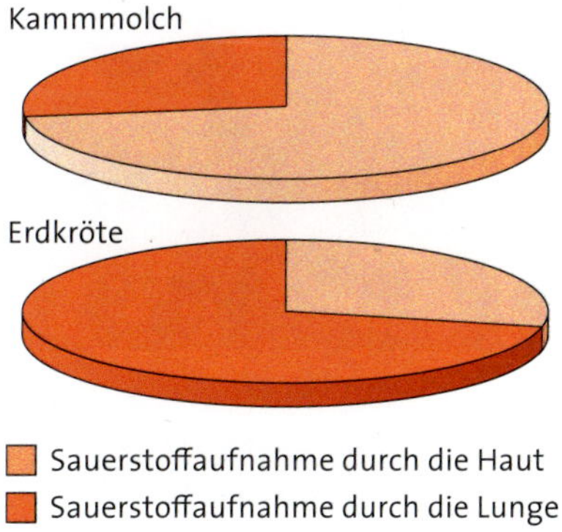

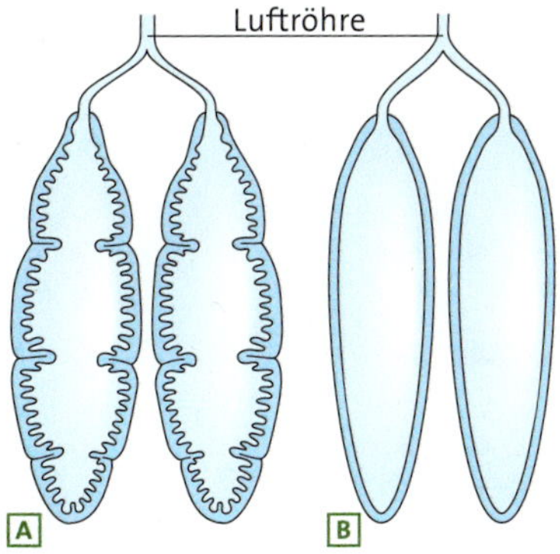

Aus dem Tortendiagramm lässt sich ablesen, wie hoch der Anteil an Sauerstoff ist, den eine Molchart und eine Froschart über die Haut und über die Lunge aufnehmen. Daneben sind Zeichnungen der Lungen abgebildet.

B1 Ordne die Lungen dem Molch oder dem Frosch zu! Begründe deine Zuordnung!

01 Quakende Teichfrösche

Froschlurche – Fortpflanzung und Entwicklung

Im März, wenn die Tage wärmer werden, erwachen die Teichfrösche aus ihrer Winterstarre. Ab April kann man das laute Quaken der Männchen hören. Wozu dient dieses Froschkonzert?

PAARUNG · Zur Paarungszeit locken die Männchen der Teichfrösche mit ihren Rufen die Weibchen an. Zwei seitlich am Kopf liegende Schallblasen verstärken das Quaken. Jede Froschart hat einen eigenen Paarungsruf. Das stellt sicher, dass nur Männchen und Weibchen derselben Art zueinander finden. Das Männchen steigt bei der Paarung auf den Rücken des Weibchens und klammert sich mit den Vorderbeinen fest. Sobald das Weibchen seine Eizellen, den *Laich*, im Wasser abgelegt hat, ergießt das Männchen seine Spermienzellen darüber. Spermienzellen und Eizellen treffen also außerhalb des Körpers aufeinander. Man spricht von einer **äußeren Befruchtung.**

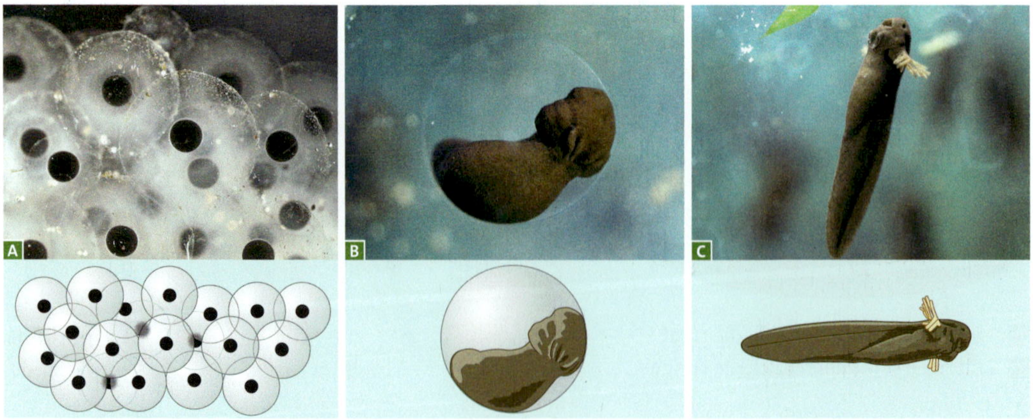

02 Entwicklung des Teichfrosches:

A Eier des Teichfrosches (1. Tag nach der Befruchtung),

B Embryo im Ei (etwa 8. Tag),

C frisch geschlüpfte Kaulquappe (etwa 12. Tag),

ENTWICKLUNG · In der durch eine Spermienzelle **befruchteten Eizelle** beginnt die Entwicklung des **Embryos.** Die Eizelle ist von einer gelatineartigen Gallerthülle umgeben. Sie sammelt Sonnenstrahlen wie mit einer Lupe. Dadurch ist der Embryo immer ein wenig wärmer als die Umgebung und wächst schneller.

Nach der Entwicklung der Embryonen schlüpfen beim Teichfrosch zunächst Larven aus den Eiern, die Kaulquappen. Als Larven bezeichnet man Jugendstadien, die sich im Bau und meistens auch in ihrer Lebensweise von den erwachsenen Tieren unterscheiden. Kaulquappen leben im Wasser, bewegen sich mit dem Ruderschwanz fort und atmen durch die Haut und durch **Kiemen.** Sie ernähren sich vorwiegend von Pflanzen. Da sich der erwachsene Teichfrosch von kleinen Tieren ernährt, zum Beispiel von Insekten und Spinnen, entsteht keine Konkurrenz mit seinem Nachwuchs. Kurz nach dem Schlüpfen atmet die noch sehr junge Larve durch **äußere Kiemen.** Dieses **erste Larvenstadium** endet nach etwa 10 Tagen. Dann überwächst eine Hautfalte die Kiemen, sodass sie im Körperinneren liegen. Es entstehen Innenkiemen. Etwa 40 Tage später ist dieses **zweite Larvenstadium** abgeschlossen. Jetzt bilden sich zunächst die Hinterbeine, später auch die Vorderbeine. Die Kaulquappe schwimmt jetzt oft zur Wasseroberfläche und holt Luft. Ihre Lunge beginnt zu arbeiten.

Wenn das **dritte Larvenstadium** nach etwa 20 weiteren Tagen abgeschlossen ist, spricht man vom **Jungfrosch.** Er atmet nun nicht mehr durch Kiemen, sondern durch die neu gebildete Lunge und durch die Haut. Der Ruderschwanz ist fast vollständig verschwunden, die Tiere leben an Land und bewegen sich mit ihren Beinen fort. Die Umgestaltung vom Larvenstadium zum erwachsenen Frosch nennt man **Metamorphose.** Im Verlauf der Metamorphose werden nicht nur die äußeren Merkmale, sondern auch viele innere Organe völlig umgewandelt.

griechisch Metamorphose = Umgestaltung

1) Beschreibe Paarung und Befruchtung beim Teichfrosch!

2) Beschreibe Körperbau und Lebensweise der Entwicklungsstadien des Teichfrosches!

3) Nenne Bedingungen, die für eine äußere Befruchtung erforderlich sind! Berücksichtige dabei den Bau der Eier und den Ort der Eiablage!

D zweites Larvenstadium, etwa 22. Tag,

E drittes Larvenstadium, etwa 60. Tag,

F Jungfrosch kurz nach der Metamorphose, etwa 80. Tag

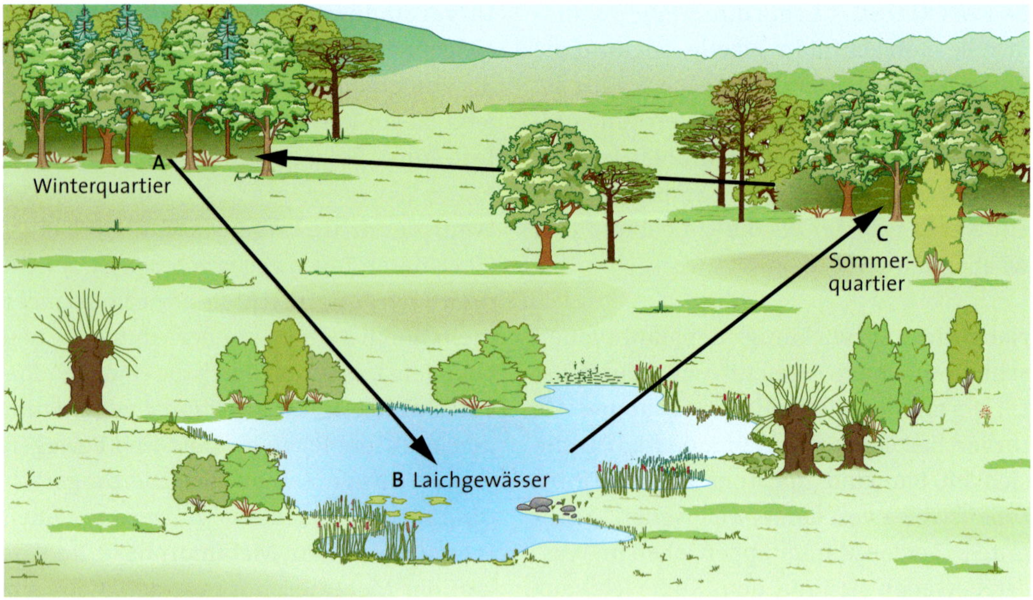

03 Wanderungen von Erdkröten

FRÜHJAHRSWANDERUNG · In den ersten warmen und feuchten Nächten des Frühjahrs beginnen Erdkröten ihre Laichwanderung. Zunächst sind nur die Männchen unterwegs. Sie warten an übersichtlichen Stellen auf die deutlich größeren Weibchen. Kommt eines vorbei, setzt sich das Männchen auf den Rücken des Weibchens und lässt sich zum Laichgewässer tragen. Erdkröten suchen fast immer nur die Gewässer auf, in denen sie selbst als Kaulquappen gelebt haben. Sie sind **ortstreu.** Dadurch ist die Wahrscheinlichkeit für sie sehr hoch, später ein Gewässer zu finden, das sich für die Entwicklung ihrer Nachkommen eignet.

SOMMERQUARTIER · Einige Tage nach dem Ablaichen beziehen die Erdkröten ihre Sommerquartiere. Dort, in Laubwäldern, Gärten, Parks und Hecken, verstecken sie sich bei Tag und gehen nachts auf die Jagd. Häufig findet man im Juni große Mengen kleiner Kröten, die alle gleichzeitig ihr Laichgewässer verlassen und sich auf den Weg in das Sommerquartier machen. Weil man früher glaubte, sie seien vom Himmel gefallen, spricht man im Volksmund vom *Krötenregen*. Diese sehr hohe Anzahl der Nachkommen ist erforderlich, weil viele Erdkröten von ihren Feinden gefressen werden.

WINTERQUARTIER · Im Herbst verlassen die Erdkröten ihr Sommerquartier und suchen nach einem vor Frost und Feinden geschützten Platz. Wenn die Temperatur weiter sinkt, fallen sie in *Winterstarre* und überdauern so bewegungslos und ohne zu fressen die kalte Jahreszeit.

4 Beschreibe eine Landschaft, die günstige Bedingungen für Erdkröten bietet!

5 Erkläre, weshalb alle Erdkröten eines großen Gebietes aussterben können, wenn ein kleiner Tümpel zugeschüttet wird!

6 Erläutere, weshalb das Winterquartier der Amphibien frostsicher sein muss!

Material A ▸ Wanderung der Erdkröte

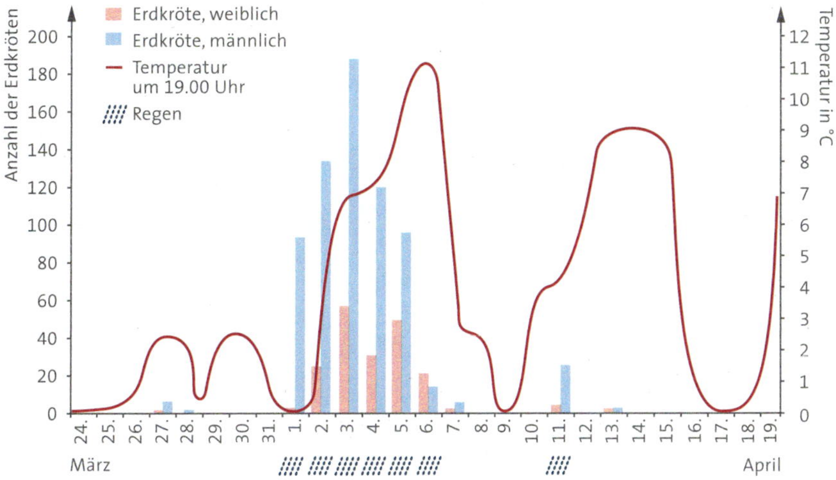

A1 Beschreibe die Bedingungen, unter denen Erdkröten ihre Laichwanderung im Frühjahr beginnen! Erläutere, welche Vorteile damit verbunden sind!

A2 Erkläre, weshalb die Männchen früher wandern als die Weibchen!

Material B ▸ Entwicklung des Teichmolchs

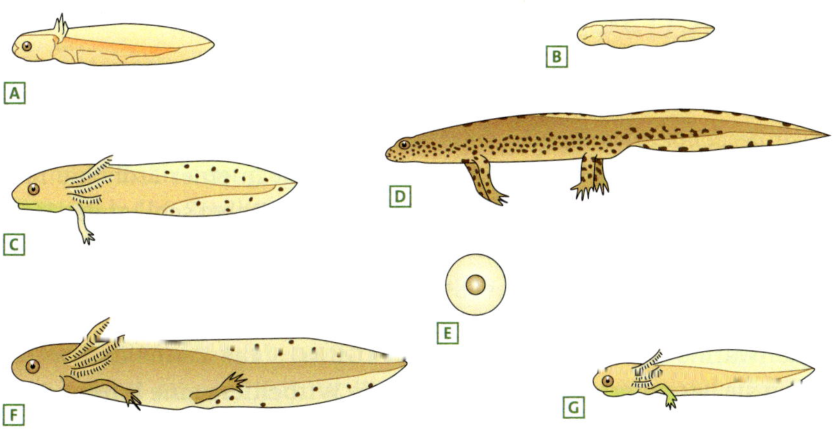

B1 Ordne die in der Abbildung dargestellten Entwicklungsstadien des Teichmolchs in der richtigen Reihenfolge an!

B2 Beschreibe in Stichworten die Körpermerkmale der verschiedenen Entwicklungsstadien! Vergleiche sie mit denen des Teichfrosches!

Material C ▸ Locken und Werben

Teichfrosch Laubfrosch Kreuzkröte

C1 Erläutere die Aufgabe, die die auffälligen Ausstülpungen am Kopf der männlichen Froschlurche erfüllen!

C2 Erläutere an diesem Beispiel die Vorteile, die mit der Fähigkeit zur Information und Kommunikation innerhalb einer Tierart verbunden sind!

04 Zauneidechse mit abgeworfenem Schwanz

LEBENSWEISE · Die Jungtiere leben wie die erwachsenen Tiere als Einzelgänger und ernähren sich von Spinnen, Asseln, Insekten und Schnecken. Zauneidechsen haben aber auch Feinde wie den Igel, das Wiesel, die Hauskatze und größere Vögel wie Krähen und Elstern. Durch ihre Körperfarbe ist die Zauneidechse vor ihren Feinden gut **getarnt.** Wenn sie aber doch von einem Feind am Schwanz gepackt wird, kann dieser an einer unverknöcherten Bruchstelle der Wirbelsäule abbrechen. Das abgeworfene Schwanzstück zuckt noch einige Zeit, während die Zauneidechse blitzschnell verschwindet. Der Schwanz der Zauneidechse wächst zwar nach, kann dann aber nicht mehr abgeworfen werden.

SINNESORGANE · Von Zeit zu Zeit sieht man, wie die Eidechse ihre Zunge herausstreckt, die sie aber gleich darauf wieder zurückzieht. Sie **züngelt.** Mit ihrer dünnen, gespaltenen Zungenspitze nimmt sie Geruchsstoffe aus ihrer Umgebung auf und bringt diese beim Zurückziehen der Zunge an ihren Gaumen, wo ihr gut ausgebildetes Riechorgan liegt. Beutetiere werden auf diese Weise, unterstützt durch ihr gutes Sehvermögen, schnell aufgespürt. Die Nasenlöcher werden nur zum Atmen benutzt.

4 Erläutere die Angepasstheiten der Zauneidechse an ihren Lebensraum!

5 Erläutere, welche Bedeutung der Schwanzabwurf der Zauneidechse hat!

STECKBRIEF

Bergeidechse
Vorkommen: *feuchte sonnige Lebensräume, im Gebirge bis 3000 Meter Höhe, Nord- und Mitteleuropa;*
Körpergröße: *bis 16 Zentimeter lang;*
Besonderheiten: *kleinste einheimische Eidechse, legt keine Eier, einzige lebendgebärende Eidechse*

STECKBRIEF

Smaragdeidechse
Vorkommen: *nur im Süden Deutschlands vereinzelt, in Süd- und Südwesteuropa;*
Körpergröße: *bis 40 Zentimeter lang;*
Besonderheiten: *größte einheimische Eidechse, sehr wärmeliebend, vom Aussterben bedroht*

Material A ▸ Skelett der Zauneidechse

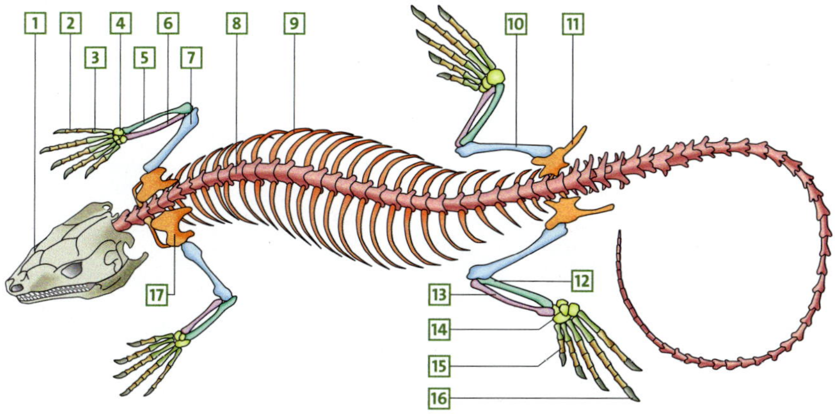

A1 Ordne den Zahlen die entsprechenden Fachbegriffe zu! Beachte auch die Farben der anderen Wirbeltierskelette!

A2 Vergleiche in einer Tabelle das Skelett der Zauneidechse mit dem des Teichfrosches!

A3 Erläutere mithilfe des Skelettvergleichs die Fortbewegung beider Tiere!

Material B ▸ Atmung bei Zauneidechse und Kammmolch

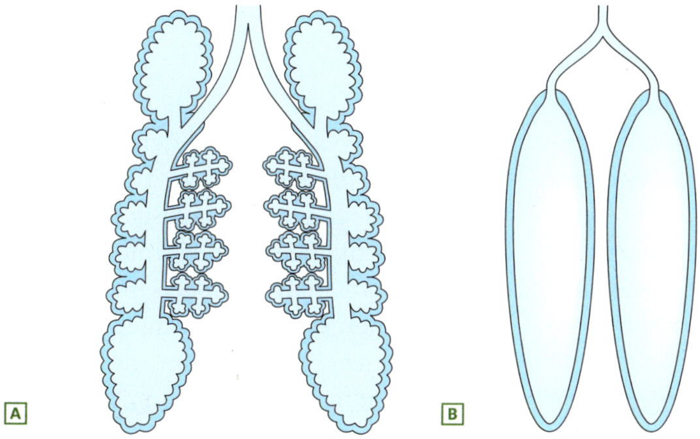

B1 Ordne Zauneidechse und Kammmolch den Amphibien oder den Reptilien zu! Begründe deine Zuordnung!

B2 Vergleiche die abgebildeten Lungen! Ordne den beiden Lungen die Zauneidechse beziehungsweise den Kammmolch zu!

B3 Erkläre das Prinzip der Oberflächenvergrößerung!

Material C ▸ Körpertemperatur

Zeit	Temperatur		
Sommertag	**Luft**	**Tier 1**	**Tier 2**
8 Uhr	16,0 °C	38,8 °C	16,0 °C
10 Uhr	22,0 °C	38,8 °C	21,5 °C
14 Uhr	35,0 °C	38,8 °C	34,7 °C
18 Uhr	26,0 °C	38,8 °C	26,0 °C
20 Uhr	20,0 °C	38,8 °C	20,0 °C

In einem Versuch haben Wissenschaftler an einem Sommertag zu bestimmten Uhrzeiten die Lufttemperatur gemessen. Gleichzeitig haben sie auch die Körpertemperatur von zwei verschiedenen Tieren gemessen.

C1 Übertrage die Werte der Tabelle in ein Diagramm (Hochachse: Temperatur in Grad Celsius, Rechtsachse: Uhrzeit)!

C2 Ordne den Tieren die Begriffe wechselwarm oder gleichwarm zu! Begründe deine Zuordnung!

01 Weißstörche sammeln sich vor dem Flug in den Süden

Vom Überwintern der Vögel

Im Spätsommer kann man zahlreiche Weißstörche auf Sammelplätzen beobachten. Sie bereiten sich auf den Zug in den Süden vor. Wenige Wochen später fliegen sie nach Afrika und verbringen dort in ihren warmen Quartieren den Winter. Warum ziehen sie in den Süden?

ZUGVÖGEL · Störche ernähren sich von Fröschen, Eidechsen, Mäusen, Insekten und Würmern. Im Winter ist diese Nahrung sehr knapp. Im Süden gibt es hingegen genug Nahrung. Vogelarten, die in den Süden ziehen, können diese Nahrung nutzen und so überleben. Vögel, die regelmäßig im Winter aus ihren Brutgebieten in wärmere Länder ziehen, nennt man *Zugvögel*. In Deutschland kommen etwa 70 verschiedene Zugvogelarten vor. Manche von ihnen kann man am Himmel aufgrund ihrer typischen Flugordnungen erkennen.

VOGELZUG · Die Flugformationen bieten einige Vorteile. So fliegen die hinteren Vögel

Küstenseeschwalben fliegen von ihren Brutgebieten in der Arktis zum Überwintern in die Antarktis. Hin und zurück sind es 44 000 Kilometer.

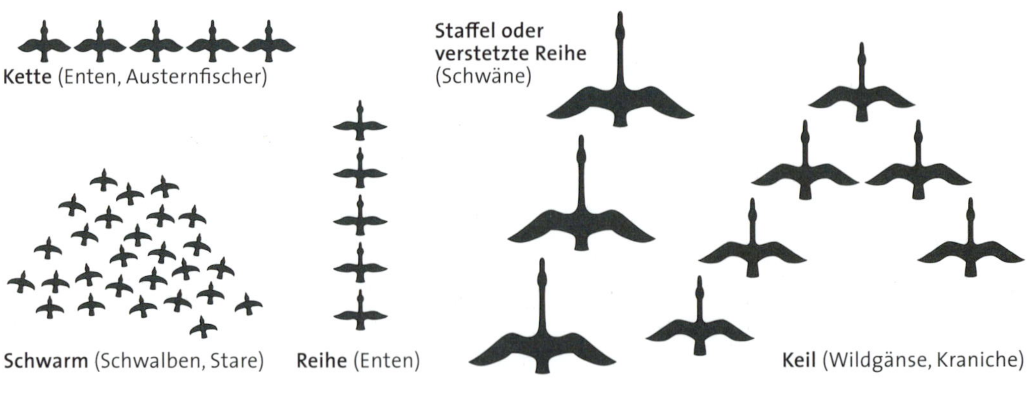

02 Flugformationen von Zugvögeln

kraftsparend im Windschatten der Vordervögel. Die große Anzahl der Vögel kann Feinde verwirren oder erschrecken. Jungvögel lernen außerdem von der Erfahrung der Altvögel in der Gruppe.

ORIENTIERUNG DER ZUGVÖGEL · Viele Zugvögel orientieren sich an den Gestirnen. **Tagzieher** wie Störche oder Greifvögel finden mithilfe des Sonnenstandes den Weg. **Nachtzieher** wie Grasmücken orientieren sich an Mond, Sternen und Sternbildern. Manche Vogelarten wie das Rotkehlchen spüren zusätzlich das Erdmagnetfeld. Sie besitzen dafür spezielle Magnetfühler im Kopf, die wie ein Kompass wirken. Außerdem merken sich die Vögel beim Flug Landmarken wie Berge, Küsten und Flüsse für spätere Reisen. Die meisten Zugvogelarten, besonders die Segelflieger wie Störche und Greife, wählen nicht die Zugrouten mit möglichst kurzen Strecken über das Meer, weil dort die kräftesparenden Aufwinde weitgehend fehlen.

ERFORSCHUNG DES VOGELZUGS · Erste Informationen über den Vogelzug lieferten die vielen beringten Zugvögel, die man in fernen Ländern wiederfand. Man hatte sie zuvor an ihren Beinen mit Metallringen markiert, auf denen Ort und Datum der Beringung eingraviert waren. Inzwischen können Zugvögel mit Radar oder mithilfe von Sendern, die an einzelnen Vögeln angebracht sind, über Satelliten geortet werden. **Kurzstreckenzieher** wie der Star fliegen meist weniger als 2000 Kilometer, während **Langstreckenzieher** wie der Kuckuck in der Regel mehr als 4000 Kilometer ziehen.

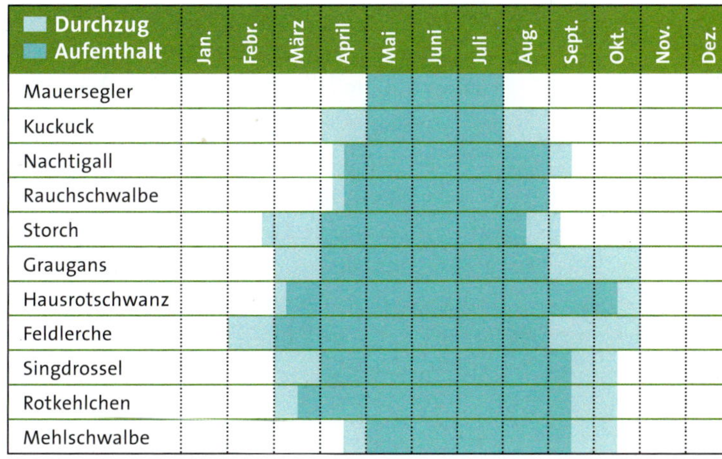

03 Vogelzugkalender

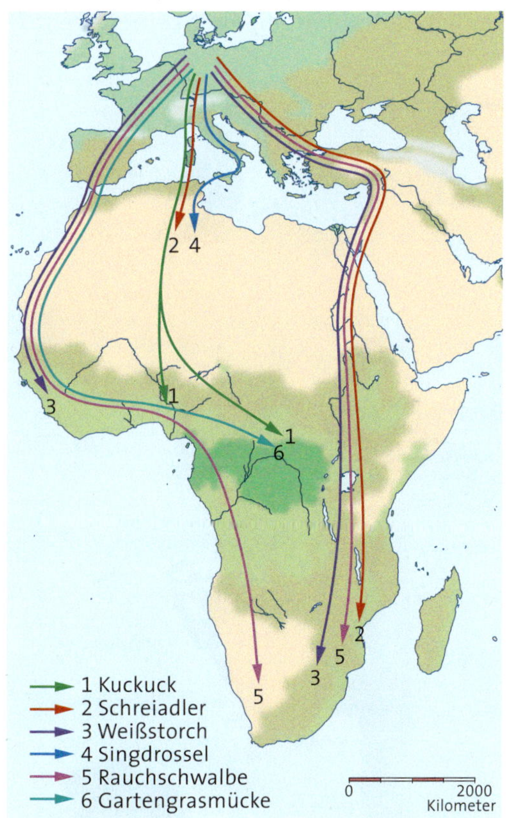

04 Zugrouten einiger Zugvögel nach Afrika

Streifengänse überqueren zweimal jährlich das Himalaya-Gebirge in über 7000 Metern Höhe.

Mauersegler fliegen nonstop mit einem Tempo bis 160 km/h aus der Sahara nach Deutschland und schlafen im Flug.

Nonstopflugrekord: Pfuhlschnepfen mit 10 000 Kilometern.

1 Nenne Gründe, weshalb Zugvögel ihre Brutgebiete jedes Jahr verlassen und im Frühjahr zurückkehren!

2 Ermittle mithilfe des Vogelzugkalenders die Verweildauer der Zugvögel in ihren Sommerquartieren!

STANDVÖGEL · Viele Vogelarten finden auch in der kalten Jahreszeit ausreichend Futter und bleiben in ihrem Brutgebiet. Diese Standvögel ernähren sich von den übrig gebliebenen Samen und Früchten oder von den wenigen Insekten und Spinnen, die sie im Winter noch finden können. Andere jagen nach Beute oder fressen verendete Tiere. Manche Vögel legen sogar Wintervorräte an wie Eichel- und Tannenhäher, Meisen und Kleiber.

STRICHVÖGEL · Manche Vögel streichen im Winter je nach Nahrungsangebot in der weiteren Umgebung ihres Brutgebiets umher, unternehmen aber keine regelmäßigen, weiten Wanderungen in warme Gebiete wie die Zugvögel. Bei harten Winterbedingungen und Futtermangel suchen Strichvögel oft etwas wärmere Regionen oder auch menschliche Siedlungen auf. Zu ihnen zählen verschiedene Finkenarten, der Fasan, der Graureiher und viele andere. Bei manchen Vogelarten zieht nur ein Teil der Tiere im Winter fort, der andere Teil bleibt im Brutgebiet, wie zum Beispiel der Zaunkönig, der Buchfink und der Star. Diese Vögel nennt man **Teilzieher.**

05 Stand- und Strichvögel am Futterhaus

WINTERFÜTTERUNG · Die Vögel brauchen bei Kälte viel mehr Nahrung als bei warmem Wetter. Nur so können sie ihre Körpertemperatur konstant halten. Die Standvögel haben in kalten, schneereichen Wintern große Schwierigkeiten, genügend Nahrung zu finden. Will man ihnen helfen und sie füttern, ist die richtige Auswahl des Futters wichtig. Finken, Sperlinge und Ammern mögen gern Sonnenblumenkerne, Hanf und andere Sämereien. Rotkehlchen, Zaunkönig, Amsel und Star bevorzugen Weichfutter. Sie fressen im Winter Haferflocken, Rosinen und Obst. Spechte, Kleiber und Meisen nehmen beide Futtersorten. Keinesfalls darf Brot gefüttert werden. Auch andere Essensreste sind ungeeignet, weil sie gewürzt und gesalzen sein können. Die beste Hilfe für unsere Wintervögel ist der naturnahe Garten. Einheimische Sträucher bieten auch im Winter ausreichend Nahrung. Sie sollten vor dem Winter nicht zurückgeschnitten und Gras und Unkräuter nicht gemäht werden.

3 Erkläre die Begriffe Standvögel und Strichvögel!

4 Informiere dich über Regeln der Winterfütterung! Schreibe sie in deine Biologiemappe!

Material A ▸ Nahrung

Vogelart	Nahrung
Amsel	Würmer, Insekten, Schnecken, Beeren, Früchte, Samen
Buchfink	Bucheckern, Samen, Beeren, Getreidekörner, Insekten
Rauchschwalbe	fliegende Insekten
Gartengrasmücke	Insekten, Spinnen

A1 Ordne den vier Vogelarten die Begriffe Stand- und Zugvögel zu! Begründe deine Zuordnung!

Material C ▸ Vogelzug

Vogelart	Fluggeschwindigkeit beim Vogelzug	Flugstrecken beim Vogelzug	Flugdauer in das Winterquartier
Küstenseeschwalbe	80 km/h	22 000 km	110 Tage
Mönchsgrasmücke	50 km/h	2 000 km	100 Tage
Rauchschwalbe	50 km/h	9 000 km	60 Tage
Weißstorch	75 km/h	12 000 km	40 Tage

Angaben über den Vogelzug beruhen auf Untersuchungsergebnissen einzelner Vögel. Diese Ergebnisse können sich innerhalb einer Vogelart unterscheiden. So ziehen Altvögel meist schneller als Jungvögel. In der Tabelle sind deshalb nur Daten einzelner Zugvögel aufgeführt.

C1 Berechne für die vier Vögel in der Tabelle, welche Strecke sie durchschnittlich pro Tag zurückgelegt haben und wie viele Stunden pro Tag sie im Durchschnitt unterwegs waren!

Material B ▸ Störche

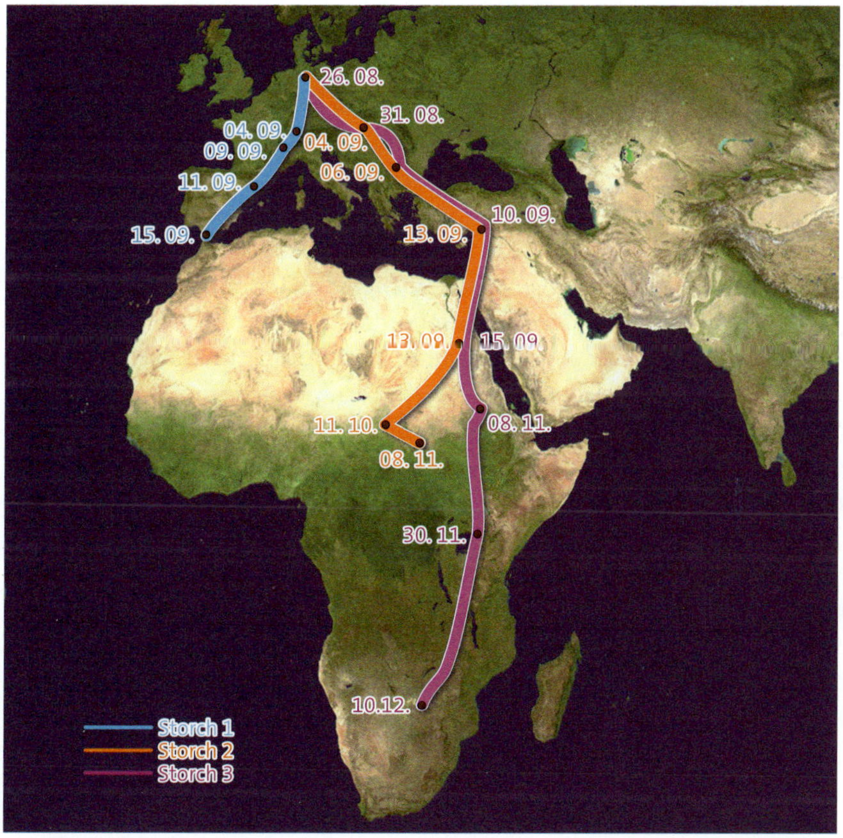

Drei Störche wurden mit kleinen Sendern versehen. Mithilfe von Satelitten konnte man so feststellen, an welchen Orten sie sich wann während ihres Zugs aufhielten.

B1 Beschreibe mithilfe der Karte und eines Atlasses die Flugrouten der drei Weißstörche!

B2 Begründe, weshalb die Störche nicht die kürzesten Zugrouten in ihre Winterquartiere wählten, sondern Umwege flogen!

B3 Beschreibe die Arbeit eines Vogelforschers!

01 Wirbeltiere

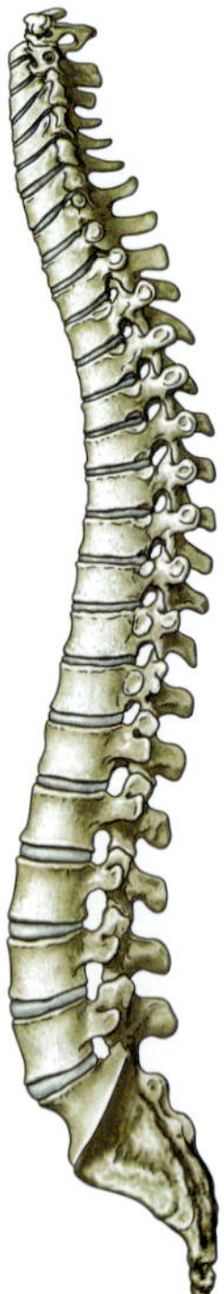

02 Wirbelsäule des Menschen

Alle Wirbeltiere sind miteinander verwandt

Wolf, Taube, Zauneidechse, Teichfrosch und Forelle weichen in ihrem Körperbau und ihrer Fortbewegungsweise stark voneinander ab. Dennoch werden sie als Vertreter der Säugetiere, Vögel, Reptilien, Amphibien und Fische alle zusammen in die biologische Verwandtschaftsgruppe der Wirbeltiere eingeordnet. Welche gemeinsamen Merkmale verbinden sie?

WIRBELSÄULE · Beim Blick auf den inneren Bau der Wirbeltiere fällt auf, dass sie alle eine *Wirbelsäule* besitzen. Diese besteht aus einzelnen Wirbelknochen und gibt dem Wirbeltierkörper seine *Stabilität*. Da alle Wirbel über Gelenke miteinander verbunden sind, ermöglicht sie auch eine hohe *Beweglichkeit*. Diese ist umso größer, je mehr Wirbel vorhanden sind: Eine Ringelnatter besitzt 230, ein Schwan 56, ein Frosch nur neun Wirbel. Mit zunehmender Größe der Wirbel erhöht sich ihre Stabilität und Tragfähigkeit: Die größten und belastbarsten Wirbel der menschlichen Wirbelsäule befinden sich im Lendenbereich, die weniger belasteten Halswirbel sind dagegen wesentlich kleiner. Die Form der Wirbelsäule steht in engem Zusammenhang mit der Fortbewegungsweise: Bei allen sich vierbeinig fortbewegenden Wirbeltieren verläuft sie als flacher Bogen. Beim zweibeinigen Menschen ist sie jedoch doppelt S-förmig gekrümmt und kann so Erschütterungen beim aufrechten Gehen abfedern.

SKELETT UND FORTBEWEGUNG · Die Fortbewegungsmöglichkeiten der Wirbeltiere werden vor allem durch den Knochenbau der Gliedmaßen bestimmt: Die durch Knochenstrahlen versteiften flächigen Flossen bewirken, dass Fische besonders effektiv schwimmen können. Dies wird durch ihren stromlinienförmigen Rumpf zusätzlich unterstützt. Die seitlich vom Rumpf abstehenden Beine der Amphibien und Reptilien erlauben lediglich eine langsam kriechende Fortbewegung, während die unterhalb des Rumpfes ansetzenden Beine der Säugetiere auch sehr hohe Laufgeschwindigkeiten ermöglichen. Mithilfe ihrer zu Flügeln entwickelten Vordergliedmaßen bewegen sich die Vögel vor allem fliegend fort, was ihnen durch die extreme Leichtbauweise ihres Skeletts zusätzlich erleichtert wird.
Allen Wirbeltieren gemeinsam ist die Gliederung ihres äußeren Körperbaus in Kopf, Rumpf, zwei Paar Gliedmaßen oder Flossen.

1 Nenne für die in Abbildung 03 gezeigten Wirbeltiergruppen diejenigen Skelettmerkmale, die der Fortbewegung dienen! Ordne ihnen die genannten Fortbewegungsweisen zu!

2 Beschreibe die Gemeinsamkeiten und Unterschiede der Gliedmaßenskelette in Abbildung 03! Berücksichtige dabei Bau und Lage der einzelnen Knochen!

3 Bei manchen Wirbeltierarten bildet die über den Rumpf hinausreichende Wirbelsäule einen ausgeprägten Schwanz. Nenne aus mindestens drei verschiedenen Wirbeltiergruppen je einen derartigen Vertreter und erläutere die jeweilige Funktion seines Schwanzes!

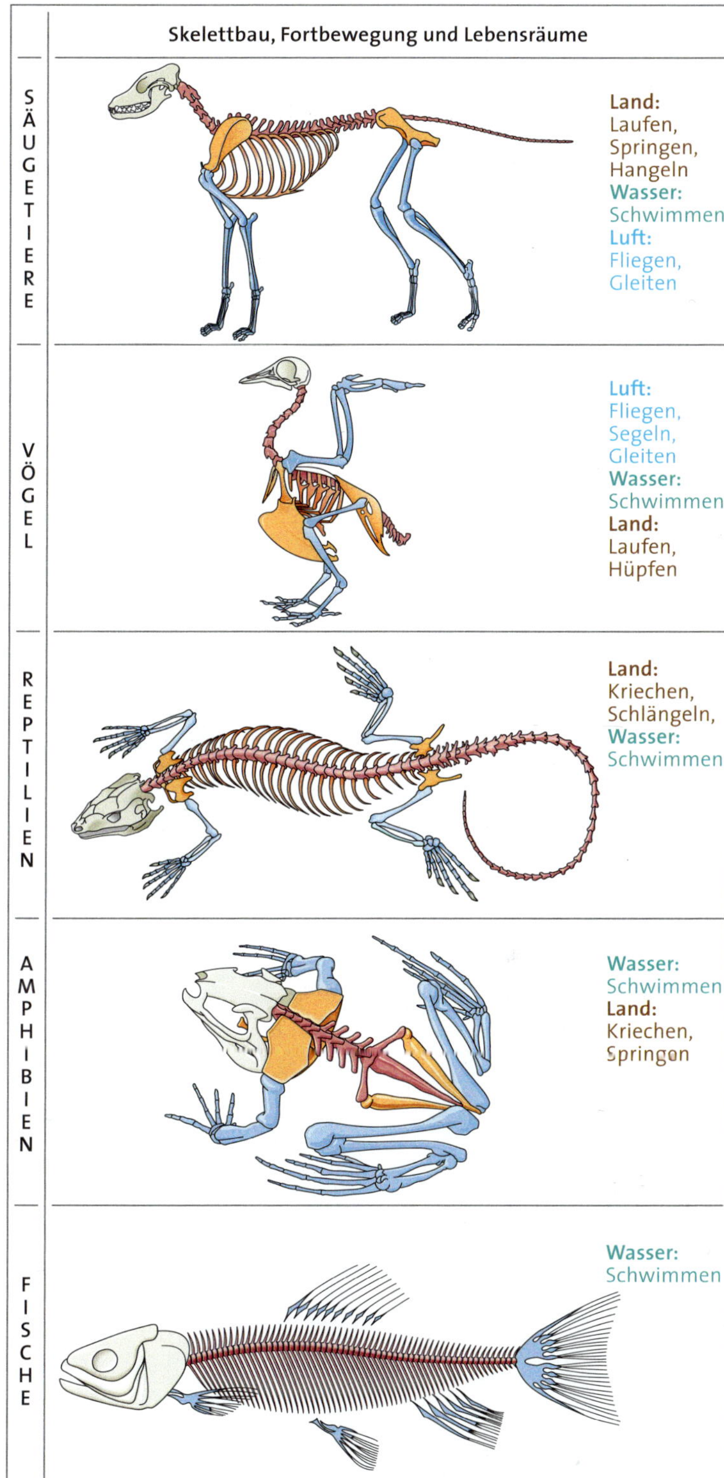

03 Merkmale der Wirbeltiergruppen im Vergleich

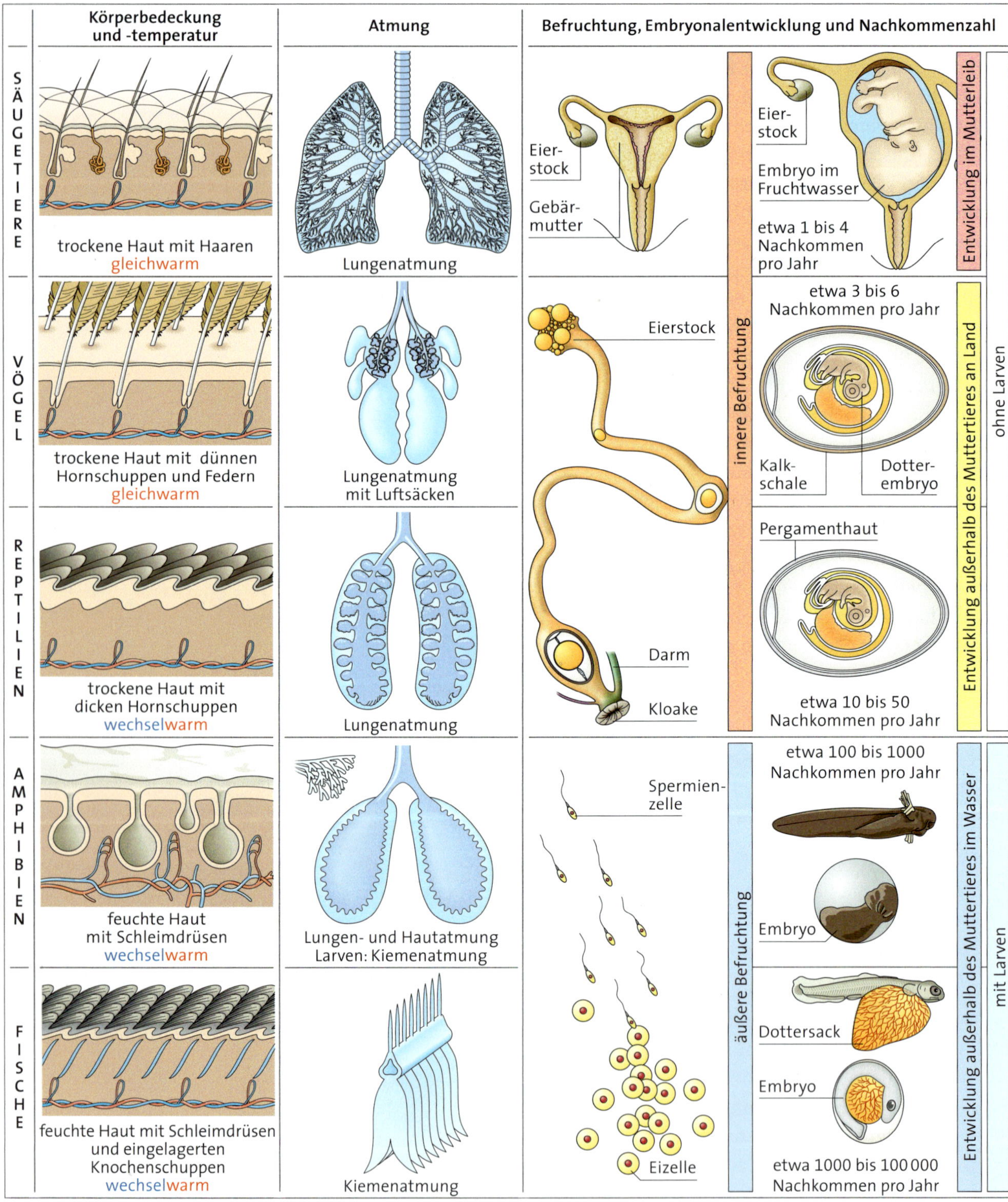

04 Weitere Merkmale der Wirbeltiere im Vergleich

KÖRPERBEDECKUNG · Die gleichmäßig und flach angeordneten *Knochenschuppen* der Fische erleichtern das Gleiten im Wasser und schützen vor Verletzungen. Die Schleimschicht auf ihrer Haut stellt einen wirksamen Schutz vor Krankheitserregern dar. Die durch Drüsen befeuchtete, sehr dünne Haut der Amphibien ermöglicht die *Hautatmung*. Die *Hornschuppen* der Reptilien schützen vor Austrocknung und Verletzungen. Die *Federn* der Vögel schaffen große Tragflächen mit geringer Masse, ihre Daunen schützen vor Auskühlung. Die Haare der Säugetiere bieten vor allem Schutz vor Auskühlung und Verletzungen. Bei manchen Säugern, wie zum Beispiel den Katzen, dienen empfindliche Tasthaare auch der Orientierung.

ATMUNG · Fische können mit ihren *Kiemen* unter Wasser atmen. Auch die Büschelkiemen der nur im Wasser lebenden Amphibienlarven erfüllen diese Aufgabe, während die *Lunge* der erwachsenen Tiere die Atmung an Land ermöglicht. Reptilien atmen ausschließlich über ihre Lunge, deren innere Oberfläche durch Auffaltungen vergrößert ist. Die *Luftsäcke* der Vögel speichern einen großen Vorrat an Atemluft, der während des Fliegens benötigt wird. Durch die stark vergrößerte innere Oberfläche ihrer Lunge gelangt ausreichend Sauerstoff in das Blut der Säugetiere.

BEFRUCHTUNG · Bei Fischen und Amphibien findet die Befruchtung meistens außerhalb des Körpers statt: Die weiblichen Tiere setzen beim Ablaichen viele Eizellen ins Wasser ab, die dort von den Spermienzellen der männlichen Tiere befruchtet werden. Bei Reptilien, Vögeln und Säugetieren treffen Eizelle und Spermienzelle dagegen im Körper des weiblichen Tieres zusammen.

EMBRYONALENTWICKLUNG · Aus den befruchteten Eizellen der Fische und Amphibien entwickeln sich im Wasser zunächst *Larven*, die sich von den erwachsenen Tieren unterscheiden. Dieses Zwischenstadium fehlt bei der Entwicklung der auf dem Land lebenden Wirbeltiere. Bei Reptilien sind die in den abgelegten Eiern heranreifenden Embryonen durch eine dünne pergamentartige Schale vor Austrocknung geschützt. Die feste Kalkschale der Vogeleier bietet zusätzlich einen Schutz vor Beschädigungen. Die Embryonen der Säugetiere entwickeln sich geschützt in der Gebärmutter im Körper des Muttertieres.

4 Nenne aus jeder Wirbeltiergruppe je einen Vertreter für jeden der von ihr besiedelten Lebensräume!

5 Erläutere die Funktionen der verschiedenen Körperbedeckungen der fünf Wirbeltiergruppen!

6 Stelle Vermutungen über die Fortbewegungsfähigkeiten von gleichwarmen und wechselwarmen Wirbeltieren zu verschiedenen Tages- und Jahreszeiten an!

7 Erläutere die Bedeutung der unterschiedlich stark aufgefalteten inneren Oberfläche der Lungen bei Säugetieren, Reptilien und Amphibien!

8 Erläutere die Zusammenhänge zwischen Lebensraum, äußerer Befruchtung und Embryonalentwicklung bei Fischen und Amphibien!

9 Stelle Vermutungen an, weshalb die durchschnittlich pro Jahr produzierte Nachkommenanzahl bei Vögeln und Säugetieren innerhalb der Wirbeltiergruppen vergleichsweise niedrig ist!

01 Raupe eines Tagpfauenauges

Insekten entwickeln sich unterschiedlich

Im Frühjahr und Sommer sieht man oft Raupen auf den Blättern verschiedener Pflanzen, von denen sie sich ernähren. Aus den Raupen entwickeln sich später Schmetterlinge. Wie verläuft diese Entwicklung?

VOLLSTÄNDIGE VERWANDLUNG · In der Nähe von Brennnesseln trifft man manchmal einen hübschen Schmetterling mit vier großen Augenflecken auf den roten Flügeln an, ein *Tagpfauenauge*. Das Weibchen des Tagpfauenauges klebt nach der Paarung bis zu 200 Eier an die Unterseite von Laubblättern geeigneter Futterpflanzen, meistens Brennnesseln. Aus einem **Ei** schlüpft nach einigen Tagen eine *Larve*, die **Raupe.** Bei ihr sieht man deutlich die Kammerung, die *Segmentierung*, des lang gestreckten Körpers. An den Brustsegmenten trägt die Raupe drei Beinpaare sowie am Hinterleib vier Beinpaare und ein Paar Nachschieber am Ende. Die Raupe frisst ständig, wächst und häutet sich mehrmals, weil das Außenskelett aus Chitin nicht mitwachsen kann. Bei jeder *Häutung* muss ein neuer schützender *Chitinpanzer* gebildet werden und aushärten. Nach der letzten Häutung heftet sich die Raupe mit ihrem Hinterende an einer Unterlage fest, hängt herunter und ruht. Einige Tage später platzt die Raupenhaut auf und gibt eine hellgrüne **Puppe** frei.

Unter einer Puppe versteht man bei Insekten ein Ruhe- und Umbaustadium. Im Inneren der Puppe vollzieht sich eine Verwandlung. Organe der Raupe werden aufgelöst und neue werden gebildet. Eine pflanzen-

02 Vollständige Entwicklung des Tagpfauenauges: **A** Eier und junge Raupen, **B** Puppe, **C** Schmetterling

fressende, wurmförmige Larve verwandelt sich dabei in ein Säfte saugendes, erwachsenes Fluginsekt. Nach einigen Wochen der *Puppenruhe* schlüpft der **Schmetterling** als fertiges *Vollinsekt* aus der Puppenhülle. Die zunächst stummelförmigen Flügel werden durch Einpumpen von Blut entfaltet und härten an der Luft. Der nun flugfähige Falter ernährt sich von Blütennektar und wächst nicht mehr. Das Stadium des Vollinsektes dient hauptsächlich zur Fortpflanzung. Wegen der tief greifenden Veränderungen wird die Entwicklung vom Ei über die Larve und Puppe zum fortpflanzungsfähigen Vollinsekt als **vollständige Verwandlung** oder *vollständige Metamorphose* bezeichnet. Bald nach der Paarung und Eiablage sterben die Tagpfauenaugen. Einige jedoch, die sich nicht gepaart haben, überwintern in Verstecken wie Mauerspalten und pflanzen sich im nächsten Frühjahr fort.

VERWANDLUNG BEI KÄFERN · Eine vollständige Verwandlung findet ebenso bei Käfern und manchen anderen Insektengruppen statt. Der Maikäfer zum Beispiel legt seine Eier in der Erde ab. Die daraus schlüpfenden Larven, die *Engerlinge*, ernähren sich von Pflanzenwurzeln, wachsen heran und häuten sich mehrfach. Nach mehr als drei Jahren verpuppen sich die Larven. In den Puppen entwickeln sich Käfer. Im Frühjahr steigen die Maikäfer aus der Erde und befallen Laubbäume, von deren Blättern sie sich ernähren. Ihre Lebensdauer beträgt nur einige Wochen. Nach der Paarung und Eiablage sterben sie.

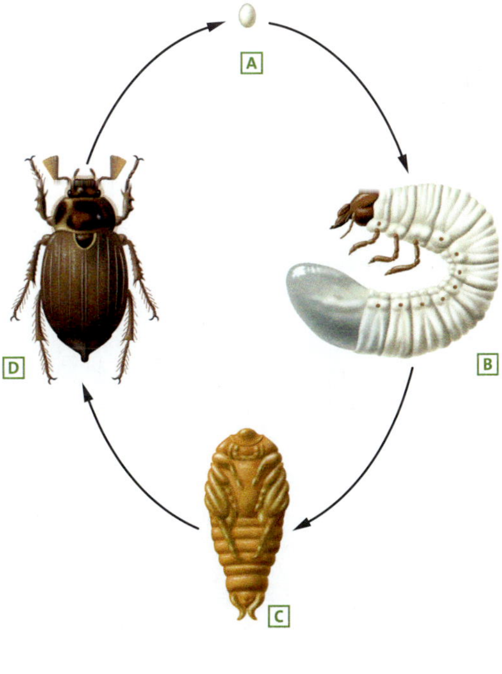

03 Entwicklung des Maikäfers:
A Ei,
B Larve (Engerling),
C Puppe,
D Vollinsekt (Käfer)

04 Entwicklung einer Heuschrecke:
A Ei,
B ungeflügelte Larve,
C Larve mit Flügelstummeln,
D erwachsene Heuschrecke

UNVOLLSTÄNDIGE VERWANDLUNG · Nicht alle Insekten durchlaufen eine Entwicklung mit einer vollständigen Metamorphose. Heuschrecken zum Beispiel verwandeln sich nur unvollständig. Aus ihrem Ei schlüpft eine Larve, die einer erwachsenen Heuschrecke äußerlich bereits ähnelt. Die Larve ist jedoch viel kleiner, besitzt noch keine Flügel und keine Organe zur Fortpflanzung. Sie frisst ständig, wächst und häutet sich mehrmals. Dabei verwandelt sie sich zu einem Vollinsekt, ohne ein Puppenstadium zu durchlaufen. Diese Entwicklung vom Ei über die Larve ohne Bildung einer Puppe zum erwachsenen, fortpflanzungsfähigen Insekt wird als unvollständige Verwandlung oder *unvollständige Metamorphose* bezeichnet.

ENTWICKLUNG DER LIBELLE · Nachdem das Libellenweibchen seine Eier in ein Gewässer abgelegt hat, schlüpfen aus ihnen flügellose Larven, die sich von kleinen Wassertieren ernähren. Die Libellenlarven wachsen dabei und häuten sich mehrfach. Am Ende ihrer Entwicklung kriechen die Libellenlarven an einer Wasserpflanze empor über die Wasseroberfläche. An der Luft schlüpft aus der Larve eine fertige Libelle, die ihre vier Flügel entfaltet und auf die Jagd nach anderen Insekten geht. Sie wächst jedoch wie alle Vollinsekten nicht mehr weiter. Obwohl sich die Larven der Libelle vollkommen in Körperbau, Lebensraum und Lebensweise von ihren Elterntieren unterscheiden, spricht man von einer unvollständigen Verwandlung, weil die Libellen in ihrer Entwicklung kein Puppenstadium durchlaufen.

05 Libelle:
A Larve,
B schlüpfende Libelle,
C geschlüpfte Libelle

1 Beschreibe die vollständige und die unvollständige Metamorphose an jeweils einem Beispiel!

2 Vergleiche die vollständige mit der unvollständigen Verwandlung! Nenne dabei Gemeinsamkeiten und Unterschiede!

3 Erläutere, weshalb sich alle Insekten bei ihrer Entwicklung häuten müssen!

Material A ▸ Mehlkäferzucht

Bei einem Versuch wurden Mehlwürmer in einem Glas mit Vollkornmehl über einige Wochen gehalten. Das Versuchsergebnis ist in der Abbildung dargestellt.

A1 Ordne den Zahlen die richtigen Begriffe zu!

A2 Der Mehlwurm – ein Wurm? Nimm Stellung zum Begriff Mehlwurm!

Material B ▸ Entwicklung bei Käfern und Schmetterlingen

Engerling

Maikäfer

Distelfalter-Raupe

Distelfalter

B1 Nenne die Entwicklungsstadien, die in den Abbildungen nicht zu sehen sind!

B2 Beschreibe, wovon sich Larven und Vollinsekten des Maikäfers und des Distelfalters ernähren!

B3 Vergleiche die Ernährungsweise der Larven und Vollinsekten des Mehlkäfers und des Maikäfers miteinander!

B4 Stelle Vermutungen an, welchen Vorteil, aber auch welchen Nachteil es bieten kann, wenn sich Vollinsekten anders ernähren als ihre Larven!

B5 Nenne Wirbeltiere, die in ihrer Entwicklung ebenso wie die Insekten ein Larvenstadium durchlaufen!

01 Kaiserpinguin-Jungvogel

Tiere und Pflanzen extremer Lebensräume

Unter einer Bauchfalte des Männchens guckt das Küken eines Kaiserpinguins hervor. Es hockt auf den Füßen des Elterntieres im Schnee. Weshalb erfriert das Küken nicht?

02 Gruppe junger Kaiserpinguine

KAISERPINGUINE IN DER KÄLTE · Die Küken der Kaiserpinguine schlüpfen im antarktischen Winter bei Temperaturen weit unter null Grad Celsius. Zunächst bleibt das Küken unter der Bauchfalte des Männchens verborgen, wo es vor der eisigen Kälte geschützt ist. Das Männchen füttert das Küken und es wächst. Wenn die Küken älter sind, halten eine Fettschicht und ein dichtes und flauschiges Federkleid die Kälte ab. Oft drängen sich die Tiere zu Gruppen zusammen. Das gleiche Verhalten beobachtet man bei ausgewachsenen Kaiserpinguinen. In der Gruppe bewegen sich die Tiere von innen nach außen und wieder zurück. So stehen die Pinguine am Rand kurzzeitig in der Kälte. Alle anderen wärmen sich gegenseitig.
Das Gefieder der ausgewachsenen Pinguine besteht aus vielen kurzen Federn und

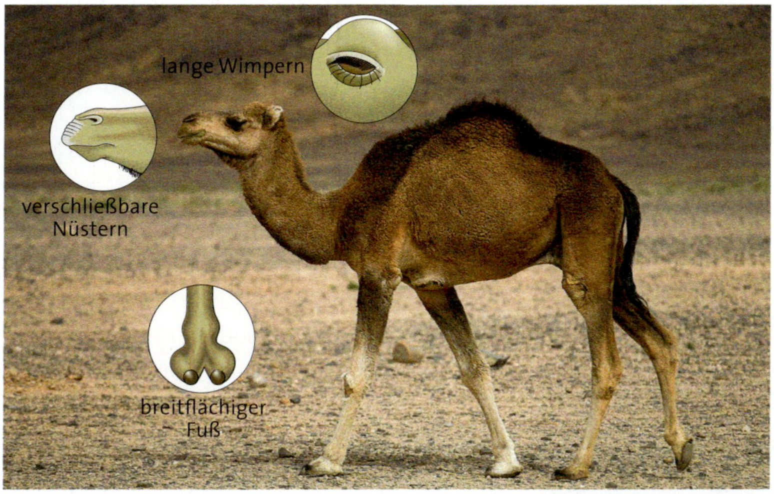

03 Angepasstheiten beim Dromedar

04 Kaktus in der Wüste

Daunen. Die Luft im Gefieder wirkt wie eine Isolierschicht vor der eisigen Kälte. Pinguine reiben ihr Gefieder wiederholt mit einem öligen Stoff ein, sodass es völlig wasserdicht ist.
Ausgewachsene Kaiserpinguine sind bis zu 130 Zentimeter groß. Große Körper kühlen nicht so schnell aus wie kleine. Somit ist auch die Körpergröße der Kaiserpinguine eine wichtige Angepasstheit an die Temperaturen in ihrem Lebensraum.

TIERE UND PFLANZEN IN DER WÜSTE · In der Wüste regnet es nur sehr selten. Die Temperaturen erreichen tagsüber bis zu 50 Grad Celsius. In der Nacht kühlt die Luft auf etwa zehn Grad Celsius ab. Wassermangel, Temperaturschwankungen und häufige Sandstürme kennzeichnen den Lebensraum der **Dromedare.** Das kurze, aber dichte Fell der Dromedare schützt die Tiere vor der nächtlichen Kälte. Lange Wimpern, dicht behaarte Ohren und verschließbare Nasenlöcher verhindern das Eindringen von Sand. Dromedare haben breite Füße, die nur wenig im Sand einsinken. Eine dicke Hornschicht an den Fußsohlen, an der Brust und den Knien schützt vor Verbrennungen, wenn das Tier auf dem heißen Sand ruht. Dromedare können etwa eine Woche ohne Nahrung und noch länger ohne Wasser auskommen. Ihr Höcker enthält Fettgewebe. Beim Verbrauch der Fette entsteht Wasser und es wird Energie freigesetzt, die zur Aufrechterhaltung der Lebensvorgänge benötigt werden.

Wüstenpflanzen wie **Kakteen** sind ebenfalls an den Wassermangel angepasst. Sie speichern Wasser in Spross oder Knolle. Andere Arten haben lange und verzweigte Wurzeln, mit denen sie Wasser aus einem großen Gebiet aufnehmen können. Eine Wachsschicht auf der Außenseite von Spross und Blättern verringert den Wasserverlust. Die meisten Wüstenpflanzen haben keine Blätter.

1 Beschreibe die Angepasstheiten des Kaiserpinguins im Lebensraum Antarktis!

2 Beschreibe die Angepasstheit des Dromedars und der Kakteen an den Wassermangel in ihrem Lebensraum!

05 Tiefsee-Anglerfisch

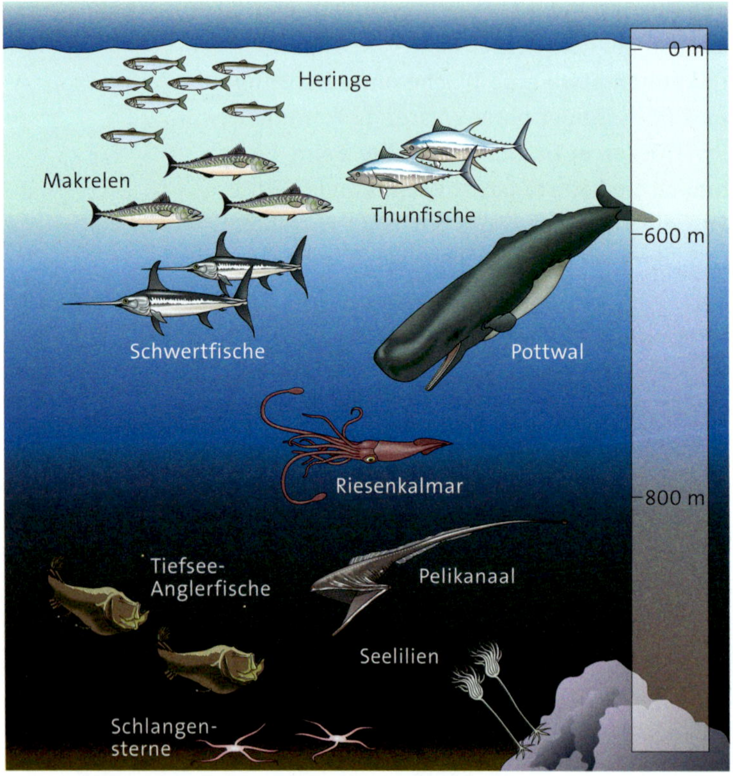

06 Lebensraum Tiefsee (schematische Darstellung)

3 Beschreibe die Angepasstheiten des Tiefsee-Anglerfisches im Lebensraum Tiefsee!

ÜBERLEBEN IN DER TIEFSEE · Tiefsee-Anglerfische sind Raubfische. Sie leben in den Weltmeeren in bis zu 4000 Metern Tiefe. Ihr Lebensraum ist gekennzeichnet durch Temperaturen nahe dem Gefrierpunkt, sehr hohen Wasserdruck und völlige Dunkelheit. Die Fische fallen zunächst durch ihre großen Kiefer und die messerscharfen Zähne auf. Auf der Oberseite des Kopfes befindet sich zudem ein sehr langer Fortsatz. Er leuchtet in der Dunkelheit und lockt so die Beutetiere an. Tiefsee-Anglerfische können ihren Kiefer ausklappen und so auch sehr große Fische verschlucken. Die messerscharfen und nach innen gebogenen Zähne verhindern dabei, dass sich die Beute wieder losreißt.
Tiefsee-Anglerfische bewegen sich in dem kalten Wasser nur sehr langsam. Ihre Augen sind klein oder fehlen völlig. Stattdessen orientieren sie sich mit besonderen Sinnesorganen, die Druckwellen registrieren. Tiefsee-Anglerfische haben keine luftgefüllten Hohlräume in ihrem Körper. Deshalb wird dieser trotz des hohen Wasserdrucks nicht zusammengepresst.

Neben dem Tiefsee-Anglerfisch besiedeln auch Tintenfische, Krebse, Quallen und Würmer die Tiefen der Weltmeere. Pflanzen können in der absoluten Dunkelheit nicht wachsen. Der Mensch empfindet die Dunkelheit, die niedrigen Temperaturen und den hohen Wasserdruck in der Tiefsee als „extrem“. Aus der Sicht des Tiefsee-Anglerfisches sind diese Lebensbedingungen jedoch „günstig“: Er ist an diese Bedingungen angepasst. Lebensräume mit „extremen“ Umweltbedingungen, die nur von wenigen Lebewesen mit speziellen Angepasstheiten besiedelt werden können, bezeichnet man in der Biologie als **extreme Lebensräume**.

VERSUCH A ▸ Koloniebildung

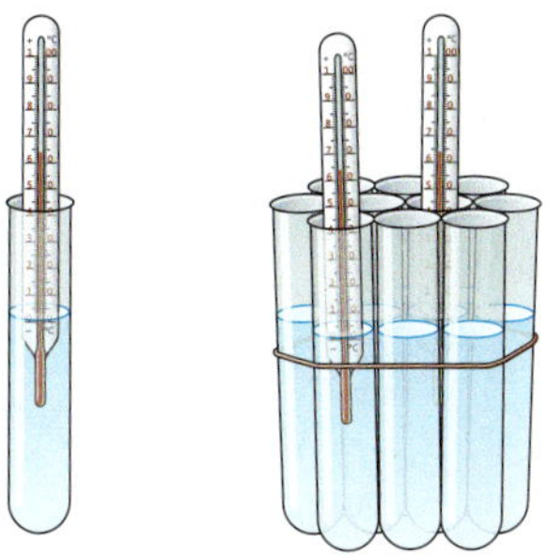

	einzelnes Reagenzglas	zusammengebundene Reagenzgläser	
		Mitte	Randbereich
Versuchsbeginn	–	–	–
nach 5 Minuten	–	–	–
nach 10 Minuten	–	–	–
usw.	–	–	–

Material:
11 Reagenzgläser, 3 Thermometer, warmes Wasser (etwa 65 Grad Celsius), Reagenzglasständer, großes Gummiband

Durchführung:
Binde zehn Reagenzgläser mit dem Gummiband wie in der Abbildung zusammen und stelle das letzte Reagenzglas in den Reagenzglasständer. Fülle in jedes Reagenzglas warmes Wasser. Miss nun im Abstand von fünf Minuten die Wassertemperatur in dem einzelnen Reagenzglas. Bei den zusammengebundenen Gläsern misst du in einem Glas aus der Mitte und in einem randständigen Glas die Temperatur!

A1 Übertrage die Tabelle in deine Mappe! Führe den Versuch durch und notiere die Messwerte!

A2 Ermittle die Differenz zwischen Anfangstemperatur und Endtemperatur für jede Versuchsreihe und vergleiche die Werte miteinander!

A3 Erläutere mithilfe der Messwerte das Verhalten der Kaiserpinguine in der Kolonie bei Kälte und starkem Wind!

Material B ▸ Angepasstheiten des Eisbären

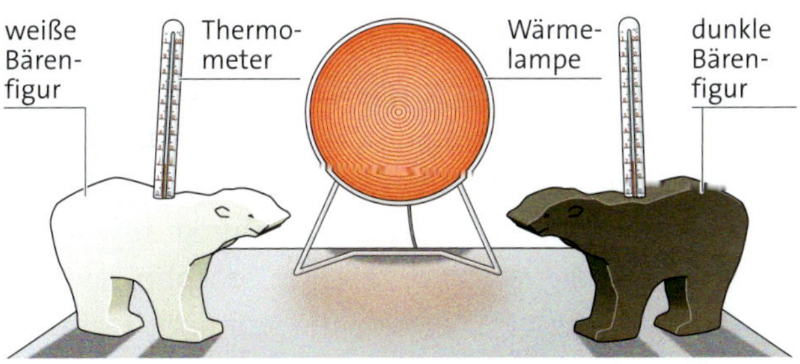

	Temperatur in Grad Celsius	
	weißer Bär	dunkler Bär
Versuchsbeginn	21	21
nach 5 Minuten	27	30
nach 10 Minuten	34	40

Der Eisbär lebt in der Arktis. Sein dichtes Fell besteht aus wasserabweisenden Haaren, die ihn vor Kälte schützen. Unter dem Fell liegt eine dicke Fettschicht. Die Haut des Eisbären ist schwarz. Ihr möglicher Einfluss auf den Wärmehaushalt des Eisbären wurde in einem Experiment untersucht.

B1 Ergänze die Abbildung und die Tabelle zu einem Versuchsprotokoll! Nimm dazu Seite 50 zu Hilfe!

B2 Erkläre mithilfe der Messergebnisse eine mögliche Bedeutung der dunklen Haut für den Wärmehaushalt des Eisbären!

B3 Formuliere eine Vermutung, weshalb Eisbären ein weißes und kein dunkles Fell haben! Bringe deine Vermutung in Verbindung mit seinem Leben als Raubtier in der Arktis!

01 Pongoland Zoo Leipzig

Ein Leben im Zoo

Das Pongoland in Leipzig ist die weltgrößte Zooanlage, in der alle vier Menschenaffenarten – Schimpanse, Bonobo, Gorilla und Orang-Utan – beobachtet werden können. Insgesamt kümmern sich 14 Tierpfleger um die Fütterung, Reinigung und Instandhaltung der Gehege. Dennoch fragen Schüler oft: Fühlen sich Tiere wie zum Beispiel die Schimpansen im Zoo wohl?

SCHIMPANSEN IN IHREM LEBENSRAUM · Um diese Frage zu beantworten, muss man sich zunächst über den Lebensraum und die Lebensweise der Schimpansen informieren. Die Schimpansen leben in großen *Gruppen*. Man findet sie am häufigsten in Zentralafrika. Dort kann man sie sowohl im Regenwald als auch in der trockenen Savanne beobachten. Eine Gruppe besteht aus mehreren Männchen und Weibchen. Der Gruppenzusammenhalt wird durch die gegenseitige Körper- und Fellpflege gefördert. Im Leben der Schimpansen nimmt die Futtersuche viel Zeit in Anspruch. Sie suchen in ihrem *Revier* sowohl am Boden als auch kletternd auf Bäumen nach Nahrung. Sie sind Allesfresser, wobei pflanzliche Nahrung den Hauptanteil ausmacht, wie zum Beispiel Früchte, Nüsse und Blätter. Zur Nahrungsbeschaffung nutzen sie häufig Werkzeuge. Dazu stochern sie mit Zweigen in Termitenhügeln nach Termiten oder verwenden Steine zum Nüsseknacken. Schimpansen sind tagaktiv und bauen sich für die Nacht immer wieder ein neues Blätternest in den Bäumen.

SCHIMPANSEN IM ZOO · Im Pongoland lebt eine Schimpansengruppe, die sich aus elf weiblichen und sieben männlichen Tieren unterschiedlichen Alters zusammensetzt. Damit sich die Schimpansen in ihrem

02 Schimpansen auf Futtersuche

03 Schimpansenweibchen mit Jungtieren

Gehege wohlfühlen, muss es so gestaltet sein, dass sie ihre natürlichen Verhaltensweisen zeigen können. Die Reviergröße von wild lebenden Schimpansen hängt stets vom Nahrungsangebot ab. Da die Schimpansen im Zoo ausreichend Nahrung erhalten, spielt die Größe ihres Geheges eine untergeordnete Rolle. Die sehr zeitaufwendige Suche nach Nahrung entfällt im Zoo, daher ist es wichtig, dass die Schimpansen beschäftigt werden und sich somit ausreichend bewegen. Das Schimpansengehege bietet feste und bewegliche Klettermöglichkeiten wie Bäume und Seile. Um das Neugierverhalten zu fördern, werden diese regelmäßig umgestellt oder umgehängt. Auch die Nahrungsversorgung wird abwechslungsreich gestaltet. In den ausgehöhlten Bäumen sind Nüsse versteckt, sodass die Schimpansen nur mit einem Stock an die Nahrung gelangen. Das Futter wird in Futterzöpfen oder Müslirollen aus Jute oder Bambus verpackt und in die Äste gehängt. Rosinen, Sonnenblumenkerne und andere kleine Futterbrocken werden von den Tierpflegern im Gehege verstreut, um das Futtersuchverhalten zu fördern. Auch Laub wird reichlich ausgelegt, sodass die Schimpansen sich Nester bauen können. Zur weiteren Beschäftigung wird verschiedenes Spielzeug wie zum Beispiel Jutesäcke zur Verfügung gestellt.

Wird es draußen kühler, können sich die Schimpansen in der *Tropenhalle* aufhalten. Wasserfälle, üppiger Pflanzenbewuchs, hohe Temperaturen und Luftfeuchtigkeit sorgen für ein angenehmes Klima wie in einem ihrer natürlichen Lebensräume.

Der Zoo Leipzig versucht, möglichst viele natürliche Verhaltensweisen zu fördern. Je ähnlicher ein Gehege im Zoo dem natürlichen Lebensraum ist und je mehr natürliche Verhaltensweisen ausgelebt werden, desto **artgerechter** ist die Haltung der Tiere im Zoo und desto wohler fühlen sie sich.

1 Nenne typische Verhaltensweisen von Schimpansen in freier Natur!

2 Beurteile, inwieweit das Pongoland im Zoo Leipzig eine artgerechte Haltung der Schimpansen ermöglicht!

METHODE

Beobachten und Beschreiben

Im Zoo leben die zwei Asiatischen Elefantenkühe MANARI und KHAING. Kinder beobachten fasziniert, wie sich ihre Rüssel ständig bewegen. Das Beobachten ist eine wichtige Arbeitsweise in der Biologie.

BEOBACHTEN · *Beim Beobachten erfasst man ein ausgewähltes Merkmal wie die Bewegungen des Elefantenrüssels genau. Dafür ist mehr Zeit notwendig als für bloßes Hinsehen. Andernfalls entgehen dem Beobachter viele Einzelheiten. Wichtig ist auch, die Fragestellung im Auge zu behalten. Für die Beobachtung der Rüsselbewegungen muss man die beiden Elefantenkühe voneinander unterscheiden. Dazu vergleicht man sie hinsichtlich stark abweichender Körpermerkmale.*

BEOBACHTUNGEN FESTHALTEN · *Die Beobachtungen können in Zeichnungen, Tabellen oder Diagrammen dargestellt werden. In einem solchen Beobachtungsprotokoll werden auch Angaben über die Bedingungen vor Ort festgehalten. Es enthält außerdem eine Beschreibung der Beobachtungen.*

BEOBACHTUNGEN BESCHREIBEN · *Bei einer Beschreibung gibt man das beobachtete Merkmal wie die Rüsselbewegungen mit eigenen Worten ohne Erklärung und Begründung genau wieder. „Vermenschlichungen“ wie zum Beispiel „Der Elefant bewegt seinen Rüssel gelangweilt“ sind zu vermeiden. Die Reihenfolge der Vorgänge wird beachtet und biologische Fachbegriffe werden verwendet.*

04 Elefanten im Zoo

Beobachtungsprotokoll: Rüsselbewegungen von Elefanten

Ort: Zoo

Uhrzeit: 11 Uhr

Datum: 15.02.2012

Wetter: sonnig, kalt

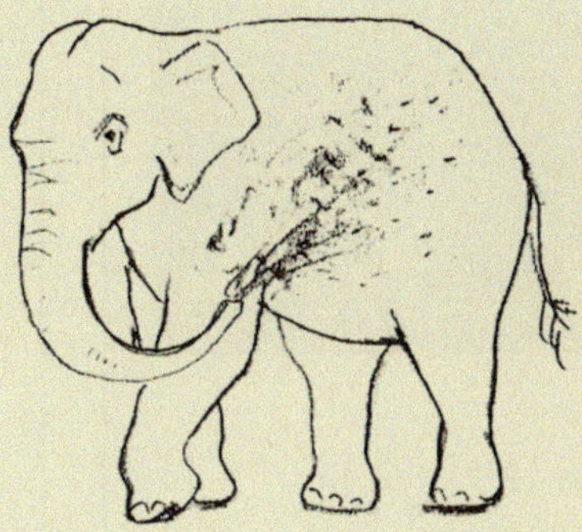

Fragestellung: Welche Rüsselbewegungen lassen sich bei MANARI beobachten?

Merkmale	MANARI	KHAING
Kopfform	schmales Gesicht, hohe gewölbte Stirn, starke Wölbung über den Augen	breites Gesicht, weniger hohe Stirn als MANARI, schwache Wölbung über den Augen
Ohrenform	dreieckig, obere Spitzen nach hinten geklappt	dreieckig
Färbung der Haut	gleichmäßig braun-grau	braun-grau mit vielen hellen Stellen, vor allem am Kopf
weitere Kennzeichen	heller Querstreifen vor dem rechten Auge	helle herzförmige Färbung an der rechten Hüfte

Beobachtete Rüsselbewegungen bei MANARI

MANARI streckt den Rüssel und bewegt ihn von einer Seite zur anderen Seite, plötzlich berührt sie die vordere Bauchseite von KHAING mit der Rüsselspitze.

MANARI streckt ihren Rüssel nach unten und nimmt so Wasser auf, danach rollt sie ihren Rüssel an der Spitze ein und lässt die Rüsselspitze in ihrem Maul verschwinden.

MANARI streckt ihren Rüssel nach unten und nimmt erneut Wasser auf. Danach dreht sie die Rüsselspitze ein und führt gleichzeitig den Rüssel zu ihrem Nacken und spritzt ihren Rücken mit Wasser nass.

MANARIs Rüssel bewegt sich nach vorne. Der Rüssel ist dabei lang gestreckt. Jetzt schwenkt sie den Rüssel gleichmäßig nach beiden Seiten und erfasst dann mit ihrem „Greiffinger" an der Rüsselspitze einen Zweig. Nun dreht sie ihren Rüssel ein und umschließt den Zweig. So führt MANARI den aufgerollten Rüssel mit dem Zweig in ihr Maul.

05 Beispiel für ein Beobachtungsprotokoll

METHODE

Vergleichen

STECKBRIEF

Löwen
Kopf-Rumpf-Länge: *bis etwa 2,50 Meter;*
Körpermasse: *bis etwa 225 Kilogramm;*
Beutetiere: *große Herdentiere wie Zebras und Antilopen;*
Lebensweise: *lebt und jagt in einem Rudel (ein Männchen, mehrere Weibchen und Jungtiere);*
Laufgeschwindigkeit: *bis zu 55 Kilometer pro Stunde*

STECKBRIEF

Gepard
Kopf-Rumpf-Länge: *bis etwa 1,50 Meter;*
Körpermasse: *bis etwa 50 Kilogramm;*
Beutetiere: *kleine bis mittelgroße Gazellen und Antilopen, Kaninchen oder Vögel;*
Lebensweise: *lebt als Einzelgänger und jagt alleine;*
Laufgeschwindigkeit: *bis zu 112 Kilometer pro Stunde*

Löwen und Geparden kann man heute fast nur noch in den Graslandschaften Afrikas beobachten. Dort jagen beide nach Beute. Machen sich Löwe und Gepard dabei Konkurrenz? Um diese Frage zu beantworten, muss man die beiden Katzenarten miteinander vergleichen. Für den ***Vergleich*** *werden verschiedene Merkmale wie beispielsweise die Lebensweise, die Beutetiere oder die Laufgeschwindigkeit von Löwe und Gepard zusammengestellt und betrachtet. Diese Merkmale dienen als Vergleichskriterien. Der Vergleich ist eine Gegenüberstellung von ausgewählten Merkmalen. Das Vergleichsergebnis ist eine Antwort auf die Ausgangsfrage und beinhaltet die Unterschiede und Gemeinsamkeiten der beiden Tierarten.*

Der Gepard ist an das Jagen als Einzelgänger sehr gut angepasst. Mit einer Laufgeschwindigkeit von über 110 Kilometern pro Stunde jagt er kleine und schnelle Beutetiere wie zum Beispiel Gazellen. Die in Rudeln lebenden Löwen jagen dagegen gemeinsam. Sie treiben die in großen Herden lebenden Zebras auseinander. Einzelne, von der Herde getrennte Tiere, werden dann von den Löwen erbeutet. Für diese gemeinsame Jagd nach großen Beutetieren ist die geringere Laufgeschwindigkeit des Löwen im Vergleich zum Gepard vollkommen ausreichend. Der Vergleich von Lebensweise, Beutetieren und Laufgeschwindigkeit bei Löwen und Geparden zeigt, dass sich beide Katzenarten bei der Jagd nach Beutetieren keine Konkurrenz machen.

3 Erläutere, weshalb Jaguar und Gepard trotz vieler Gemeinsamkeiten jeweils eine eigene Art sind! Nimm das Basiskonzept „Vielfalt" auf Seite 85 und das Basiskonzept „Fortpflanzung" auf Seite 103 zu Hilfe!

Material A ▸ Säugetiere vergleichen und ordnen

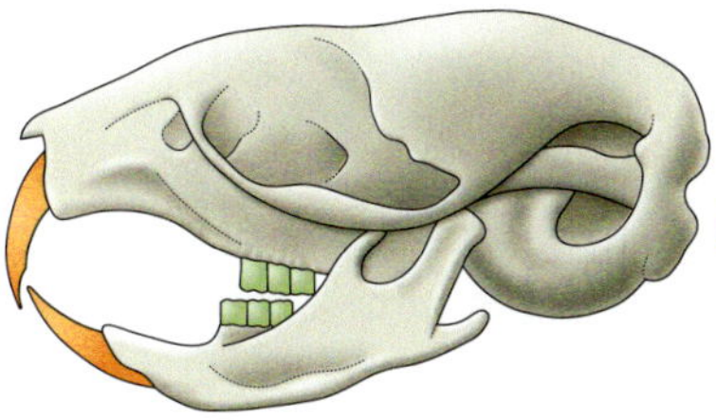
Feldmaus

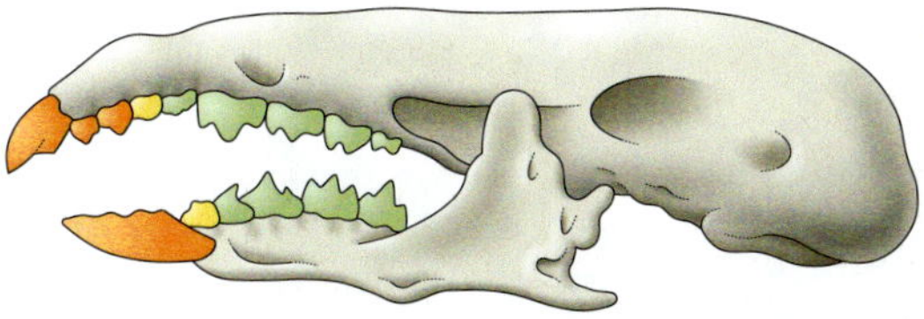
Spitzmaus

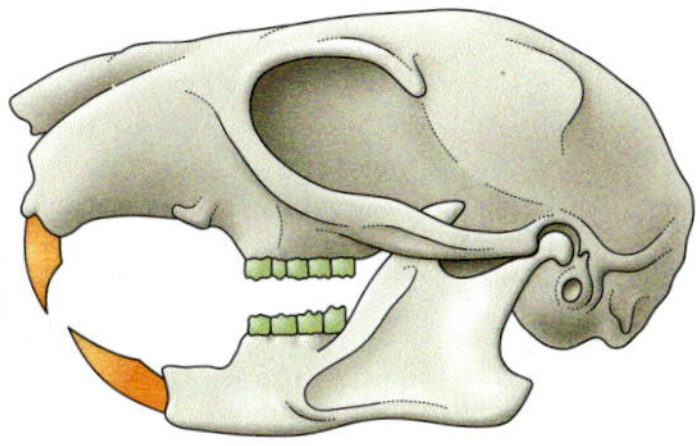
Eichhörnchen

A1 Vergleiche die Schädel von Feldmaus, Spitzmaus und Eichhörnchen miteinander!

A2 Erstelle für diese Tiere jeweils eine Zahnformel und vergleiche sie!

A3 Ordne mithilfe des Vergleichs der Zahnformeln den Tieren jeweils die Begriffe Insektenfressergebiss und Nagergebiss zu!

Material B ▸ Meerestiere vergleichen

STECKBRIEF

Schwertwal
Lebensraum: *in warmen und kalten Ozeanen;*
Körperlänge: *bis etwa 10 Meter;*
Nahrung: *Fische, Robben, Pinguine, Delfine;*
Atmung: *Lungenatmung;*
Lebensweise: *lebt und jagt in Gruppen*

STECKBRIEF

Walhai
Lebensraum: *in warmen Ozeanen;*
Körperlänge: *bis etwa 15 Meter;*
Nahrung: *vorwiegend pflanzliche und tierische Kleinstlebewesen sowie kleine Meerestiere;*
Atmung: *Kiemenatmung;*
Lebensweise: *lebt als Einzelgänger*

B1 Beschreibe Gemeinsamkeiten und Unterschiede von Schwertwal und Walhai! Nimm die Abbildungen und die Steckbriefe zu Hilfe!

B2 Ordne den Schwertwal einer Gruppe von Tieren zu! Begründe deine Zuordnung.

B3 Nimm Stellung zum Namen Walhai!

A ▸ Pflanzen im Jahreslauf

Kann ich ...

1 die Veränderungen eines Laubwaldes im Jahresverlauf beschreiben und die Ursachen dafür nennen? *(Seite 176 bis 177)*

2 verschiedene Frühblüher nennen? *(Seite 178)*

3 am Beispiel des Buschwindröschens erklären, dass Frühblüher große Lichtmengen im Frühjahr nutzen können? *(Seite 178)*

4 verschiedene Speicherorgane der Frühblüher nennen und ihre Funktion erläutern? *(Seite 178)*

5 erklären, was ein Herbarium ist und wie man dieses anlegt? *(Seite 180)*

6 mithilfe eines Bestimmungsschlüssels verschiedene einheimische Laubbaumarten anhand ihrer Blätter bestimmen? *(Seite 181)*

7 den Unterschied zwischen Nahrungskette und Nahrungsnetz erklären? *(Seite 182 bis 183)*

8 die Nahrungsbeziehungen zwischen Pflanzen und Tieren, die im Wald leben, als Nahrungsnetz darstellen und erläutern? *(Seite 182 bis 184)*

9 den Aufbau der Lebewesen aus Zellen beschreiben? *(Seite 188 bis 190)*

10 die verschiedenen Bestandteile einer Pflanzenzelle nennen und ihre Aufgaben erläutern? *(Seite 188 bis 190)*

11 den Aufbau einer Tierzelle beschreiben und die Unterschiede zu einer Pflanzenzelle nennen? *(Seite 188 bis 190; 195)*

12 die Bauteile eines Mikroskops nennen und ihre Aufgabe erläutern sowie dieses sachgerecht bedienen? *(Seite 192 bis 193)*

13 ein einfaches mikroskopisches Präparat herstellen, dieses mikroskopieren und davon eine beschriftete Zeichnung erstellen? *(Seite 192 bis 194; 196)*

14 beschreiben, was bei der Fotosynthese geschieht, und ihre Bedeutung für den Stoffwechsel der Pflanzen erklären? *(Seite 190)*

B ▸ Tiere im Jahreslauf

Kann ich ...

1 am Beispiel der Forelle die Fortpflanzung und Entwicklung von Fischen beschreiben? *(Seite 198 bis 201)*

2 die Wanderung der Lachse und Aale beschreiben? *(Seite 199)*

3 einen Fisch sachgerecht sezieren und anschließend seinen Aufbau beschreiben? *(Seite 200)*

4 die Fortpflanzung und Entwicklung von Froschlurchen als Metamorphose erklären? *(Seite 206 bis 209)*

5 die Wanderungsbewegungen der Froschlurche beschreiben und als Angepasstheit an die Jahreszeiten erklären? *(Seite 208)*

6 am Beispiel der Amphibien den Begriff Feuchtlufttier erklären? *(Seite 202 bis 203)*

7 die Merkmale von Froschlurchen nennen und als Angepasstheit an das Leben im Wasser und an Land erklären? *(Seite 202 bis 204)*

8 am Beispiel der Froschlurche die Winterstarre als Angepasstheit wechselwarmer Tiere erklären? *(Seite 202 bis 203)*

9 mithilfe eines Bestimmungsschlüssels verschiedene Amphibienarten bestimmen? *(Seite 204 bis 205)*

10 am Beispiel der Zauneidechse die Merkmale von Reptilien nennen und als Angepasstheit an ein Leben an Land erläutern? *(Seite 210 bis 212)*

11 die verschiedenen Überwinterungsweisen der Vögel beschreiben und als Angepasstheit an die Jahreszeiten erläutern? *(Seite 214 bis 217)*

12 die gemeinsamen Merkmale der Wirbeltiere nennen und beschreiben? *(Seite 218 bis 221)*

13 die fünf Wirbeltiergruppen nennen und vergleichen? *(Seite 218 bis 221)*

14 die Metamorphose der Insekten an einem Beispiel beschreiben? *(Seite 222 bis 225)*

C ▸ Lebewesen aus aller Welt

Kann ich ...

1 besondere Merkmale des Kaiserpinguins nennen und als Angepasstheit an ein Leben in der Kälte erklären? *(Seite 226 bis 227)*

2 am Beispiel von Dromedaren und Kakteen die Angepasstheiten von Tieren und Pflanzen an ein Leben in der Wüste erklären? *(Seite 226 bis 227)*

3 am Beispiel des Tiefsee-Anglerfisches die Angepasstheiten von Tieren an ein Leben in der Tiefsee erläutern? *(Seite 228)*

4 am Beispiel von Schimpansen die artgerechte Haltung von Tieren im Zoo beschreiben? *(Seite 220 bis 231)*

5 Tiere im Zoo beobachten und beschreiben sowie ein Beobachtungsprotokoll erstellen? *(Seite 232 bis 233)*

Kann ich aus dem Kapitel „Angepasstheiten von Pflanzen und Tieren an die Jahreszeiten" Beispiele nennen für das Basiskonzept:

- Angepasstheit
- Stoff- und Energieumwandlung
- Vielfalt (Variabilität)
- Struktur und Funktion
- Fortpflanzung (Reproduktion)
- Steuerung und Regelung

Sinne erschließen die Welt

In diesem Kapitel beschäftigst du dich mit

- den menschlichen Sinnesorganen Auge und Ohr. Du erfährst, wie diese Organe aufgebaut sind und wie sie funktionieren. Du lernst auch etwas über Kurzsichtigkeit und das Hörvermögen.

- dem Sinnesorgan menschliche Haut. Du lernst die verschiedenen Sinnesleistungen der Haut kennen. Du erfährst dabei, wie der Aufbau der Haut zu ihren Funktionen passt.

- den Möglichkeiten, Augen, Ohren und Haut vor Schäden zu schützen. Hierbei lernst du wichtige Gefahren für diese Sinnesorgane kennen.

- den Sinneswelten von Tieren. Dabei erfährst du, welche besonderen Sinnesorgane manche Tiere haben und wie Tiere die Umwelt auch anders wahrnehmen als der Mensch.

01 Fahrt im Kettenkarussell

Mit allen Sinnen unterwegs

Bei der Fahrt im Kettenkarussell dreht sich alles, Lichter blinken, laute Musik dröhnt in den Ohren, Wind weht um den Kopf und der Duft von gebrannten Mandeln dringt in die Nase. Der eine findet es toll, dem anderen wird schon beim Zusehen schwindlig. Wie nehmen wir diese vielfältige Umwelt wahr?

SINNESORGANE UND GEHIRN · Das blinkende Licht sehen wir mit den Augen, die Musik hören wir mit den Ohren, den Duft gebrannter Mandeln riechen wir mit der Nase und den Fahrtwind des Karussells spüren wir auf der Haut. Licht, Musikgeräusche, Duftstoffe und Luftbewegung sind **Reize.** Augen, Ohren, Nase und Haut sind **Sinnesorgane.** In ihnen werden die Reize zu Informationen an das Gehirn umgewandelt. Diese werden durch Nerven transportiert, die Sinnesorgan und Gehirn verbinden. Im Gehirn werden die Meldungen verarbeitet und es entstehen Wahrnehmungen, wie zum Beispiel „grelles Licht", „laute Musik" oder „sanfte Luftbewegung". Schwindligsein ist ebenfalls eine Wahrnehmung, die im Gehirn entsteht. Sie kann durch schnelles Drehen hervorgerufen werden. Manchmal gibt es für Schwindel keinen erkennbaren Reiz.
Weitere Reize sind Geschmacksstoffe und Temperaturunterschiede. Zunge und Haut sind die zugehörigen Sinnesorgane.

REIZ UND REAKTION · An einer rot leuchtenden Ampel wartet ein Fußgänger auf „grün". Sobald die grüne Lampe scheint, fällt ihr Licht in seine Augen. Dies wird über Nerven an sein Gehirn gemeldet und er nimmt das Leuchten wahr. Danach informiert sein Gehirn, ebenfalls über Nerven, einige Muskeln in den Beinen. Die Muskeln ziehen sich zusammen und sein Körper bewegt sich. Diese Bewegung ist seine **Reaktion** auf den Lichtreiz. Auch in anderen Situationen des Lebens hängen Reiz und sichtbare Reaktion eng zusammen. Man spricht daher von einem **Reiz-Reaktions-Schema.**
Einige Reaktionen müssen gelernt werden. Das rote Licht einer Ampel soll als Reiz bei jedem Verkehrsteilnehmer die Reaktion „an-

halten und stehen bleiben" hervorrufen. Also muss jeder lernen, dass er bei „rot" stehen bleibt. Andere Reaktionen auf einen Reiz erfolgen dagegen automatisch. Wer eine heiße Herdplatte anfasst, zieht die Hand zurück.

SICHER IM VERKEHR · Gegenständen, die sich sehr schnell bewegen, wie zum Beispiel Autos, kann man nicht rechtzeitig ausweichen. Wahrnehmung und Reaktion sind zu langsam. In diesem Fall helfen uns Verkehrsregeln, an die sich alle halten. Alle Verkehrsteilnehmer haben zum Beispiel gelernt, auf den Reiz „rote Ampel" zu reagieren.
Es kommt immer wieder vor, dass ein Verkehrsteilnehmer nicht auf die Verkehrszeichen achtet. Dies kann zu einem Unfall führen. Um sich vor Verletzungen als Unfallfolge zu schützen, trägt man zum Beispiel einen Fahrradhelm.
Im Straßenverkehr strömen viele Reize gleichzeitig auf uns ein. Wir können und müssen uns allerdings auf einzelne konzentrieren, so dass wir sie auch wahrnehmen. Wenn wir zum Beispiel die Geräusche des Straßenverkehrs wahrnehmen müssen, dürfen wir nicht gleichzeitig auf unsere Lieblingsmusik aus einem Kopfhörer achten. Deshalb ist beim Fahrradfahren das Musikhören über Kopfhörer verboten.
Manchmal hört man ein Auto, dreht sich nach ihm um, sieht es und geht dann zur Seite. In diesem Fall arbeiten zwei Sinnesorgane geordnet zusammen. Zuerst läuft das Reiz-Reaktions-Schema „Hören – Umdrehen" ab, dann kann das Schema „Sehen – Zur-Seite-Gehen" folgen.

1 Nenne zu jedem Sinnesorgan ein Beispiel für einen Reiz und beschreibe die Wahrnehmungen! Nimm Abbildung 02 zu Hilfe!

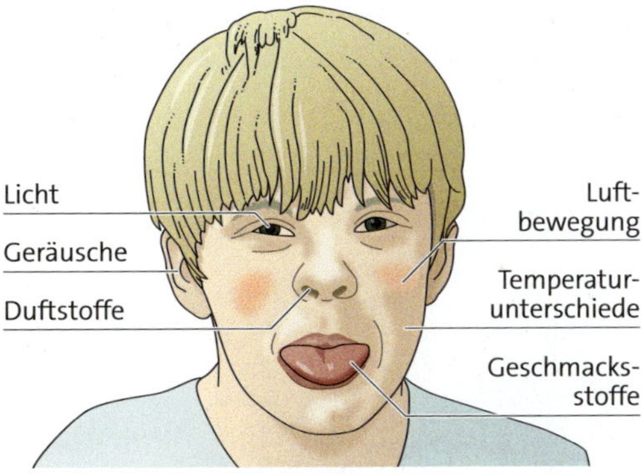

02 Reize und Sinnesorgane

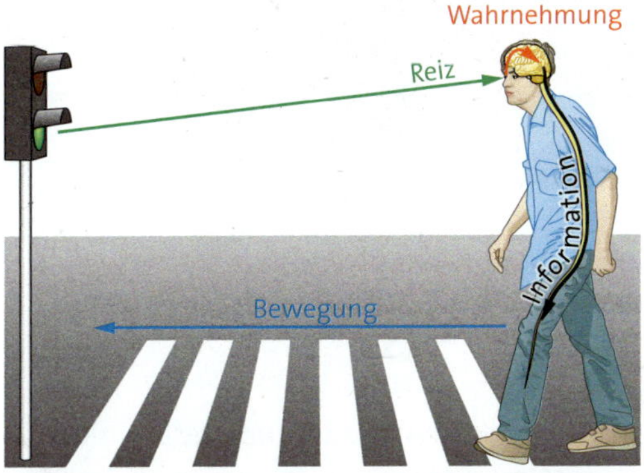

03 Reiz-Reaktions-Schema

04 Ein Helm schützt

2 Ein Autofahrer biegt unachtsam nach rechts in eine Nebenstraße ein und schneidet einem radfahrenden Kind den Weg ab. Erläutere, auf welche Reize der Autofahrer sich nicht konzentriert hat!

3 Das Kind bremst und kommt rechtzeitig zum Stehen. Beschreibe das zugehörige Reiz-Reaktions-Schema!

01 Lesen am Schreibtisch

Das Auge

Wer im dunklen Zimmer lesen möchte, schaltet eine Lampe ein. Nur wenn das Buch mit Licht beschienen wird, kann man den Text erkennen. Weshalb benötigt man Licht beim Sehen?

BAU DES AUGES · Das nahezu kugelförmige Auge ist von einer festen Haut umgeben, deren vorderer Teil durchsichtig ist. Dieser Teil heißt **Hornhaut.** Das Augeninnere ist zum größten Teil mit einer geleeartigen Masse gefüllt. Sie bildet den durchsichtigen **Glaskörper.**

Zwischen Hornhaut und Glaskörper befinden sich **Kammer, Iris** und **Linse.** Die Kammer ist mit einer durchsichtigen Flüssigkeit gefüllt. Die Iris ist eine undurchsichtige ringförmige Haut. Die Öffnung in ihrer Mitte heißt **Pupille.**

Hinter dem Glaskörper liegt die **Netzhaut.** Sie enthält **Lichtsinneszellen,** die mit Nervenzellen verbunden sind. Die Nervenzellen führen gemeinsam als **Sehnerv** ins Gehirn.

FUNKTION DES AUGES · Das von der Lampe beleuchtete Buch reflektiert das Licht. Damit man lesen kann, muss dieses Licht auf die Lichtsinneszellen in der Netzhaut fallen. Denn nur sie nehmen die Lichtreize auf.

Mithilfe von Muskeln wird das Auge beim Lesen so ausgerichtet, dass es von der betrachteten Stelle Licht erhält. Bei starker Beleuchtung reflektiert die Buchseite viel Licht. Dann zieht sich die Iris zusammen und die Pupille wird eng. Bei geringerem Lichteinfall wird die Pupille weiter. So gelangt immer die angemessene Menge Licht ins Auge. Die durchsichtigen Teile, Hornhaut, Kammer, Linse und Glaskörper, lenken das Licht zur Netzhaut. Sinneszellen geben schließlich die Information an das Gehirn weiter, wo viel und wo wenig Licht aufgetroffen ist. Es gibt auch Sinneszellen, die unterschiedlich auf verschiedenfarbiges Licht reagieren. So kann im Gehirn die Wahrnehmung von Texten und Bildern erzeugt werden.

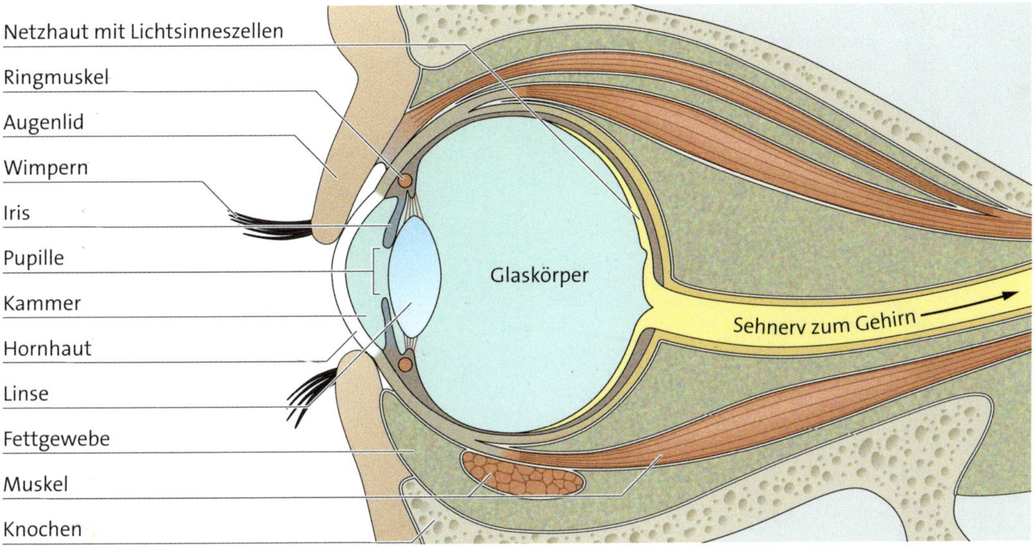

02 Bau des Auges (Längsschnitt)

SCHUTZ DES AUGES · Gegen alltägliche Belastungen ist das Auge geschützt. Es liegt in einer knöchernen Augenhöhle, die mit Fettgewebe ausgepolstert ist. Dadurch ist es Schlägen und Stößen nicht direkt ausgesetzt. Vor dem Auge befinden sich zwei Hautfalten, das obere und das untere **Augenlid,** an denen besondere Haare wachsen, die **Wimpern.** Augenlider und Wimpern können sich schließen und so Fremdkörper vom Auge fernhalten. Eine Drüse oberhalb des Auges gibt Tränenflüssigkeit ab. Diese hält die Hornhaut ständig feucht. Staub und andere kleine Fremdkörper werden durch den Tränenkanal weggespült.

Sind Hornhaut, Linse oder Glaskörper beschädigt, lenken sie das ins Auge fallende Licht falsch ab. Es könnte auch sein, dass nicht mehr genügend Licht hindurch kommt. Wenn man Arbeiten durchführt, bei denen Splitter oder schädliche Chemikalien an oder in das Auge gelangen könnten, setzt man eine Schutzbrille auf. Sehr starkes Licht wie direktes Sonnenlicht kann Lichtsinneszellen zerstören. Deshalb trägt man bei zu starkem Licht eine Sonnenbrille.

1 Nenne die von außen sichtbaren Teile des Auges!

2 Begründe, weshalb man in einem dunklen Raum nichts sehen kann!

3 Erkläre, wie sich die Pupille verändert, wenn man aus der hellen Sonne in einen dunklen Raum kommt!

4 Erläutere, weshalb Rennradfahrer eine Schutzbrille tragen und weshalb diese häufig dunkel getönt ist!

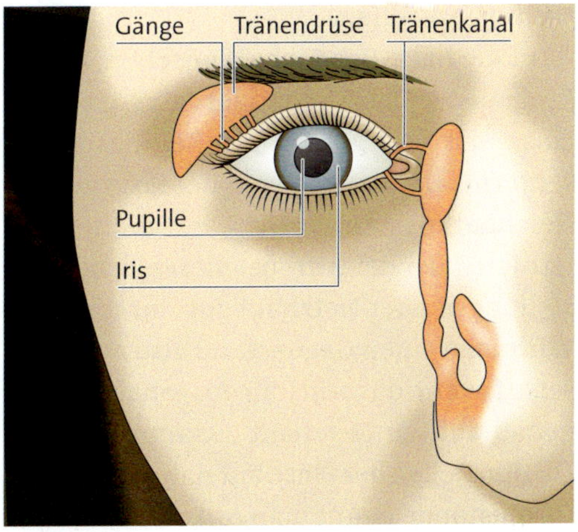

03 Tränendrüse am Auge

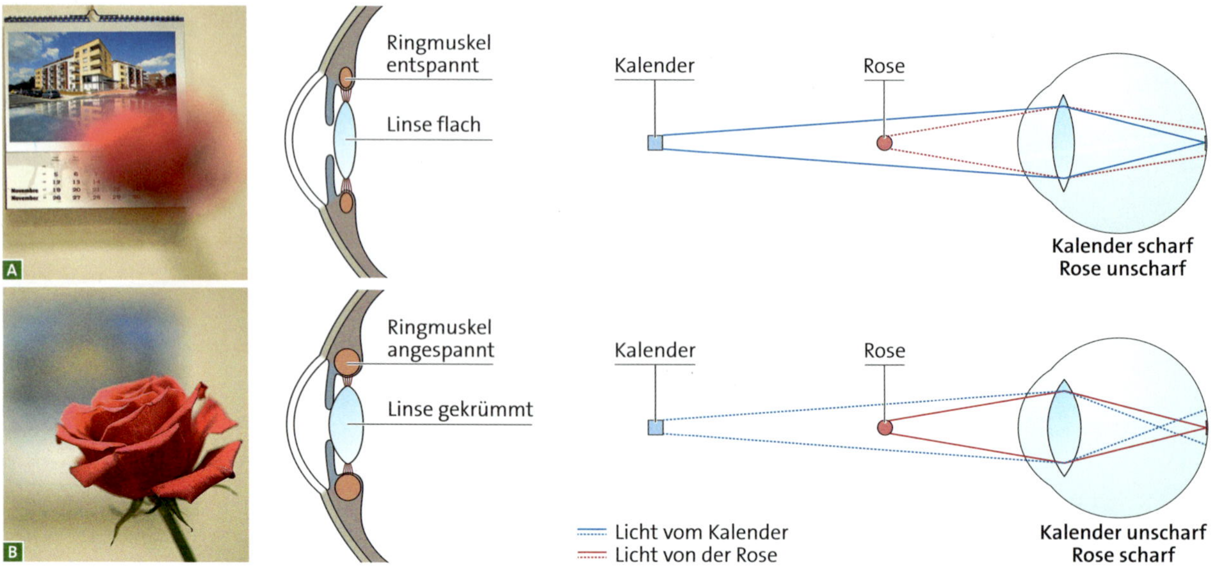

04 Akkomodation: **A** Ferneinstellung des Auges, **B** Naheinstellung des Auges

FERN UND NAH SEHEN · Mithilfe der Linse kann man einen in der Ferne hängenden Kalender und eine nahe Rose scharf sehen, allerdings nicht gleichzeitig.
Wenn die Linse auf das Sehen des Kalenders in der Ferne eingestellt ist, ist der **Ringmuskel** entspannt und die Linse schmal und flach. Bei dieser Linsenform dringt das Licht vom Kalender durch die Linse und trifft auf der Netzhaut zusammen. Das Licht von der nahen Rose hingegen würde bei einer flachen Linse erst hinter der Netzhaut zusammentreffen.
Wird die nahe Rose scharf gesehen, ist der Ringmuskel zusammengezogen und die Linse dick und gekrümmt. Bei dieser Linsenform fällt das Licht von der Rose auf der Netzhaut zusammen. Licht vom weiter entfernten Kalender trifft bei dieser Linseneinstellung vor der Netzhaut zusammen.
Wir sehen einen Gegenstand also nur dann scharf, wenn das von ihm ausgehende Licht genau auf der Netzhaut zusammen trifft. Das Einstellen der Linse auf nahe oder ferne Gegenstände nennt man **Akkommodation.**

lateinisch accommodare = anpassen

KURZSICHTIG UND WEITSICHTIG · Manche Menschen können nahe Gegenstände scharf sehen, aber in der Ferne sehen sie alles verschwommen. Bei anderen ist es genau umgekehrt. Obwohl sich ihre Linsen in den Augen genau wie bei anderen Menschen krümmen und abflachen können, bleibt der Sehfehler bestehen. Bei Kurzsichtigen ist das Auge zu lang: Bei ihnen kann sich die Linse maximal abflachen und dennoch fällt das Licht eines Gegenstandes in der Ferne nicht auf der Netzhaut zusammen, sondern davor. Das Bild bleibt unscharf. Bei Weitsichtigen ist das Auge zu kurz: Das Licht eines nahe gelegenen Gegenstandes würde trotz stark gekrümmter Linse erst hinter der Netzhaut zusammenfallen.

5 Erkläre, wie dein Daumen aussieht, wenn du ihn mit ausgestrecktem Arm vor dich hältst und an ihm vorbei die Tafel scharf siehst!

6 Erkläre, wie sich die Linse verändert, wenn man vom Lesen aufschaut!

Material A ▸ Brille

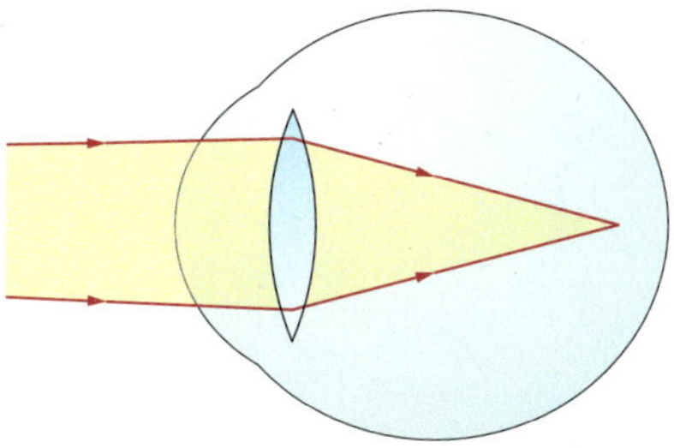

Fernakkommodation beim kurzsichtigen Auge
ohne Brille

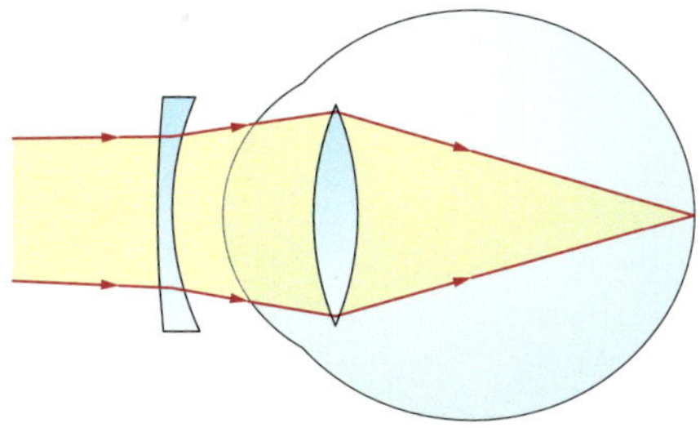

mit Brille

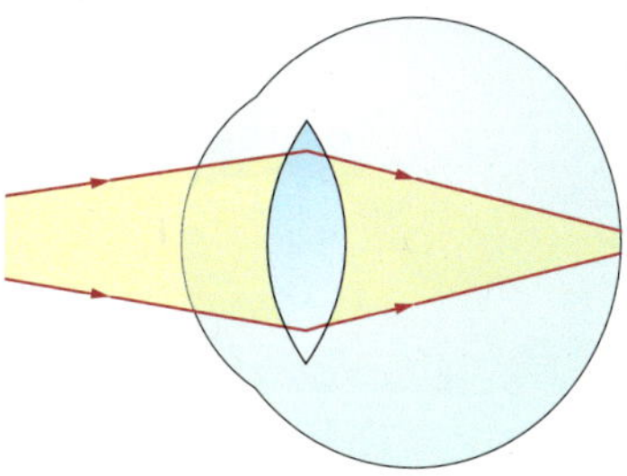

Nahakkommodation beim weitsichtigen Auge
ohne Brille

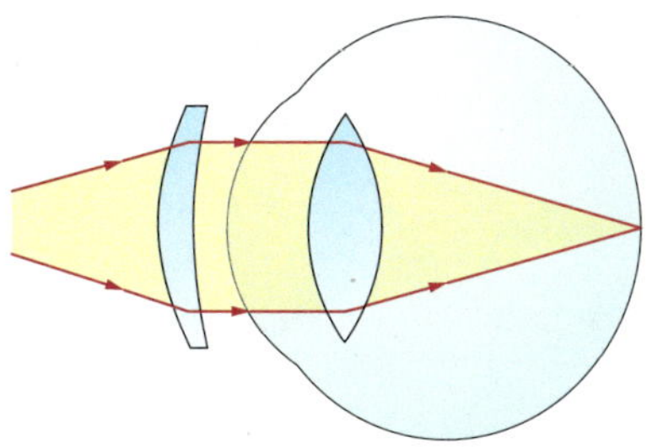

mit Brille

Beim kurzsichtigen Auge ist dargestellt, dass das Licht, das von einem weit entfernten Punkt kommt, vor der Netzhaut zusammenfällt.

Mit einer Brille wird erreicht, dass es weiter hinten, also genau auf der Netzhaut, zusammentrifft.

Beim weitsichtigen Auge würde das Licht von einem nahen Punkt erst hinter der Netzhaut zusammenfallen. Mit einer Brille wird erreicht, dass es weiter vorn, also auf der Netzhaut, zusammentrifft.

Die Brillengläser für weitsichtige und kurzsichtige Augen müssen unterschiedlich geformt sein.

A1 Nenne Gemeinsamkeiten und Unterschiede des kurzsichtigen und des weitsichtigen Auges, die für das Sehen naher und weit entfernter Gegenstände wichtig sind!

A2 Beschreibe, wie der Weg des Lichtes, das von den jeweils angeschauten Punkten kommt, beim kurzsichtigen und beim weitsichtigen Auge durch die Brillengläser verändert wird!

A3 Zeichne die Umrisse des kurzsichtigen Auges in dein Heft! Zeichne dann eine Linse und den Verlauf des Lichts ein, wenn ein naher Punkt ohne Brille angesehen wird!

Material B ▸ Optische Täuschung

B1 Beschreibe die Abbildung!

B2 Miss mit einem Lineal die Größen der drei Menschen! Notiere das Ergebnis in deinem Heft!

B3 Schau das Bild von rechts her so an, dass du ganz flach über die Buchseite blickst! Drehe das Buch zurück und erläutere, dass dein Eindruck von den Körpergrößen eine Täuschung ist!

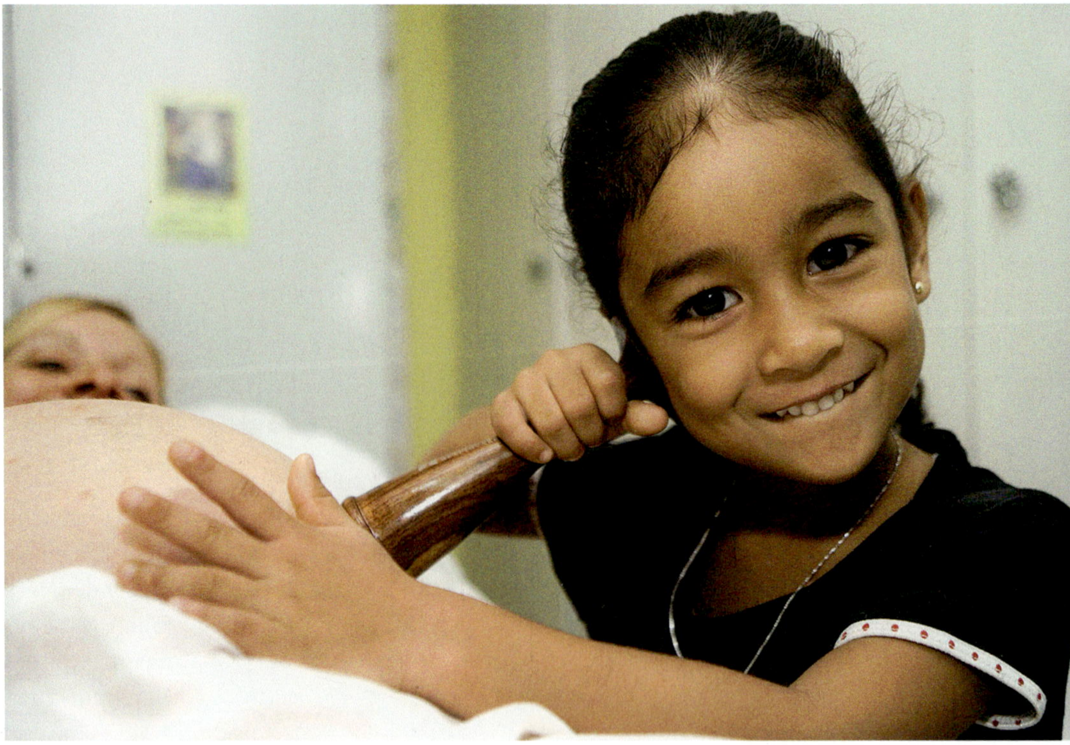

01 Herztöne aus dem Mutterleib

Das Ohr

Das Kind versucht, mit einem Hörrohr das pochende Herz seines Geschwisterchens zu hören. Wie eine Hebamme horcht es am Bauch der Mutter. Was können Menschen hören und wie funktioniert das Ohr?

BAU DES OHRES · Das menschliche Ohr kann man in drei Bereiche unterteilen: Das **Außenohr** mit der trichterförmigen Ohrmuschel und dem Gehörgang endet am *Trommelfell*. Das luftgefüllte **Mittelohr** enthält die drei eng miteinander verbundenen *Gehörknöchelchen*. Das **Innenohr** besteht aus einem kompliziert gebauten Gangsystem, das mit Flüssigkeit gefüllt ist. Ein Teil davon sind die *Bogengänge* mit Sinneszellen für das Gleichgewicht. Ein anderer Teil ist die *Schnecke*, die die **Hörsinneszellen** enthält. Die Hörsinneszellen sind mit Nervenzellen verbunden, die die Schnecke verlassen und als *Hörnerv* zum Gehirn führen.

02 Gehörknöchelchen in Originalgröße

REIZE FÜR DAS OHR · Mit den Ohren nimmt man **Schall** wahr. Dieser entsteht zum Beispiel, wenn man auf einen Gong schlägt, wenn eine Sirene heult oder wenn die Saite einer Gitarre angezupft wird. Bei der Bildung von Schall entstehen in allen Fällen *Schwingungen*. Diese kann man beim Gong und bei einer Gitarrensaite sehen und spüren.

Die Schwingungen setzen sich in der Luft fort und gelangen so zum Ohr. Dort werden sie von der Ohrmuschel und dem Gehörgang zum Trommelfell weitergeleitet. Dieses wird ebenfalls in Schwingungen versetzt. Damit ist der Hörvorgang eingeleitet. Auch die Herzschläge eines ungeborenen Kindes im Mutterleib erzeugen Schwingungen. Sie gelangen durch die Bauchhaut der Mutter und die Luft im Hörrohr in den Gehörgang des Mädchens. So kann es die Herzschläge hören.

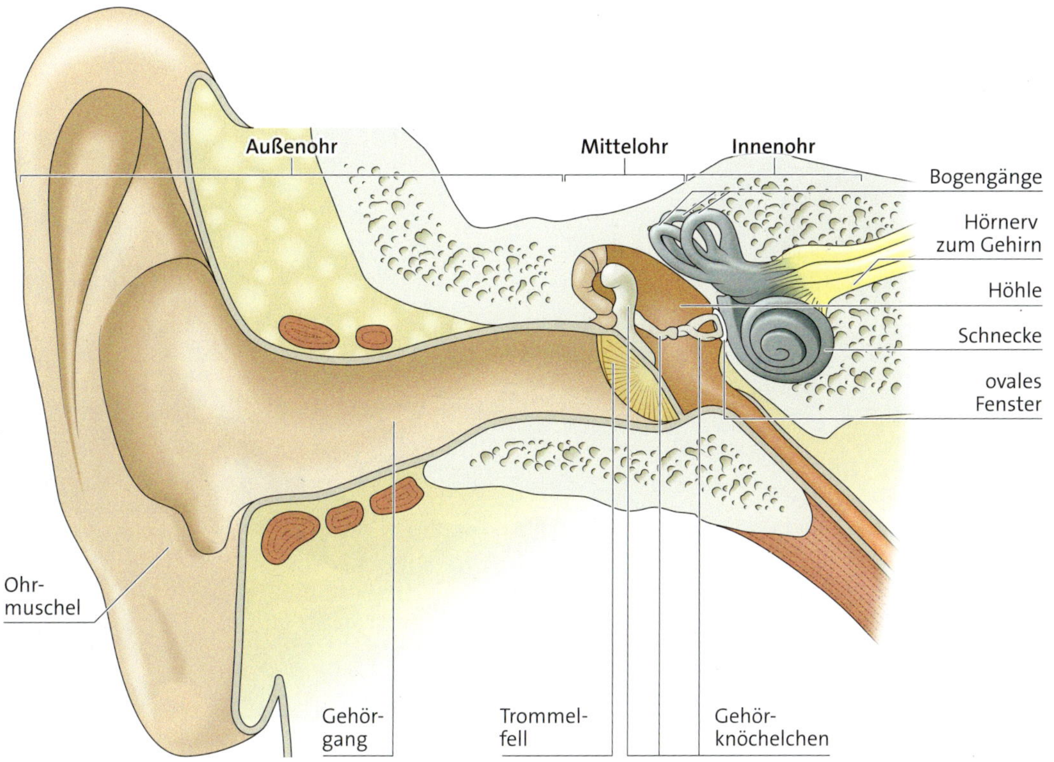

03 Bau des Ohres (Längsschnitt)

FUNKTIONSWEISE DES OHRES · Das Trommelfell ist mit dem ersten Gehörknöchelchen verwachsen. Schwingt das Trommelfell, schwingen alle Gehörknöchelchen mit. Diese bewegen eine elastische Haut an der Schnecke, das *ovale Fenster*. Schall setzt also Trommelfell, Gehörknöchelchen und ovales Fenster sowie letztlich die Flüssigkeit in der Schnecke in Schwingung.

Die Flüssigkeit in der Schnecke bewegt sich so, dass nur einige der Hörsinneszellen verbogen werden: Bei hohen Tönen reagieren andere Sinneszellen als bei tiefen Tönen. Mithilfe der Nervenzellen, die aus dem Ohr herausführen, erhält das Gehirn die Information, welche Sinneszellen dies sind. So kann das Gehirn hohe und tiefe Töne unterscheiden. Einige Hörsinneszellen reagieren nur bei starken Schwingungen. Lauter Schall führt zu stärkeren Schwingungen der Flüssigkeit als leiser Schall. Dadurch kann das Gehirn auch die Lautstärke von Schall unterscheiden.

1 Übertrage folgende Tabelle in deine Mappe und vervollständige sie!

Teil des Ohres	Bauteile
Außenohr	Ohrmuschel, ...
...	...
...	...

2 Erläutere, wie das Schwingen einer Gitarrensaite bis ins Innenohr kommt!

3 Beschreibe, wie die Höhe der Töne erkannt wird, die von einer Trommel erzeugt werden!

04 Fühlen des Gongschlags

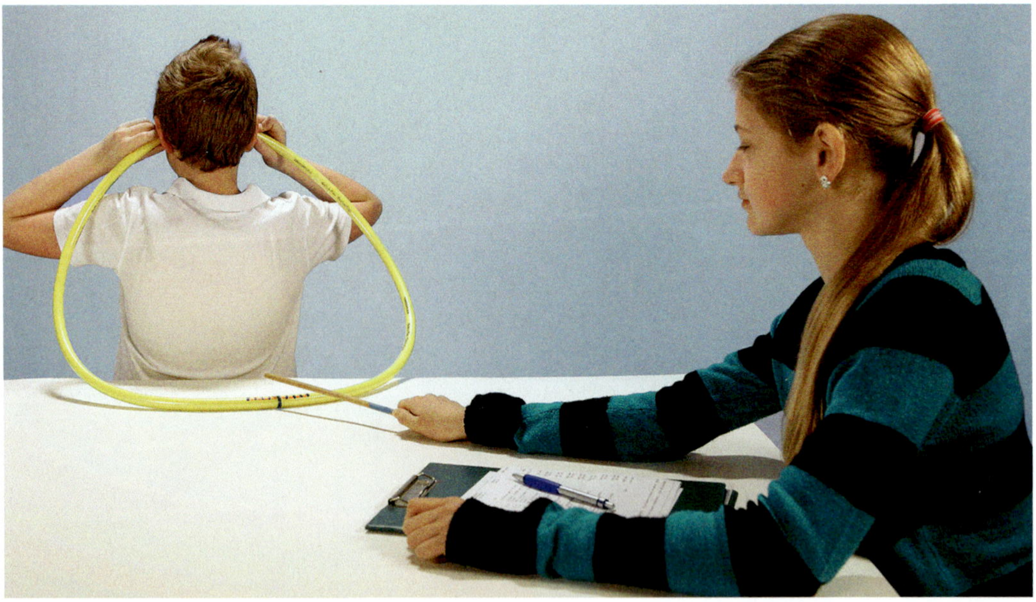

05 Versuch zum Richtungshören

SCHALLÜBERTRAGUNG · Ein Gong, der stark schwingt, klingt lauter als ein Gong, der nur wenig schwingt. Wenn Schall in weiter Ferne erzeugt wird, klingt er leiser als Schall aus der Nähe. Also werden die Schwingungen bei größerer Entfernung schwächer.
Der Schall kann sowohl durch feste Stoffe als auch durch Flüssigkeiten und die Luft übertragen werden.

RICHTUNGSHÖREN · In einem Versuch hält sich die Versuchsperson die offenen Enden eines Gummischlauchs an die Gehörgänge. Die Versuchsleiterin schlägt mit einem dünnen Stab kräftig auf eine Stelle des Schlauches. Die Versuchsperson gibt an, ob sie den Schall von links, von rechts oder aus der Mitte kommend wahrnimmt.
Auf dem Schlauch ist eine Skala aufgetragen. So kann man messen, ab welchem Abstand von der Mitte die Versuchsperson richtig angibt, aus welcher Richtung der Schall kommt. Bei vielen Menschen beträgt dieser Abstand etwa einen Zentimeter. Schlägt man beispielsweise rechts von der Mitte auf den Schlauch, erreicht der Schall das rechte Ohr früher als das linke. Man kann selbst den Zeitunterschied von einer zehntausendstel Sekunde wahrnehmen.

SCHUTZ DES OHRES · Bei einem Sturz wird das Innenohr durch seine Lage im Schädel vor direkten Verletzungen bewahrt. Gegen lauten Schall ist es jedoch nicht geschützt. Viele Menschen schädigen ihr Gehör dadurch, dass sie lange Zeit Musik laut hören, zum Beispiel über tragbare Musikabspielgeräte. Der Grund dafür ist, dass die Hörsinneszellen durch lange Einwirkung lauten Schalls zerstört werden. Ähnlich wirkt ein kurzzeitiger sehr lauter Schall, ein *Knall*.
Um einer Schwerhörigkeit durch Lärm vorzubeugen, müssen hohe Dauerbelastungen des Gehörs vermieden werden. An manchen Arbeitsplätzen muss man daher Gehörschutz tragen.

4 Erläutere, wie man erkennt, dass ein lauter Ton von links kommt!

Material A ▸ Schallumlenkung

In einem hohen Glas liegt ein laut tickender Küchenwecker.
Die Versuchsperson steht etwa zwei Meter entfernt. Sie kann das Ticken der Uhr nicht hören. Die Versuchsleiterin hält einen Spiegel so über die Glasöffnung, dass die Versuchsperson die Uhr darin sehen kann. Jetzt kann sie das Ticken des Weckers hören.
Wenn man die richtige Position kennt, kann man den Spiegel auch gegen eine Platte mit glatter Oberfläche austauschen.

A1 Formuliere eine Versuchsfrage!

A2 Erkläre, weshalb die Versuchsperson das Ticken nicht hört, wenn sie zwei Meter vom Glas entfernt ist!

A3 Erläutere mithilfe des Versuchsergebnisses, wie sich zwei Menschen unterhalten können, die auf zwei Seiten einer hohen Mauer stehen!

Material B ▸ Schwingungen und Hören

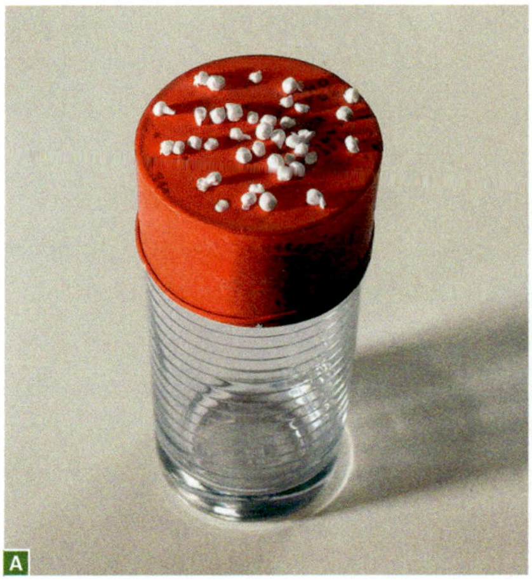
A

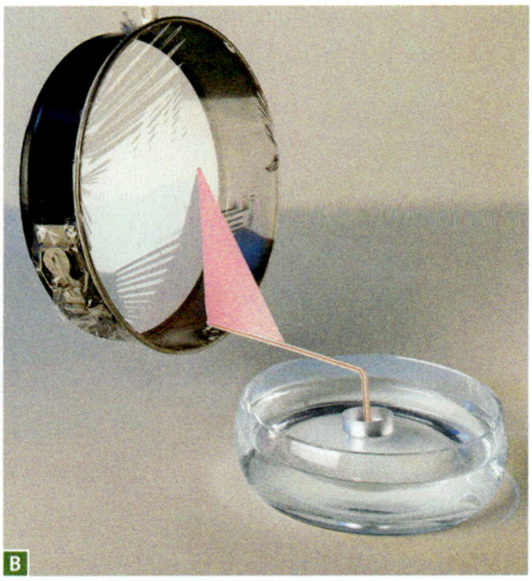
B

Modell A: Die Öffnung eines Trinkglases ist mit einem aufgeschnittenen Luftballon bespannt. Auf ihm liegen Styroporkügelchen. Laute Musik aus einem Lautsprecher in der Nähe lässt die Kügelchen hüpfen.

Modell B: Ein Kuchenring ist mit Folie bespannt. Auf dieser klebt ein Strohhalm, der im Wachs eines Teelichts steckt, das in einer Schale auf dem Wasser schwimmt.

B1 Erkläre, weshalb im Modell A die Styroporkügelchen hüpfen! Erläutere die Funktion des Trommelfells!

B2 Ordne dem Modell B Bauteile des Ohres zu!

B3 Erläutere am Modell B, wie ein Gongschlag die Flüssigkeit in der Schnecke des Innenohrs schwingen lässt!

01 Barfußpfad

Die Haut – nicht nur ein Sinnesorgan

Mit nackten Füßen spürt man die unterschiedlichen Bodenbeläge: Die Rundhölzer fühlen sich warm an und drücken gleichmäßig unter den Fußsohlen. Kieselsteine sind glatt, spitze Steine pieken. In der Sonne sind Steine sehr heiß. Dies alles erfahren wir über die Haut. Wie funktioniert das?

AUFBAU DER HAUT · Die Haut schließt unseren Körper nach außen ab. Sie ist an den Handinnenflächen und den Fußsohlen bis zu mehrere Millimeter dick. An den meisten Körperstellen ist sie aber deutlich dünner als ein zehntel Millimeter.
Erst unter dem Mikroskop sieht man, dass die Haut aus verschiedenen Schichten aufgebaut ist. Außen gibt es eine **Hornschicht.** Sie besteht aus abgestorbenen Zellen der **Oberhaut.** Darunter liegt die **Lederhaut.** An sie schließt sich die **Unterhaut** an. Wichtige Bestandteile der Haut sind Schweißdrüsen und Haare. Diese stecken in Haarbälgen mit Talgdrüsen. Die Haare fehlen nur an wenigen Stellen der Haut. Einige Zellen der Oberhaut bilden einen Farbstoff, der für die Hautfarbe verantwortlich ist. In der gesamten Haut verlaufen Blutgefäße.

In der Haut befinden sich verschiedene Sinnes- und Nervenzellen. Die meisten von ihnen liegen in der Lederhaut, einige auch in der Unterhaut. Sie reagieren auf spezielle Reize und werden entsprechend benannt. So gibt es Sinneszellen für Druck, Berührung, Bewegung, Vibration, Kälte und Wärme sowie freie Nervenzellenden für Schmerzempfinden. Daher ist die Haut ein Sinnesorgan für viele verschiedene Sinneseindrücke. Wenn man über einen Barfußpfad läuft, sind also viele verschiedene Sinneseindrücke möglich.

1 Beschreibe den Aufbau der Haut! Nimm Abbildung 02 zu Hilfe!

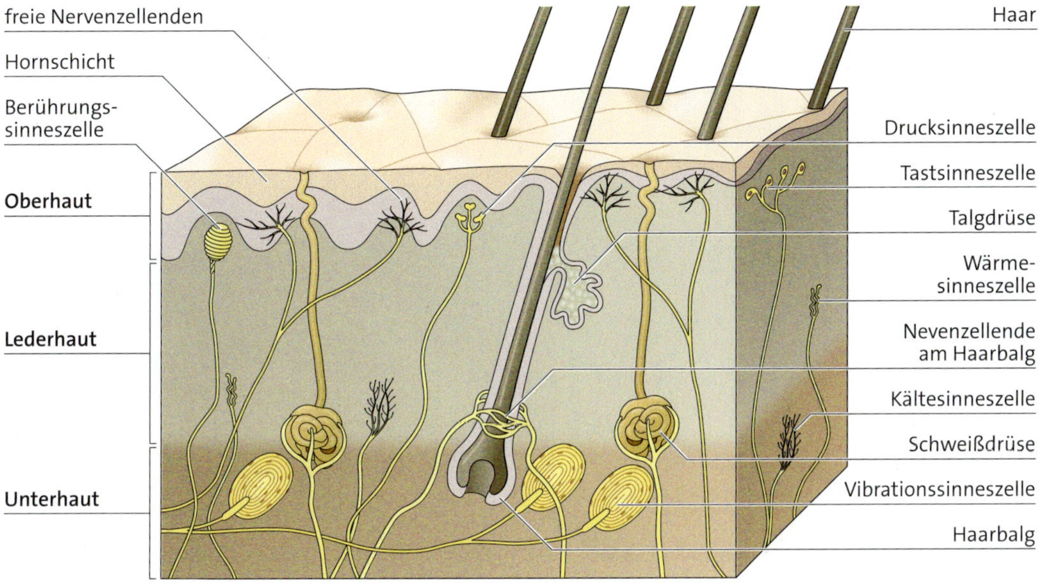

02 Sinneszellen in der Haut

BAU UND SINNESFUNKTION · Die Sinneszellen sind auf der gesamten Hautfläche verteilt. So kann man an allen Stellen seines Körpers Sinneseindrücke sammeln.
Sinneszellen für verschiedene Reize liegen unterschiedlich tief in der Haut. Diejenigen, die nah unter der Hornschicht liegen, zeigen am besten an, woher der Reiz kommt. Zu ihnen gehören die meisten Sinneszellen für das Tasten. Sie sind Bestandteil der Lederhaut.
Bewegung wird mithilfe der Nervenzellen wahrgenommen, die an den Haarbälgen enden. Sie sind mit den Haaren Teil der Oberhaut, aber in die Lederhaut abgesenkt. Wenn Wind an Körperstellen mit Haaren vorbeistreift, kann mithilfe der Nervenzellen an den Haarbälgen schnelle Bewegung der Haare von langsamer unterschieden werden.
In der Unterhaut befinden sich die Sinneszellen, die auf Vibrationen reagieren.
Sinneszellen sind in den verschiedenen Körperstellen unterschiedlich verteilt. Besonders viele Sinneszellen, die auf Berührung reagieren, sind in der Haut unserer Fingerspitzen vorhanden. Daher war es möglich, eine Schrift für Blinde zu entwickeln, die man mit den Fingerspitzen ertasten kann. Dagegen sind am Rücken die wenigsten Sinneszellen für Berührungsreize.

2 Nenne die Sinneszellen, die auf dem Barfußpfad in Abbildung 01 Reize erhalten!

3 Erläutere, wie Aufbau und Funktion der Haut als Sinnesorgan zueinander passen! Gehe dabei auf die Verteilung der Sinneszellen ein!

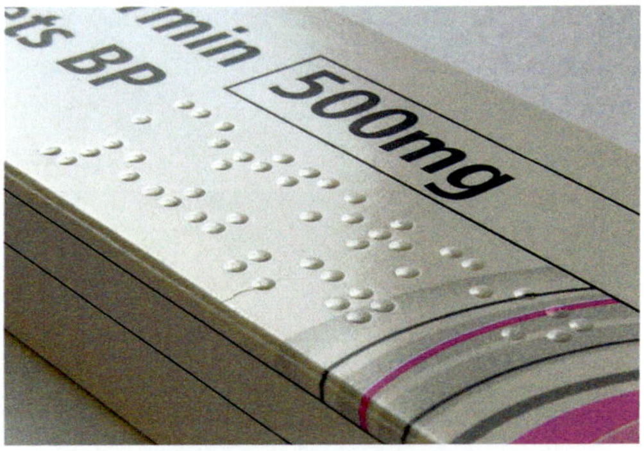

03 Medikamentenschachtel mit Blindenschrift

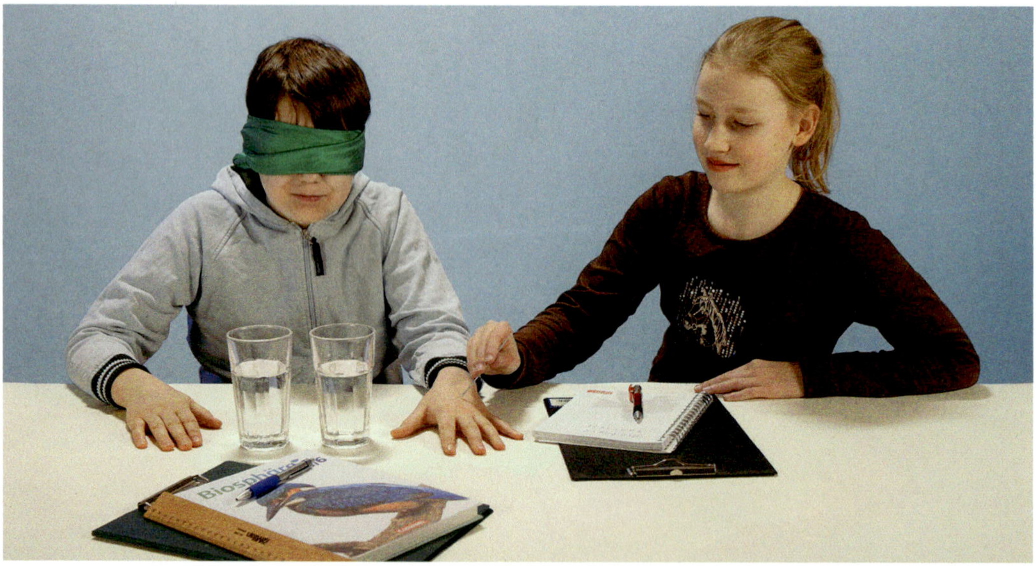

04 Versuch zum Wärmesinn

WEITERE SINNESFUNKTIONEN · Eine Versuchsperson hält ihre Hand flach auf den Tisch. Die Versuchsleiterin berührt mit einer kalten oder mit einer warmen Nadel eine Stelle auf der Haut. Die Versuchsperson gibt an, ob sie an der berührten Stelle Wärme oder Kälte empfindet. Dadurch findet man die Lage von Wärmesinneszellen und Kältesinneszellen. Sie sind überall in der Haut vorhanden, aber in verschiedenen Hautbereichen in unterschiedlicher Anzahl. Am dichtesten liegen sie in der Haut von Nase, Lippen, Stirn und Handrücken.
Da man über die Gesichtshaut besonders viel Wärme verliert, ist es passend, dass dort viele Sinneszellen vorhanden sind. So nimmt man die Kälte und damit den Wärmeverlust besonders gut wahr, und kann sich frühzeitig schützen.

Körperregion	Sinneszellen pro 10 cm²	
	Kälte	Wärme
Nase	104	10
Handrücken	74	6
Oberschenkel	48	4

05 Sinneszellverteilung

Bei großer Hitze oder auch bei sehr starkem Druck auf eine Hautstelle senden die freien Nervenzellenden Signale an das Gehirn. Man empfindet in diesem Fall Schmerz.

SCHUTZ DER HAUT · Die Talgdrüsen produzieren Fette, die sich verteilen. Sie bieten Schutz vor Austrocknung der Haut. Diese Schutzschicht kann zum Beispiel bei längerem Aufenthalt im Wasser verschwinden. Eine fettende Hautcreme hilft dagegen.
Im Allgemeinen schützt eine dickere Haut mit dunklerer Hautfarbe besser vor ultraviolettem Licht als eine helle, dünne Haut. Trotzdem muss jeder seine Haut vor intensiver Sonneneinstrahlung schützen. Denn jeder Sonnenbrand ist schädlich, und die Haut „vergisst nicht". Das bedeutet, dass jeder Sonnenbrand das Risiko steigert, an Hautkrebs zu erkranken.
Muss man mit heißen oder gefährlichen Stoffen umgehen, beugen Schutzhandschuhe und Schutzkleidung Verbrennungen, Verätzungen oder anderen Hautschäden vor. In der Schule kommt dies beim Experimentieren vor.

Material A ▸ Die Haut als Tastorgan

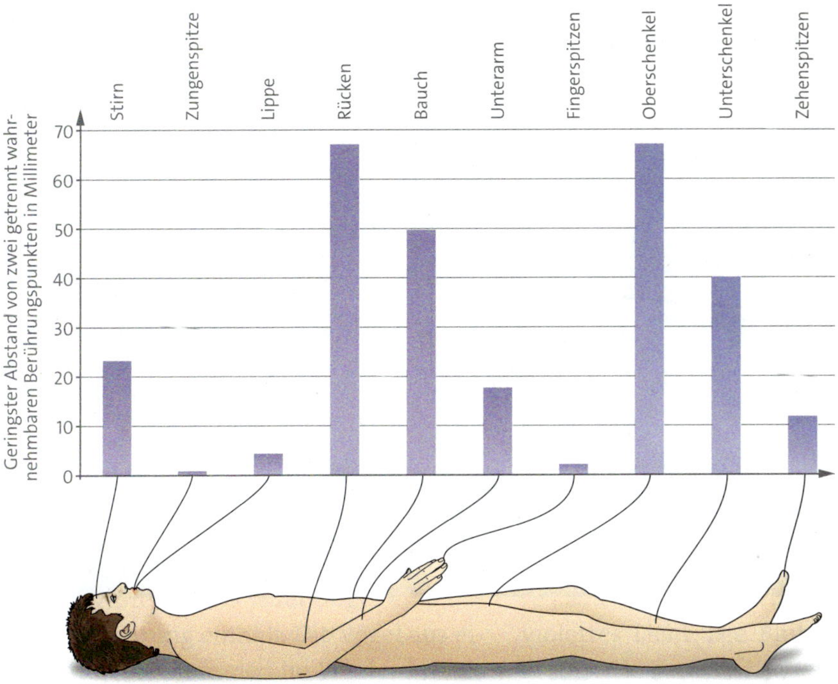

Die abgebildeten Versuchsergebnisse erhält man folgendermaßen: Man berührt mit beiden Spitzen eines Stechzirkels sehr vorsichtig, aber gleichzeitig eine Stelle der Haut. Die Versuchsperson gibt an, ob sie Berührung an zwei Punkten oder an einem Punkt empfindet.

A1 Formuliere eine Versuchsfrage! Nimm Seite 48 zu Hilfe!

A2 Formuliere eine vollständige Versuchsdurchführung!

A3 Beschreibe die Versuchsergebnisse!

A4 Erläutere die Ergebnisse!

VERSUCH B ▸ Temperaturempfinden

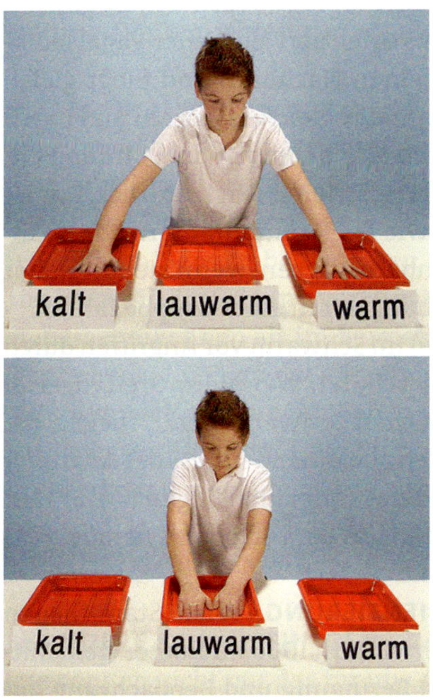

Material:
3 Schalen, Wasserkocher, großes Becherglas, Thermometer, Leitungswasser, 3 Bögen Papier (DIN A4), Stift, Uhr

Durchführung:
Beschrifte die Papierbögen und stelle sie vor die drei Schalen. Erhitze Wasser mit dem Wasserkocher. Mische in der mittleren Schale kaltes und heißes Wasser so, dass du Wasser mit einer Temperatur von etwa 20 Grad Celsius erhältst. Fertige in der zweiten Schale eine Wassermischung mit einer Temperatur von etwa 35 Grad Celsius an. Fülle in die letzte Schale kaltes Wasser.

Halte zunächst etwa 30 Sekunden lang eine Hand in das kalte Wasser, die andere in das warme.
Halte danach beide Hände gleichzeitig in das lauwarme Wasser.
Beschreibe jeweils deine Temperaturempfindungen.

B1 Führe den Versuch durch und erstelle ein Versuchsprotokoll in deiner Biologiemappe! Nimm Seite 50 zu Hilfe!

B2 Erkläre mit dem Versuchsergebnis dein Temperaturempfinden im Schwimmbecken, wenn du vorher kalt geduscht hast! Erkläre dein Empfinden, wenn du nicht geduscht hast!

06 Schleiereule

07 Lawinenhund

08 Seehund mit Tasthaaren

JAGEN NACH GEHÖR · Die Ohren der Schleiereulen sind zwar im Federkleid verborgen. In ihrem Gesicht sind aber Federn so angeordnet, dass sie den Schall zu den Ohröffnungen leiten. Mithilfe dieser Hörtrichter hören die Eulen Geräusche, die für Menschen viel zu leise sind.

Die Tiere können ihren Kopf sehr schnell und sehr weit auf ihrem Hals drehen. So richten sie ihre Hörtrichter genau auf die Schallquelle aus. Damit orten sie ihre Beute. Wegen ihres empfindlichen Gehörs können sie in völliger Dunkelheit die Beute finden. Meistens jagen Schleiereulen aber in der Dämmerung. Dann nutzen sie auch ihre Augen, die hierfür spezialisiert sind.

RIECHEN DURCH SCHNEE · Wenn Duftstoffe an die Sinneszellen in der Nase gelangen, informieren die Sinneszellen das Gehirn. Man riecht etwas. Hunde haben mehr Riechsinneszellen als Menschen. Sie können außerdem Riecheindrücke viel feiner unterscheiden. Lawinenhunde sind darauf dressiert, Verschüttete nach Geruch zu suchen und den Fund anzuzeigen.

TASTEN IM WASSER · Seehunde können Wasserbewegungen, die von schwimmenden Tieren erzeugt werden, bis auf eine Entfernung von 40 Metern wahrnehmen. Über ihre Tasthaare erkennen sie die Wasserbewegung und damit die Beute, selbst wenn sie diese im Wasser nicht sehen können. Seehunde können daher auch im trüben Wasser der Nordsee erfolgreich Fische fangen.

3 Beschreibe jeweils für Pferd, Schleiereule und Hund, welche Merkmale ihres Körpers besondere Sinnesleistungen ermöglichen!

Material A ▸ Sonnenorientierung beim Star

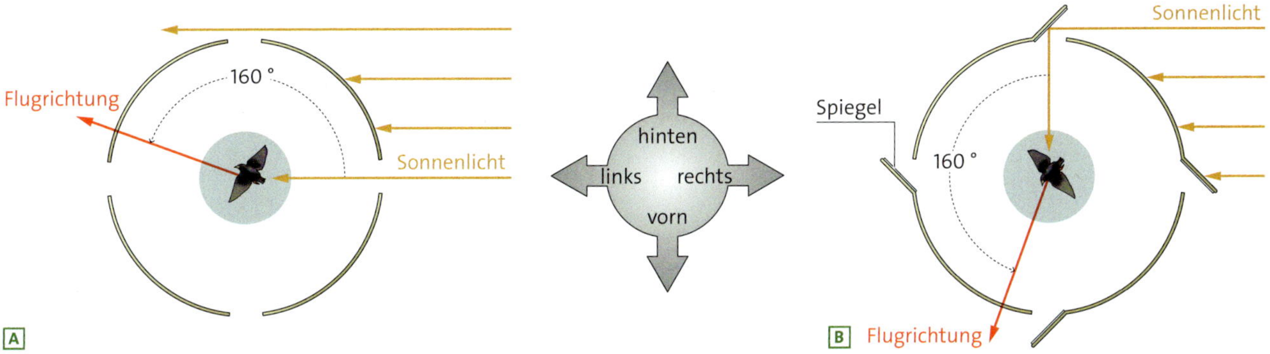

In Abbildung A fällt Sonnenlicht durch Schlitze von rechts in einen Vogelkäfig hinein. Zur selben Uhrzeit sind in Abbildung B die Schlitze für das direkte Sonnenlicht versperrt. Mit einem Spiegel wird es von hinten in den Käfig gelenkt. Die in dem Käfig befindlichen Stare sind in Zugstimmung. An ihrem Hüpfen kann man erkennen, in welche Richtung sie fliegen würden, wenn sie aus dem Käfig herauskönnten.

A1 Beschreibe die Versuchsergebnisse für A und B getrennt!

A2 Vergleiche die Ergebnisse!

A3 Erkläre die Ergebnisse!

Material B ▸ Elektrischer Sinn beim Hai

Einige Fische können elektrischen Strom wahrnehmen und auch die Stromquelle finden. Der Versuch mit dem Hai beweist es: Eine im Sand vergrabene aufgeladene Batterie wird bemerkt und gefunden.

Wenn die vergrabene Batterie dagegen leer ist, oder wenn sie in dem für die Scholle benutzten Kunststoffkasten im Sand vergraben wurde, findet der Hai sie nicht. Er beachtet sie nicht einmal. In der Haut der Haie gibt es vor allem im Kopfbereich spezielle Sinneszellen. Sie registrieren den elektrischen Strom.

B1 Begründe mit dem Verhalten des Hais, dass der Kunststoffkasten keinen elektrischen Strom nach außen dringen lässt!

B2 Begründe, dass der Hai die Scholle wahrscheinlich deshalb findet, weil sie elektrischen Strom produziert!

B3 Erläutere, dass die Verteilung der Sinneszellen in der Haifischhaut zur Nahrungssuche des Hais passt!

Material C ▸ Nahrungssuche des Maulwurfs

Einem Forscher ist es gelungen, einen Maulwurf in einem Terrarium zu halten. Er hat ihm unter einer Glasglocke ein Nest gebaut. Selbst bei eingeschalteter Beleuchtung hat der Maulwurf hier geschlafen. Er wurde darauf dressiert, dass er bei einem Klingelton aus seinem Nest zur Futtersuche herauskam. Eine Dressur auf Ein- oder Ausschalten des Lichts gelang nicht. Der Forscher hat das angebotene Futter, Fleischstreifen, an verschiedenen Stellen versteckt. Er hat dann beobachtet, mit welchen Sinnen der Maulwurf das Futter fand. Das Tier lief zunächst schnüffelnd im Terrarium umher. In der Nähe des Futters, etwa ab sieben Zentimetern Abstand, wurde es unruhig und ergriff dann schnell das Futter, zog es unter die Erde und verspeiste es dort. Der Maulwurf fand auch Futter, das in einem kleinen Leinenbeutel versteckt war.

C1 Erläutere, welche Aussagen im Textabschnitt „Sinnesorgane" auf Seite 20 mit dem Versuch bestätigt werden können!

C2 Nenne diejenigen Erkenntnisse aus dem Abschnitt „Sinnesorgane" auf Seite 20, zu denen der Versuch nichts aussagt.

Material D ▸ Sinnesvielfalt

Bei Rotkehlchen hat man zum ersten Mal festgestellt, dass Tiere das Magnetfeld der Erde wahrnehmen können. Sie finden damit ihre Flugroute. Auch der Stand von Sonne und Sternen kann von verschiedenen Tieren zur Navigation benutzt werden.

Der Flusskrebs häutet sich, wenn er wächst. Dabei gehen mit der alten Haut die Sandkörner verloren, die sein Gleichgewichtssinn benötigt. Nach der Häutung ist die neue Haut noch weich. Der Krebs wirbelt dann Sand auf und drückt einige Sandkörner in die Öffnung des Gleichgewichtsorgans. Die Körner drücken nach unten auf die Sinneszellen, so dass der Krebs oben und unten unterscheiden kann.

D1 Entwirf einen Versuch, der zeigt, dass sich Rotkehlchen an der Richtung eines Magneten orientieren können!

D2 Entwirf einen Versuch, bei dem man einen Krebs mit Eisenkörnchen und einem Magneten aus dem Gleichgewicht bringen kann!

D3 Erstelle eine Liste der Sinnesorgane und Sinnesleistungen aus dem Kapitel „Sinne erschließen die Welt"!

D4 Vergleiche bei den im Kapitel „Sinneswelten der Tiere" vorgestellten Tieren, wie sie ihre Nahrung suchen!

A ▸ Auge und Ohr

Kann ich ...

1) den Bau und die Funktionsweise des Auges beschreiben? *(Seite 242 bis 243)*

2) Kurz- und Weitsichtigkeit erklären? *(Seite 244)*

3) den Bau und die Funktionsweise des Ohres beschreiben? *(Seite 246 bis 247)*

4) erklären, wie man unterschiedlich laute Töne erkennt? *(Seite 248)*

5) ein Experiment zum Richtungshören beschreiben? *(Seite 248)*

6) ein Reiz-Reaktions-Schema für einen Menschen im Straßenverkehr beschreiben, an dem Auge und Ohr beteiligt sind? *(Seite 241)*

7) beschreiben, wie Auge und Ohr geschützt werden müssen? *(Seiten 243 und 248)*

B ▸ Haut

Kann ich ...

1) den Bau der Haut beschreiben? *(Seite 250 bis 252)*

2) die Sinnesfunktionen der Haut und die zugehörigen Bauteile nennen? *(Seite 250 bis 253)*

3) beschreiben, wie die Haut geschützt ist und wovor sie geschützt werden muss? *(Seite 252)*

C ▸ Sinneswelten der Tiere

Kann ich ...

1) zwei Sinne nennen, die Tiere besitzen, Menschen aber nicht? *(Seite 257 bis 258)*

2) erläutern, dass einige Tiere die Umwelt mit Augen und Ohren anders wahrnehmen als Menschen? *(Seite 255 bis 256)*

3) an einem Beispiel erklären, wie man herausfindet, wie Tiere Nahrung suchen? *(Seite 257 bis 258)*

Kann ich aus dem Kapitel „Sinne erschließen die Welt“ Beispiele nennen für das Basiskonzept:

- Struktur und Funktion
- Information und Kommunikation
- Steuerung und Regelung
- Vielfalt (Variabilität)
- System

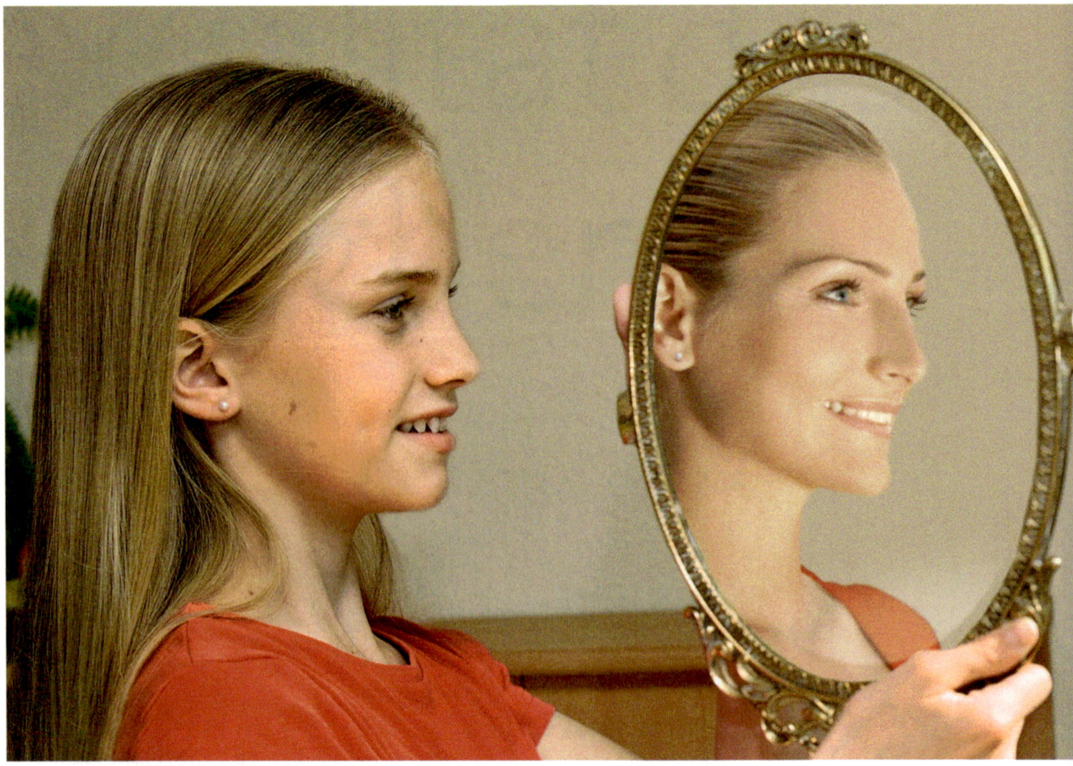

01 Aus einem Mädchen wird eine Frau

Vom Kind zum Erwachsenen

Vergleicht man eine erwachsene Frau mit einem Mädchen und einen erwachsenen Mann mit einem Jungen, so fallen sowohl im Aussehen als auch im Verhalten viele Unterschiede auf. Während der Entwicklung vom Kind zum Erwachsenen finden also viele Veränderungen statt. Welche sind das?

PUBERTÄT · Etwa zwischen dem 9. und dem 14. Lebensjahr beginnt für alle Mädchen und Jungen eine aufregende Zeit großer Veränderungen. Sie entwickeln sich von Mädchen zu jungen Frauen und von Jungen zu jungen Männern. Diesen Zeitraum bezeichnet man als **Pubertät.**

02 Mädchen und Jungen: **A** gemeinsam, **B** getrennt, **C** gemeinsam

Material C ▸ Wer darf das?

- dich lange umarmen
- deine Hand halten
- sich vor dir ausziehen
- mit sexuellen Ausdrücken über dich sprechen
- STOPP!?
- dir Süßigkeiten anbieten
- dich nach Hause einladen
- Fotos von dir machen
- dich medizinisch untersuchen
- Bemerkungen über deine Figur machen
- dich im Auto mitnehmen
- dich küssen

C1 Erläutere anhand der Beispiele, wer das mit dir machen darf und wer nicht! Entscheide, wann du „Stopp!" sagst! Begründe deine Entscheidungen!

C2 Formuliere Verhaltensregeln für Situationen, in denen deine persönliche Berührungsgrenze überschritten wurde!

Material D ▸ Platzverweis

D1 Nenne Situationen, in denen Jungen oder Mädchen sich sexuell belästigt fühlen!

D2 Beantworte Tims Frage! Gehe dabei auch auf Leons Gefühle ein!

D3 Formuliere Tipps, die Tim Leon in dieser Situation geben kann!

D4 Schreibe die Geschichte weiter!

Material E ▸ Das erste Mal!

Alter	Mädchen	Jungen
unter 14 Jahre	3	5
14 Jahre	12	5
15 Jahre	16	18
16 Jahre	26	27
17 Jahre	9	10
(bisher nicht)	34	35

Jugendliche im Alter von 18 Jahren wurden befragt, ob und in welchem Alter sie ihren ersten Geschlechtsverkehr hatten. Die Zahlen in der Tabelle zeigen, wie viele von hundert Jugendlichen angeben, wann das der Fall war.

E1 Werte die Tabelle aus!

E2 Nenne Gründe, die für oder gegen Geschlechtsverkehr in den verschiedenen Altersgruppen sprechen!

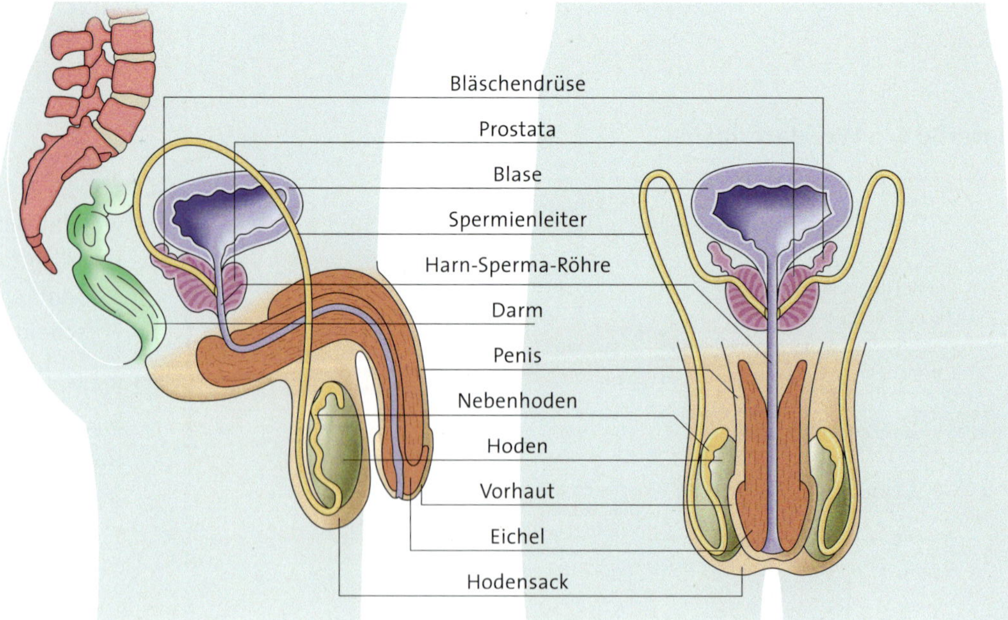

01 Bau der männlichen Geschlechtsorgane

Der Bau der Geschlechtsorgane von Mann und Frau

In der Pubertät reift unter dem Einfluss von Wirkstoffen, den Hormonen, der Körper von Jungen und Mädchen. Die Veränderungen kann man deutlich an den Geschlechtsorganen erkennen. Wie sind die Geschlechtsorgane von Mann und Frau aufgebaut?

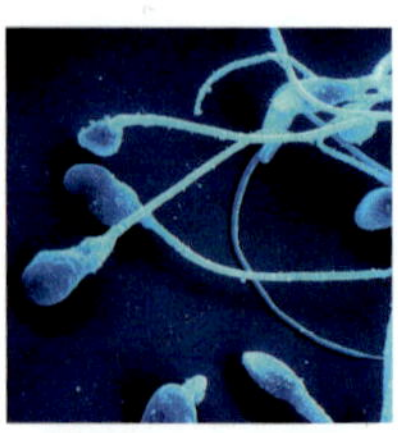

02 Spermienzellen

DIE MÄNNLICHEN GESCHLECHTSORGANE · Äußerlich sichtbar sind von den Geschlechtsorganen bei Jungen und Männern der **Penis** und die beiden **Hoden.** Diese sind häufig nicht gleich groß und liegen in einem Hautbeutel, dem **Hodensack.** Neben den Hoden befinden sich im Hodensack die **Nebenhoden.** Ab der Pubertät werden im Hoden **Spermienzellen,** die männlichen Geschlechtszellen, gebildet. Spermienzellen bewegen sich mit einem Schwanzfaden fort. Sie werden in den Nebenhoden gespeichert. Sind diese gefüllt, können die Spermienzellen über den Spermienleiter nach außen befördert werden. Auf ihrem Weg passieren die Spermienzellen die **Bläschendrüse** und die Vorsteherdrüse, die **Prostata.** Bläschendrüse und Prostata bilden Flüssigkeiten, die zu den Spermienzellen hinzugegeben werden. In diesen können sich die Spermienzellen bewegen und einige Stunden überleben. Zusammen mit den Spermienzellen wird die Flüssigkeit als **Sperma** bezeichnet. Der Spermienleiter mündet in die Harn-Sperma-Röhre, die den gesamten Penis durchzieht, sodass das Sperma genau wie der Urin über die Harn-Sperma-Röhre nach außen tritt. Den Austritt des Spermas aus dem Penis nennt man **Samenerguss** oder **Ejakulation.** Den ersten Samenerguss haben die meisten Jungen während der Pubertät im Alter von 10 bis 14 Jahren. Der Samenerguss ist ein sicheres Zeichen der Geschlechtsreife. Bevor es zu einem Samenerguss kommt, versteift sich der Penis und richtet sich auf. Dies bezeichnet man als **Erektion.** Dabei fließt Blut in die Schwell-

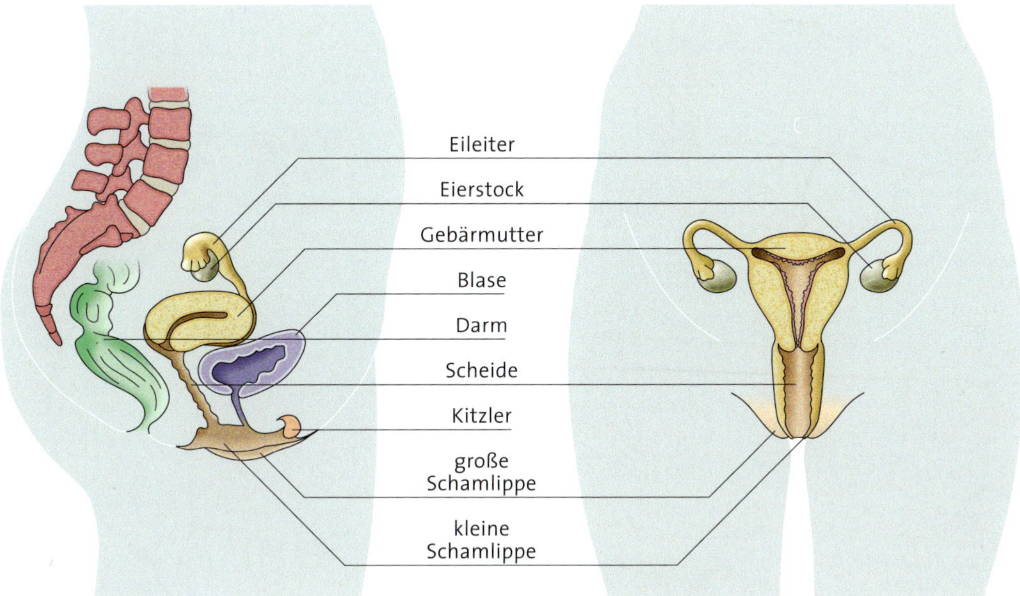

03 Bau der weiblichen Geschlechtsorgane

körper des Penis. Es staut sich dort, sodass der Penis dicker und länger wird. Während einer Erektion wird die Vorhaut hinter die Eichel gezogen. Da sich in der Falte zwischen Vorhaut und Eichel Bakterien ansammeln können, ist gerade in diesem Bereich *Hygiene* sehr wichtig. Ist die Vorhaut zu eng, kann sie nicht über die Eichel gezogen werden. In diesem Fall wird ein Teil der Vorhaut in einer einfachen Operation entfernt, der Junge wird *beschnitten*.

DIE WEIBLICHEN GESCHLECHTSORGANE · Bei Mädchen und Frauen sind von den Geschlechtsorganen äußerlich die **großen** und **kleinen Schamlippen** sowie der **Kitzler** zu sehen. Zwischen den Schamlippen sind zwei Öffnungen zu erkennen. Die obere, kleine Öffnung ist der Ausgang der Harnröhre und die untere, größere Öffnung ist der Scheideneingang. Die **Scheide** ist ein schlauchähnlicher Gang, der an der **Gebärmutter** endet. Zusammen mit den **Eileitern** und den **Eierstöcken** bilden sie die inneren Geschlechtsorgane. Vom oberen Teil der Gebärmutter führen rechts und links die Eileiter zu den Eierstöcken. In jedem Eierstock liegen etwa 200 000 unreife Eizellen. Jeden Monat reift in einem der beiden Eierstöcke meistens nur eine Eizelle in einem mit Flüssigkeit gefüllten Bläschen, dem **Follikel,** heran. Nach 14 Tagen platzt das Bläschen und die Eizelle wird in den Eileiter gespült. Dieser Vorgang heißt **Eisprung.** Durch Muskelbewegungen des Eileiters und die Bewegung kleiner Flimmerhärchen im Eileiter wird die Eizelle bis in die Gebärmutter transportiert. Wird die Eizelle im Eileiter von einer Spermienzelle befruchtet, so kann sie sich in der *Gebärmutterschleimhaut* einnisten. Diese Schleimhaut kleidet die Gebärmutter aus und wächst während der Eireifung auf ein Vielfaches ihrer ursprünglichen Dicke an. Sie wird stark durchblutet und kann die befruchtete Eizelle aufnehmen und versorgen.

1 Nenne jeweils die inneren und äußeren Geschlechtsorgane von Mann und Frau!

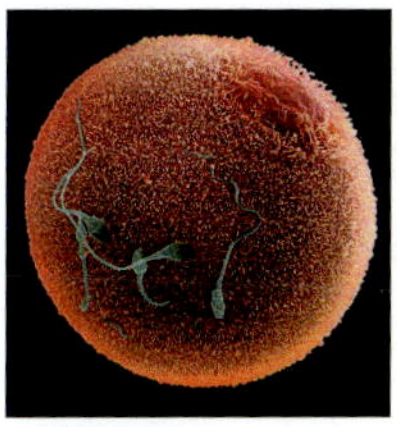

04 Eizelle mit Spermien

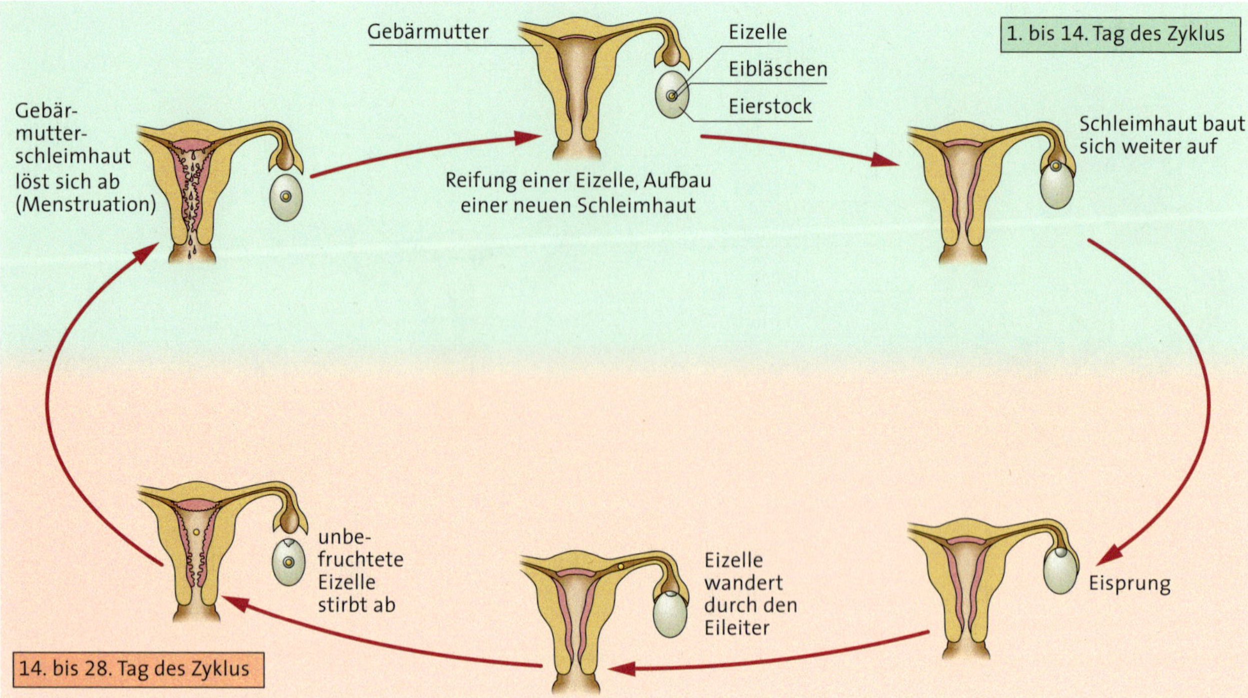

05 Ablauf von Eireifung und Menstruation

MENSTRUATION · Wird die Eizelle nicht befruchtet, stirbt sie ab. Die Gebärmutterschleimhaut wird noch etwa 14 Tage lang erhalten und dann bis auf die Grundschicht abgestoßen. Die Schleimhautreste werden zusammen mit der Eizelle durch die Scheide abgegeben. Diese sogenannte Blutung nennt man **Menstruation.** Die Menstruation dauert im Durchschnitt vier bis fünf Tage. Sobald die Gebärmutterschleimhaut abgestoßen wurde, beginnt in einem Eierstock wieder ein Ei zu reifen. Dieser Ablauf wiederholt sich etwa alle 28 Tage, man spricht von einem Zyklus. Er kann aber besonders bei jungen Mädchen noch ganz unterschiedlich lang sein. Das Zusammenziehen der Gebärmutter während der Menstruation verursacht oft Schmerzen. Diese halten meist zwei Tage an.

lateinisch cyclus = regelmäßiger Kreislauf

2 Erläutere, weshalb man auch von einem Menstruationszyklus spricht!

BASISKONZEPT

Steuerung

Während der Pubertät setzen im Körper viele Veränderungen wie zum Beispiel das Wachstum der Schambehaarung ein. Dafür müssen Stoffe im Körper gebildet werden, die die Botschaft übermitteln, dass diese Veränderungen eintreten sollen. Bei der Schambehaarung werden diese Botenstoffe im Gehirn gebildet und über das Blut im Körper verteilt. Gelangen die Botenstoffe in die Schamregion, lösen sie dort die Bildung von Haaren aus. Im Körper gebildete Botenstoffe können also Veränderungen des Körpers steuern. ***Steuerung*** *findet bei allen Lebewesen statt. Man spricht deshalb vom* ***Basiskonzept Steuerung.***

Material A ▸ Der Menstruationszyklus

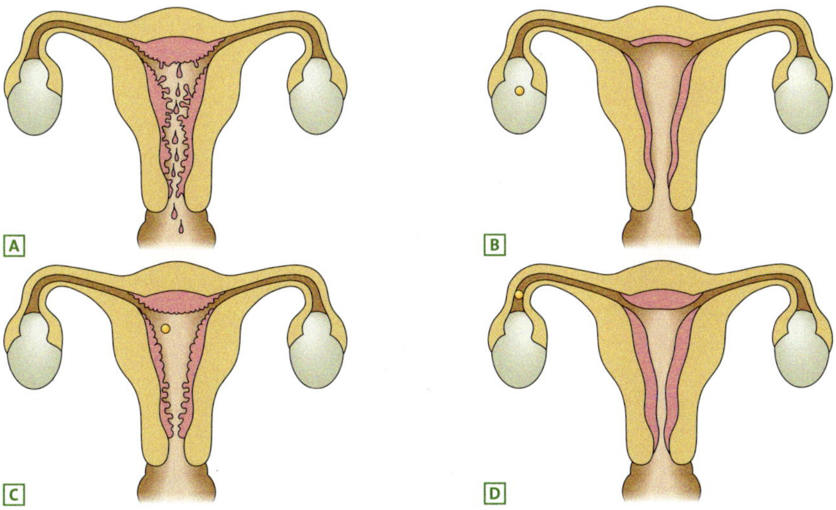

September						
Mo	Di	Mi	Do	Fr	Sa	So
					1	2
3	4	5	6	7	8	9
10	11	12	13	14	~~15~~	~~16~~
~~17~~	~~18~~	~~19~~	~~20~~	21	22	23
24	25	26	27	28	29	30

Oktober						
Mo	Di	Mi	Do	Fr	Sa	So
1	2	3	4	5	6	7
8	9	10	11	~~12~~	~~13~~	~~14~~
~~15~~	~~16~~	17	18	19	20	21
22	23	24	25	26	27	28
29	30	31				

November						
Mo	Di	Mi	Do	Fr	Sa	So
			1	2	3	4
5	6	7	8	9	10	11
12	13	14	15	16	17	18
19	20	21	22	23	24	25
26	27	28	29	30		

A1 Bringe die Abbildungen zum Menstruationszyklus in die richtige Reihenfolge und beschreibe den Ablauf in eigenen Worten!

A2 In einem Menstruationskalender sind für die Monate September und Oktober die Blutungstage eingetragen. Gib an, wann in den Monaten jeweils der Eisprung stattgefunden hat! Bestimme den ersten Blutungstag im November!

A3 Erstelle in deiner Mappe eine Tabelle für die Geschlechtsorgane der Jungen und eine Tabelle für die der Mädchen! Ordne jedem Organ die entsprechenden Funktionen zu!

Material B ▸ Hygiene ist wichtig

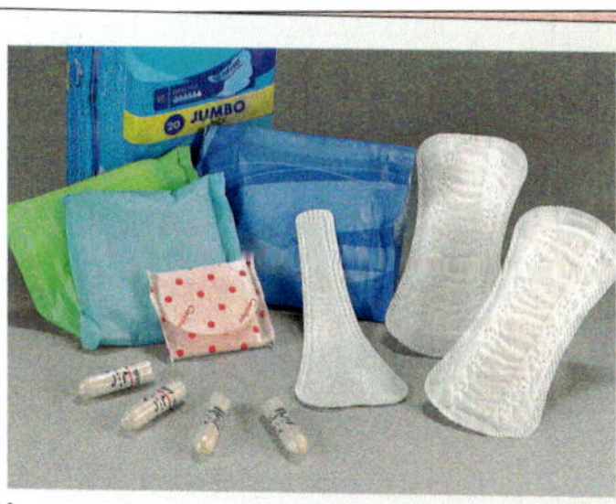

34

Hygiene bei Mädchen

In der Pubertät beginnt die Scheide ein milchiges Sekret abzusondern. Die Haut produziert nun mehr Schweiß. Daher ist es wichtig, sich täglich Gesicht, Achselhöhlen und Geschlechtsorgane zu waschen. Besonders während der Menstruation ist dies wichtig, da auch das Menstruationsblut unangenehm riechen kann. Dieses Blut kann mit Binden oder Tampons aufgenommen werden.

35

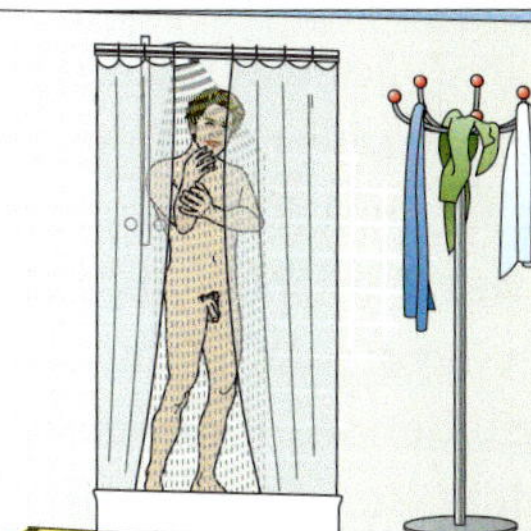

28

Hygiene bei Jungen

In der Pubertät wird vom Körper mehr Schweiß und Talg produziert. Es ist daher wichtig, sich täglich das Gesicht, die Achselhöhlen und die Geschlechtsorgane zu waschen. Jungen müssen besonders darauf achten, die Stelle zwischen Vorhaut und Eichel zu reinigen, damit sich keine Bakterien ansammeln und schmerzhafte Entzündungen hervorrufen können.

29

B1 Lies die Texte zur Körperhygiene bei Mädchen und Jungen! Erläutere, weshalb eine regelmäßige und gründliche Hygiene für Jungen und Mädchen ab der Pubertät besonders wichtig ist!

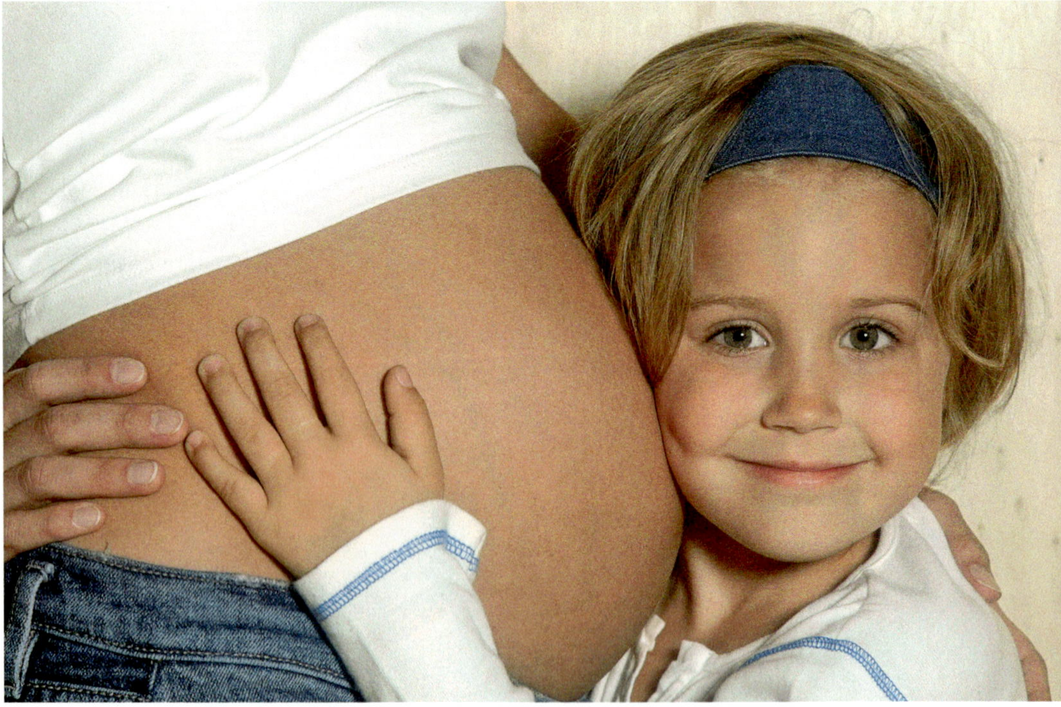

01 Ein Kind wird mit Spannung erwartet

Schwangerschaft, Geburt und Entwicklung vom Säugling zum Kleinkind

Leas Mutter ist im achten Monat schwanger. Wenn Lea ihre Hände auf den Bauch ihrer Mutter legt, kann sie die Bewegungen ihres Bruders im Bauch spüren. Wie entsteht ein Kind?

GESCHLECHTSVERKEHR · Zur Entstehung eines Kindes müssen die Eizelle einer Frau und die Spermienzelle eines Mannes aufeinandertreffen. Der Mann führt hierzu seinen steifen Penis in die Scheide der Frau ein. Bei diesem Geschlechtsverkehr empfinden Mann und Frau durch die Bewegungen des Penis in der Scheide ein angenehmes Gefühl. Es kann zu einem Samenerguss kommen. So gelangen ungefähr 250 Millionen Spermienzellen des Mannes in die Scheide der Frau. Mithilfe ihres Schwanzfadens schwimmen sie von der Scheide in die Gebärmutter und von dort in die Eileiter.

BEFRUCHTUNG · Die Lebensdauer einer Eizelle beträgt nach dem Eisprung etwa 12 bis 24 Stunden. Befinden sich in diesem Zeitraum Spermienzellen im Eileiter, so kann eine von diesen die Hülle der Eizelle durchdringen. Während der Kopf der Spermienzelle in die Eizelle eindringt, wird der Schwanzfaden abgetrennt und verbleibt außerhalb der Zelle. Erst wenn die Zellkerne von Ei- und Spermienzelle miteinander verschmelzen, spricht man von einer *Befruchtung*. Die befruchtete Eizelle nennt man **Zygote.** Die Zygote wird durch die Bewegung der Flimmerhärchen des Eileiters in die Gebärmutter transportiert. Schon während des Transports beginnt die Zellteilung der Zygote. Auf dem Weg zur Gebärmutter enstehen so immer mehr Zellen. Aus diesen bildet sich eine kleine Blase, das **Keimbläschen.**

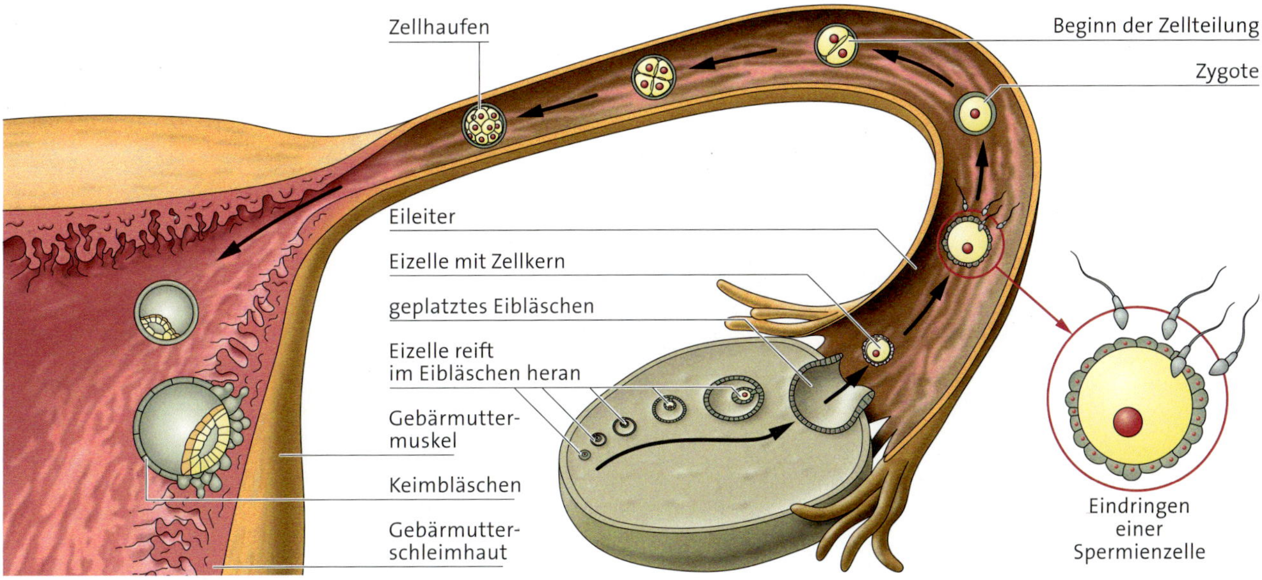

02 Von der Eizelle zum Keimbläschen

SCHWANGERSCHAFT · Wenn sich das Keimbläschen in der Gebärmutterschleimhaut einnistet, beginnt die Schwangerschaft. Da die Gebärmutterschleimhaut nun nicht mehr abgestoßen wird, bleibt auch der monatliche Menstruationszyklus der Frau aus. Sie ist schwanger. Ein Mensch entsteht in der Gebärmutter. Die im Inneren des Keimbläschens liegenden Zellen entwickeln sich zum **Embryo.** Die äußeren Zellen des Keimbläschens wachsen in die Gebärmutterschleimhaut hinein. Dort bilden sie fingerförmige Ausstülpungen, die *Zotten.* Die Gebärmutterschleimhaut und die Zotten werden zusammen als Mutterkuchen oder **Plazenta** bezeichnet. Die in die Gebärmutterschleimhaut hineinragenden Zotten werden von dem mütterlichen Blut umspült. Aus dem Blut der Mutter gelangen hier Nährstoffe und Sauerstoff in die Blutgefäße der Zotten. Abfallstoffe werden hingegen in das Blut der Mutter abgegeben. In der Plazenta findet also ein Stoffaustausch zwischen dem mütterlichen und dem kindlichen Blut statt. Von der Plazenta geht später die **Nabelschnur** ab. Sie ist von Blutgefäßen durchzogen und verbindet den Embryo mit der Plazenta. Über die Nabelschnur können auch Stoffe wie Alkohol, Medikamente oder Nikotin in das Blut des Embryos gelangen. Solche Stoffe können vor allem in der frühen Entwicklung des Kindes Missbildungen und geistige Entwicklungsstörungen verursachen.

Im vierten Schwangerschaftsmonat sind alle inneren Organe ausgebildet. Man nennt das heranwachsende Kind nun Fetus. Während der gesamten Schwangerschaft wächst er in einem Hautsack, der **Fruchtblase,** heran. Diese ist mit dem **Fruchtwasser** gefüllt. Es schützt den Fetus bei Stößen und Erschütterungen. Am Ende der Schwangerschaft ist der Fetus durchschnittlich 50 Zentimeter lang und 3000 Gramm schwer.

1 Beschreibe den Weg, den die Spermienzellen bis zur Eizelle zurücklegen müssen!

2 Erläutere den Begriff Befruchtung!

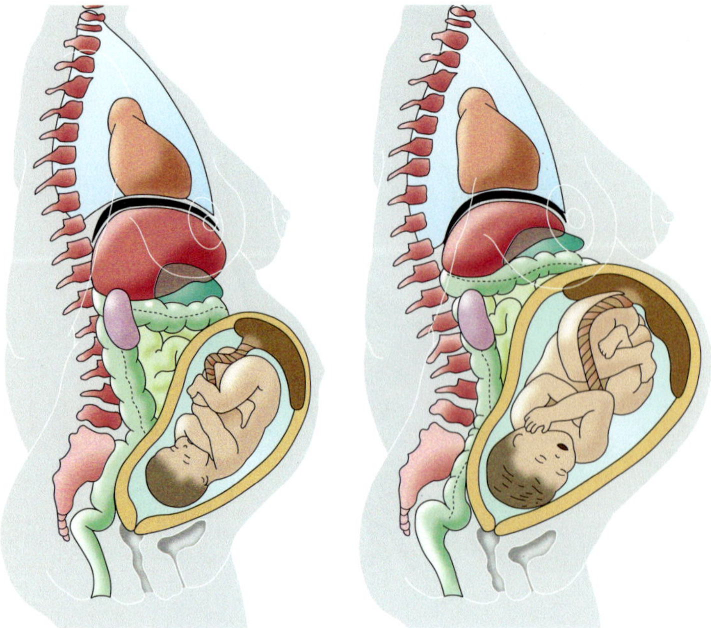

03 Schwangerschaft im 6. und 9. Monat

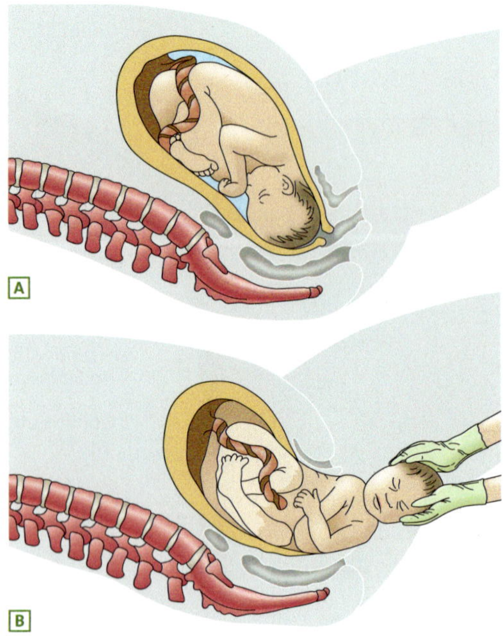

04 Geburt: **A** Eröffnungsphase, **B** Austreibungsphase

GEBURT · Nach etwa neun Monaten ist die Entwicklung des Kindes im Mutterleib abgeschlossen. Vor der Geburt dreht sich das Kind. Der Kopf zeigt nun nach unten und die Gebärmutter senkt sich nach vorn. Die Geburt des Kindes kündigt sich jetzt durch immer wiederkehrendes Zusammenziehen der Gebärmuttermuskulatur an. Dieses Zusammenziehen der Gebärmutter „tut weh". Man bezeichnet es deshalb als **Wehen.**

Mit dem Einsetzen der ersten Wehen platzt oft die Fruchtblase und das Fruchtwasser läuft aus der Scheide heraus. Zu Beginn dieser **Eröffnungsphase** kehren die Wehen in Zeitabständen von etwa 20 Minuten wieder. Im Laufe der Zeit verkürzen sich die Abstände immer mehr. Die Wehen drücken das Kind gegen den Gebärmuttermund, sodass sich dieser weitet.

Im Anschluss daran wird das Kind durch sehr starke Wehen, die *Presswehen*, in den Scheidenkanal gedrückt. Meist wird der Säugling in dieser **Austreibungsphase** durch wenige Presswehen auf die Welt gebracht. Der Säugling ist noch über die Nabelschnur mit der Mutter verbunden. Diese wird am kindlichen Bauch abgebunden und dann durchtrennt. Die übrige Nabelschnur und die Plazenta werden durch einige Wehen abgestoßen und verlassen den Körper der Mutter über die Scheide. Plazenta und Nabelschnur bezeichnet man als **Nachgeburt.**

Hebammen beraten und betreuen werdende Eltern vor, während und nach der Geburt. Auch bei seltenen Komplikationen können sie helfen. Manchmal gelingt es noch in der 38. Woche, ein Kind, das nicht mit dem Kopf am Gebärmuttermund liegt, in diese Lage zu drehen.

3 Begründe, weshalb schwangere Frauen keinen Alkohol trinken sowie keine Drogen und Medikamente nehmen sollen!

4 Erläutere, welche Kenntnisse eine Hebamme über die Geburt haben muss, wenn sie werdende Eltern beraten will!

VOM SÄUGLING ZUM KLEINKIND · Neugeborene Kinder müssen Vieles zum ersten Mal in ihrem Leben tun: Vor allem müssen sie selbstständig atmen, Nahrung aufnehmen und verdauen. In dieser Lebensphase bieten vertraute Personen wie die Eltern ein Gefühl von Geborgenheit und Schutz. Als *Bezugspersonen* sind sie für die körperliche und seelische Entwicklung der Neugeborenen unbedingt notwendig.

Neugeborene benötigen für ihre weitere Entwicklung besonders viel Energie und viele Nährstoffe. Ihr Verdauungssystem ist jedoch noch nicht vollständig ausgebildet. Zudem haben sie noch keine Zähne, weshalb sie keine feste Nahrung aufnehmen können. Stattdessen trinken Neugeborene Milch, die in den Brustdrüsen der Mutter gebildet wird. Sie werden *gestillt* oder erhalten Milch aus einer Flasche. In der Muttermilch befinden sich alle Nährstoffe, die ein Kind für eine gesunde Entwicklung benötigt. Sie enthält auch Stoffe, die ein Kind vor Krankheiten und Allergien schützen. In dieser Lebensphase werden Neugeborene als *Säuglinge* bezeichnet.

In den nächsten Lebensmonaten beginnen Säuglinge, die Welt und vor allem ihren eigenen Körper zu entdecken: Sie betrachten die Bewegung ihrer Finger, stecken diese in den Mund und saugen daran. Bei Berührung umschließt ihre Hand fest den Finger einer anderen Person. Diese Reaktion wird als *Greifreflex* bezeichnet. Im Verlauf der weiteren Entwicklung geht dieser Reflex wieder verloren. Stattdessen lernen die Kinder, einen Gegenstand gezielt zu fassen und festzuhalten.

Im Verlauf des ersten Lebensjahres entwickeln Kinder weitere Fähigkeiten wie das gezielte Aufstützen, das Krabbeln und schließlich das Laufen. Sie nehmen Kontakt zu ihren Mitmenschen auf, zunächst durch Körpersprache und Gesichtsausdruck und schließlich durch Laute und erste Worte.

05 Stillen eines Säuglings

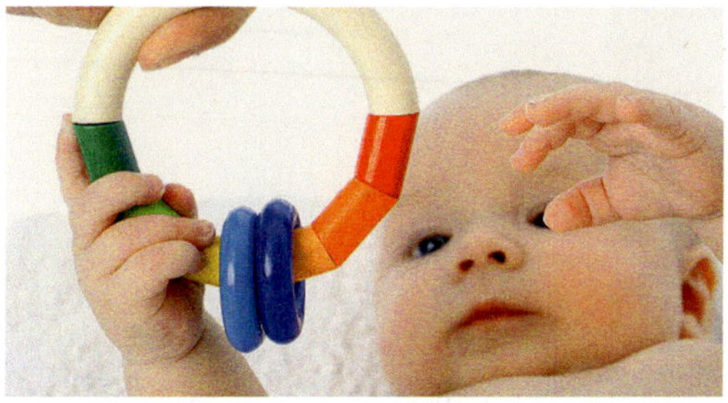

06 Greifreflex

07 Aufstützen und Krabbeln

08 Erste Laufversuche

Material A ▸ Wie Zwillinge entstehen

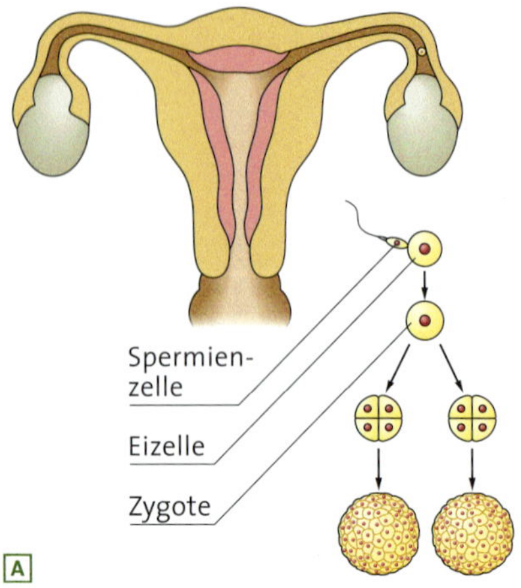

A

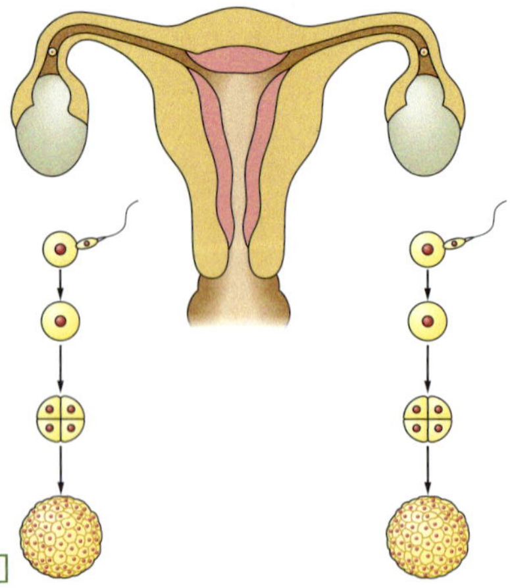

B

A1 Erkläre anhand der Abbildungen, auf welche Weise eine befruchtete Eizelle heranwächst!

A2 Beschreibe mithilfe der Abbildungen A und B die zwei Möglichkeiten der Entstehung von Zwillingen!

A3 Erläutere, weshalb man von „eineiigen Zwillingen“ und von „zweieiigen Zwillingen“ spricht! Ordne die Begriffe den Abbildungen A und B zu!

Material B ▸ Verhütungsmittel

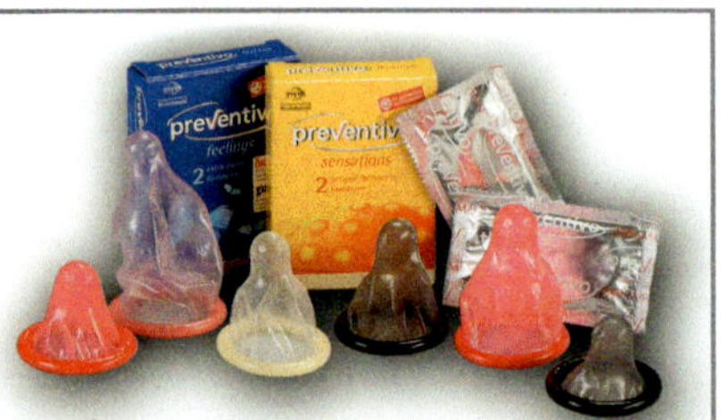

Kondome
Das Kondom ist an einer Seite dicht verschlossen und wird über den steifen Penis gezogen.

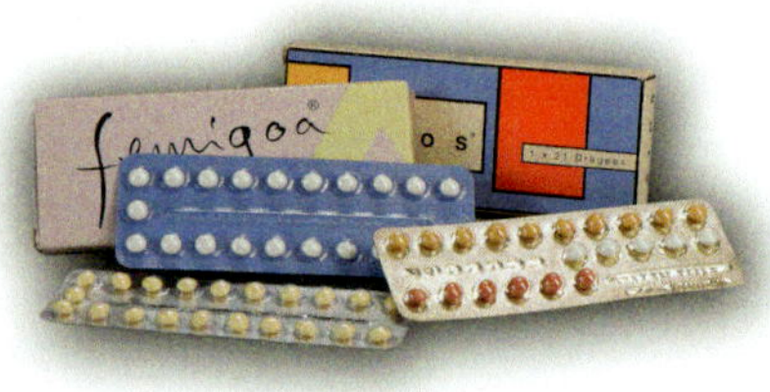

Hormonpille
Die Hormonpille enthält Botenstoffe, die einen Eisprung verhindern.

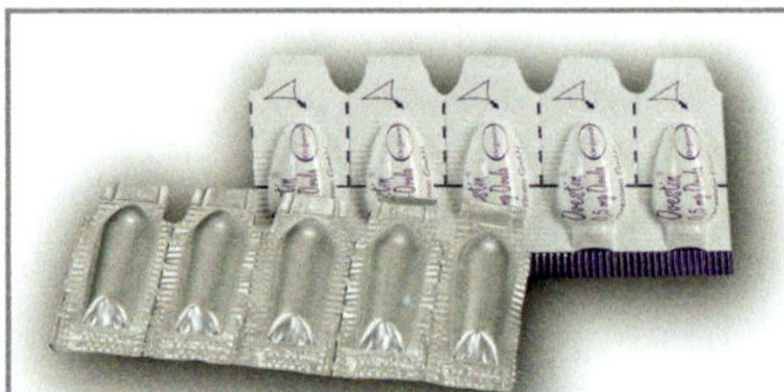

Chemische Mittel
Chemische Mittel werden vor dem Geschlechtsverkehr in die Scheide eingeführt. Sie töten die Spermienzellen ab oder verhindern ihre Bewegung.

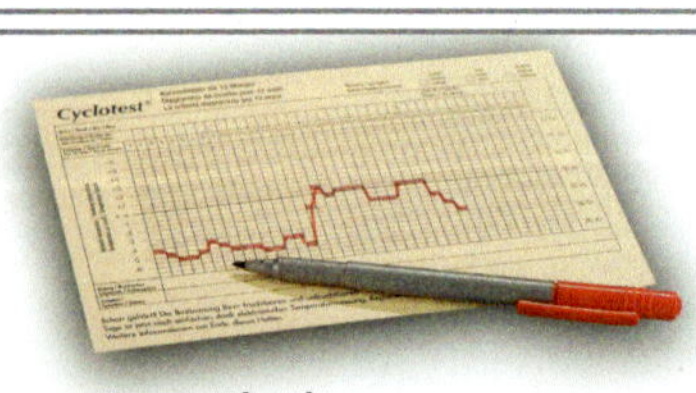

Temperaturmethode
Jeden Morgen wird die Körpertemperatur gemessen und notiert. Da nach dem Eisprung die Temperatur leicht ansteigt, können so die fruchtbaren Tage bestimmt werden.

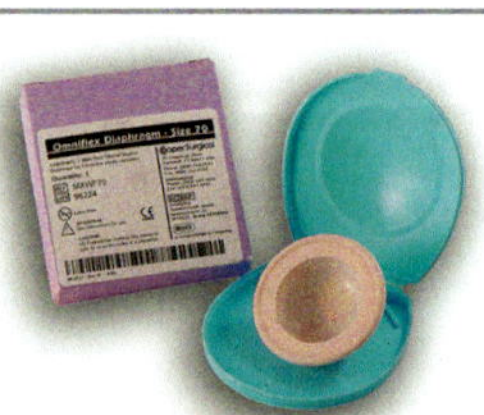

Diaphragma
Ein Diaphragma ist eine kleine Gummikappe. Sie wird mit einem spermienabtötenden Gel bestrichen und in die Scheide eingeführt.

Methode	**ungewollte Schwangerschaft** (bei 1000 Frauen in 1 Jahr, Durchschnitt)
Kondom	70
Hormonpille	5
chemische Mittel	120
Temperaturmethode	19
Diaphragma	105

B1 Beschreibe für jedes Verhütungsmittel, wie eine Befruchtung verhindert wird! Berücksichtige dabei:

a) Spermienzellen fehlen zur Befruchtung,
b) Eizelle fehlt zur Befruchtung,
c) Spermienzellen und Eizelle können nicht zusammentreffen.

B2 Beurteile anhand der Tabelle die Sicherheit der aufgeführten Verhütungsmittel!

A ▸ Die Pubertät

Kann ich ...

1 primäre und sekundäre Geschlechtsmerkmale von Mann und Frau nennen? *(Seite 263 und 264)*

2 die Veränderungen der primären und sekundären Geschlechtsmerkmale sowie des Verhaltens von Mädchen und von Jungen im Verlauf der Pubertät beschreiben? *(Seite 262 bis 264)*

3 über Gefühle und Gedanken zu meinem Körper und meine Sexualität sprechen und kenne ich meine Rechte sowie Hilfen in Problemsituationen? *(Seite 265)*

B ▸ Mann und Frau

Kann ich ...

1 den Aufbau und die Funktion der männlichen Geschlechtsorgane beschreiben? *(Seite 268 bis 269)*

2 den Aufbau und die Funktion der weiblichen Geschlechtsorgane beschreiben? *(Seite 269 bis 270)*

3 den Aufbau einer Spermienzelle, ihre Bildung und ihren Weg von den Nebenhoden bis zur Ejakulation beschreiben? *(Seite 268 bis 269)*

4 den Aufbau einer Eizelle sowie den Vorgang des Eisprungs beschreiben? *(Seite 269)*

5 den Ablauf des Menstruationszyklus beschreiben? *(Seite 270)*

6 die Bedeutung der Hygiene bei Mädchen und Jungen erläutern? *(Seite 271)*

7 den Vorgang der Befruchtung am Beispiel des Menschen beschreiben? *(Seite 272)*

8 die Entwicklung eines Menschen bis zur Geburt beschreiben? *(Seite 272 bis 274)*

9 die Bedeutung der Fruchtblase, der Plazenta und der Nabelschnur für das heranwachsende Kind im Mutterleib erklären? *(Seite 273)*

10 den Ablauf einer Geburt beschreiben? *(Seite 274)*

11 die Entwicklung eines Menschen vom Säugling bis zum Kleinkind beschreiben und die Bedeutung der Bezugspersonen erklären? *(Seite 275)*

12 verschiedene Verhütungsmittel nennen und ihre Verwendung sowie Wirkung erklären? *(Seite 276)*

Kann ich aus dem Kapitel „Sexualität des Menschen" Beispiele nennen für die Basiskonzepte

- Fortpflanzung (Reproduktion)
- Steuerung

AUFGABEN RICHTIG VERSTEHEN – AUFGABEN LÖSEN

Aufgaben sind ein wichtiger Bestandteil des Biologieunterrichts und unterstützen auf vielfältige Weise das Lernen. Mithilfe von Aufgaben kann man neues Wissen erarbeiten und bekanntes auf neue Beispiele anwenden oder üben. Um Aufgaben lösen zu können, müssen sie richtig verstanden werden. Hierbei ist es wichtig, verschiedene Typen von Aufgaben unterscheiden zu können. Um welchen Aufgabentyp es sich handelt, kann man am besten an dem Verb der Aufgabenstellung erkennen. Es zeigt an, welche Form der Aufgabenbearbeitung gefordert ist.

NENNEN · Das Verb „Nennen" fordert lediglich dazu auf, bestimmte Begriffe wiederzugeben. Auch das Beschriften einer Abbildung gehört dazu.

- **Beispielaufgabe:** Nenne die Bestandteile eines Gelenks!
- **Lösung:** Die Bestandteile eines Gelenks sind Gelenkkopf, Gelenkpfanne, Gelenkknorpel, Gelenkspalt, Gelenkschmiere und Gelenkkapsel.

BESCHREIBEN · Aufgaben mit dem Verb „Beschreiben" zielen darauf, wichtige Eigenschaften eines Sachverhalts wiederzugeben. Dabei kann es zum Beispiel um den Aufbau eines Lebewesens oder um bestimmte Lebensvorgänge gehen.

- **Beispielaufgabe:** Beschreibe den Aufbau eines Gelenks!
- **Lösung:** Der Gelenkkopf eines Knochens liegt in der Gelenkpfanne eines benachbarten Knochens. Dabei bleibt nur ein kleiner Spalt zwischen beiden Knochen. Diesen nennt man Gelenkspalt. Gelenkkopf und Gelenkpfanne sind von einer Schicht Gelenkknorpel überzogen. Im Gelenkspalt befindet sich zudem Gelenkschmiere. Gelenkkopf und Gelenkpfanne sind durch die feste Gelenkkapsel miteinander verbunden. Sie wird durch Gelenkbänder verstärkt.

VERGLEICHEN · Aufgaben mit dem Verb „Vergleichen" fordern dazu auf, Ähnlichkeiten und Unterschiede zum Beispiel zwischen Lebewesen, Lebensräumen oder auch Lebensprozessen festzustellen. Für das Vergleichen ist es wichtig, die Ähnlichkeiten oder Unterschiede jeweils zu einem bestimmten Merkmal wie zum Beispiel der Form oder der Beweglichkeit zu nennen. Das jeweilige Merkmal,

01 Form des Gelenkkopfes unterschiedlicher Gelenktypen: **A** Kugelgelenk, **B** Scharniergelenk

das man für den Vergleich nutzt, nennt man Vergleichskriterium (vergleiche hierzu Methode „Ordnen" auf Seite 51). Die Ergebnisse eines Vergleichs lassen sich gut in Form einer Tabelle darstellen.

- **Beispielaufgabe:** Vergleiche Kugel- und Scharniergelenk anhand ihrer Beweglichkeit sowie anhand der Form des Gelenkkopfes und der Gelenkpfanne! Fülle dazu die Tabelle mit diesen Kriterien aus!

- **Lösung:**

Kriterium	Kugelgelenk	Scharniergelenk
Form des Gelenkkopfes	kugelförmige Ausbuchtung	längliche Ausbuchtung
Form der Gelenkpfanne	schüsselförmige Vertiefung	rinnenförmige Vertiefung
Beweglichkeit	alle Richtungen	nur eine Richtung

ERKLÄREN · Aufgaben mit dem Verb „Erklären" werden dann erfüllt, wenn zusätzlich zur Beschreibung begründet wird, weshalb etwas auf eine bestimmte Weise abläuft oder aufgebaut ist. Häufig werden hierbei Zusammenhänge zwischen dem Aufbau von Lebewesen und ihren Fähigkeiten hergestellt.

- **Beispielaufgabe:** Erkläre die Funktionsweise eines Scharniergelenks!

- **Lösung:** Ein Scharniergelenk hat eine Rinne in der Gelenkpfanne und eine längliche Ausbuchtung im Gelenkkopf, die ineinander passen. Rinne und Ausbuchtung verhindern seitliche oder drehende Bewegungen, sodass nur eine Bewegung entlang dieser Strukturen möglich ist. Daher zeigt das Scharniergelenk nur eine Bewegungsrichtung.

ERLÄUTERN · Aufgaben mit dem Verb „Erläutern" sind ähnlich zu verstehen wie diejenigen mit dem Verb „Erklären". Sie fordern aber weitere Begründungen ein. Hierbei können eigene Beispiele als Vergleich, weitere Sachverhalte oder bekannte Regeln herangezogen werden, die das Verständnis erweitern. Basiskonzepte können helfen, die Erläuterung in einen übergeordneten Zusammenhang zu stellen. Passende Basiskonzepte sollten für die Erläuterung herangezogen werden.

- **Beispielaufgabe:** Erläutere die Funktionsweise eines Scharniergelenks!

- **Lösung:** Ein Scharniergelenk hat eine Rinne in der Gelenkpfanne und eine längliche Ausbuchtung im Gelenkkopf, die ineinander passen. Rinne und Ausbuchtung verhindern seitliche oder drehende Bewegungen, sodass nur eine Bewegung entlang dieser Strukturen möglich ist. Daher ermöglicht ein Scharniergelenk nur eine Bewegungsrichtung. Ein Kugelgelenk hat hingegen eine schüsselförmige Vertiefung in der Gelenkpfanne und eine kugelförmige Ausbuchtung im Gelenkkopf. Dadurch ermöglicht das Kugelgelenk Bewegungen in alle Richtungen. Die Unterschiede im Aufbau entsprechen den Unterschieden in der Funktion. Dies ist somit ein Beispiel für das Basiskonzept Struktur und Funktion.

AUFGABEN RICHTIG VERSTEHEN – AUFGABEN LÖSEN

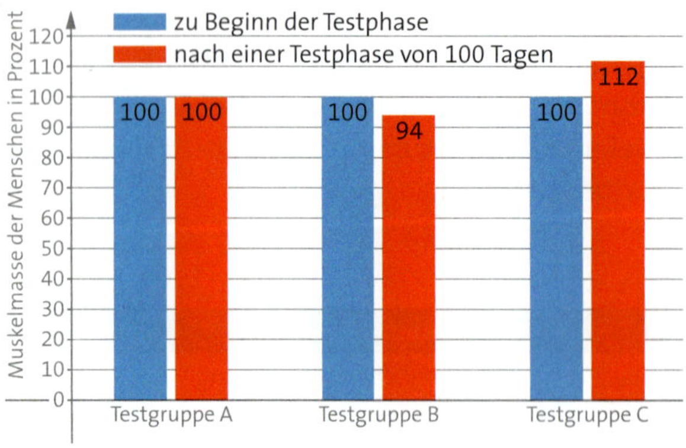

Testgruppe A: Bewegungsdauer vor und während der Testphase ist gleichlang.

Testgruppe B: Bewegungsdauer während der Testphase ist kürzer als zuvor.

Testgruppe C: Bewegungsdauer während der Testphase ist länger als zuvor.

02 Veränderung der Muskelmasse bei gleichbleibender, verkürzter und erhöhter Bewegungsdauer

DEUTEN · Das Verb „Deuten" fordert, aus Ergebnissen begründete Schlussfolgerungen zu ziehen. Bei der Bearbeitung einer solchen Aufgabe ist es wichtig, nicht nur die Schlussfolgerung selbst zu nennen, sondern genau zu begründen, weshalb sie aus den Ergebnissen hervorgeht. Manchmal entsprechen diese Schlussfolgerungen einem allgemeinen Zusammenhang, der durch eines der Basiskonzepte erfasst wird. Dann sollte das entsprechende Basiskonzept genannt werden.
Die Ergebnisse, die gedeutet werden sollen, können zum Beispiel aus Beobachtungen oder Experimenten stammen. Sie werden häufig in Form eines Diagramms dargestellt. Grundlage für die Deutung eines Diagramms ist seine Beschreibung. Zusätzlich zu einer Beispielaufgabe zum Deuten wird daher hier auch eine passende Aufgabe zum Beschreiben vorgestellt.

- **Beispielaufgabe „Beschreiben":** Beschreibe die im Diagramm gezeigten Daten zur Veränderung der Muskelmasse bei gleichbleibender, verkürzter und erhöhter Bewegungsdauer!

- **Lösung:** Das Diagramm zeigt die Muskelmasse bei Menschen in Prozent zu Beginn und nach einer Testphase von 100 Tagen. Hierbei werden die Teilnehmer in drei Testgruppen unterteilt: Im Vergleich zu ihren vorherigen Gewohnheiten bewegten sie sich während der Testphase täglich gleichlang (Testgruppe A), kürzer (Testgruppe B) oder länger (Testgruppe C).
Die Muskelmasse aller Teilnehmer vor der Testphase entspricht jeweils dem Ausgangswert von 100 Prozent. Die Teilnehmer der Testgruppe A zeigen nach der Testphase eine Muskelmasse von 100 Prozent. Die Muskelmasse der Teilnehmer von Testgruppe B liegt nach der Testphase bei 94 Prozent. Die Teilnehmer der Testgruppe C weisen nach der Testphase eine Muskelmasse von 112 Prozent auf.

- **Beispielaufgabe „Deuten":** Deute die im Diagramm gezeigten Daten zur Veränderung der Muskelmasse bei gleichbleibender, verkürzter und erhöhter Bewegungsdauer!

- **Lösung:** Wie Testgruppe A zeigt, verändert sich bei konstanter Bewegungsdauer die Muskelmasse nicht, während bei erhöhter Bewegungsdauer eine Zunahme auf 112 Prozent erfolgt. Die Muskelmasse kann also durch vermehrte Bewegung erhöht werden.
Die Muskelmasse von 94 Prozent nach verminderter Bewegungsdauer zeigt zudem, dass die Muskelmasse auch abnehmen kann.
Schlussfolgerung: Der Körper baut also abgestimmt auf die Bewegungsdauer die Muskelmasse auf und ab. Dies ist ein Beispiel für das Basiskonzept Regelung.

f. = folgende Seite,
ff. = die folgenden Seiten

Z

BILDQUELLENVERZEICHNIS

Titel: Mauritius images / Alfred & Anneliese Trunk; **3. oben:** Mauritius images; **3. unten:** Imago; **4. links:** pixathlon / Icon Sports Media; **4. rechts:** Topic Media / M. Rügner; **5. links:** iStockphoto / Anna Utekhina; **5. rechts:** Okapia / C. Cortier; **7. 1:** Mauritius images; **8. 1:** Okapia / J-L KleinM-L Hubert; **8. 2 A:** Okapia / J-L KleinM-L Hubert; **8. 2 B:** Topic Media; **9. 3 A:** Okapia ; **9. 3 B:** Okapia ; **9. 3 C:** Okapia ; **10. 4:** Topic Media ; **10. 5 A:** Okapia / BIOS /Robin Monchatre; **10. 5 B:** Mauritius images; **10. 5 C:** Okapia / BIOS / Olivier Seydoux ; **11. A 1 Haar:** Mauritius images; **11. A 1 Honig:** Mauritius images / Prisma; **11. A 1 Kartoffel:** Shutterstock; **11. A 1 Kerze:** Topic Media / pm; **11. A 1 Kirsche:** Mauritius images / Photononstop; **11. A 1 Moos:** Mauritius images / Alamy; **11. A 1 Roboter:** Mauritius images / Rosenfeld; **11. A 1 Salat:** Mauritius images / DK Images; **11. A 1 Schneckenhaus:** Okapia; **13. 1:** Imago; **14. 1:** Mauritius images; **15. 4:** Imago; **16. 5:** Naturfoto Frank Hecker; **16. 6:** Okapia; **18. 1:** Mauritius images; **20. 4:** Mauritius images / Minden Pictures; **21. Mat. B:** Okapia / BIOS/Jean Mayet; **22. 1:** Topic Media / M.König; **24. 5:** Topic Media ; **24. 4 A:** Mauritius images / Alamy; **24. 4 B:** Okapia / D. Nill; **26. 1:** Mauritius images; **30. 1:** Mauritius images; **32. 5:** picture alliance / NHPAphotoshot/S.Dalton; **34. 1:** Okapia / Bios / J.A. Jimenez Saez; **35. 3 A:** Okapia / Dr. E. Pott; **35. 3 B:** Okapia / FLPAM.Schuyl; **36. 5:** Topic Media / Trötschel; **36. 6:** Okapia / G.Synatzschke; **36. 7:** Okapia / FLPADavid Hosking; **36. 8:** Topic Media / H.Lang; **37. Mat. A links:** Okapia / M.Danegger; **37. Mat. A rechts:** Okapia / M.Danegger; **37. Mat. C rechts:** Okapia / FLPATony Hamblin; **37. Mat. C Links:** Mauritius images / Fritz Rauschenbach; **38. 1:** Mauritius images; **40. 4:** Mauritius images; **40. 5:** Topic Media / P. Arnold; **41. Versuch A:** Minkus, Volker; **42. 1:** Okapia / NASJ. H. Robinson; **43. 3 A:** Mauritius images / F.Rauschenbach; **43. 3 B:** Topic Media / ACPIX/Panthermedia; **43. 3 C:** Topic Media / ACPIX/Panthermedia; **44. 6 A:** Topic Media / ACPIX/Panthermedia; **44. 6 B:** iStockphoto / T. Zachariasz; **45. Mat. A ob. li.:** Topic Media / libu; **45. Mat. A ob. re.:** Okapia / Holt Studios / Nigel Cattlin; **45. Mat. A unt. li.:** Topic Media / ACPIX/Panthermedia; **45. Mat. A unt.re.:** Okapia / B. Borrell Casals; **45. Mat. B ob. re.:** Topic Media / W. Wilner; **45. Mat. B ob.li.:** Okapia / A. Hartl; **45. Mat. B unt. li.:** Mauritius images / Oxford Scientific; **45. Mat. B unt. re.:** Topic Media / libu; **46. 1 A:** Mauritius images; **47. 2 A:** Topic Media ; **48. 1:** Minkus, Volker; **48. 1 insert li.:** Minkus, Volker; **48. 1 insert re.:** Minkus, Volker; **49. 2:** Minkus, Volker; **51. 1:** Minkus, Volker; **51. 2 A:** Minkus, Volker; **51. 2 B:** Minkus, Volker; **53. Mat D:** Pitopia; **54. 1:** Mauritius images; **56. 4:** Okapia / O. Broders; **56. 5:** Topic Media / PPA; **56. 6:** Mauritius images / Imagebroker; **57. 1:** iStockphoto / Leonsbox; **57. 2:** picture alliance / dpa; **58. 1:** Okapia / SAVE/Werner Scheuber; **58. 2 A:** Topic Media / px; **58. 2 B:** Minkus, Volker; **59. 4:** Topic Media/; **59. 3 A:** Minkus, Volker; **60. 5:** Minkus, Volker; **60. 6:** Minkus, Volker; **61. Mat. A li.:** Okapia / N. CattlinHolt Studios; **61. Mat. A mi.:** Okapia / SAVE Chris Martin Bahr; **61. Mat. A re.:** Okapia / R. Förster Natur im Bild; **62. 1:** Mauritius images / Alamy; **64. 3:** Okapia ; **65. Mat. A:** Mauritius images; **65. Mat. B ob. li.:** Mauritius images; **65. Mat. B ob. mi.:** Topic Media; **65. Mat. B ob. re.:** Topic Media; **65. Mat. B unt. li.:** Okapia ; **65. Mat. B unt.mi.:** Okapia; **65. Mat. B unt.re.:** Topic Media; **66. 1:** Topic Media ; **68. 6:** Okapia; **68. 7:** Minkus, Volker; **68. 8:** Minkus, Volker; **68. 9:** Minkus, Volker; **69. Mat. A:** Okapia / Dr. F. Sauer; **69. Mat. B d:** Okapia / T. Bernhardt; **69. Mat. Ba:** Topic Media; **69. Mat. Bb:** Topic Media ; **69. Mat. Bc:** Mauritius images; **70. 1:** Okapia ; **70. 2:** Topic Media; **70. 3:** Mauritius images; **71. 4:** Topic Media / PPA / IMAGEBROKER / Bernd Zoller; **71. 5:** Mauritius images; **71. 6:** Lichtbildarchiv, Prof. Dr. Manfred Keil, Neckargemünd; **71. 7:** Topic Media / pm; **74. 1:** Topic Media ; **74. 2:** Topic Media; **80. 1:** Mauritius images / F. Siteman; **82. 3:** Okapia ; **84. 1:** Mauritius images; **84. 2:** Mauritius images; **85. unt. re.:** Mauritius images / imagebroker; **86. ob.:** Topic Media / Heinrich; **86. unt. li:** Okapia / Klein & Hubert; **86. unt. mi.:** Okapia / Klein & Hubert; **86. unt. re.:** Okapia / C. Steimer; **87. Mat. B li.:** Okapia / Klein & Hubert; **87. Mat. B re.:** Mauritius images / F. Lukascek; **88. 1:** Okapia / L.Lenz; **91. Mat A re.:** Prof. Dr. Manfred Keil, Neckargemünd; **91. Mat. A li.:** Prof. Dr. Manfred Keil, Neckargemünd/; **91. Mat. C a:** Mauritius images / Alamy; **91. Mat. C b:** Mauritius images; **91. Mat. C c:** Mauritius images; **92. 1:** Mauritius images / Alamy; **94. li.:** Mauritius images / H.Reinhard; **94. mi. u. re. :** Mauritius images / imagebroker/M.Krabs; **95. Mat. A li.:** Okapia / Birke Blobel; **95. Mat. A re.:** Okapia / J.M. Labat; **95. Mat. B und Mat. C links:** Mauritius images / Alamy; **95. Mat. B rechts:** Okapia / K. G. Vock; **95. Mat. C rechts:** Okapia / Klein & Hubert; **96. links und rechts :** iStockphoto; **97. oben:** iStockphoto / Kari Hoglund; **97. unten:** iStockphoto/; **98. 1:** Mauritius images / H. Weißer; **100. 5:** Topic Media; **100. 6:** Software -AG Stiftung, Darmstadt; **100. 7:** Topic Media / px; **101. Mat. B ob.:** Topic Media / ib; **102. 1:** Okapia / H. Reinhard; **104. 3:** Okapia / Falck; **104. 4:** Topic Media / ib; **105. Mat A re.:** Okapia / NAS/Biophoto Associates; **106. 1:** Mauritius images; **106. 2:** Mauritius images / Alamy; **107. 4 A, B und C :** Lichtbildarchiv, Prof. Dr. Manfred Keil, Neckargemünd; **108. 6:** picture alliance; **108. 5 A und 5 B :** Okapia / P.Parks; **108. 5 C:** Okapia / J.A.L Cooke; **109. Mat A ob.:** Minkus, Volker; **109. Mat A unt.:** Minkus, Volker; **110. 1:** Reinhard Tierfoto; **114. 1:** Mauritius images / Photo Library; **115. 2:** Mauritius images / Alamy; **116. 4:** picture alliance / akg images; **118. 1:** Okapia ; **118. 2:** Okapia / E. Kuchling; **118. 3:** Mauritius images / age; **119. 4:** Okapia / T.Brahm; **119. 5:** Topic Media / ib; **119. 6:** Okapia / M.Pfefferle; **119. 7:** Okapia / M. Ruckszio; **120. 8:** Okapia / M. Wendler; **120. 9:** Mauritius images / Oxford Scienctific; **120. 10A:** Mauritius images / Alamy; **120. 10B:** Okapia / C.Grzimek; **121. Mat. A insert:** Okapia / NASJ. Zipp; **122. :** Mauritius images; **124. ob. Li.:** Topic Media ; **124. ob. re.:** Okapia / M. Weber; **124. unt. li.:** Mauritius images / Alamy; **124. unt. re.:** Topic Media / F. Hecker; **125. Mat. A:** Botanisch Gärten der Universität Bonn / W. Lobin; **126. 1:** Okapia ; **127. 2:** Küster, H.; **127. 3:** Okapia / Holt StudiosNigel Cattlin; **128. A:** Topic Media ; **128. B:** Okapia / BiosJ.A. Jimenez Saez; **129. C:** Mauritius images / H. Weißer; **129. D:** Mauritius images / age; **131. 1:** pixathlon / Icon Sports MediaJ. Schwan; **132. 1:** Minkus, Volker; **134. 5 A:** Minkus, Volker; **134. 5 B:** Minkus, Volker; **135. Mat. B 1:** Minkus, Volker; **135. Mat. B 2:** Minkus, Volker; **135. Mat. B 3:** Minkus, Volker; **135. Mat. B 4:** Minkus, Volker; **136. 1:** Mauritius images / Jiri; **136. 2:** Städtisches Klinikum Lüneburg; **139. Versuch B 1 und B2, B3 :** Dierschke, A.K. ; **140. :** Mauritius images / Alamy; **143. Mat. B a:** iStockphoto; **143. Mat. B b:** FotoliA ; **145. 2 A:** picture alliance; **145. 2 B:** iStockphoto/; **146. 1:** Mauritius images / imagebroker; **150. 1:** iStockphoto / J. Titzers; **151. 4:** Agentur Focus / SPLS. Gschmeissner; **154. 1:** Deutsches Rotes Kreuz; **155. 3:** Okapia / NASBiophoto Associates; **155. 4 A:** Agentur Focus / eye of Science Oliver Meckes , Nicole Ottawa; **155. 4 B:** Okapia / NAS/Stem Jems; **156. 5 A:** Mauritius images; **156. 5 B:** Agentur Focus; **157. Mat. A:** Mauritius images/; **157. Mat. C:** iStockphoto / B. Deuel; **158. 1:** picture alliance / Royal Press A. Nieboer; **162. 1:** Fotolia / A. Raths; **162. 2:** Fotolia / S. Kaulitzki; **166. 1:** Imago / imagebroker; **167. 2, 3 und 4:** Mauritius images; **167. 5:** CJD Oberrurf / A. Bubrowski; **168. 1 A, 1 B, 1 C:** iStockphoto; **168. 1 D:** picture alliance / Sueddeutsche Zeitung Photo; **169. 2:** Mauritius images / iB / Siegfried Kuttig; **169. 3:** Mauritius images; **170. Mat B:** Minkus, Volker; **171. Mat C:** Minkus, Volker; **171. Mat. D A und B:** InfraTeC GmbH; **172. A:** Minkus, Volker; **172. B:** Mauritius images / imagebroker; **173. C:** iStockphoto; **173. D:** Mauritius images; **175. 1:** Topic Media / M. Rügner; **176. 1:** Mauritius images / imagebroker; **177. 3:** Mauritius images / Thunig; **177. 4:** Mauritius images / A. Vittin; **177. 5:** Mauritius images / imagebroker; **181. Mat A. B, C, D, G, H, J:** Mauritius images; **181. Mat. A E, I:** Okapia / Manfred Ruckszio; **181. Mat. A F:** iStockphoto; **181. Mat. A A:** Topic Media / PPA / PANTHERMEDIA; **182. 1:** picture alliance / dpa/P. Paul; **185. Mat. B:** picture alliance / ZB; **188. A:** Schütte, E; **188. B:** Okapia / † J.C. Revy/ISM; **191. Mat. A:** Wissenschaftliche Bildagentur Karly; **192. 1:** Mikroskope Beyersdörfer; **193. A:** Okapia; **195. 1:** Corbis GmbH; **197. Mat. C links:** Wissenschaftliche Bildagentur Karly; **197. Mat. C rechts:** Okapia / † Manfred & ChristinA Kage/Okapia; **199. 2:** Okapia; **199. 3:** Okapia / Wet Waders/AlaskA Stock/Okapia; **201. Mat. A A:** Okapia; **201. Mat. A B:** Topic Media; **201. Mat. A D:** Okapia; **202. 1:** picture alliance / dpa; **203. 4:** Mauritius images; **206. 2:** Topic Media / L. Lenz; **206. 2 B, C :** Topic Media / Partsch; **207. 2 D:** Topic Media / W. Rohdich; **207. 2 E:** Topic Media / L.Lenz; **207. 2 F:** Topic Media / G. Roland; **210. 1:** Okapia ; **211. 0,125:** Mauritius images; **211. 3 B:** Okapia ; **212. 4:** Topic Media / P. Norbert; **212. unten links:** Okapia / Karl-Heinz; **212. unten rechts:** Topic Media; **214. 1:** Mauritius images / age; **222. 1:** Topic Media / PPA/IMAGEBROKER; **223. 2:** Mauritius images; **223. 2 B:** Okapia / SAVE/I. Arndt; **223. 2 C:** Mauritius images; **223. 2 A insert:** Mauritius images; **224. 2:** Okapia / L. Lenz; **224. 5 B, C:** Okapia / D. Hagemann; **225. Mat A. links und rechts :** Minkus, Volker; **225. Mat. B:** Okapia / J. C. Schmitz; **225. Mat. B:** Ullstein ; **225. Mat. B:** Mauritius images; **225. Mat. B:** Mauritius images / imageboker; **226. 1:** Okapia / W. Braun; **226. 2:** Okapia ; **227. 3:** iStockphoto; **227. 4:** Okapia / imagebroker C. Reister; **228. 5:** picture alliance / Wildlife; **230. 1 und 2 :** Zoo Leipzig; **231. 3:** Zoo Leipzig / Marcel Schauer; **232. 1:** Erlebnis Zoo Hannover; **234. links:** Okapia / BIOSD. Huot; **234. rechts:** Mauritius images; **235. oben:** Mauritius images; **235. unten:** Topic Media / imagebroker/PPA; **236. B:** Ullstein ; **237. C:** Mauritius images; **239. 1:** iStockphoto / A. Utekhina; **240. 1:** Mauritius images / Alamy; **241. 4:** picture alliance / dpa/Foto DVR; **242. 1:** Minkus, Volker; **244. 4 A:** Minkus, Volker; **244. 4 B:** Minkus, Volker; **246. 1:** Corbis GmbH / L.Taylor; **246. 2:** Agentur Focus / SPL/Roberts; **247. 4:** Döring, V; **248. 5:** Minkus, Volker; **249. Mat. B links und rechts :** Minkus, Volker; **249. :** Minkus, Volker; **250. 1:** Kerscher, L. Dr. Penzberg; **251. 3:** Edelmann; **252. 4:** Minkus, Volker; **253. Mat. B oben und unten:** Minkus, Volker; **254. 1:** Mauritius images; **254. 2:** picture alliance / dpa/ZB Jens Büttner; **254. 3:** Mauritius images; **255. 4 Katze:** iStockphoto; **255. 4 Mensch:** Comstock Images / Fotosearch; **255. 4 Pferd:** ClipDealer / Svetlanna; **255. 5 A, 5 B:** Vrgoc, Danijel, Winnenden; **256. 6:** Mauritius images / imagebroker; **256. 7 und 8:** iStockphoto; **258. Mat. D links:** Mauritius images; **258. Mat. D rechts:** Imago; **259. A:** Minkus, Volker; **259. B:** Kerscher, L. Dr. Penzberg; **259. C:** Vrgoc, Danijel, Winnenden; **261. 1:** Okapia / C. Cortier; **262. 1, 2 B, 2 C :** Minkus, Volker; **262. 2 A:** Minkus, Volker; **265. 5:** Minkus, Volker; **266. Mat A A, B, C, D:** Minkus, Volker; **268. 2:** Okapia / M. Kage; **269. 4:** Okapia / D. M. Philips; **271. Mat B:** Minkus, Volker; **272. 1:** Topic Media ; **275. 5:** Mauritius images; **275. 6:** Imago; **275. 7:** Mauritius images; **275. 8:** Corbis GmbH; **276. Mat B:** Minkus, Volker; **277. A:** Minkus, Volker; **277. B:** Okapia / D. M. Philips; **278. 1 A und 1 B:** iStockphoto